U0382514

本书是国家社会科学基金项目"明清时期长江下游自然灾害与乡村社会研究"（批准号：11BZS061）结项成果

明清时期长江下游
自然灾害与乡村社会研究

庄华峰 著

A Study of Natural Disaster and Country Society along the Lower Reaches of the Yangtse River during the Ming and Qing Dynasty

中国社会科学出版社

图书在版编目（CIP）数据

明清时期长江下游自然灾害与乡村社会研究／庄华峰著．
—北京：中国社会科学出版社，2020.12
ISBN 978 - 7 - 5203 - 7305 - 0

Ⅰ.①明…　Ⅱ.①庄…　Ⅲ.①长江中下游—自然灾害—
研究—明清时代②长江中下游—农村社会学—研究—
明清时代　Ⅳ.①X432②C912.82

中国版本图书馆 CIP 数据核字（2020）第 179625 号

出 版 人　赵剑英
责任编辑　李金涛
责任校对　李　莉
责任印制　李寡寡

出　　版　中国社会科学出版社
社　　址　北京鼓楼西大街甲 158 号
邮　　编　100720
网　　址　http://www.csspw.cn
发 行 部　010 - 84083685
门 市 部　010 - 84029450
经　　销　新华书店及其他书店

印　　刷　北京明恒达印务有限公司
装　　订　廊坊市广阳区广增装订厂
版　　次　2020 年 12 月第 1 版
印　　次　2020 年 12 月第 1 次印刷

开　　本　710×1000　1/16
印　　张　29.5
字　　数　453 千字
定　　价　158.00 元

目 录

图表目录

绪　　论

一　选题的缘由与意义

有学者只注意到自然灾害主要影响农业生产活动，因此提出"农业自然灾害"这一概念，并将其界定为"农业生产所依赖的自然力由于逆向演替使农业系统从有序进入无序状态及由此引起的农作物歉收现象"①。我们不认同这一概念，而认同自然灾害是"地球上的自然变异（包括人类与生物活动的诱发作用引起的自然变异）强度给人类的生存和物质文明建设带来严重危害"② 的看法。因为从古到今，自然灾害一直与人类同行。人类从其诞生之日起，就一直为灾害所困扰。迄今为止，自然灾害的影响范围绝不仅仅是农业生产，还包括人类生产生活的诸多方面。

我国自古就是一个灾害频发的国度，多发的自然灾害严重影响我国人民的生产与生活，西方学者甚至因此称我国为"饥荒的国度"（The Land of Famine）③。有关灾害对我国早期文明的影响情况，史不绝书："汤汤洪水方割，荡荡怀山襄陵，浩浩滔天。"④ "当尧之时，天下犹未平。洪水横流，泛滥于天下；草木畅茂，禽兽繁殖，五谷不登；禽兽逼人，兽蹄鸟迹

---

① 陈关龙：《明代农业自然灾害透视》，《中国农史》1991 年第 4 期。
② 葛全胜、彭桂堂：《自然灾害》，广西教育出版社 1999 年版，第 1—2 页。
③ 邓云特：《中国救荒史》，北京出版社 1986 年版，第 9 页。
④ 《尚书·尧典》。

之道，交于中国。"① "尧之时，十日并出，焦禾稼，杀草木，而民无所食。"② 这些记载反映出中华民族遭受水旱灾害的困扰由来已久。此后，有关自然灾害的记载散见于历代典籍中，仅以"正史"而言，从《汉书》设"五行志"专篇记载灾异开始，一直到《清史稿》为止，几乎没有中断。此外，方志、实录、档案、农书、文集、笔记、日记、诗文、谱牒、报刊、碑刻等多方面的记载也为人们的研究提供了大量翔实的资料。

长江是中国第一大河，流域内优越的自然条件是孕育中华民族古代文明的摇篮之一，长江中下游地区更是中国稻作农业文明的中心地。这一区域在南宋时就是国家的"粮仓"，当时流行有"苏湖熟，天下足"的谚语。明清时期，中国的粮食供应基地主要集中于长江中下游的太湖、鄱阳湖和洞庭湖等平原和湖沼地区，故这里有着"财赋之地，人文渊薮"的说法，因此也奠定了其在现代国民经济中的重要地位。但长江流域也是中国自然灾害频发的地区，长江流域开发的历史进程，始终贯穿着防治自然灾害的斗争。"一种自然的或社会的现象，能否使人的生存变得不可能，这取决于自然或社会现象同人的生存能力的力量对比关系。同一种自然的或社会的现象，由于人的承受能力的差异，会造成不同的后果，既可能造成严重灾害，也可能并未形成灾害，或者造成的灾害程度甚轻。这也就是说，一场灾害造成的影响取决于两个变数，一是引发灾害的那些自然的和社会的现象本身的状况，二是人的承受能力状况。只有当引发灾害的那些自然的和社会的现象超过了人的承受能力，才会有灾害的发生，超过的程度愈高，则灾害愈重"③。明清时期，长江流域尤其是下游地区人口骤增，大大超过自然环境的承载能力，加之该地区地处季风气候区，江阔水深，受季风气候以及上中游来水的影响，极易"进入无序状态"，直接影响着农作物收成与人民生活。千百年来，这一区域的广大劳动人民为流域的开发和江河的治理，始终坚持与自然抗争，防灾抗灾，从水进人退，到人进水退，从趋利避害，到兴利除害，发展社会经济，创造出灿烂的历史文化。

---

① 《孟子·滕文公上》。
② 《淮南子·本经训》。
③ 王子平：《灾害社会学》，湖南人民出版社1998年版，第44页。

在 21 世纪的今天，长江流域特别是中下游地区，仍然是我国经济最发达的地区之一。随着人口的急剧增长，社会经济活动的不断增强，城市化进程的不断加快，各种自然灾害频频发生，且破坏程度不断加重，特别是长江中下游地区的洪水威胁仍然是国家和沿江人民的心腹之患。因此，从历史灾害学的角度，加强对历史时期特别是明清时期长江下游自然灾害状况进行细致的研究，分析其成因和特点，探索并总结其规律，揭示灾害与乡村社会的互动关系，具有重要的学术价值和现实意义。

首先，明清时期长江下游地区自然灾害与乡村社会的全面、系统研究是历史学研究的一个重要领域，通过探讨明清长江下游的自然灾害及其打击下的农业经济与民生、乡村社会的危机与冲突，以及政府与民间社会的应对机制与救荒措施，考察明清时期长江下游乡村的灾荒与政治的互动，了解与把握水灾、旱灾、虫灾、潮灾、风灾、地震、瘟疫等自然灾害与乡村社会之间的互动机制，对于我们全面认识该地区自然灾害及其重压下的乡村社会具有重要的意义。此外，本项目研究还有助于深化乡村社会史研究，拓展历史研究的新领域和新途径，丰富史学研究内容，从新的视角来加深我们对历史发展规律的研究和认识。因此，加强本课题研究有着重要的学术价值和理论意义。

其次，随着人口的急剧增长，社会经济活动的不断增强，各种自然灾害的成灾强度和危害程度日趋严重。尤其是长江中下游地区的洪水灾害始终是影响和困扰沿江地区人民生命安全与经济发展的重要威胁。每次灾害尤其是重大灾害的发生，都会引发该地区乡村社会疾疫流行、人口死亡逃亡、生产停滞衰退、社会动荡等严重后果。在自然灾害依旧频繁、举国上下高度关注"三农"问题的今天，深入研究并正确认识长江流域特别是长江中下游地区自然灾害的成因和特点，探索并掌握灾害发生发展的规律，对于长江下游的防灾救灾减灾、新农村建设，乃至探讨"三农"问题的解决路径，都具有重要的示范价值和借鉴意义。

二　学术史回顾

这里从国外和国内两个层面对明清时期长江下游自然灾害的研究状况

做一个基本梳理。为了全面把握学界对明清长江下游自然灾害的研究状况，对一些涉及这一区域自然灾害研究的通论性著述也一并予以介绍。

(一) 国外研究概况

国外对中国灾害史的研究始于数据的统计，其中较有代表性的有马龙格（D. H. Mallong）的《中国灾荒之原因》（*The Causes of Chinese Famine*）、何西（A. Hosie）的《中国之旱灾》（*Droughts in China*）、马罗立（W. H. Mallory）的《饥饿的中国》（*China：Land of Famine*）等，这些著作都对中国历代的灾害数量作了统计分析，其内容都涉及明清时期长江下游的自然灾害。

随着研究的深入，海外学者开始关注中国自然灾害与社会之间的互动。澳大利亚学者邓海伦（Helen Dunstan）是长期从事中国灾害史研究的西方学者。有学者认为西方研究中国的医疗社会史就是从 1975 年邓海伦发表《明末时疫初探》开始的[①]，该文对明末发生在我国华北和浙江地区瘟疫的分布、流传及对人口造成的影响等作了深入分析。其他国家的学者也更多地把目光转向中国，研究中国的自然灾害史。法国学者魏丕信（Pierre Etienne Will）写于 1980 年的博士学位论文（*Bureaucratie et Famine en Chine au 18e Siecle*）[②]，对明清荒政展开全方位的研究。他认为每个社会都有应对生存危机的"武器库"，明清官僚政府完善的荒政制度正是中国传统社会应对危机的有力武器。他的这一研究成果在一定程度上改变了西方学者关于明清集权制国家机器在社会经济生活中的作用的传统看法[③]。美国学者李明珠（Lillian M. Li）在哈佛大学组织"中国历史上的食品与饥荒工作室"，并于 1982 年 8 月促成《亚洲研究》（JAS）上的一次名为"食品、饥荒和中国"讨论会的召开，大会提交的论文中有多篇是关于中国灾荒史研

---

① Helen Dunstan："The Late Ming Epidemics：A Preliminary Survey"，*Ch'ing Shih Wen-ti*，Vol. 3. 3（1975），pp. 1–59；余新忠：《清代江南的瘟疫与社会——一项医疗社会史的研究》，中国人民大学出版社 2003 年版，第 32 页。

② 参见［法］魏丕信《18 世纪中国的官僚制度与荒政》，徐建青译，江苏人民出版社 2003 年版。

③ 参见周荣《20 世纪 50 年代以来海外学者明清荒政、救济和慈善事业史研究述评》，载赫治清主编《中国古代灾害史研究》，中国社会科学出版社 2007 年版，第 452—453 页。

究的，如美国学者彼得·珀杜的《官员目的和地方利益：明清时期洞庭湖地区的水控制》一文，考察政府政策和人类行为对"自然灾害"的影响及其局限性；日本学者稻田清一的《清代江南的救荒与市镇——关于宝山县和嘉定县的"厂"》《清末江南的"地方共事"与镇董》等论文立足于基层市镇，利用田野调查的方法，通过对赈灾过程中嘉定、宝山两县"分厂"制度设立和衍化过程的考察，以及对清末镇董的身份、角色、职责和管辖区域的研究来考察清代的赈灾和管理模式①。

　　研究中国疾病史的国外学者，除了澳大利亚的邓海伦（Helen Dunstan）外，最值得关注的还有美国 Carol Benedict 关于中国 19 世纪鼠疫的研究。她曾发表过有关鼠疫研究的专题论文②，并于 1996 年出版了她的研究专著③。她用历史、地理以及传染病学的知识和方法来探讨晚清中国的鼠疫，由于研究视野开阔，并占有丰富的史料，使该书达到较高的学术水平。相关的研究成果还有 Christopher Cullen、Wilt Idema 等人根据明清小说对疾病与治疗等关系的探讨④和韩嵩（Marta Hanson）对南方地方医疗资源的研究⑤。

　　此外，李文海、夏明方主编的《天有凶年：清代灾荒与中国社会》一书，收录多篇外国学者的研究论文，如美国李明珠（Lillian M. Li）的《华北的粮价与饥荒》和艾志端（Kathryn Edgerton-Tarpley）的《晚清中国的灾荒与意识形态——1876—1879 年"丁戊奇荒"期间关于灾荒成因和防荒问题

①　参见［日］太田出《1999 年日本史学界关于明清史的研究》，《中国史研究动态》2001年第 11 期；吴滔《清至民初嘉定宝山地区分厂传统之转变——从赈济饥荒到乡镇自治》，《清史研究》2004 年第 2 期。

②　Card Benedict，"Bubonic Plague Nineteenth-Century China"，Modern China，Vol. 14.2（1988），pp. 107 – 155；"Policing The Sick：Plague and The Origins of Medicine in Late Imperial China"，Late Imperial China，Vol. 14.2（1993），pp. 60 – 77.

③　Card Benedict，Bubonic Plague in Nineteenth-Century China，Stanford，Stanford University Press，1996.

④　Christopher Cullen，"Patients and Healers in Late Imperial China：Evidence from the Jinpingmei"，History of Science，xxxi（1993），pp. 99 – 150；Wilt Idema："Diseases and Doctors，Drugs and Cures：A Very Preliminary list of Passages of Medical Interest in a Number of Traditional Chinese Novels and Related Plays"，Chinese Science，1977（2），pp. 37 – 63.

⑤　Marta Hanson，"Robust Northerners and Delicate Southerners：The Nine-teenth-Century Invention of a Southern Medical Tradition"，Positions，Vol. 6.3，1998。转引自余新忠《清代江南的瘟疫与社会——一项医疗社会史的研究》，中国人民大学出版社 2003 年版，第 40 页。

的对立性阐释》、法国魏丕信的《略论中华帝国晚期的荒政指南》、澳大利亚邓海伦的《试论留养资送制度在乾隆朝的一时废除》、德国安特利雅·扬库（Andrea Janku）的《为华北饥荒作证——解读〈襄陵县志·赈务〉》、日本堀地明的《光绪三十二年江北大水与救荒活动》等①，都是研究明清灾荒史的专题论文。中国台湾学者刘翠溶、伊懋可主编的《积渐所至：中国环境史论文集》② 一书亦收录有国外学者的研究成果。

（二）国内研究概况

总体而言，国内学术界对于明清时期自然灾害的研究大体上可以分为三个阶段，即初始阶段、发展阶段和繁荣阶段。

1. 初始阶段：20 世纪 50 年代之前

学术界对于明清以来自然灾害史的研究最早发端于 20 世纪 30 年代，此前，由于五四新文化的传播以及由此引发的文化上的争论，文化思潮的涌动，中国史学的发展进入新的阶段，而且由于社会学在国内广泛传播，历史研究更加注重联系实际生活。由于政局变动引起战争频发，使得人民对"自然力"变动的应对性变得更差，自然灾害发生的频率进一步提高，这也吸引更多的学者关注自然灾害史的研究。此外，1927 年建立的中央研究院下设有天文和历史语言等研究所，专门研究气象、历史等问题，对灾害史研究有促进作用，灾害历史学研究的氛围更加浓郁，研究成果也更为丰硕。

史学研究的基础是史料，史料的收集与整理是历史研究的必要手段。在这一时期，学术界重视对灾害史料进行收集整理。其中陈高佣的《中国历代天灾人祸表》③（十卷本）一书，分朝代统计中国的灾害。又有立足于

---

① 参见李文海、夏明方主编《天有凶年：清代灾荒与中国社会》，生活·读书·新知三联书店 2007 年版。

② 包括美国约翰·麦克尼尔的《由世界透视中国环境史》、日本斯波义信的《环境与水利之相互关系：由唐至清的杭州湾南岸地区》、美国安·奥思本的《丘陵与低地：清代长江下游地区的经济与生态互动》、澳大利亚费克光的《中国历史上的鼠疫》等，见于刘翠溶、伊懋可主编《积渐所至：中国环境史论文集》，"中央"研究院经济研究所 1995 年版。

③ 陈高佣：《中国历代天灾人祸表》（十卷本），上海国立暨南大学 1939 年版。

资料统计的著作，如陈达的《人口问题》① 一书，重点对自汉以来至民国 2000 余年的水旱灾害做系统的统计研究。

除专著外，这一时期还出现了不少重要论文，如竺可桢《中国历史上气候之变迁》②，以统计表形式列出中国历史上各省各代的自然灾害尤其是水旱灾害的分布与次数。王树林的《清代灾荒：一个统计的研究》把清代（1644—1908 年）264 年的自然灾害分为水、旱、雹、蝗、飓和震六类，以年为纵列，分省制作出受水、旱灾州县的总数统计表，对全国部分地区历年来具体受灾情况做统计研究，其中第六表为江苏省各灾县区的统计，第七表为浙江省各灾县区的统计，第十一表为安徽省各灾区钱粮蠲免及赈济的统计③。这些成果对于我们研究清代长江下游地区的自然灾害有很大的帮助④。

值得一提的是，此时史学界已经不满足于只研究历史灾害本身，他们还关注历史上各时期对于灾害的救济工作，这方面的主要代表性成果有刘秉仁的《我国的旱灾和农荒救济》⑤、邓云特的《中国救荒史》⑥、徐钟渭的《中国历代之荒政制度》⑦、王龙军的《中国历代灾况与赈济政策》⑧等。这些著述都不同程度地描述了明清时期长江下游地区的荒政措施。

虽然这一时期学术界更多的是研究分析现实中的自然灾害，对灾害史的关注尚显不足；再加上当时史学界流行"疑古辨伪"，史学家关注的热点是古史的考证辨伪，自然灾害史的研究手段相对落后，成果也相对较少，但这一阶段对于自然灾害史研究的开创之功是不容忽视的。

---

① 陈达：《人口问题》，商务印书馆 1934 年版。
② 竺可桢：《中国历史上气候之变迁》，《东方杂志》1925 年第 22 卷第 3 号。
③ 参见王树林《清代灾荒：一个统计的研究》，《社会学界》1932 年第 6 卷。
④ 竺可桢：《中国历史上之旱灾》，《史地学报》1925 年第 6 期；谢义炳：《清代水旱灾之周期研究》，《气象学报》1943 年 12 月第 17 卷；李秦初：《汉朝以来中国灾荒年表》，《新建设》1931 年第 14 期等。
⑤ 刘秉仁：《我国的旱灾和农荒救济》，《清华周刊》1925 年第 1、12 卷。
⑥ 此书编于 1932 年，囿于时代所限，仅有其中的《中国历代救荒大事年表》获得出版，这里所见是 2011 年商务印书馆出版的图书。
⑦ 徐钟渭：《中国历代之荒政制度》，《经理月刊》1936 年第 1 卷。
⑧ 王龙军：《中国历代灾况与赈济政策》，独立出版社 1942 年版。

2. 发展阶段：20 世纪 50—80 年代

随着新中国的建立，党中央提出让知识分子在社会主义现代化建设中发挥更大的作用，随后提出"双百"方针，促进了学术和文艺领域的发展，史学研究也迎来了新的局面。但是，"双百"方针并没有很好地坚持贯彻，一些学术问题被当成政治问题，甚至上升为阶级斗争问题进行批判，史学研究受到很大的影响。总体而言，在这一阶段，关于自然灾害史的研究数量上增长不多，但研究领域上有所突破，对气象灾害之外的灾害关注也有所增多，如地震灾害研究等。

在气象灾害研究方面，竺可桢把明清时期（1400—1900 年）称作"方志时期"，他以地方志为研究资料，以异常的严冬作为判断一个时期的气候标准，并会通徐近之的研究，通过对湖泊河流结冰期的研究，讨论异常气候及其所引发的灾害，对于气候历史学的研究有着不可磨灭的贡献①。徐近之根据长江下游地区河湖（如鄱阳湖等）周围地区的 665 种方志，做了长江流域河湖结冰年代的统计和近海平面的热带地区降雪落霜年数的统计，系统地整理了近两千年的气候历史记录，其中就有包含长江下游各省的气候资料②。张丕远、龚高法以对农业生产有严重影响的寒冬、霜冻、大旱、大涝等灾害性气象条件为指标，讨论近五百年我国气候时空变化的规律和特点③。

此外，1975 年中央气象局气象科学院利用我国丰富的历史文献，开展系统的古气候研究工作，编制成《中国近五百年旱涝分布图集》④，选择明清以来（1470—1979 年）近五百年的记录资料，通过整理史料，绘制成旱涝分布图集。其中包括的 510 幅逐年旱涝等级分布图，使我们可以在全国地图中，直观地考究明清时期长江下游地区的气候变化及其所引发的灾害，进而探讨五百年间本区域旱涝情况的总体特征、干湿交替的节奏。

---

① 竺可桢：中国近五千年来气候变迁的初步研究，《考古学报》1972 年第 1 期。
② 徐近之：《气候历史记载初步整理》，江苏省地理研究所 1976 年印。
③ 张丕远，龚高法：《十六世纪以来中国气候变化的若干特征》，《地理学报》1979 年第 3 期。
④ 陆用森：《〈中国近五百年旱涝分布图集〉评介》，《测绘学报》1986 年第 3 期。

除了气象灾害研究外，对地震频发导致灾害的研究成果也较多，其中代表性的成果主要有中国科学院地震工作委员会历史组于1954年、1960年和1971年编著的《中国地震资料年表》（上、下册）、《中国地震烈度表》和《中国地震目录》三部著作。在《中国地震资料年表》中，"采用年表体裁，以原资料记载的年月顺序编排"①，分别整理为各省份地方地震年表。值得一提的是，此书还在"每省（份）年表后各附一小结，就现有历史资料作出简单说明"②。其中就有江苏、安徽、浙江、江西和上海五省份的年表。以"安徽省地震年表"为例，该表记载了自"公元前179年至1951年的2130年的地震，凡310次，其中仅从明朝1368年到1956年破坏性地震就有19次"③。而后又在"编制《中国地震资料年表》同时，中国科学院地球物理研究所编制《全国震中分布图》，绘制等震线和总结全国每县地震状况，作出《中国历史上地震烈度分布图》"④。

关于虫灾研究的成果有郭郛的《中国古代的蝗虫研究的成就》⑤，该文分析古代的蝗灾情况，总括各典籍的记录，列出蝗灾出现次数众多的地区，包括江苏、浙红、安徽、河南、陕西、山东、河北、山西等省份，并提出应对策略。

这一研究阶段还出现了一些地方性的灾害研究资料。如安徽地区，根据安徽省府、州、县志记载，将安徽历史上近千年的自然灾害资料加以整理⑥，编著了《安徽地区历代旱灾情况》《安徽地区水灾历史记载的初步整理》《安徽地区风雹雪霜灾害记载初步整理》《安徽地区地震历史记载初步

---

① 中国科学院地震工作委员会历史组：《中国地震资料年表》（上册），科学出版社1954年版，第7页。

② 中国科学院地震工作委员会历史组：《中国地震资料年表》（上册），科学出版社1954年版，第8页。

③ 参见中国科学院地震工作委员会历史组《中国地震资料年表》（上册），科学出版社1954年版，第817页。

④ 竺可桢：《竺可桢全集》（第3卷），上海科技教育出版社2004年版，第323页。

⑤ 郭郛：《中国古代的蝗虫研究的成就》，《昆虫学报》1955年第2期。

⑥ 安徽省文史研究馆自然灾害搜集组：《安徽地区风雹雪霜灾害记载初步整理》，《安徽史学通讯》1960年第1期。

整理》《安徽地区蝗灾历史记载初步整理》① 等一系列研究安徽地区气象、地质、虫灾等的专门性著作。江苏地区，在史料的辑录方面主要有朱焕尧的《江苏各县清代水旱灾表》② 一文，对清代江苏地区的水旱灾害进行统计分析。

总之，这一阶段史学界对于灾害研究的重心主要集中在气象灾害和地震灾害上，对资料的辑录多于分析综合，对其他类型灾害的研究则相对薄弱，成果也较少。

3. 繁荣阶段：20 世纪 80 年代至今

20 世纪 80 年代之后，随着改革开放的进行与深入，学术界出现了思想解放热潮与生动活泼的局面，史学研究取得了新的进展。尤其是进入 21 世纪，有关灾害史的研究成果不断涌现，无论是在广度上还是在深度上都迈上了一个新的台阶。有关明清时期长江下游自然灾害的研究成果丰硕，限于篇幅，这里择其要而述之。

（1）资料的整理编纂

中国社会科学院历史研究所编纂的《中国历代自然灾害及历代盛世农业政策资料》③ 一书，包括中国历代自然灾害大事记与中国历代盛世农业政策两部分内容。在自然灾害大事记中，依灾害种类分为旱、水、虫、雹、风、疫、震及其他灾害，收录汉至元各代正史本纪及五行志、明清实录与清史稿等文献中的灾害史料，其中自汉至唐有灾必录，资自宋以降，只收录大灾。张兰生的《中国自然灾害地图集》④，分先秦至元代卷、明清卷、民国及中华人民共和国成立以后（至 1990 年）卷，将明史、明实录、清史稿、清实录以及方志中自然灾害资料加以整理，然后编绘成各类灾害地图。李文波的《中国传染病史料》⑤ 一书，根据我国疾病历史记录，介

---

① 分别见于《史学工作通讯》1957 年第 2 期、《安徽史学通讯》1959 年第 2 期、《安徽史学通讯》1960 年第 1 期、《安徽史学通讯》1959 年第 2 期、《安徽史学通讯》1959 年第 2 期。
② 朱焕尧：《江苏各县清代水旱灾表》，《江苏省立国学图书馆年刊》1934 年第 7 卷。
③ 中国社会科学院历史研究所资料编纂组编：《中国历代自然灾害及历代盛世农业政策资料》，农业出版社 1988 年版。
④ 张兰生：《中国自然灾害地图集》，科学出版社 1992 年版。
⑤ 李文波：《中国传染病史料》，化学工业出版社 2004 年版。

绍我国历代疾病概况，从秦以前直至民国，前后 2500 余年，包括疫情、疾病与战争的关系及历史上防疫治疫的概况。该书还介绍了霍乱及鼠疫这两种甲类传染病的流行简史，并着重在第四章中以年表的形式记述直至 1949年以前的疫史。来新夏主编的《中国地方志历史文献专辑·灾异志》① 一书，凡 90 卷，广收全国各地方志资料近三千种，收录其中有关灾害的资料，内容尤为丰富、翔实。国家图书馆出版社出版的《地方志灾异资料丛刊》②，从中国历代地方志中辑出有关灾异的资料，分为两编 47 册，其中于春媚、贾贵荣主编的第二编③，汇集华东地区八省份 700 多种方志的灾异资料，为研究华东地区历代灾害提供了便利。谢毓寿、蔡美彪的《中国地震历史资料汇编》④ 一书，收录了远古至 1980 年地震灾害原始史料。张波等编纂的《中国农业自然灾害史料集》⑤ 一书，搜罗宏富，被称为"记载中华民族五千年农业灾害历史的巨著"。楼宝棠主编的《中国古今地震灾情总汇》⑥ 一书，收集公元前 221—1994 年中国 1409 条地震灾情资料，是截至目前收集最全的地震灾情资料集。龚胜生的《中国三千年疫灾史料汇编》⑦ 对中国过去近三千年的疫灾史料进行了全面系统的搜罗和整理，对于每一次疫灾事件，从疫时、疫域、疫因、疫果、疫情、疫种六个维度的记录，是研究中国古代疾疫史的重要参考资料，它的出版具有填补空白的意义和工具书性的价值。上述资料性成果中都有丰富的有关明清长江下游自然灾害方面的内容。

这一研究阶段，还出版了有关江苏、江西和上海等地自然灾害的研究资料。如江苏地区，有施和金等编的《江苏农业气象气候灾害历史纪年

---

① 来新夏主编：《中国地方志历史文献专辑·灾异志》，学苑出版社 2010 年版。
② 贾贵荣、骈宇骞主编：《地方志灾异资料丛刊·第 1 编》，国家图书馆出版社 2010 年版。
③ 于春媚、贾贵荣主编：《地方志灾异资料丛刊·第 2 编》，国家图书馆出版社 2012 年版。
④ 谢毓寿、蔡美彪：《中国地震历史资料汇编》（第二、三卷），科学出版社 1985 年、1987 年出版。
⑤ 张波等编：《中国农业自然灾害史料集》，陕西科技出版社 1994 年版。
⑥ 楼宝棠主编：《中国古今地震灾情总汇》，地震出版社 1996 年版。
⑦ 龚胜生编著：《中国三千年疫灾史料汇编》，齐鲁书社 2017 年版。

（公元前 190 年—公元 2002 年）》① 一书，梳理了历史时期江苏农业气象灾害情况。江西地区，有江西省水利厅水利志总编辑室编纂的《江西历代水旱灾害辑录》② 一书，该书收集自东晋太元六年（381 年）至 1985 年 1600多年江西省历代水旱灾害史料。上海地区，有上海气象局等编的《华东地区近五百年气候历史资料》③，辑录了明代以来（1470—1975 年）长江下游五省份外加福建、台湾两地的气象资料；袁志伦等编的《上海近两千年洪涝风潮旱等灾害年表》④，记录了上海清朝至中华人民共和国成立前四百多年有关各种灾害的资料；袁志伦等的《上海近两千年洪涝风潮旱等灾害年表续表（1369—1647 年）》⑤，梳理了上海地区明代的灾害情况；火恩杰等主编的《上海地区自然灾害史料汇编：公元 751—1949 年》⑥，整理了上海地区 1198 年的灾害史料。

（2）综合研究

这一阶段，综合研究自然灾害的著作主要有宋正海等先后编写的《中国古代重大自然灾害和异常年表总集》《中国古代自然灾异动态分析》和《中国古代自然灾异群发期》⑦ 三部著作，其中《中国古代重大自然灾害和异常年表总集》一书，包括天文、地震、地质、气象、河湖水文、海洋、植物、动物等几个方面、252 个类别的灾害和异常现象史料年表，对历史上天、地、生（物）的一些异常现象和灾害异常进行分析研究，是我国第一部有关重大历史灾害和异常史料的多学科综合性工具书。《中国古代自然灾异动态分析》一书，用统一的尺度对 22 类主要自然灾异现象作动态分析，不但可供从事各种古今自然灾异的动态研究和规律性探讨者参考，

---

① 施和金等编：《江苏农业气象气候灾害历史纪年（公元前 190 年—公元 2002 年）》，吉林人民出版社 2005 年版。

② 江西省水利厅水利志总编辑室：《江西历代水旱灾害辑录》，江西人民出版社 1998 年版。

③ 上海气象局等：《华东地区近五百年气候历史资料》，上海气象局 1978 年印。

④ 袁志伦、金云编：《上海近两千年洪涝风潮旱等灾害年表》，《上海水利》1985 年第 1 期。

⑤ 袁志伦、金云编：《上海近两千年洪涝风潮旱等灾害年表续表（1369—1647 年）》，《上海水利》1985 年第 3 期。

⑥ 火恩杰等编：《上海地区自然灾害史料汇编：公元 751—1949 年》，地震出版社 2002 年版。

⑦ 宋正海等：《中国古代重大自然灾害和异常年表总集》，广东教育出版社 1992 年版；宋正海等：《中国古代自然灾异动态分析》《中国古代自然灾异群发期》，安徽教育出版社 2002 年版。

而且为几十种自然灾异之间的各种相关性的研究和发现提供基础资料和依据。《中国古代自然灾异群发期》一书，则试图对学术界有关中国古代自然灾异群发期研究成果进行第一次综合和集大成工作，内容十分广泛，包括"基本自然灾异群发期""自然灾异群发性机制探索""自然灾异群发期的基础理论方面研究"以及"地质时期和远古时期自然灾异群发期探索"四个方面。赫治清主编的《中国古代灾害史研究》①，收入国内外著名历史学家及少数年轻学者论文二十多篇，是研究中国古代自然灾害与对策的专题著作，内容涉及先秦至明清历代自然灾害灾情，以及历代赈灾防灾政策、灾害与农业、灾害对江南社会和国家科举制度的影响、荒政中的腐败、传统救灾体制转型和近代义赈兴起诸问题。李文海、夏明方主编的《天有凶年：清代灾荒与中国社会》②也是一部论文集，内容涉及"清代饥荒及其社会影响""清代官府救荒制度与实践""清代基层社会与民间御灾机制""官、民合办与中国救荒制度的近代转型"和"社会记忆、文化认同与清代救荒观念的变迁"等方面。袁祖亮主编的《中国灾害通史》③，共分8卷，论述起于先秦迄于清代末年的各种自然灾害，规模宏大，达530余万字，是我国目前出版的第一部灾害通史，填补了我国灾害通史研究方面的空白。相关研究成果还有李向军的《中国救灾史》④、冯贤亮的《明清江南地区的环境变动与社会控制》⑤、李文海的《中国荒政全书》⑥、孙绍骋的《中国救灾制度研究》⑦、张涛的《中国传统救灾思想研究》⑧、赵晓华的《救灾法律与清代社会》⑨、陈雪英等的《长江流域重大自然灾害及防治研究》⑩、张崇旺的《明清时期江淮地区的自然灾害与社会经济》⑪等。

---

①　赫治清主编：《中国古代灾害史研究》，中国社会科学出版社2007年版。

②　李文海、夏明方编：《天有凶年：清代灾荒与中国社会》，生活·读书·新知三联书店2007年版。

③　袁祖亮主编：《中国灾害通史》，郑州大学出版社2008—2009年陆续出版。

④　李向军《中国救灾史》，广东人民出版社、华夏出版社1996年分别出版。

⑤　冯贤亮：《明清江南地区的环境变动与社会控制》，上海人民出版社2002年版。

⑥　李文海、夏明方主编：《中国荒政全书》，北京古籍出版社2003年版。

⑦　孙绍骋：《中国救灾制度研究》，商务印书馆2004年版。

⑧　张涛等：《中国传统救灾思想研究》，社会科学文献出版社2009年版。

⑨　赵晓华：《救灾法律与清代社会》，社会科学文献出版社2011年版。

⑩　陈雪英等：《长江流域重大自然灾害及防治对策》，湖北人民出版社1999年版。

⑪　张崇旺：《明清时期江淮地区的自然灾害与社会经济》，福建人民出版社2006年版。

上述成果中有关明清长江下游自然灾害的研究内容十分丰富。

综合讨论自然灾害与荒政的论文有：李向军的《试论中国古代荒政的产生与发展历程》①，论述荒政的产生与发展历程。叶依能的《明代荒政述论》与《清代荒政述论》②，对于明清时期的荒政作系统的论述。卜风贤的《中国农业灾害史研究综论》③ 和邵永忠的《二十世纪以来荒政史研究综述》④ 二文，对我国农业灾害史、荒政史的研究状况进行了综述。陈桦的《清代防灾减灾的政策与措施》⑤，论述清政府在防灾减灾方面的政策与措施。张波的《中国农业自然灾害历史资料方面观》⑥，论述中国农业自然灾害史料文献特征及灾害学价值。庄华峰的《古代江南地区圩田开发及其对生态环境的影响》⑦，从生态环境视角论述圩田开发对自然灾害的影响。黄剑敏、庄华峰的《明清以来长江下游自然灾害与乡村傩舞祭祀活动》⑧ 一文，从婺源乡村傩舞这个新的视角出发，探讨分析明清以来长江下游自然灾害与乡村傩舞祭祀活动的关系。台湾学者罗丽馨的《明代灾荒时期之民生》⑨，以长江中下游为中心，借助丰富的史料讨论明代灾荒时期的民生状况以及由此引发的社会问题，论述了官府的应灾举措及其局限性。相关论文还有张崇旺的《徽商与明清时期江淮地区的荒政建设》⑩、吴春香的《〈小海场新志〉所见明清淮南小海场的灾荒与赈济》⑪、张介明的《我国

　　① 李向军：《试论中国古代荒政的产生与发展历程》，《中国社会经济史研究》1994 年第2 期。

　　② 分别见于《中国农史》1996 年第4 期、1998 年第4 期。

　　③ 卜风贤：《中国农业灾害史研究综论》，《中国史研究动态》2001 年第2 期。

　　④ 邵永忠：《二十世纪以来荒政史研究综述》，《中国史研究动态》2004 年第3 期。

　　⑤ 陈桦：《清代防灾减灾的政策与措施》，《清史研究》2004 年第3 期。

　　⑥ 张波：《中国农业自然灾害历史资料方面观》，《中国科技史料》1992 年第3 期。

　　⑦ 庄华峰：《古代江南地区圩田开发及其对生态环境的影响》，《中国历史地理论丛》2005 年第3 期。

　　⑧ 黄剑敏、庄华峰：《明清以来长江下游自然灾害与乡村傩舞祭祀活动》，《求索》2013 年第11 期。

　　⑨ 罗丽馨：《明代灾荒时期之民生》，《史学集刊》2000 年第1 期。

　　⑩ 张崇旺：《徽商与明清时期江淮地区的荒政建设》，《安徽大学学报》（哲学社会科学版）2009 年第5 期。

　　⑪ 吴春香：《〈小海场新志〉所见明清淮南小海场的灾荒与赈济》，《长江大学学报》（社会科学版）2015 年第12 期。

古代应对自然灾害风险的"荒政"探析》①、张颖华的《清代自然灾害危机应对策略研究》②、徐建青的《清代康乾时期江苏省的蠲免》③、吴滔的《论清前期苏松地区的仓储制度》④、余新忠的《道光时期江苏荒政积弊及其整治》⑤、赵思渊的《道光朝苏州荒政之演变：丰备义仓的成立及其与赋税问题的关系》⑥ 等。

（3）分类研究

在这一阶段，分灾种研究灾害的成果亦复不少，研究内容主要涉及气象灾害（水、旱、雹、风、寒）、震灾、虫灾与疫灾等方面。

在气象灾害方面，有温克刚主编的《中国气象灾害大典》⑦ 一书，此书收集大量气象资料，通过综合分析，评述其影响，全面反映我国几千年来的气象灾害。胡明思、骆承政主编的《中国历史大洪水》⑧ 一书，选取自1482—1985年91次具有代表性的大洪灾，分次介绍其雨情、水情、灾情等。国家防汛抗旱总指挥部办公室等编写的《中国水旱灾害》⑨，吸收既有的研究成果，全面分析我国历史上及现、当代的水旱资料。谢永刚的《中国近五百年（1470—1990）重大水旱灾害对社会影响及减灾对策研究》⑩，整理出历史上重大水旱灾害年的划分及时空分布特点，并分析水旱灾害的影响及其应对情况。地震灾害的研究成果有国家地震局地球物理研究所编写的《中国历史地震图集》⑪ 一书，该书将历史上的破坏性地震，以等震线形式尽可能的表现在当时的地理图上，并附简要文字说明。刁守

① 张介明：《我国古代对冲自然灾害风险的"荒政"探析》，《学术研究》2009年第7期。
② 张颖华：《清代自然灾害危机应对策略研究》，《求索》2011年第6期。
③ 徐建青：《清代康乾时期江苏省的蠲免》，《中国经济史研究》1990年第4期。
④ 吴滔：《论清前期苏松地区的仓储制度》，《中国农史》1997年第2期。
⑤ 余新忠：《道光时期江苏荒政积弊及其整治》，《中国农史》1999年第4期。
⑥ 赵思渊：《道光朝苏州荒政之演变：丰备义仓的成立及其与赋税问题的关系》，《清史研究》2013年第2期。
⑦ 温克刚主编：《中国气象灾害大典》，气象出版社2008年版。
⑧ 胡明思、骆承政主编：《中国历史大洪水》（上、下卷），中国书店1988年、1992年版。
⑨ 国家防汛抗旱总指挥部办公室等编：《中国水旱灾害》，中国水利水电出版社1997年版。
⑩ 谢永刚：《中国近五百年（1470—1990）重大水旱灾害对社会影响及减灾对策研究》，黑龙江科学技术出版社2001年版。
⑪ 国家地震局地球物理研究所编：《中国历史地震图集》，中国地图出版社1990年版。

中等的《中国历史有感地震目录》① 一书，通过分析史料，共整理出自公元前 618 年（鲁文公九年）至 1949 年有感地震目录 9121 条。相关成果还有张秉伦、方兆本主编的《淮河和长江中下游旱涝灾害年表与旱涝规律研究》②、黎沛虹等的《长江治水》③、张玉玲等的《明清时期长江流域气象气候变迁》④、晏朝强等的《1849 年中国东部地区雨带推移与长江流域洪涝灾害》⑤ 等。

关于蝗灾研究的成果，主要有章义和的《中国蝗灾史》⑥ 一书，在采集史籍方面，以正史为主，辅之以方志等地方文献，在研究方法上，将整体研究与个案研究相结合，系统研究与数据分析相结合，是一部全方位、多层次研究蝗灾的专著。李钢的《蝗灾·气候·社会》⑦ 一书，在全面整理与客观分析历史蝗灾记录信息的基础上，通过"面—线—点"研究蝗灾的时空分布、时间序列和典型个案，探讨历史上蝗灾对气候环境变化的响应机制，揭示蝗灾频发的环境意义和社会影响，最后结合近现代生物学实验结果作出科学的生态解释，指明不同特征时期环境灾害危机对气候变化的响应。相关著作还有赵艳萍的《清代蝗灾与治蝗研究》、孟红梅的《明代蝗灾与治蝗研究》⑧ 等。

疫灾研究也有学者涉猎，相关成果有张剑光的《三千年疫情》⑨ 一书，通过整理自先秦至清后期 3500 余年瘟疫发生与防救情况，并总结出瘟疫的发生和传播规律。余新忠的《清代江南的瘟疫与社会——一项医疗社会史的研究》⑩ 一书，突破以往研究中国医疗史单纯以医疗现象为研究对象的

① 刁守中等：《中国历史有感地震目录》，地震出版社 2008 年版。
② 张秉伦、方兆本主编：《淮河和长江中下游旱涝灾害年表与旱涝规律研究》，安徽教育出版社 1998 年版。
③ 黎沛虹等：《长江治水》，湖北教育出版社 2004 年版。
④ 张玉玲等：《明清时期长江流域气象气候变迁》，《科技信息》2006 年第 4 期。
⑤ 晏朝强等：《1849 年中国东部地区雨带推移与长江流域洪涝灾害》，《第四纪研究》2012 年第 2 期。
⑥ 章义和：《中国蝗灾史》，安徽人民出版社 2008 年版。
⑦ 李钢：《蝗灾·气候·社会》，中国环境出版社 2014 年版。
⑧ 分别由华南农业大学出版社于 2004 年、2005 年出版。
⑨ 张剑光：《三千年疫情》，江西高校出版社 1998 年版。
⑩ 分别由中国人民大学出版社 2003 年出版、北京师范大学出版社 2014 年出版。

局限，而把医疗现象纳入"地区社会史"的研究框架。它以清代江南地区为时空断限，把瘟疫的传播视为一种社会表现形式而非仅仅是医学关注的疾病现象；把抵抗瘟疫的过程与官府、地方精英及底层民众的反应策略联系起来加以考察，十分细腻地展示出江南社会变迁的另类图景。陈旭的《明代瘟疫与明代社会》① 一书，通过分析明代瘟疫的传播与防救，揭示瘟疫与社会的关系。

　　这一阶段的灾害史研究成果除以上这些专著外，还有很多单篇论文，其中在气象灾害（水、旱、雹、风、寒）研究方面，李家年等的《安徽省长江流域近500年水旱灾害浅析》②，分析了明清时期安徽长江流域水旱灾害情况。王日根的《明清时期苏北水灾原因初探》③ 一文，详细分析江苏北部地区的水灾发生的原因。张红安的《明清以来苏北水患与水利探讨》④ 一文，探讨明清以来苏北水利工程兴修对水灾发生的影响。赵树森、刘自清的《江西省近五百年干旱分析》⑤ 一文，分析江西省近五百年来干旱的时空变化规律。文晓燕的《江西古代水旱灾害频繁原因的初探》⑥ 一文，讨论江西古代灾害频发的缘由。陈书云的《清代江西灾害探略》⑦ 一文，探讨清代江西的灾害及其影响与救灾。沈锦花等的《浙江省近534年旱涝发生规律及突变分析》⑧，采用1470—1979年五百年旱涝史资料，分析浙江近534年的旱涝灾害。曹罗丹等的《明清时期浙江沿海自然灾害的时空分异特征》⑨，辑录明清时期浙江沿海地区自然灾害历史资料并对之进行统计分析。汪佳伟等的《上海近五百年旱涝等级演变及其影响因子分析》⑩，

---

①　陈旭：《明代瘟疫与明代社会》，西南财经大学出版社2016年版。

②　李家年等：《安徽省长江流域近500年水旱灾害浅析》，《人民长江》2000年第7期。

③　王日根：《明清时期苏北水灾原因初探》，《农业考古》1995年第3期。

④　张红安：《明清以来苏北水患与水利探讨》，《淮阴师范学院学报》2000年第6期。

⑤　赵树森、刘自清：《江西省近五百年干旱分析》，《江西师范大学学报》（自然科学版）1985年第4期。

⑥　文晓燕：《江西古代水旱灾害频繁原因的初探》，《江西农业学报》1998年第10期。

⑦　陈书云：《清代江西灾害探略》，《南方文物》2007年第4期。

⑧　沈锦花等：《浙江省近534年旱涝发生规律及突变分析》，《气象》2005年第10期。

⑨　曹罗丹等：《明清时期浙江沿海自然灾害的时空分异特征》，《地理研究》2014年第9期。

⑩　汪佳伟等：《上海近五百年旱涝等级演变及其影响因子分析》，中国气象学会第七届副热带气象学术业务研讨会，南京，2011年。

对上海旱涝等级演变及旱涝异常的环流影响进行综合研究等。相关论文还有张琨佳等的《中国清代历史水灾时空特征研究》①，孔冬艳等的《明清时期中国沿海地区海潮灾害研究》②，贾铁飞、施汶好等的《近600年来巢湖流域旱涝灾害研究》③，以及龚高法等的《十八世纪我国长江下游等地区的气候》④，等等。

在蝗灾研究方面，如满志敏的《明崇祯后期大蝗灾分布的时空特征探讨》⑤，探讨明代末期大蝗灾分布的时空特征。郑云飞的《中国历史上的蝗灾分析》⑥，分析历史文献中有关蝗虫及蝗灾记录。赵艳萍的《中国历代蝗灾与治蝗研究述评》⑦，探究历代蝗灾及其治蝗思想、政策与措施。相关论文还有郑民德等的《捕蝗与灭蝗：明代农业灾荒中的国家、官府与基层社会》⑧ 等。

疫灾研究方面也取得了不少成果，如张志斌的《古代疫病流行的诸种初探》⑨ 对古代疫病流行因素进行了探索，对中国历代疫情发生情况作了统计，并分析其与政局、战争、地理环境、人口、灾荒、民俗、防疫措施等因素间的关系，为医史学界疾疫史研究开辟了新天地。曹树基的《鼠疫流行与华北社会变迁（1580—1644）》⑩ 一文认为，明末流行的疫病为鼠疫，华北地区的两次鼠疫造成了1000余万人死亡，并探讨了明王朝的灭亡与万历年间的鼠疫和社会动荡的关系。李永宸、赖文的《霍乱在岭南的流

---

① 张琨佳等：《中国清代历史水灾时空特征研究》，《自然灾害学报》2015年第4期。
② 孔冬艳等：《明清时期中国沿海地区海潮灾害研究》，《自然灾害学报》2016年第5期。
③ 贾铁飞、施汶好等：《近600年来巢湖流域旱涝灾害研究》，《地理科学》2012年第1期。
④ 汪润元等：《清代长江流域人口运动与生态环境的恶化》，《学术季刊》1994年第4期；史德明：《长江流域水土流失与洪涝灾害关系剖析》，《水土保持学报》1999年第1期；黄忠恕：《长江流域历史水旱灾害分析》，《人民长江》2003年第2期；颜停霞等：《清代长江三角洲地区重大台风的对比分析》，《热带地理》2014年第3期等。
⑤ 满志敏：《明崇祯后期大蝗灾分布的时空特征探讨》，《历史地理》第6辑，上海人民出版社1988年版。
⑥ 郑云飞：《中国历史上的蝗灾分析》，《中国农史》1990年第4期。
⑦ 赵艳萍：《中国历代蝗灾与治蝗研究述评》，《中国史研究动态》2005年第2期。
⑧ 郑民德等：《捕蝗与灭蝗：明代农业灾荒中的国家、官府与基层社会》，《农业考古》2013年第1期。
⑨ 张志斌：《古代疫病流行的诸种初探》，《中华医史杂志》1990年第1期。
⑩ 曹树基：《鼠疫流行与华北社会变迁（1580—1644）》，《历史研究》1997年第1期。

行及其与旱灾的关系》① 对清末年间岭南霍乱病的流行进行了探讨，认为
霍乱主要由缅甸、泰国经海路途径传入我国沿海地区，主要在旱灾发生时
流行。李玉尚、曹树基的《咸同年间的鼠疫流行与云南人口的死亡》② 一
文，运用20世纪50年代有关鼠疫的调查报告及其相关资料，论述了清代
战争期间鼠疫的流行对中国人口和社会变动造成的影响，并对战时鼠疫造
成大量人口死亡的原因进行分析，提出战争也是一场"生态灾难"的论
断。余新忠的《清代江南瘟疫对人口之影响初探》③ 一文提出，瘟疫是中
国历史上影响人口发展最具威慑力的"冷面杀手"，认为对清代瘟疫给江
南地区造成的人口损失不宜估计过高，指出在疫病模式比较稳定的时期和
地区，疫灾的产生不会造成结构性的影响。他的另一篇论文《咸同之际江
南瘟疫探略——兼论战争与瘟疫之关系》④ 论及咸同之际的疫灾造成百万
人罹难，认为战争是太平天国时期瘟疫发生最关键的因素，且瘟疫的发生
延缓了战争的进程。李玉尚的《传染病对太平天国战局的影响》⑤ 一文，
论述了传染病对太平天国战争进程、战区人口及军队的影响，从而得出了
传染病延缓了战争进程的结论。李玉尚的《地理环境与近代江南地区的流
行病》⑥ 一文认为，江南地区疫灾频繁发生，与该地区特殊的地理环境尤
其是水环境状况息息相关。李丽华等的《明清医家治疫特色研究》⑦ 一文
指出，"准""快""狠"是明清辨治疫病的整体特色，探讨明清时期温疫
学派辨治疫病的方法与特色，为现代临床治疗传染性疾病提供了借鉴与参
考。郑春素的《明清瘟疫学派治疫特色》⑧ 一文认为，明清时期的瘟疫学

---

① 李永宸、赖文：《霍乱在岭南的流行及其与旱灾的关系》，《中国中医基础医学杂志》2000
年第3期。

② 李玉尚、曹树基：《咸同年间的鼠疫流行与云南人口的死亡》，《清史研究》2001年第
2期。

③ 余新忠：《清代江南瘟疫对人口之影响初探》，《中国人口科学》2001年第2期。

④ 余新忠：《咸同之际江南瘟疫探略——兼论战争与瘟疫之关系》，《近代史研究》2002年
第5期。

⑤ 李玉尚：《传染病对太平天国战局的影响》，（台北）《"中央"研究院近代史研究所集
刊》，第45期，2005年。

⑥ 李玉尚：《地理环境与近代江南地区的流行病》，《社会科学研究》2005年第6期。

⑦ 李丽华、肖林榕、翁晓红：《明清医家治疫特色研究》，《江西中医学院学报》2007年第
1期。

⑧ 郑春素：《明清瘟疫学派治疫特色》，《河南中医学院学报》2007年第2期。

派医家治疫有着独特的经验，他们对瘟疫病因、病机及诊断的认识，形成了独具特色的治疗体系，提出治疫原则和治疫方药，为有效控制瘟疫的流行做出了重要贡献。余新忠的《从避疫到防疫：晚清因应疫病观念的演变》① 一文认为，在近代西方文明的冲击下，晚清人们应疫观念由消极的避疫转变为积极的防疫，指出晚清时期人们在采用西方先进手段防疫时忽略了其实施过程中的可行性和必要性。唐力行、苏卫平的《明清以来徽州的疾疫与宗族医疗保障功能——兼论新安医学兴起的原因》② 一文，着重探讨了徽州宗族在医疗方面所建立的疾病预防、医疗和救助的较为完善的医疗体系，认为徽州宗族的长期延续一定程度上体现了医疗体系的保障功能，同时也促进了新安医学的发展。李玉尚的《清末以来江南城市的生活用水与霍乱》③ 一文指出，霍乱的发生与城市水污染关系密切，从而进一步证实地理环境是疫灾发生的主要因素之一。台湾学者梁其姿的《中国麻风病概念演变的历史》④ 一文指出，从"大风"发展到"麻风"的这众多疫病类别，虽然在不同时代可能有不同的表现形式，但是其一惯性，其密切的联系，完全是有历史遗迹可循的。认为疾病概念的形成，关涉着复杂的社会文化因素。

上述成果为进一步深化本课题研究奠定了一定的基础，但既有研究尚存在以下几方面的不足：一是零散、简略和依附性的论述较多，系统全面的主题性研究较少；二是关注地形、气候、水系等自然因素的比较多，而对人类活动等社会因素与自然灾害发生间的关系、特别是对自然灾害与乡村社会互动关系的探讨注意不够；三是对灾害史一般性的描述较多，而对灾害与乡村社会之间的互动关系研究较少；四是运用现代灾害学、经济学、社会学、政治学、管理学、人口学等相关学科的理论和方法进行跨学科研究还不够。因此，加强本课题研究将有助于填补和完善这一研究领域

---

① 余新忠：《从避疫到防疫：晚清因应疫病观念的演变》，《华中师范大学》（人文社会科学版）2008 年第 2 期。

② 唐力行、苏卫平：《明清以来徽州的疾疫与宗族医疗保障功能——兼论新安医学兴起的原因》，《史林》2009 年第 3 期。

③ 李玉尚：《清末以来江南城市的生活用水与霍乱》，《社会科学》2010 年第 1 期。

④ 参见梁其姿《中国麻风病概念演变的历史》，载（台北）《"中央"研究院历史语言研究所集刊》，第 70 本第 2 分，第 399—438 页。

的不足。

三　资料来源

收集与充分占有资料是进行史学研究的前提。本课题在开始研究之前，在资料收集方面下了一番功夫，汇编了《明清时期长江下游自然灾害资料集》，凡百余万字，这些资料大致分以下几类。

（一）官书、政书类

主要包括正史、实录、政书等。历史上长江下游地区开发较早，该地区这些历史文献的积累相当丰富。其中正史中的自然灾害特别是水旱灾害方面的史料是本项目研究重要的资料来源。在正史方面汉代以降有关该地区自然灾害的记载就较为丰富、具体，从时间的连续性上看，较为完整的记录则自宋以后，而且自宋代以后正史中所记自然灾害发生的行政区划与今天出入也不大。

（二）方志类

现存的大量明清时期长江下游的地方志包括各省的通志、府（州）志、县志、乡镇志等，是记载该地区自然、社会经济活动的重要文献，是本项目研究最重要的资料之一。地方志中的灾害资料，与正史中的灾害资料相比有这样几个显著的特点：一是各地方志的编撰者对本地区的历史沿革和变迁，大都作过比较缜密的考证，"地近则易核，时近则迹真"（章学诚语），而且都具备灾时、灾区和灾情三个方面的内容，因而相对来说资料较为可信。二是地方志资料记载的范围具体、明确，记载的灾害资料大部分较为详细，因为它们大量吸收了其他水利著作、笔记、奏疏等文献中的有关灾害信息，这有助于我们对当时灾害规模、灾害程度进行定量分析。三是在地方志中，有关灾害的信息较为丰富，诸如水旱灾害、虫灾、农作物灾害、疫疠流行等都有记载，这为我们对长江下游地区的灾害进行全面、系统的研究提供了条件。在明清长江下游的地方志中，自然灾害的资料主要见于"水利""海塘""仓储""恤政""义行""灾异"

"灾祥""祥禄""祥异志""善举""孝义""祠祀"等门类中，而有关灾后疫病暴发及传播的资料则主要包含于"祥异志""杂志""风俗""庙坛""艺文""方技""人物"等内容中，这些资料弥足珍贵。

（三）文集、笔记、杂录等类

明清时期保留下来的大量文集、笔记、杂录等，是了解长江下游地区灾荒情况的绝好资料，这些资料在正史、实录、档案中是很难找到的。对于这类资料，虽然早就引起人们的关注，但由于收藏分散，而且其内容又十分庞杂，故而目前人们对其发掘利用还远远不够。本项目在研究中，从此类文献中获益不少。比如，现藏于浙江省图书馆的《芷湘日谱》①，系清代学者、画家管庭芬（1797—1880）所作，它是一个晚清地方中下层文人具体生活历程的生动写照。管庭芬是浙江海宁路仲人，与同时代的读书人一样，他把科举考试作为自己人生的出路，但他屡次参加科举均未高中，最终仍是生员出身。作为一名中下层知识分子，校抄古籍成为管庭芬谋生的重要途径，这也是他一生中最有影响的活动，并因此与当时名士蒋光煦、钱泰吉等过从尤多。管庭芬的《芷湘日谱》逐年逐月逐日记载了五十多年间其所见所闻，这在现存古代人物的日记中实属罕见。书中所收入管庭芬及其所交往的许多人的诗文作品，特别是管庭芬本人在数十年间所作的诗文，基本都被收录其中，可以说是一部多人诗文作品集。管庭芬的诗文中有不少是描写民生和时局变化的，如道光三十年（1850 年）八月十八日，因为连夜暴雨成灾，米价飞涨，管庭芬即作《骤雨纪灾》七古一章云："黑云垂水秋风号，老屋欲仆愁索绹。天河倒卷势难遏，瓦沟入夜喧飞涛。急雨连宵泼不止，高岸陡添一丈水。鱼游平地萍没阶，何意淫霖复如此。或称蛟蜃裂山出，又传海潮啸且溢。往来赤足踏洪波，烟雾迷蒙树影失。去岁天灾未成熟，今岁祸机更隐伏。桔槔处处响遥村，着力使苏将绽谷。书生睹此增惨戚，米估今朝已闭籴。黄粱一石价七千，薪湿难炊溜仍滴。吁嗟乎，雨师何苦鞭痴龙，不分阡陌风波汹。田家指望租粮缓，共

---

① 管庭芬著《芷湘日谱》于 2013 年由中华书局出版，易书名为《管庭芬日记》。

诉官衙约老农。"① 书中这方面的内容十分丰富。此外，正如竺可桢《中国近五千年来气候变迁的初步研究》②，用《袁子修日记》《北游录》等日记中的气象记录，作为研究一地气候变迁的一手资料，《管庭芬日记》五十一年中的详尽气象记录，也是研究浙江海宁一地气候变迁、自然灾害的重要资料。此外，像《历代笔记小说大观》《清代笔记史料》《明清笔记丛书》等，也都是本项目研究的重要资料来源。

(四) 资料汇编类

各个时期编成的资料集种类很多，这里择其要者予以介绍。《清稗类钞》(中华书局，1984) 专门有"疾病灾害"类，此外，"风俗"和"迷信"等类中也有相关资料。《清诗铎》(中华书局，1960) 内容涵盖岁时、善政、田家、灾荒、义行、风俗、丧葬、掩埋、疾病等方面，其中涉及灾害、灾害救助及疾疫史的资料相当丰富，此外本书按类编排的方式也为我们利用清诗提供了极大的方便。上海、苏州的碑刻资料也保存有一些有关自然灾害、灾后疾疫及救助的资料③。近年来，一些学者所编纂的几部大型荒政文献，为我们的研究提供了便利。如李文海、夏明方主编的《中国荒政全书》(第二辑) (北京古籍出版社，2003)，辑录宋元明清时期刊行的救荒文献，按成书年代或初次刊行的顺序编排，分卷出处，资料价值不言而喻。来新夏主编的《中国地方志历史文献专辑·灾异志》(学苑出版社，2009)，专门收录地方各种文献中有关灾害的资料，内容丰富、翔实，连续性好，为本项目研究提供了大量的、系统的第一手原始文献。

① 管庭芬：《管庭芬日记》(张廷银整理)，中华书局2013年版，"前言"第6—7页。
② 竺可桢：《竺可桢文集》，科学出版社1979年版，第475—498页。
③ 江苏省博物馆编：《江苏省明清以来碑刻资料选集》，江苏人民出版社1959年版；上海博物馆图书资料室编：《上海碑刻资料辑》，上海人民出版社1980年版；苏州历史博物馆、江苏师范学院历史系、南京大学明清史研究室合编：《明清苏州工商业碑刻集》，江苏人民出版社1982年版；王国平、唐力行主编：《明清以来苏州社会史碑刻集》，苏州大学出版社1998年版。

四　研究区域的界定

对于区域史研究而言，合理而明确地划分所研究区域的地域范围，是研究者在开展研究前必须要考虑好的。目前学术界对于研究区域的划分，见仁见智，但总的来看，其划分方法主要有两种：一是以地理学中的自然区域来划分，主要是以河流、山脉、平原、森林、草原等地形、地貌为基础加以划分。二是以历史上的行政区划为依据。而历史上行政区划的形成和发展变化，往往是与该地区的经济社会发展水平相一致的，因而这种行政区划的划分是动态的而非一成不变的。因此，研究区域的划分既要考虑到自然地理条件，又要兼顾行政区划的要素，最好能够把两者统一起来。本书研究的对象是自然灾害及其因农业收成之丰歉——自然与特定年份里是灾害频仍抑或风调雨顺密切相关——衍生的乡村社会现象，因而仅仅把所研究的地理范围局限于长江的下游干流和支流的集雨面积之内，则会使读者产生某种只见树木不见森林，只摸到大象的鼻、尾、肢、体而不识大象整体的感觉，这就迫使本书要把研究触角延伸到仅从地理上看并不属于长江下游的相关相邻区域。

长江是一个干流长、支流多的庞大水系，从青藏高原唐古拉山脉主峰格拉丹冬雪山西南侧的发源地到上海市吴淞口的入海口，习惯上分为上、中、下游三大段，即从长江正源沱沱河至湖北省宜昌的江段为上游，宜昌至江西省湖口的江段为中游，湖口以下至长江入海口的江段为下游。长江下游流经安徽省境内的江段称为皖江，自江苏省扬州、镇江以东的江段称为扬子江。本项目研究的区域主要是长江下游流域所括范围，同时也要涉及跟这一流域有各种关联的区域。这些关联包括：气象上的关联，如夏初，下扬子（江浙）台坳对雨云的滞留引发长江流域山洪暴发；夏末和秋季台风登陆地在福建沿海，则引发长江下游上半段的赣江流域直至江北大别山区的山洪乃至地质灾害，而在浙江沿海登陆，则引发安徽皖江下游的水灾。流域的关联，如汛期洞庭湖和赣江鄱阳湖的客水与长江下游的高水位和涝灾息息相关；又如，因12世纪黄河堤防冲决而洪水泛滥，进而黄河夺淮河入海口入海而造成原淮海下游的地形紊乱，再进而使直接入海的淮河再也没有单独的入海口，而只能借古运河入长江借道入海，这就使安徽、江苏 2 省的淮河流域这个上消化系统"感冒"，而江苏的今扬（州）泰（州）地区作为下消化系统则暴发急"腹疼"乃至"痢疾"。在行政区划上，本项目的研究范围大致包括今上海市、浙江省全境、安徽省全境、江苏省大部分和江西省一部分。历史政区则包括明南直隶、清初江南省的 12 个府和 2 个州：应天府、苏州府、松江府、常州府、镇江府、扬州府、庐州府、安庆府、徽州府、太平府、宁国府、池州府与广德州、和州①，到清代增加了太仓州和通州；浙江省的 11 个府：杭州府、嘉兴府、温州府、衢州府、台州府、绍兴府、处州府、金华府、严州府、湖州府、宁波府；江西的 4 个府：信州府、九江府、南康府、饶州府。除江西四府以外，又正好对应于今天广义上的长三角经济区，因此本课题也由此增强了某种现实的镜鉴功能和作用。

五　基本思路与分析框架

本课题是一个区域性灾害的实证研究，即运用多学科的理论和方法，以明清长江下游自然灾害与乡村社会之间的互动关系为核心，揭示灾害在乡村社会诸层面的扩散过程、演变规律及其特点，政府与民间应对灾害的机制、特点及其成效，以及灾害与乡村社会之间互动的具体机制及其广度与深度，努力将长江下游的灾害史研究扎扎实实向前推进一步，使之成为灾害与乡村社会互动关系研究的典型个案。

地方乡村社会是一个整体，需要我们用整体史的方法进行综合研究。由于本项目兼跨多学科的内容，因而需要综合运用历史学、历史地理学、灾害学、经济学、社会学、管理学等多学科的理论与方法。历史学的研究方法是最基本的方法，主要是从时间序列与空间差异等方面对于研究所需要的历史资料进行详细的清理、考辨和分类，以期复原明清时期长江下游自然灾害的基本状况；历史地理学的方法主要用来考察森林、植被、河湖水系的变迁及其对自然灾害的影响；由于研究内容涉及灾害防治和灾害善

---

① 明代的直隶州与府是平级的行政单位，与低一级的散州有所不同。

后过程中所发生的一系列社会经济关系，因此需运用经济学特别是灾害经济学的相关理论与方法加以解析；社会学的研究方法在研究国家政权、基层社会组织（如地方政府官员、士绅、宗族等）在抗灾、救灾过程中的作用方面是必不可少的。并注意将整体研究与个案研究结合起来，既对自然灾害打击下的乡村社会作整体描述，又对典型性灾害进行个案研究。同时将自己融入乡村社会的特殊历史情景中去，以"了解之同情"的态度去认识灾害环境下中国乡村的实态。

本课题将研究时段界定在明清时期（约1368—1911年），空间范围则以自然地理概念上的"长江下游地区"为基本框架。课题组在充分掌握相关史料的基础上，坚持历史学的实证主义精神，同时借鉴相关学科的理论方法，在相互联系的整体史观的关照下展开研究。鉴于农村与自然灾害关系的密切程度及其在传统社会中的主导性地位，本项目的研究也主要以乡村为中轴而展开。主要内容大体包括六个方面：

第一，论述自然灾害的概况与成因。对明清时期长江下游地区发生的诸多灾害，按文献记载的发生年代之次序做全面、缜密的梳理，弄清其基本情况，诸如灾害的宏观趋势、灾害发生的时间序列及其空间分布、灾害的共生性和群发集中性等。同时对此时期本地区自然灾害频发的原因进行探讨。自然地理和气候特点是致灾的最主要因素，宏观天气和天象异常与本地区自然灾害特别是旱涝灾害的发生关系至密。但在明清时期，真正导致本地区灾害规模不断扩大的还是社会因素，时人的不合理开发，特别是围湖造田、乱砍滥伐给长江下游的生态造成不可逆转的破坏，水土流失直接导致该地区水旱灾害的频发。通过研究，揭示该地区人口发展—资源紧张—盲目开发—环境恶化—灾害频发的历史演进过程。

第二，探讨自然灾害的一般规律和特点。毋庸置疑，自然灾害的发生有它的随机性、偶然性和突发性，但通过研究我们发现，自然灾害的发生、发展过程及其影响，在相对较广泛的区域内和特定的社会历史阶段中，还是有规律可循的，其特点也是可以探究的。首先，本地区历史上是一个旱涝易发的地区，而且涝的发生次数要多于旱的发生次数，涝多于旱是本地区的第一个灾害特征。其次，灾害在时间分布上具有明显的季节性，即夏秋两季是旱涝最易发生的时期，冬季发生旱涝的可能性相对较小①。再次，从自然灾害的区域分布和持续性看，整个长江下游地区所有州县都有灾害发生，受灾范围极为广泛，主要表现为各种自然灾害在多地同时发生，覆盖的地理区域或遭受破坏的区域很广，可谓无地不成灾。同时，本地区自然灾害的持续时间往往较长，具体表现为连续数日、数十日乃至数月，甚至持续达数年之久。最后，此时期长江下游地区旱涝灾害的次生和衍生灾害十分常见，且种类很多，而这类灾害的发生又往往加重了原发灾害的灾情。由于衍生和次生灾害的共同作用，旱涝灾害的发生和发展就存在着链式演变的规律②。

第三，考察灾害环境下乡村社会的危机。主要包括两个方面：人口变动和乡村秩序崩坏。就灾害对乡村人口的影响看，明清长江下游地区的自然灾害对人口造成的损失十分惊人，其中尤以水灾、疫灾为甚。因灾造成人员的大量死亡成为非常严重的社会问题，它并没有因为这一时期社会生产力的提高、国家荒政措施的相对完善而有所改善。同时，灾害吞噬着土地、庄稼、房屋和牲畜，乡村社会的生存环境变得极其恶化，有幸逃过死亡之劫的乡民，在粮食匮乏、居所被毁的情况下，有时只能加入逃荒队伍，远徙他乡乞食，从而加剧灾区人口的流动，造成灾区人口数量的不断下降；而那些安土重迁、仍固守家园的乡民，因不断受到饥荒、疾疫的侵袭，精神上和肉体上饱受折磨，身心健康受到严重影响，普遍出现身体素质下降、心理濒临崩溃、行为趋于失范等人口素质下降诸方面的问题。

在灾害与乡村秩序的崩坏方面，肆虐的水旱等自然灾害，给明清长江下游地区农业生产赖以为继的人力资源和畜力资源造成巨大减损，并直接侵蚀着田地及田地上的农作物，造成田地荒芜、农作物减产或无收，严重影响农业生产的正常进行；另一方面，灾区人口的减损和外流，导致土地兼并加剧，乡村地权因灾急剧变动，而粮价上涨等又会冲击原本脆弱的小农经济，造成经济秩序的紊乱。此外，灾害还影响乡村社会的政治生活，

---

① 张秉伦、方兆本主编：《淮河和长江中下游旱涝灾害年表与旱涝规律研究》，安徽教育出版社1998年版，第281—282页。

② 张秉伦、方兆本主编：《淮河和长江中下游旱涝灾害年表与旱涝规律研究》，安徽教育出版社1998年版，第281—282页。

政治上的腐败也渗透到本地区地方政府的荒政之中，如在水利兴修、积谷备荒等防灾备灾环节，报灾、勘灾等灾情勘报环节，赈济、蠲免等救灾环节，府县政府多存在执行不力、阳奉阴违、营私舞弊的现象。可以说，这些发生在历时两千多年的中国传统社会中的腐败事情、现象，又不断地在明清两代的长江下游地区一遍遍重演。

第四，考察灾害视域下农民的生活状况。内容涵盖三个方面：乡村生活、社会冲突和社会控制。在乡村生活方面，明清时期，造成长江下游农民生活困苦的原因很多，但频繁发生的自然灾害无疑是其中一个重要因素，自然灾害是制约和影响乡村社会经济发展、地区稳定的重要因素。民以食为天，对于明清时期长江下游的农民而言，自然灾害对于他们的冲击，最为直接的表现便是粮价的飙升，其次灾害也给当地的设施造成严重毁坏，而大灾之后往往又有大疫，从而进一步加剧民生的艰难。此外，本章通过管庭芬所写日记还特别关注到灾害期间"文人群体"的生活。

在社会冲突方面，明清时期长江下游灾害多发造成的诸多社会问题，给当时的乡村社会带来较多不稳定的因素。灾害袭来，农业往往最早遭受冲击，依附于农业生产的农民则必然遭受到巨大的生存危机。明清时期，政府的救灾行为多在城市，而广大的乡村社会则往往因为各种原因而被忽视。当农民最基本的生存底线被冲破时，社会的不稳定则会不断发酵，主要表现为抢米风潮盛行、抗粮抗税普遍发生、地方盗匪猖獗、水事纠纷不断和土客矛盾频繁等方面。在"灾民变乱"部分，本章通过光绪十五年海盐县个案，具体还原历史过程，增强研究内容的"现场感"。

在社会控制方面，需要指出的是，灾害与灾荒之间虽然存在着一定的联系，但这种联系并不是必然的，社会因素如果朝着正向发展，则可以有效减少由灾而荒的可能；而当社会因素朝着负向发展时，由灾而荒则成为必然，一旦吏治腐败、水利设施失修与废弛，就会进一步加剧灾害向灾荒的转变。面对复杂而剧烈的社会冲突，明清时期从中央政府到地方政府都不同程度地顺应形势，加强对社会的控制，具体做法有劝分行善、思想教化、严惩贪腐、管控冲突和武力镇压等。需指出的是，社会控制本身只有找准要害才可能化解风险，否则可能会进一步扩大社会潜在的风险。

第五，论述官府与民间应对自然灾害的举措。主要是以明清时期的杭州府为个案进行研究。我们以大量的地方志为资料来源，并参阅正史及明清各朝实录等史料展开讨论。例如，在论述官府应对自然灾害的举措时，我们以不同版本的《杭州府志》为主要参考资料，同时与各版本《浙江通志》、杭州府各县志相关记载相互对照，相互印证，相互补充，务求史料的真实可靠，丰富充实。而在讨论明清政府应对自然灾害的各种举措时都绘制了对应的图表进行归纳或统计，做到简明直观，以此勾勒出杭州府的水利建设及海塘修筑较为清晰的历史沿革脉络。同时，补充完善明清时期蠲免标准的演变历程，如顺治五年、顺治十二年、光绪七年等时间节点的蠲免标准，都是笔者在地方志史料中发现并补充上去的，相较同类研究而言，所列蠲免标准的变迁历史更为具体。除此之外，笔者还发现清代后期清政府"针对田地类型及受灾程度分为四个标准实施不同的蠲缓方式，并一直被沿袭下来，几成定式"这一历史现象。在论述民间应对自然灾害的举措时，我们主要是从宗族、士绅、民间组织这几个维度来剖析当时的社会各群体对自然灾害所做出的反应。其中分析士绅积极赈灾救济的原因指出，士绅阶层拥有雄厚的物质基础，士绅本身也有一种贡献宗族、兼济乡里、忧民怀众的情怀及责任感，以及明清政府劝赈政策的导向作用等。我们也从中发现明清两朝民间应对自然灾害方式的不同之处。例如，在清代，粥厂成为普遍的赈济方式，医赈、物赈明显增多，个人创办救济组织盛行等，而这些在明代却是弱项。

第六，考察灾害与民间信仰问题。为了更深入地研究问题，我们以明清时期广德州为个案进行讨论，主要包括三个方面的内容："明清广德州的自然灾害""自然灾害下广德州民间信仰的炽盛""广德州祠山信仰的历史演变"。首先，在对明清广德州的自然灾害进行梳理的基础上，对明清广德地区水、旱、蝗神信仰进行考察，具体以龙王信仰、城隍信仰、八蜡信仰、刘猛将军信仰和祠山信仰为例，分别对各个信仰的由来、神职变化、灾害与庙宇修建的关系等进行分析讨论，并得出结论：一是龙王庙的修缮与"祷雨有应"有着密切的关系，反映出龙王信仰的功利取向和实际需要；二是地方官与城隍神之间有着微妙的关系，一方面恭敬谦卑，另一方面又威胁恐吓；三是清朝刘猛将军信仰的崛起，使得统治者放弃八蜡信仰；四是统治者的认可与支持是各类神灵信仰得以发展的重要因素；五是祠山信仰的盛行与广德地区喜事鬼神的传统风俗密切相关。

其次，重点考察祠山信仰的演变过程，从祠山神职能和祭祀形式两方面论述祠山信仰的演变。对于祠山神，主要讨论其职能范围，指出祠山神职能的多样化有助于提高其地位，扩大影响力。祭祀形式方面则主要介绍从祠山祭典到祠山庙会的演变过程和跳五猖的仪式，指出在祭典逐渐演变成庙会的过程中，已不仅仅是宗教活动场所，更是兼具经济交流与文化娱乐功能。

总之，本项目试图以明清时期长江下游乡村的自然灾害为切入点，探讨本地区自然灾害及其打击下的农业经济与民生、乡村社会的危机与冲突，以及政府与民间的应对机制和救荒措施，了解与把握自然灾害与乡村社会之间的互动关系，以为本地区的防灾救灾减灾和可持续发展提供历史的借鉴，同时为深化乡村社会史研究略尽绵薄之力。

当然我们也注意到，当我们把眼光向下关注乡村社会时，会遇到很大的困难，其中最大的难点是研究资料的不足，因而在实际研究中常常使我们陷入无米之炊的窘境；而许多本应深入探索的问题，都因才智学识的不足而却步；许多问题虽有涉及，但还是心有余而力不足；加之课题时间跨度大、地域范围广，增加了研究难度。恰因如此，所以本项目成果的不足和错讹之处在所难免，祈望专家和学者批评指正。

第一章　自然灾害及其成因

自然变化本来是自然界运动中的自然现象，当某种自然现象与人类社会发生联系从而对人类社会产生破坏性影响时，才被称为自然灾害。明清时期长江下游的广大乡村，自然灾害频发，危害着人们的生产生活和生命安全，造成很大损失。本章主要探讨明清时期长江下游乡村自然灾害的主要类型及其成因。

第一节　灾害的主要类型

据统计，明清时期长江下游地区的自然灾害爆发总次数为5964次（明朝2822次，清朝3142次），平均每年发生灾害10.96次。灾害类型呈现出多样化的特点，如水灾、旱灾、虫蝗灾、地震、风潮、冰雹、雪灾、瘟疫等各种灾害一应俱全，其中以水旱灾害最为频繁，水灾总计2278次，占全部灾害的38.20%，旱灾总计1386次，占全部灾害的23.24%。明清时期长江下游乡村各类灾害发生情况见表1-1、表1-2所示。

表1-1　　　　　　　　明代长江下游乡村自然灾害概况

省府州	水灾	旱灾	蝗灾	震灾	风灾	雹灾	雪灾	疫灾	合计
浙江省	14	8	2	1	2		2	2	31
湖州府	99	40	13	5	13	5	10	23	208
嘉兴府	72	31	8	5	6	4	3	18	147

续表

省府州	水灾	旱灾	蝗灾	震灾	风灾	雹灾	雪灾	疫灾	合计
杭州府	43	9	2	2	3		1	13	73
严州府	7	4			1			4	16
绍兴府	35	16	1	1	6			13	72
宁波府	13	7			1			23	44
金华府	6	13				1		5	25
衢州府	7	7			2	1		5	22
台州府	19	14	2		4			18	57
处州府	16	6				2	1	6	31
温州府	6	2		6	1	2		8	25
应天府	90	71	19	56	23	2	4	19	284
苏州府	135	40	14	11	16	3	7	36	262
松江府	89	39	13	6	19	5	5	17	193
常州府	97	62	16	7	13	11	5	15	226
镇江府	53	38	9	6	4	1	1	9	121
扬州府	102	61	24	7	13	4	1	27	239
庐州府	23	22	10	7	1	3	6	10	82
安庆府	40	32	9	2	2	4	4	14	107
徽州府	23	21	2		1	3	3	7	60
太平府	33	19	9	1			2	11	75
宁国府	28	12	7	1			2	6	56
广德州	14	13	8			1	2	3	41
池州府	43	33	9	3		1	3	7	99
和州	17	17	6	3			1	1	45
江西省	5	11		1					17
九江府	36	23	1	1	1	3	2	7	74
南康府	28	18	1	1	1	1		9	59
饶州府	9	3		1				6	19
广信府	3	5						4	12
合计	1205	697	185	134	133	57	65	346	2822

资料来源:《明实录》《安徽省志》(黄山书社 1999 年版)、《浙江灾异简志》(浙江人民出版社 1991 年版)、《中国历代天灾人祸表》(上海书店 1986 年版)、《淮河和长江中下游旱涝灾害年表与旱涝规律研究》(安徽教育出版社 1998 年版) 以及长江下游各府州地方志。

表1－2　　　　　　　　清代长江下游乡村自然灾害概况

省府州	水灾	旱灾	蝗灾	震灾	风灾	雹灾	雪灾	疫灾	合计
浙江省	4	5					1	1	11
湖州府	80	47	12	14	13	12	8	22	208
嘉兴府	48	19	5	4	9	3		45	133
杭州府	26	15	5	1	3		2	55	107
严州府	5	5						15	25
绍兴府	14	10		1	1		1	29	56
宁波府	6	5			1	1		55	68
金华府	10	13	1		3		1	12	40
衢州府	15	8					1	10	34
台州府	19	13			3			18	53
处州府	17	15				1	1	11	45
温州府	8	30		1	1	1	1	41	82
江宁府	60	46	6	2	3	4	5	64	210
苏州府	68	33	9	2	20	9	4	65	210
松江府	73	33	12	7	29	12	5	72	243
常州府	44	48	4	4	7	2	4	45	158
镇江府	39	28	3	2				30	102
扬州府	85	45	12	1	11	6	5	27	192
庐州府	54	32	12	6	1	3	6	26	140
安庆府	68	26	7	2	8	9	14	32	166
徽州府	34	21	3		5	3	4	12	82
太平府	31	13	1	1	5	2	4	20	77
宁国府	40	35	10	2	4	4	7	18	120
广德州	12	14	2		2	4	1	5	40
太仓州	25	7	2		14	4	1	48	101
通州	17	12	4		9	2	2	16	62
池州府	63	38	10	2	5		4	10	132
和州	29	21	8	2		4		8	72

续表

省府州	水灾	旱灾	蝗灾	震灾	风灾	雹灾	雪灾	疫灾	合计
江西省		4							4
九江府	49	23	2	6	1	4	3	25	113
南康府	28	22	3	3		2		5	63
饶州府	2	3		1				4	10
信州府								3	3
合计	1073	689	133	62	159	92	85	849	3142

资料来源：《清实录》《安徽省志》（黄山书社 1999 年版）、《浙江灾异简志》（浙江人民出版社 1991 年版）、《中国历代天灾人祸表》（上海书店 1986 年版）、《淮河和长江中下游旱涝灾害年表与旱涝规律研究》（安徽教育出版社 1998 年版）以及长江下游各府州地方志。

注：表 1 - 1 中的统计数字以府（或直隶州）为单位，其次数包括本府及本府内各州、县灾害的次数，卫所不列入其中计算；省内多府并发的同类自然灾害且府名不明确者，纳入全省计算；同一府内多处同步并发同一种灾害、且出现在同一条材料中的只计算一次。

一　水灾

水灾，一般是指因大雨、暴雨或持续降雨，瞬时降水量超过山间土壤植被涵水能力，致使山区河流形成洪峰乃至同时或嗣后发生的泥石流（或曰"起蛟"或"蛟水"），冲毁农田及其作物和沿河民房乃至湮埋整个村落的洪灾；或因降雨季节上游大量来水（所谓"客水"），又因长江下游积水水位皆受海潮顶托影响而泄流不畅，致使沿江圩堤决溢以及低洼地区淹没积水的涝灾；还有沿海地区因台风、海潮，江海水瞬时涨溢冲破江河圩堤或拦海塘堤直接倒灌农田、淹没冲毁民房的潮汛，或曰海溢。其主要危害是影响农作物生长而造成减产甚至绝收，破坏农业生产及相关社会经济活动的正常发展。

有明一代，在长江下游的乡村，共发生水灾 1205 次，其中"南直隶"最多，达 742 次，浙江省 252 次，江西省（仅指江西省中属于长江下游的地区）81 次。从各个府遭受水灾情况看，苏州府 135 次，扬州府 102 次，湖州府 99 次，常州府 97 次，应天府 90 次，松江府 89 次，嘉兴府 72 次。在清朝，长江下游乡村地区水灾共计 1073 次，其中江南省及其后身安徽、江苏二省最多，达 742 次，浙江省 252 次，江西省 79 次。从各府水灾情况看，扬州府 85 次，湖州府 80 次，松江府 73 次，苏州府 68 次，安庆府 68 次，池州府 63 次，江宁府 60 次①。

与同时期其他地域相比，长江下游广大乡村的水灾呈现出如下一些特点。一是受灾面积广。因长江下游地区河道水系众多，且多彼此互通，一旦大水暴涨，便会波及广大地区。如明景泰元年（1450 年）秋，"应天府奏大水没上元、江宁、句容、溧水、溧阳、江浦、六合七县官亭、民舍，命俟水落以渐修理之"②。万历十五年（1587 年）五至七月大水，受灾地区遍及常州、镇江、应天、扬州、苏州等府，"是岁，杭、嘉、湖、应天、太平五府江湖泛溢，平地水深丈余。七月终，飓风大作，环数百里，一望成湖"③。

二是受灾持续时间长。如康熙四十七年（1708 年）七月，李煦上奏说："扬州七月初八、初十、十一、十二，连日狂风大雨，水势骤涨，低田淹没。"④ 又如道光三年（1823 年），浙江、安徽的灾情十分严重。浙江省六至九月连续降雨，致使许多州县受灾。六月杭州地区连降大雨，"或逾时即止，或连日不休"，初三、初四、十三至十五及十八、十九、二十三、二十五、二十六等日 "雨势尤大"，仁和等十六州县低田受灾。七月初二日及初八、九日 "两次风雨交作，势甚猛骤"⑤。

长江下游乡村水灾的主要类型包括降雨引起的山洪暴发、河流决溢型水灾以及低洼洪涝水灾、沿海海溢或台风导致江海潮水灾等。

山洪暴发型水灾。如明正德 "十二年夏，大水，建德蛟坏田舍"⑥。嘉靖 "九年夏六月，贵池蛟坏田舍"⑦。

河流决溢型水灾。如弘治七年（1494 年）武进（常州），"七月潮溢，

---

① 见表 1 - 1、表 1 - 2。
② 《明英宗实录》卷一九四 "景泰元年七月己酉" 条。
③ 《明史》卷二八《五行志一》。
④ 故宫博物院明清档案部编：《李煦奏折》，《康熙四十七年七月平粜米不敢求利折》，中华书局 1976 年版，第 61 页。
⑤ 《清代长江流域西南国际河流域洪涝档案史料》，中华书局 1991 年版，第 664—665 页。
⑥ 嘉靖《池州府志》卷九《杂属》。
⑦ 嘉靖《池州府志》卷九《杂属》。

平地水五尺，沿江者一丈，民多溺死"①。弘治十六年（1503 年）五月应天府"江潮入望京门，浦口城圮，七月大风雨，江潮入南京江东门内五尺有余，没庐舍、男女，新江口、中下二新河诸处船飘人溺"②。嘉靖二十八年（1549 年），吴县"春，太湖泛溢"③。

降雨型水灾，包括暴雨洪涝、梅雨、连阴雨等造成的洪涝水灾。关于暴雨洪涝灾害，如宣德三年（1428 年）五月，"邵阳、武冈、湘乡暴风雨七昼夜，山水骤长，平地高六尺"④。万历十五年（1587 年），"苏、松、常、镇所辖诸县俱飓风，骤雨数月不息，洪水暴涨，漂民庐舍无算，诏各府钱粮蠲免停折有差"⑤。崇祯六年（1633 年）江阴"六月二十五日烈风猛雨，圩岸冲坍，飘溺人畜田禾，濒江尤甚"⑥。靖江"六月二十五日大风雨，江涨"⑦。关于梅雨或连阴雨导致的洪灾，如明万历七年（1579 年），常熟"五月望大雨至七月晦乃晴，田庐尽成巨浸，弥望如海"⑧；吴江"五月久雨，大水一望无际，禾苗淹尽"⑨。万历三十六年（1608 年），常熟"四月下旬大雨，至七月下旬始晴，城中积潦盈尺，城外一望无际，郡抵邑，邑抵各乡，皆不由故道，望浮树为志，从人家檐际扬帆。高低田亩尽成巨浸"⑩。太仓"四五月连雨四十余日，江海水溢，西南乡水高至丈余，居民逃徙"⑪。昆山"四五两月连雨五十日，吴中大水，田皆淹没，城中街道积水深可泛舟"⑫。

沿海海溢或台风导致江潮水灾。一是沿海海溢。如永乐十二年（1414

---

① 光绪《武进阳湖县志》卷二九《杂事》。

② （清）赵宏恩撰：《江南通志》卷一九七《杂类志》，《文渊阁四库全书》512 册，台湾商务印书馆 1986 年版。

③ 民国《吴县志》卷五五《祥异》。

④ 《明史》卷二八《五行志一》。

⑤ 《明神宗实录》卷一八八"万历十五年七月丁巳"条。

⑥ 光绪《江阴县志》卷八《祥异》。

⑦ 光绪《靖江县志》卷八《祲祥》。

⑧ 光绪《重修常昭合志》卷四七《祥异志》。

⑨ 乾隆《吴江县志》卷四〇《灾祥》。

⑩ 光绪《重修常昭合志》卷四七《祥异志》。

⑪ 民国《太仓州志》卷二六《祥异》。

⑫ 道光《昆新两县志》卷三九《祥异》。

年）"十月，崇明潮暴至，漂庐舍五千八百余家"①。成化八年（1472年）秋七月癸丑，"南直隶浙江大风雨，海水暴溢，南京天地坛、孝陵庙宇、中都皇陵垣墙多颓损，扬州、苏州、松江、杭州、绍兴、嘉兴、宁波、湖州诸府州县淹没田禾，漂毁官民庐舍、畜产无算，溺死者二万八千四百七十余人"②。万历三年（1575年）六月，"杭、嘉、宁、绍四府海涌数丈，没战船、庐舍、人畜不计其数"③。天启六年（1626年）九月壬申，"滨海之邑如泰兴一县，海潮江浪一夜骤涌，庐舍冲没，人民溺死者无算"④。顺治十年（1653年）六月乙卯，苏州"大风雨，海溢，平地水深丈余，人多溺死"，文登"大雨三日，海啸，河水逆行，漂没庐舍，冲压田地二百五十余顷"⑤。二是台风导致江潮决溢。如洪武十三年（1380年）十一月，"崇明县大风，海潮决沙岸，人畜多溺死"⑥。直隶扬州府、海门县田多濒海，自永乐九年（1411年）以来，"为海潮冲决凡八百八十二顷六十亩"⑦。正统九年（1444年）七月，"扬子江沙洲潮水溢涨，高丈五六尺，溺男女千余人"⑧。弘治七年（1494年）七月，"苏、常、镇三府潮溢，平地水五尺，沿江者一丈，民多溺死"⑨。正德十四年（1519年），扬州、江都等地"大风拔木，江海溢数十丈，漂没庐舍"⑩。万历二年（1574年），清江"清河七月二十四日大风拔木、彻屋，河淮并溢，漂官民庐舍，溺死男妇无算"⑪。万历十五年（1587年），应天府等府"平地水深丈余，田庐没为巨浸，七月终旬飓风大作，……张浸滋甚，环数百里之地一望成湖"⑫。

低洼洪涝水灾。低洼地区由于地势相对较低，容易造成积水，形成涝

---

① 《明史》卷二八《五行志一》。
② 《明宪宗实录》卷一〇六"成化八年秋七月癸丑"条。
③ 《明史》卷二八《五行志一》。
④ 《明熹宗实录》卷七六"天启六年九月壬申"条。
⑤ 《清史稿》卷四〇《灾异志一》。
⑥ 《明太祖实录》卷一三四"洪武十三年十一月甲辰"条。
⑦ 《明宣宗实录》卷一六"宣德元年四月甲申"条。
⑧ 《明史》卷二八《五行志一》。
⑨ 《明史》卷二八《五行志一》。
⑩ 乾隆《江都县志》卷二《祥异》。
⑪ 光绪《清河县志》卷二六《杂记》。
⑫ 《明神宗实录》卷一九三"万历十五年十二月庚申"条。

灾。长江下游江湖河滨地区地势较低，江河水势一旦上涨，极易形成涝灾。如永乐四年（1406 年），"广信大水暴涨，濒河之民遭决没者甚众"①。

二　旱灾

旱灾是指降水异常偏少，造成干燥性的气候，土壤中水分被蒸发，水分严重亏缺，造成地表水量和地下径流大量减少，农作物因缺乏水分从而导致生长发育不良，轻则减产、甚者绝收的灾害现象。其危害性主要表现在使供水水源匮乏，危害农作物生长而造成减产绝收，影响灾民的生产和生活。干旱的形式一般分为大气干旱和土壤干旱两种。前者是在大气中，因温度高、湿度相对低而造成植物体内水分蒸发速度远远大于植物根系吸收水分的速度，从而破坏植物体内水分平衡，造成植物枯萎的现象；后者则是由于土壤水分被蒸发，植物吸收水分不足而枯萎的干旱现象。

长江下游地区属于东亚季风区，为暖温带和亚热带过渡带，由于每年各季节降水有较大差别，因此，自古以来水涝、干旱、风潮等灾害在该地区频繁发生。一般将旱灾等级分为旱、大旱、重旱、极旱四级类型。"旱"指数县范围内连季少雨或不雨，秋粮减产；"大旱"系一省或相邻多省由于连季少雨或不雨，发生两季以上严重减产或核心旱区绝收；"重旱"系发生持续两年干旱，出现饥荒等社会经济恶化趋势；"极旱"系持续数年，跨流域大范围的严重干旱，出现大量非正常死亡和饥民流。据学者研究，明末至清长江下游出现重旱、极旱年份（除 1835 年外），流域内受影响区域比例相较其他流域要小，见表 1-3、表 1-4 所示。

表 1-3　　　　重旱影响占流域面积百分比（1640—1920）　　　　单位：%

典型年份	海滦河	黄河	淮河	长江中游	长江下游
1640	100	100	100	83	51
1785	47	35	100	88	42
1835	83	63	46	73	100
1920	100	51	80	55	42

资料来源：谭徐明《近 500 年旱灾统计显示的旱灾趋势》，《中国水利》2001 年第 7 期。

---

① （清）刘坤一等修：《江西通志》卷九八《前事略二》，光绪七年刻本。

表 1-4　　　　　　　极旱影响占流域面积百分比（1640—1920）　　　单位:%

典型年份	海滦河	黄河	淮河	长江中游	长江下游
1640	83	100	100	21	27
1785	20	14	100	20	42
1835	6	6	0	67	35
1920	94	0	7	23	0

资料来源：谭徐明《近 500 年旱灾统计显示的旱灾趋势》，《中国水利》2001 年第 7 期。

据统计，明朝长江下游地区旱灾总计 697 次，南直隶 478 次，浙江省 157 次，江西省 60 次。旱灾集中在应天府，达 71 次，常州府 62 次，扬州府 61 次。清朝长江下游地区旱灾总计 689 次，其中江南省 452 次，浙江省 185 次，江西省 52 次。旱灾集中于常州府，达 48 次，湖州府 47 次，江宁府 46 次，扬州府 45 次①。

大旱、重旱、极旱发生都会造成较严重的影响，禾稼减收，米谷腾贵，严重者还会引发社会动乱、农民起义等问题。如崇祯十年至顺治三年（1637—1646 年），发生了近 500 年持续时间最长、范围最大、受灾人口最多的旱灾，灾害遍及 20 多个省市，涉及长江中下游众多省市，波及中国一半以上人口。咸丰六年（1856 年）长江下游大范围旱灾，旱情严重，涉及面较广，几乎影响到整个长江三角洲所有地区。史载："且河流干涸，苏杭舟楫不通，各属并有闹灾滋事之案。"②而当时几乎所有县的方志中都有旱灾记载，如《杭州府志》"灾异"载，"六月旱，河水尽涸，……仁和、钱塘、海宁、余杭、新城旱。富阳、临安、于潜、昌化水，旋又被旱成灾"③。《嘉善县志》载，"六月亢旱，枝河皆涸。秋蝗灾，米腾贵"④。《海宁县志》载，"六年夏五月不雨，至于九月，大旱成灾，诏缓田赋。按葛林萱笔记，是年浔塘河全涸者匝月。杯水珍为至宝。其纪事诗有云，河底难为死蚌争，岸侧惟闻枯鱼泣"⑤。《长兴县志》载，"是年自春徂夏，天

———————

① 见表 1-1、表 1-2。
② 《清文宗实录》卷二〇四 "咸丰六年七月乙亥" 条。
③ 民国《杭州府志》卷八五《灾异志》。
④ 光绪《重修嘉善县志》卷三四《杂类》。
⑤ 民国《海宁州志稿》卷四〇《杂志》。

时亢旱。彤云赤日如焚如焚。五月后廿字溪水涸，郡中舟楫往来仅能至五里桥下。城中市肆分列于陆汇漾两岸矣。计长邑可种田亩不逮十之五六……"① 由此可见，杭嘉湖一带的旱灾灾情是很严重的。长江下游的苏州府、松江府、太仓州、镇江府、常州府等灾情亦极为严重，正如清代两江总督怡良所奏："苏、松等属，本年入春以来，雨泽稀少；夏秋之交，又复亢旱异常，以致高阜山田未能栽种，低区所种禾棉亦多黄萎，收成大半失望。就被旱情形而论，常、镇二府属最重，苏、松、太三府属次之。惟是小民专赖秋成，今野一片荒区，哀鸿遍野，困苦堪怜。"② 扬州、通州、海门等地旱灾同样严重。据《劫余小记》载："自五月至七月不雨，江北奇旱。下湖诸湖荡素称泽国，至是皆涸。风吹尘起，人循河行以为路。乡民苦无水饮……田中禾尽槁。飞蝗蔽日，翅戛戛有声。间补种荞、菽，亦不能生。"③ 此次大旱与大规模农民战争——太平天国战争相交织，造成更为严重的灾难局面，"时江北捻匪张洛行、苗沛霖、李昭寿等因大旱先后揭竿而起……兵乱兼大旱，几至饿殍盈野"④。

三　风灾

风灾发生虽然不如水旱灾害频繁，但由于其突发性、迅疾性，造成的灾害损失也往往非常严重。长江下游乡村发生的风灾一般分三种：一般性风灾、台风灾害、龙卷风灾害。一般性风灾大都发生于内陆，发生频次较高。台风是产生于热带海面上的强烈风暴，一般表现为急速旋转的狂风，气象学上把近中心的地面风力达 8—11 级（风速 17.2—32.6 米/秒）的定为台风。每年夏秋两季在长江下游沿海及东南沿海有诸多台风登陆，除狂风外，还带来强降雨。龙卷风亦是突发性的风灾，其范围小，直径平均为

---

① 光绪《长兴县志》卷九《灾祥志》。
② 李文海、林敦奎、周源等：《近代中国灾荒纪年》，湖南教育出版社 1990 年版，第172 页。
③ 李文海、林敦奎、周源等：《近代中国灾荒纪年》，湖南教育出版社 2005 年版，第172—173 页。
④ 王永年：《紫频馆诗钞》，载《太平天国史料丛编简辑》，中华书局 1961 年版，第396 页。

200—300 米，其延续时间非常短，往往只有几分钟到几十分钟，最多不超过数小时。决定龙卷风强度的主要指标是风速、直径、移动路径。风灾的危害主要表现在造成人和畜禽的死亡、失踪，破坏建筑设施，毁坏农作物和林木等，尤以台风、龙卷风为甚。

长江下游是风灾发生比较集中的区域之一，每年 5—8 月是台风的多发期。方志中多以"大风拔木""大风伤禾""大风害稼""坏屋拔木""民居倾颓""毁城垣庐舍""坏庐舍"等词语记录。据统计，明清长江下游地区风灾记录总计 292 次，其中明朝 133 次，清朝 159 次。明朝风灾多发生在应天府一带，达 23 次，松江府 19 次，苏州府 16 次，常州府、扬州府、湖州府各 13 次。清朝风灾则集中发生在松江府，为 29 次，苏州府 20 次，太仓州 14 次，其他地区明显少于这几个地方①。

据史料记载，风灾尤其是台风、龙卷风对长江下游地区造成较大的危害。第一，大风损伤庄稼和林木。正统五年（1440 年）七月二十五日，暴风骤雨一天一夜不停歇，天目山山洪暴发，太湖水势高涨，地势较低的地方"田圩禾稻见被淹没，人力难救"②。道光十二年（1832 年）八月二十日，杭州"风潮大作，冲坏海宁、仁和海塘，木棉地被淹四万余亩"③。道光二十八年七月，"景宁大风雨三昼夜，坏田庐无算"④。道光三十年（1850 年），八月十四日，（杭州）"大风雨，昼夜不绝，天竺山中蛟生。大木皆拔，山谷摧陷"⑤。道光三十年（1850 年），萧山"西江塘坍，洪潮直灌，田禾尽淹"⑥。道光三十年（1850 年），安吉"大水入城，冲倒东城墙数十丈，城西北门积水丈余"⑦。

第二，大风摧毁建筑设施。代表性的如永乐七年（1409 年）八月十二日，松门、海门、昌国（定海）、台州四卫、楚门等发生台风，并伴随暴

---

① 见表 1 - 1、表 1 - 2。
② 《吴中水利通志》卷一四，明嘉靖三年锡山安国铜活字本，第 187 页。
③ 民国《杭州府志》卷八五《祥异》。
④ 《清史稿》卷四二《灾异三》。
⑤ 民国《杭州府志》卷八五《祥异》。
⑥ 民国《萧山县志稿》卷五《田赋》。
⑦ 同治《安吉县志》卷一八《杂记》。

雨，"浙江卫所五，飓风骤雨，坏城漂流房舍"①。永乐十一年（1413 年）五月，杭州发生大风潮，仁和县十九都、二十都被海水淹没，"平地水高数丈，田庐殆尽，溺者无算"②。康熙九年（1670 年）六月十二日，"太湖水陡涨丈余，间以狂飙，漂没庐舍无算，民大饥，死者相枕籍"③；嘉善"水高丈余，城市皆水，淹禾，民饥"④。康熙三十五年（1696 年）七月，"二十三日，桐乡、石门、嘉兴、湖州飓风大作，民居倾覆，压伤人畜甚多"⑤。

第三，大风危害人畜生命。正统五年（1440 年）七月十七日，嘉兴、湖州"狂风骤雨大作，连接昼夜不息，折拔树木，掀卷屋瓦，海、湖、潮、浪一时涨起，浸入平地，冲坍圩岸，淹没房舍，田禾尽死，人畜漂流……沿海边湖人民有全村淹没"⑥。正德十四年（1519 年），扬州、江都"大风拔木，江海溢数十丈，漂没庐舍。淮扬饥，人相食"⑦。乾隆二十七年（1762 年）七月初七日，嘉善、桐乡"飓风暴雨坏屋拔木，水骤涨"，十三日"风雨又作，水溢岸"⑧；海盐"潮溢塘圮，水入城三四尺，漂溺民居"⑨。

四 虫灾

虫灾是指危害农作物的虫类灾害。虫灾的虫类繁多，约有百种。明清时期长江下游地区虫灾以蝗灾为主。这一时期该地区蝗灾总计 318 次，其中明朝 185 次，清朝 133 次，灾害呈现缩减的趋势。明朝蝗灾主要集中发生在扬州府、应天府等地区，其中扬州府 24 次，应天府 19 次，常州府 16 次，苏州府 14 次，松江府 13 次，湖州府 13 次。清朝的蝗灾，湖州府 12 次，松江府 12 次，扬州府 12 次，庐州府 12 次，宁国府 10 次，池州府

---

① 《明史》卷二八《五行二》。
② 民国《杭州府志》卷八四《祥异三》。
③ 光绪《归安县志》卷二七《祥异》。
④ 光绪《重修嘉善县志》卷三四《杂志》。
⑤ 《清史稿》卷四四《灾异五》。
⑥ 《吴中水利通志》卷一四，明嘉靖三年锡山安国铜活字本。
⑦ 嘉庆《扬州府志》卷七○《事略六》。
⑧ 光绪《重修嘉善县志》卷三六《杂志》。
⑨ 光绪《海盐县志》卷一三《祥异考》。

10 次①。

虫灾危害极大，与水灾、旱灾并称为三大农业自然灾害。明代徐光启甚至认为虫灾危害超过了水旱灾害："凶饥之因有三，曰水，曰旱，曰蝗。地有高卑，雨泽有偏被，水、旱为灾，尚多幸免之处，为旱极而蝗，数千里间，草木皆尽，或牛马毛，幡帜皆尽，其害尤惨，过于水旱也。"② 长江下游地区人们主要依赖粮食作物和经济作物生活，发生虫灾，对农业的打击几乎是毁灭性的。如弘治八年（1495 年）三月己亥，当涂县"蝗虫生，食草枝、秧苗略尽"③。万历四十四年（1616 年）九月，江宁、广德"蝗蝻大起，禾黍竹树俱尽"④。咸丰六年（1856 年）长江下游大范围旱灾，旱情颇为严重，涉及面较广，几乎影响到整个长江三角洲所有地区。大旱过后，随即发生大蝗灾。"旱蝗，河皆坼裂，月余长江以南俱耗收，……（海宁）与盐邑十八图皆颗米无收"⑤。"丙辰夏旱，蝗虫为灾，每过境时，日月为之蔽光。时江北捻匪张洛行、苗沛霖、李昭寿等因大旱先后揭竿而起……兵乱兼大旱，几至饿殍盈野"⑥。

五　地　震

地震是指大地突然发生震动的地质现象，一般包括构造地震、火山地震、陷落地震、陨石冲击地震等类型。南京地震记录比其他地区要详细，特别是明初（1368—1420 年）的 53 年，南京为首都，共有 9 次地震记录，其中 1 次有破坏。从 1421 年至 1645 年，南京作为留都，其地震记录分为两个阶段，第一阶段从 1424 年至 1434 年的 10 年又 5 个月时间内，南京共有 72 次地震记录，但无破坏性记载；第二阶段从 1437 年至 1645 年的 209 年，南京共有 40 次地震记录，只有一次有破坏。这表明南京的地震次数虽

---

① 见表 1-1、表 1-2。

② （明）徐光启：《农政全书》卷四四《备荒考中》，上海人民出版社 1990 年版，第 749 页。

③ 《明孝宗实录》卷九八"弘治八年三月己亥"条。

④ 《明史》卷二八《五行一》。

⑤ 冯氏：《花溪日记》，《太平天国》，上海人民出版社 2000 年版，第 657 页。

⑥ 王永年：《紫频馆诗钞》，《太平天国史料丛编简辑》，中华书局 1961 年版，第 396 页。

多，但总体上破坏程度不大。一定级别和烈度的地震才能引发灾害。其危害主要有直接造成人员伤亡，损毁房屋等建筑设施，有的还会引起水灾、火灾、细菌扩散，甚至山体滑坡、海啸、地裂、崩塌等。

明清时期长江下游地区的成灾地震总计 196 次，其中明朝 134 次，清朝 62 次。明朝成灾地震集中在应天府，高达 56 次。清朝成灾地震只是在湖州府稍多一些，但也仅 14 次①。明清时期长江下游各府州地震情况大致如下：

松江府地区共有 50 余次地震记录，但大多数发生在 18 世纪以后，并且只有一次轻微的破坏。

杭嘉湖等府地震记录次数总体上不多，且都没有破坏性，表明该地域地震并不严重。仅有两次较为严重的地震，一次是万历三十二年（1604年）的地震，此次地震是浙江、福建、江西三省并震，且震中多半靠近福建；一次是康熙二十八年（1689 年）地震，此次地震是以山东南部为震中，长江以南江苏、浙江诸多地方受影响，此次杭嘉湖地区受影响的共有 39 处，其中 4 处有破坏。

有清一代，皖江流域共发生地震 213 次，除建平县（今郎溪县）境内未发生过强烈地震外，其他州县或多或少都有地震发生。关于清代皖江流域各府州县地震灾害发生情况，见表 1-5。

表 1-5　　　　　　　清代皖江流域各府州县地震灾害次数

府州县		次数	府州县		次数
安庆府	怀宁	7	宁国府	宣城	3
	桐城	12		泾县	7
	潜山	6		南陵	9
	太湖	4		宁国	2
	宿松	6		旌德	1
	望江	6		太平	4

① 据中国科学院地震工作委员会历史组编辑：《中国地震资料年表》"安徽省地震年表索引""江苏省地震年表索引""浙江省地震年表索引"统计，科学出版社 1956 年版，第 1448—1452、1440—1447、1453—1458 页。

续表

府州县		次数	府州县		次数
太平府	芜湖	3	滁州	滁县	3
	当涂	12		全椒	9
	繁昌	3		来安	8
和州	含山	4	广德州	建平	0
	和县	3		广德	3
池州府	贵池	5	庐州府	合肥	13
	青阳	7		无为	12
	石埭	7		巢县	15
	建德	3		庐江	10
	铜陵	8		舒城	10
	东流	8	合计		213

资料来源：《清史稿》《中国历代天灾人祸表》《安徽省志》《重修安徽通志》《中国地方志历史文献专辑·灾异志》以及相关地方志等。

注：按月份采用地次法对地震灾害进行统计，对于皖江流域 33 个州县在同年内同一个时间段发生的地震灾害，分别记一次，如某年 3 个县同时发生地震，记为 3 次；而某年某县 3 月和 6 月分别发生 1 次地震，记为 2 次，同一月份内多次发生的地震则只记为 1 次。

由表 1 - 5 可知，庐州府的巢县发生地震 15 次，发生频数为整个皖江流域之最，平均每 17.87 年就发生一次地震，其中 1652—1653 年、1687—1688 年是连续两年发生地震，1694—1697 年是连续四年发生地震，足见其地震发生频率之高。这方面的记载还能举出不少，如《巢县志·祥异志》载：康熙三十三年（1694 年）巢县二月初八地震；康熙三十四年（1695 年）正月十五日巢县地震；康熙三十五年（1696 年）正月二十一日巢县地震①。又据载："康熙十六年（1697 年），巢县一月一日地震二月地震三月初三日地又震。"② 除巢县外，皖江流域地震发生次数最多的依次是合肥 13 次、桐城 12 次、无为 12 次、当涂 12 次、庐江 10 次、舒城 10 次。有关的记载也很多，如康熙七年（1668 年）戊申六月十七日无为地震有声，景

① 来新夏：《中国地方志历史文献专辑·灾异志》，第二十八册，学苑出版社 2010 年版，第 126 页。

② 安徽省文史研究馆自然灾害资料搜集组：《安徽地区地震历史记载初步整理》，《安徽史学通讯》1959 年第 2 期。

福寺塔顶坠民间，庐舍倾倒甚众①；合肥、庐江、舒城、巢县俱地震②；康熙十七年（1678 年）己未七月二十八日桐城地震，二十九日再震③；康熙二十六年（1687 年）三月合肥地震④，十二月初一日夜巢县地震⑤；同年无为、庐江俱地震⑥。其余 26 个州县地震灾害次数均小于 10 次，有 14 个州县在 5 次及以下。多发的地震对清代皖江流域人民的生命财产安全造成了较大影响，这方面的记载俯拾皆是。如康熙七年（1668 年）"芜湖、安庆及皖南一带约 40 州县发生地震，居民伤亡甚多"。嘉庆三年（1798 年）"怀宁地震，石牌尤重，男女毙者四千余人"⑦。伤亡之惨重令人触目惊心。尤其是地震震级越高，造成的人员伤亡越大。道光七年《桐城续修县志》载，桐城"地震有声，文庙坏"。此次地震影响面特别大，最远记录达 400千米。"铜陵、贵池、安庆、东流、望江、阜阳、巢县、至德、石埭、潜山、太湖、当涂……均震"⑧。强烈的地震使大量人畜伤亡⑨。

六　冰雹

　　冰雹是一种强对流天气情况下积雨云中凝结生成的冰块从空中降落的现象。冰雹发生时间主要集中发生于夏秋季，春冬季较少，一般持续时间不长，但其危害相当严重，破坏农作物和林木，巨大冰雹还会造成牲畜和

---

① 来新夏：《中国地方志历史文献专辑·灾异志》，第二十八册，学苑出版社 2010 年版，第223 页。

② 来新夏：《中国地方志历史文献专辑·灾异志》，第二十八册，学苑出版社 2010 年版，第481 页。

③ 来新夏：《中国地方志历史文献专辑·灾异志》，第二十八册，学苑出版社 2010 年版，第155 页。

④ 来新夏：《中国地方志历史文献专辑·灾异志》，第二十八册，学苑出版社 2010 年版，第18 页。

⑤ 来新夏：《中国地方志历史文献专辑·灾异志》，第二十八册，学苑出版社 2010 年版，第482 页。

⑥ 安徽省文史研究馆自然灾害资料搜集组：《安徽地区地震历史记载初步整理》，《安徽史学通讯》1959 年第 2 期。

⑦ 安徽省地方志编纂委员会：《安徽省志·总目录》，方志出版社 1990 年版，第 2 页。

⑧ 顾功叙：《中国地震目录》，科学出版社 1983 年版，第 87 页。

⑨ 参见庄华峰、倪洁《清代皖江流域地震灾害述论》，《合肥工业大学学报》2016 年第6 期。

人员伤亡、损坏建筑设施等。据统计，明清长江下游地区雹灾共计 149 次，明朝 57 次，清朝 92 次。明朝雹灾分布相对均匀，最多次数是在常州府，达 11 次。清朝雹灾与明朝类似，也比较均匀，最多次数为湖州府、松江府各 12 次①。

雹灾因雹块大小和降落范围不同，造成的危害大小也不尽相同，主要表现在四个方面：第一，损伤禾稼，这是长江下游地区较为常见的现象，如洪武十三年（1380 年）五月二十九日，松江"雨雹伤麦"。永乐九年（1411 年）户部奏言："淮安府沭阳县四月雨雹伤稼，计田五百三十九顷有奇。"② 康熙六年（1667 年）六月"香河雨雹，大如碗，平地深数尺，田禾尽伤，屋瓦皆碎，远近数十里"③。

第二，伤害人员和牲畜。弘治十六年（1503 年）四月，松江、上海、青浦"大雨，雹损麦，沙冈牛马有击死者"④。顺治四年（1647 年）四月初三日，松江"大风雨，冰雹，击伤牛马"⑤。顺治十五年（1658 年）三月"上虞、龙门大雨雹，倏忽高尺余，或如拳，有巨如石臼，至不能举，人畜多击死"⑥。康熙十一年（1672 年）七月二十日，松江、嘉定、南汇"冰雹有重至二三斤者，压死牛马"⑦。乾隆十三年（1748 年）四月，"上海雨雹，伤麦豆；昆山大雨冰雹，击死人畜无算"⑧。

第三，毁坏房屋墙垣。如万历四十六年（1618 年）三月，"长泰、同安大雨雹，如斗如拳，击伤城郭庐舍，压死者二百二十余人"⑨。顺治十年（1653 年）四月四日，贵池"雨雹，大如碗，屋瓦皆碎"⑩；五月，海宁"雨雹，大如鸡卵，屋无存瓦，树无存枝"⑪。

---

① 见表 1 - 1、表 1 - 2。
② 《明太宗实录》卷一一六"永乐九年六月甲午"条。
③ 《清史稿》卷四〇《灾异一》。
④ 嘉庆《松江府志》卷八〇《祥异志》。
⑤ 嘉庆《松江府志》卷八〇《祥异志》。
⑥ 《清史稿》卷四〇《灾异一》。
⑦ 嘉庆《松江府志》卷八〇《祥异志》。
⑧ 《清史稿》卷四〇《灾异一》。
⑨ 《明史》卷二八《五行一》。
⑩ 《清史稿》卷四〇《灾异一》。
⑪ 《清史稿》卷四〇《灾异一》。

第四，靠近河流的地区还易引发水灾。如嘉靖元年（1522 年）七月，"庐、凤、淮、扬四府同日大风雨雹，河水泛涨，溺死人畜无算"①。

七　雪灾

雪灾是因大量降雪造成大范围积雪成灾的现象。由于长江下游地处暖温带与亚热带的过渡地带，低温气候不多见，故而雪灾对此地区影响不是太大。长江下游流域雪灾发生时间主要集中于冬季，春季次之。明清长江下游雪灾共计 150 次，明朝 65 次，清朝 85 次。明朝雪灾集中发生在湖州府，有 10 次，浙江省以及江西省许多府并未见雪灾，可能是由于资料缺载，但至少可以肯定这些地方雪灾不多。清朝雪灾集中在安庆府，达 14 次，湖州府 8 次，宁国府 7 次②。

雪灾危害主要表现在三个方面：一是阻塞交通。成化十二年（1476 年），常熟"十二月冰坚逾月，舟楫不通"③。吴江"冬大雪，大寒，冰厚数尺，河路累月不通"④。二是冻死人畜。如景泰四年（1453 年）冬十一月，戊辰至明年孟春，浙江、直隶、淮、徐"大雪数尺，淮东之海冰四十余里，人畜冻死万计"⑤。景泰五年（1454 年）正月，江南诸府"大雪连四旬，苏、常冻饿死者无算"⑥。三是冻伤禾稼、林木。景泰四年（1453 年），"凤阳八卫二三月雨雪不止，伤麦"⑦。吴江"春大雪，平地丈余，草木、鸟兽冻死无算"⑧。成化十年（1474 年）二月己未，南京"大雨雪，伤麦"⑨。

---

① 《明史》卷二八《五行一》。
② 见表 1-1、表 1-2。
③ 光绪《重修常昭合志》卷四七《祥异志》。
④ 乾隆《吴江县志》卷四〇《灾祥》。
⑤ 《明史》卷二八《五行一》。
⑥ 《明史》卷二八《五行一》。
⑦ 《明史》卷二八《五行一》。
⑧ 乾隆《吴江县志》卷四〇《灾祥》。
⑨ 《明宪宗实录》卷一二五"成化十年二月己未"条。

八　瘟疫

瘟疫是一种传染性极强、直接威胁生命的灾害。明清时期是我国瘟疫爆发次数较多的时期，明清瘟疫大致分为鼠疫、天花、霍乱、伤寒、疟疾等类型。在当时，由于医疗技术水平的局限，把沿江的血吸虫病这一为害最烈的瘟疫记为痢①，把男人下田受钉螺感染发病死亡率高记成"江南卑湿多女少男"②。

明清长江下游瘟疫总计 1195 次，其中明朝 346 次，清朝 849 次。明朝疫灾最多的为苏州府，达 36 次，其次为扬州府、湖州府和宁波府，分别为 27 次、23 次和 23 次。清朝整个长江下游几乎处处有疫灾，其中最多者为松江府，达 72 次，其次为苏州府和江宁府，分别为 65 次和64 次③。

瘟疫一旦爆发，由于其传播速度快且难以控制，往往会导致大量人口死亡。"疫疾为人类带来的最为直接的灾难是导致大量人口的死亡。中国历代老百姓被疫病夺取生命的总数是无法算清楚的。一场疫病死去数十万、数百万，在古书中每个朝代都曾出现过"④。明清时期长江下游地区亦不例外，如永乐六年（1408 年）"正月，江西建昌、抚州……自去年至是月，疫死者七万八千四百余人"⑤。泰昌元年（1620 年）"疫疠盛行，十人九病"⑥。康熙二年（1663 年）六至十月，松江府发生大瘟疫，"疫疾遍地，自郡及邑，以达于乡。家至户到，一村数百家，求一家无病者不可得；一家数十人中，有一人不病者，亦为仅见；就一人则有连病几次，淹滞二三月而始愈者。若病不复发，或病而无害，则各就一方互异耳。此亦吾生之后所仅见者"⑦。雍正十年（1732 年）自春至

①　嘉靖《池州府志》卷二《风土》。
②　光绪《贵池县志》卷一《风土》。
③　见表 1-1、表 1-2。
④　张剑光：《三千年疫情》，江西高校出版社 1998 年版，第 2 页。
⑤　《明史》卷二八《五行一》。
⑥　《明熹宗实录》卷二"泰昌元年十月己未"条。
⑦　叶梦珠：《阅世编》卷一《灾祥》，上海古籍出版社 1981 年版，第 17 页。

秋苏州府、松江府大瘟疫，"昆山大疫，因上年海啸，近海流民数万皆死于昆之城下，至夏暑蒸尸气，触之成病，死者数千人"①。雍正十一年，太仓州镇洋县，"五月大疫，死者无算。州县令地方每日册死者之数，一日至有百数十口。因虔祷城隍神驱疫，自是递减，至立秋乃已"②。因瘟疫致死者一天中记载数字高达"百数十口"，着实令人触目惊心。乾隆二十年（1755 年），"己亥吴下奇荒，丙子春，复遭大疫……过夏至病乃渐减，死者不可胜计"③。乾隆二十一年（1756 年），在江南地区发生流行范围极广的大瘟疫，因瘟疫致死者众多，"乾隆乙亥冬，吴中大荒，途多饿莩，尸气绵亘。至丙子君相司令之际，遂起大疫，沿门阖境，死者以累万计"④。道光元年（1821 年）夏秋间江南再发瘟疫，江阴县"村里中数日之间，有连毙数十人者，有一家数日尽殁者"，镇海县"霍乱盛行，犯者上吐下泻，不逾时殒命，城乡死者数千人"，周庄"镇中死者日数人"⑤。同治二年（1863 年），常熟发生大瘟疫，"人死甚众"⑥。咸丰同治之际江南再发大瘟疫，据曹树基研究，"在太平天国战争期间，苏、浙、皖三省在战争中的死亡人口只占人口死亡总数的30%，死于霍乱的占70%"。战争期间，江南人口损失率为57%，霍乱的疫死率至少为四成。⑦ 不过偶然也有死亡人数较少的，如光绪二十九年（1903 年）六月，"杭州城内，时疫流布，几乎无人不病。大都发热头眩，热退则四肢发红斑，然死者甚少"⑧。

————————

　　① （清）徐大椿：《洄溪医案·瘟疫》，载刘更生《医案医话医论名著集成》，华夏出版社1997 年版，第 311 页。
　　② 民国《太仓州志》卷二六《祥异志》。
　　③ 同治《苏州府志》卷一四九《杂记六》。
　　④ 邵登瀛：《温毒病论》，载《吴中医集·瘟病类》，江苏科技出版社 1989 年版，第 406 页。
　　⑤ 光绪《周庄镇志》卷六《杂记》。
　　⑥ 《庚申避难日记》附录二《灾异记》，载《太平天国史料丛编简辑》第 4 册，中华书局1963 年版，第 599 页。
　　⑦ 曹树基：《鼠疫流行与华北社会的变迁（1580—1644）》，《历史研究》1997 年第 1 期。
　　⑧ 孙宝瑄：《忘山庐日记》（上），上海古籍出版社 1983 年版，第 718 页。

第二节　灾害的成因

历史上灾害成因研究是灾害历史学研究的重要领域之一，总结历史经验教训，分析历史灾害发生发展的规律，是灾害历史学研究的重要内容。明清时期长江下游乡村的灾害种类繁多，且灾害彼此关联性强，因此其成因亦十分复杂。概而言之，明清时期长江下游乡村自然灾害的成因主要有自然环境因素和社会人为因素两个方面。

一　自然因素

（一）气候的复杂性和地理环境的独特性

首先，长江下游地区气候复杂，易造成多种多样的自然灾害。前文已述及，长江下游属于东亚显著季风气候区，处于亚热带和暖温带的过渡地带，冷暖气团活动十分频繁，夏秋季节极易形成台风天气。年内降水量变化大，季节性分配极不均衡，因此容易发生洪涝、干旱等自然灾害。长江下游沿海地带属于太平洋副热带，高压偏弱，冬、春、秋季容易造成干旱、台风、冰雹等灾害。

明清时期又是气候史上的异常期乃至恶化期。根据竺可桢研究，5000年来的中国气候经历过五个气候异常期，即5世纪前后（东晋南北朝）、12世纪上半叶（北宋末南宋初）、14世纪初（元代中期）、15世纪末（明代中期）、19世纪中期（清代晚期）。此外，还有三个更为严重的气候恶化期，即公元前2000年左右、公元前1000年前后和17世纪。气候异常期和恶化期的基本共同点是气温降低，寒冷加重，自然灾害多发、群发、严重。14世纪初、15世纪末等气候异常期和17世纪的恶化期，基本上处于14—19世纪"小冰河期"，气候异常以1540—1730年为甚，许多研究者称为三千年来中国和北半球气候最为恶劣的时期①。

此外，明清时期长江流域气候还受太阳黑子活动周期的影响。根据国内外学者的研究结果表明，水旱灾害的发生与大气环流的变化有密切关系，而大气环流的变化又与太阳黑子活动的强弱有联系。一般而言，太阳黑子活动强烈时，地球上大气盛行经向环流（C 型或 E 型）。在这种大气经向环流盛行期内，来自高纬度的冷气团和来自低纬度的暖气团交汇频繁，往往形成雨水密集或高温酷暑的反常天气。而在太阳黑子活动减弱之时，地球大气则多纬向环流（W 型），这时期正常天气较多。长江下游地区地处东亚大陆，其纬度在北纬30°—32°。太阳黑子活动强烈之时，所造成的南来北往的冷暖气团必经长江下游地区，因而容易形成或旱或涝的灾害天气。

因此，明清时期长江下游地区因宏观气候因素而导致的自然灾害多发、群发的现象尤为突出。以旱涝灾害为例，17 世纪是我国历史上干旱最严重的时期，特别是1637—1679 年是我国近 500 年旱灾发生最多的时期之一②。康熙元年（1662 年）我国却发生了一次覆盖黄河、长江、淮河、海河四大流域且历时较长的特大暴雨，引发特大洪水，造成罕见的大面积的水灾。此外，1649—1654 年和1658—1685 年在我国许多地区都频发大暴雨，出现大洪水，长江中下游流域受灾最为严重。如正德五年（1510 年）太平府等地发生大洪水，数万人口遭淹溺③。

其次，由于复杂的气候，导致该地区极易形成如下类型的自然灾害：一是山洪灾害，长江下游地区是即日降水量大于 50 毫米的暴雨比较集中的地区之一，降雨时往往伴随山洪暴发等灾害，时间上常发生于夏初，空间上主要在山区；二是连阴雨灾害，长江下游地区主要出现在春秋季节，但春季出现频率要多于秋季；三是台风灾害，一般出现于夏秋季节，尤以夏季为多；四是干热风灾害，在夏季时有发生；五是雪灾，发生季节主要在冬季至孟春；六是冰雹灾害，集中在夏秋季节，并往往伴生暴风、骤雨。

最后，由于长江下游地区复杂的自然环境，也易造成各类灾害。长江

---

① 竺可桢：《中国近五千年来气候变迁的初步研究》，《考古学报》1972 年第 1 期。
② 谭徐明：《近 500 年旱灾统计显示的旱灾趋势》，《中国水利》2001 年第 7 期。
③ 康熙《太平府志》卷三《祥异志》。

下游地区地形复杂，地貌多样，突出表现在以长江为主干，支流众多，湖泊繁布，一旦遇到暴雨、连阴雨天气，客水使长江干流水位上升，复使内河泄流不畅而水位上升，极易造成洪涝灾害。同时，下游与东海衔接，水位整体上受海潮顶托作用影响（位于安徽宿松县的小孤山和江西彭泽县的彭郎矶之间的江面是长江下游的起始段面，因此也叫"海门关"），容易发生江潮、海潮等灾害；夏秋季又极易受台风、龙卷风影响，极易出现暴雨、冰雹天气。该地区又处于我国的梅雨区内，春末夏初一般是连阴雨天气，容易造成河流决溢型水灾。

复杂的地形，从某种意义上说，也使得长江下游的灾害往往表现为局部性灾害，多数时候，低洼处淹涝，山丘区却因雨水充沛而庄稼丰收；反之山丘处干旱，而江河湖滨滩涂上开垦的荒地却因日照持续而"种一季吃三年"，不像黄河那样在豫鲁平原上一旦决口，则发生淹没数府数州的大面积全局性灾害。

（二）受长江中上游灾害的影响

长江中上游两岸地区因长期以来开田拓地、山林植被破坏而造成的自然灾害（主要是水灾）十分严重，往往对下游产生严重影响。特别是由于长江中上游地区植被破坏，泥沙顺江而下，在下游地区沉积，日久便形成江中洲。如无为州，从明嘉靖、万历时起，便逐步生长起了多个沙洲，清初沙洲迅速增大，至康熙八年（1668 年）止，先后在江边筑了五道长堤以护州城。康熙六十年（1721 年）以后，"江之南岸，洲滩日长，以致江水北扫日甚。至雍正八年，所修筑之堤，旋被江水冲激崩裂"[1]。该县人民不得不常常在忍饥挨饿的同时，还要勒紧腰带出资出力筑堤，农村经济受到极大影响。

另外，各类自然灾害的发生不是孤立的，彼此之间存在着或多或少的联系，一种灾害往往是另一种灾害的导因，如水灾、旱灾与虫灾、瘟疫之间的关系极为密切，长江下游水旱灾害频发，加上干燥气候，往往引发大

---

[1]　乾隆《无为州志》卷六《水利》。

规模的虫灾和瘟疫。

除上述自然因素外，还存在其他特殊性的影响因素，如厄尔尼诺现象，虽然其引发的水灾破坏性也很大，但其发生非经常性，影响有限，故这里不再讨论。

二　社会因素

(一) 人口繁衍，人地矛盾突出

我国历史上曾经发生过三次黄河流域向长江流域大规模移民的浪潮，即西晋末年的永嘉之乱、唐代中期的安史之乱和宋金之际的靖康之乱。这三次人口南移迁入人口分别约为 90 万人、650 万人和 1000 万人[①]，由此宋元时期长江中下游流域人口已臻密集程度。至明清时期，长江下游地区人口增长更为迅速，其原因主要有三个方面。

第一，统治者重视发展农业生产并鼓励生育。朱元璋把垦荒作为恢复发展农业生产的一项重要措施。总计洪武一朝开垦荒田约 1.8 亿亩，长江流域各省当是占了很大的数目，农业生产的恢复是明显而迅速的。洪武二十六年 (1393 年) 的税粮收入增加到 3278.98 万石，和元代全国岁入粮数 1211.47 万石相比，增加了近两倍。受战乱破坏最重的扬州，经过 8 年时间，已经恢复到收田赋 20 万石的中府了。从这个名城的恢复，可以推知长江流域各地尤其是中下游地区社会生产力的恢复和发展的情况[②]。农业生产发展了，使灾荒之年死亡率降低，人口增长迅速。清王朝建立之后，为迅速平复战争创伤，增加社会劳动生产力，也推出鼓励人口增长的举措。如康熙五十一年 (1712 年) 颁布"嗣后滋生户口，勿庸更出丁钱"诏谕，出台"摊丁入亩"的政策，鼓励人口生育[③]。

第二，明初释放奴婢。元代蓄奴风气十分严重，一些贵族蓄奴达数千

---

① 参见邹逸麟《我国环境变化的历史过程及其特点初探》，《安徽师范大学学报》(人文社会科学版) 2002 年第 3 期。

② 参见万绳楠、庄华峰等《中国长江流域开发史》，黄山书社 1997 年版，第 298 页。

③ 《清史稿》卷八《本纪八》。

人。因此，洪武五年（1372 年）五月戊辰明令："曩者兵乱，人民流散，因而为人奴隶者，即日放还，士庶之家毋收养阉竖。"①《大明律》亦规定，除官僚外，"庶民之家，存养奴婢者，杖一百，即放从良"②。明初诸如此类规定，首先是让本不入户册的奴隶"放还"民户，使在籍人口大大增长，客观上也大大释放了社会劳动力，促进了社会经济和人口的增长。

第三，大移民的影响。这里以洪武大移民为例。长江下游地区是洪武年间南方移民运动的重点区域。元末明初，该地区经受了又一轮战火的洗礼。江淮地区是郭子兴、朱元璋经营的重点；苏北、苏南是张士诚的势力范围；陈友谅觊觎的地方也是长江下游地区。在这样的背景之下，洪武时期长江下游地区掀起了一次移民浪潮。其中，京师（南京）、凤阳府和安庆、庐州、扬州等接收的移民最多。

由于上述几方面的原因，明清时期人口从明洪武二十六年（1393 年）的 7270 万人到明朝末年的 1.525 亿人再到咸丰元年（1851 年）的 4.36 亿人③，人口呈指数增长。"以鼓励垦荒为中心的人口政策在 18 世纪取得巨大成就之时，便已埋下了 19 世纪中国人口增长陷入困境的隐患"④。明清时期长江下游也是人口快速增长的地区，如至嘉庆二十五年（1820 年），淮安、扬州、安庆、庐州、凤阳五府和通州、海门、滁州、和州、六安、泗州六州的人口已达 19821155 人⑤。人口的快速增长，使得人们向自然界索取的资源不断增加，以至超过环境承受能力，这必然会破坏生态平衡，导致灾害的频频发生。如舒城生齿日繁，山林垦荒增多，河道堵塞，这便导致了河流下游越来越壅塞，上游也就随之溃决⑥。这样的例子不胜枚举。

（二）垦田伐林，土地过度开发

首先，人口和土地的压力成为明清时期长江流域土地利用的动力。明

———————

①　《明太祖实录》卷七三"洪武五年五月末"条。

②　《大明律》卷四《户律》。

③　曹树基：《中国人口史》（第四卷、第五卷下），复旦大学出版社 2001 年版，第 247、833 页。

④　张研：《18 世纪的中国与世界（社会卷）》，辽海出版社 1999 年版，第 49 页。

⑤　巴兆祥：《明清时期江淮地区经济开发的初步考察》，《安徽史学》1999 年第 2 期。

⑥　民国《续修舒城县志》卷一一《水利志》。

清时期官府将土地开垦视为减缓人口压力的有效手段之一，先后推行一系列奖励垦荒的政策，鼓励垦田殖地。如雍正元年（1723年）诏谕："国家承平日久，生齿殷繁，土地所出，仅可赡给，偶遇荒歉，民食维艰，将来户口日滋，何以为业？惟开垦一事，于百姓最有裨益。"① 雍正七年（1729年）又谕户部："国家承平日久，户口日繁，凡属闲旷未耕之地，皆宜及时开垦，以裕养育万民之计，是以屡颁谕旨，劝民垦种……总在该督抚等董率州县，因地制宜，实心经理，务使田畴日辟，耕馨维勤……"② 乾隆时为解决人多地少的矛盾，推出关于山头地角小面积耕地免科的政策，如乾隆六年（1741年），准许"安徽所属，凡民间开垦山头地角，畸零不成邱段之水田不及一亩，旱田不成二亩者，概免其升科"③。从增加耕垦面积，促进社会经济发展的角度来看，上述政策有利于激发人们的垦辟积极性。但是一旦过度开垦，必然会适得其反，破坏自然生态平衡。如明正统朝，滥垦滥伐造成不良影响："屯田坏矣，务贪多者失于卤莽"④，"土民利其膏腴，或堰而为田，或筑而为圃，上源之来者不衰，而下流之去者日滞，是以川泽浸淫，经冬不涸，围田沮洳，终岁不干，加以夏秋淫雨浃旬，山水横发，潏没田畴，漂沦庐舍，固其所也，方弘治四年一涝如人初病，犹之可也，迨五年复涝，如病再发，已难支持"⑤。许多良田肥水出现荒废的局面："荒沙漠漠，弥望丘墟"，或"一望葭苇无所用之"⑥，"时移事迁，威惠渐竭，加之天时之灾沴不常……（民乃）转徙相仍"⑦。顾炎武亦曰："河政之坏者，起于并水之民，贪水退之利而占佃河旁淤泽之地，不才之吏因而籍之于官，然后水无所容而横决为害。"⑧

　　其次，明清时期大力发展官（屯）田。据统计，明孝宗时，长江下游

---

① 《清世宗实录》卷六"雍正元年四月乙亥"条。
② 《清世宗实录》卷八〇"雍正七年四月戊子"条。
③ 《清朝文献通考》卷四《田赋》。
④ 《西园闻见录》卷三四《户部三·开垦·前言》，《续修四库全书》1169册。
⑤ 《浙西水利书》卷下《叶给事延缙请赈饥治水奏》，《文渊阁四库全书》576册。
⑥ 《西园闻见录》卷三四《户部三·开垦·前言》，《续修四库全书》1169册。
⑦ 《明经世文编》卷三四二《吴司马奏议·条陈民瘼疏》。
⑧ 《日知录》卷一二《河渠》，《文渊阁四库全书》858册，台湾商务印书馆1986年版。

的应天、苏州、松江、常州、镇江、庐州、扬州、徽州、宁国、池州、太平、安庆等 12 个府和广德、徐州、滁州、和州 4 个州，共有土地 8102 万亩，其中官田有 2170 万亩，占土地总面积的 26.79%。民田有 5931 万亩，占土地总面积的 73.21%。其中松江府的官田最多，达 399 万亩，占全府土地总数的 84.52%；其次是苏州府，有官田 978 万亩，占全府土地总数的 62.99%。清代雍正至嘉庆年，屯田面积进一步扩大，长江下游的皖、苏、浙、赣四省屯田总面积达 754 万亩，其中安徽最多，屯田面积达 417 万亩；江苏次之，达 259 万亩，江西、浙江分别为 57 万亩和 22 万亩[①]。官（屯）田制度的推行，使长江下游农业开发程度进一步加剧。

最后，16 世纪中叶以后长江流域尤其是中下游地区推广种植玉米、番薯、马铃薯、棉花等经济作物。玉米于明末传入长江下游一带，据田艺蘅《留情日记》载，明万历年间其家乡杭州 "多有种之者"。番薯于明代万历年间传入我国，明末农学家徐光启在《农政全书》中记载，上海曾种植番薯。棉花早在宋元之际便在长江下游地区开始种植，明代初年棉花种植面积进一步推广，长江下游地区成为当时全国主要的产棉区。烟草、花生等经济作物于明万历年间引进，并在长江下游地区种植与推广。此外，茶、蚕桑、果木等经济作物的种植在长江下游地区也很普遍。总之，明清长江下游的农业种植由平原到山地、由湖泊到江海沿岸，几乎达到了全覆盖，人地矛盾日趋尖锐化。

明清时期长江下游部分地区随着户口数的增长，开垦田亩数迅速增长，但由于人口密度大，每户、每口均田数却日趋下降，见表 1-6 所示。

由表 1-6 可见，苏州府每户均田数由洪武二十六年（1393 年）的 20.04 亩，至万历六年（1578 年）降到 15.47 亩，而常州府、淮安府下降幅度则更大，两地每户均田数分别减少 2/3 和 1/2。太平府、宁国府、广德州、滁州、池州等地户数、人口数均不同程度地增长，但人均田数却在下降。

---

① 梁方仲：《中国历代户口、田地、田赋统计》，上海人民出版社 1980 年版，第 340—341 页。

表1-6　　明洪武、弘治、万历朝长江下游各府州每户每口平均田地数

府州	洪武26年（1393年）					弘治四年（1491年）					万历六年（1578年）				
	户	口	田地（亩）	每户均田	每口均田	户	口	田地（亩）	每户均田	每口均田	户	口	田地（亩）	每户均田	每口均田
苏州府	491514	2355030	9850671	20.04	4.19	535409	2048097	15524998	28.99	7.58	600755	2011985	9295951	15.47	4.62
常州府	152164	775513	7973188	52.40	10.28	50121	228363	6177776	123.26	27.05	254460	1002779	6425595	25.25	6.41
淮安府	80689	632541	19333025	239.60	30.56	27978	237527	10107373	361.26	42.53	109205	906033	13082637	119.8	14.44
太平府	39290	259937	3621179	92.17	13.93	29466	173699	1624383	55.13	9.35	33262	176085	1287053	38.70	7.31
宁国府	99733	532259	7751611	77.72	14.56	60364	371543	6038297	100.50	16.33	52148	387049	3033078	58.16	7.84
广德州	44267	247979	3004784	67.88	12.11	45043	127795	1540430	34.20	12.05	45296	221053	2167245	47.85	9.80
滁州	3944	24797	315045	79.88	12.71	4840	49712	291284	60.18	5.86	6717	67277	280996	41.84	4.18
徐州	22683	180821	2834154	124.95	15.67	34886	354311	3001223	86.03	8.47	37841	345766	2016716	53.29	5.83

资料来源：梁方仲《中国历代户口、田地、田赋统计》，上海人民出版社1980年版，第340—341页。

表 1-7　嘉庆二十五年（1820 年）长江下游各府州户口、田地及额征田赋数

府州	户	丁口		田地（亩）	额征田赋		
		原额	滋生		地丁杂银（两）	米（石）	其他额（石）
江宁府	—	198518	1874018	5233949	253728.33	104999.43	2935.50
苏州府	—	438330	5475980	6256186	564408.05	383318.78	640.42
松江府	—	209904	2645871	4048871	447421.68	428148.15	—
常州府	—	593786	3895772	5579264	571962.34	355170.23	—
镇江府	—	137637	2234375	6200023	309478.35	213251.62	1347.84
淮安府	—	270106	1637591	7320591	144922.61	50447.29	—
扬州府	—	266794	3267522	7045025	228824.30	97820.17	—
徐州府	—	209529	1840194	11864224	223235.46	62912.13	—
杭州府	507934	322003	3196778	4284327	338006.68	176749.38	—
嘉兴府	515923	567905	2805120	4356442	569255.69	555190.96	—
湖州府	596857	321565	2567922	6846104	314945.03	388764.11	—
宁波府	581809	409688	2356157	4066059	216991.23	36700.15	—
绍兴府	692269	269748	5391630	6765514	418566.71	44876.33	—
南昌府	718271	371504	4676156	6997659	240444.23	236995.37	—
饶州府	331440	148362	1832090	6969648	186423.88	125315.13	—
南康府	207621	52421	1292483	1848329	73883.56	41639.67	—
九江府	224275	28871	1234935	1429952	81038.84	4405.16	—
临江府	254312	56208	1279210	2389641	156959.47	92722.69	—
徽州府	—	214390	2474839	2056973	188815.29	29338.08	1624.80
安庆府	—	3817063	1760094	2151721	176493.86	110853.04	—
池州府	—	37084	2754621	713493	92864.74	51909.05	7801.20
庐州府	—	277207	3547579	6047807	198203.54	41192.84	804.97
太平府	—	60037	1479440	1460807	124131.01	36962.41	2208.21
宁国府	—	58461	3433321	2779747	196968.57	62109.00	9101.13
广德州	—	70773	551118	1031406	59979.66	13764.81	1553.03
滁州	—	13129	599511	583244	56257.31	617.57	896.81
和州	户	104053	423215	484001	52930.33	5233.74	—

　　资料来源：梁方仲《中国历代户口、田地、田赋统计》，上海人民出版社 1980 年版，第 401 页。

　　由表 1-7 可见，至嘉庆二十五年（1820 年），长江下游地区各府州人口增长很快，尤以苏州府、绍兴府、南昌府、常州府、庐州府、宁国府等

地滋生人口最多。由此，该地区人口密度也相应较高，如苏州府人口密度高达 1073.21 人/平方千米。关于嘉庆二十五年苏州府及其他地区的人口密度详见表 1 - 8。

表 1 - 8　　　　嘉庆二十五年长江下游地区人口及耕地数

州府	人口	耕地面积（亩）	面积（平方千米）	人均耕地	密度（人/平方千米）
江宁府	1874018		7200		260.28
苏州府	5473348		5100		1073.21
松江府	2631590		4200		626.57
常州府	3895772		8700		447.79
镇江府	2194654		4200		522.54
扬州府	3267522		16200		201.69
徐州府	1840194		15600		117.96
杭州府	3189838		6300		506.32
嘉兴府	2805120		3900		719.26
湖州府	2566137		5400		475.21
南昌府	4623058		17100		270.35
饶州府	1773171		12600		140.73
广信府	1405352		12000		117.11
南康府	1276725		4800		265.98
九江府	1064165		5100		208.68
安庆府	1760094	2151721	13500	1.22	130.38
宁国府	3433321	2779747	10500	0.81	326.98
池州府	2754622	713493	8700	0.26	316.62
太平府	1479440	1460807	3600	0.99	410.96
庐州府	3547579	6647807	6300	1.87	563.11
滁州	599511	583244	3900	0.97	153.72
和州	428215	484001	2400	1.13	178.42
广德州	551118	1031406	3300	1.87	167.01

资料来源：梁方仲《中国历代户口、田地、田赋统计》，上海人民出版社 1980 年版，第 273—274 页；《嘉庆重修一统志》，卷 108—134。

明清时期长江下游地区开垦的农田数量增长迅速。如嘉靖年间安庆府的垦田数达 2190530 亩，比洪武年间增加 34343 亩[①]。此外，随着农耕技术的提高，农田得到深度开发。自康熙朝起，长江下游地区如和州、太平、安庆、池州、庐州等府州开始大面积种植双季稻。据研究，一年两熟较之一年一熟能将土地利用率提高近一倍。道光年间，长江下游地区"岁种再熟田居其大半"，不要说"大半"，即使是其半数，稻田利用率也提高 1/4以上。巢湖、巢县的焦湖、庐江县的排子湖、怀宁县的官湖、怀远县之稻湖、查家湖、铜陵县的官塘圩等，都有"报垦入册完粮田地"[②]，说明这些地区与水争地的现象不仅普遍存在，而且得到地方政府的认可。

过度垦殖必然造成对生态环境的破坏。如宿松县南八里的排山、巢林、长安三庄，原本是"滨河泥滩地亩，明时河道深广。泥滩多没于水中，清雍乾后，河渐淤涨，滩壅愈高，附近居民于是傍河筑围，开垦田亩"，而"当各围初建之时，正值乾嘉间，江潮低落，湖水不波，所垦之田，丰收有庆。自道光后连年大水，溃决之患，几于无岁无之，是昔之易荒原为腴壤者，今又变腴壤为荒原。邑境患水之庄二十有七，而九城围田则受灾称首"[③]。永乐、景泰年间，和州的麻湖、沣湖被围垦，一旦雨季来临，往往造成"水难骤泄，每逢雨潦，往往多淹没之患"[④]。造成此现象的主要原因在于，地方官员不顾当地的"地势平衍"之实际，盲目地填湖造田，周遭生态植被环境被破坏，弱化了湖泊蓄水之功能。此现象直至乾隆时仍是"覆之则不可稼，而虚赋逋丁日耗，累民日贫"[⑤]。在庐江，明嘉靖三十一年（1552 年）发生大旱，巢湖干涸，滩涂显露，当地居民钱龙等人请报县官，要求开垦新丰、新兴二圩，因其属于蓄水区，"嗣后湖水仍旧，滩圩淹没，赔纳粮草，民甚病焉"[⑥]。

（三）山林弛禁的负面影响

山林与绿色植被对自然环境的保护具有十分重要的作用，一方面可调

①　嘉靖《安庆府志》卷一二《食货志》。
②　《清高宗实录》卷三二九"乾隆十三年十一月戊寅"条。
③　民国《宿松县志》卷二〇《水利志》。
④　光绪《直隶和州志》卷四《舆地志》。
⑤　（清）陈廷桂纂辑：《历阳典录》卷一二，清光绪二十六年刻本。
⑥　嘉庆《庐江县志》卷七《田赋》。

节气候，另一方面又可蓄水保墒，抗旱防涝。一旦山林植被被破坏，自然生态系统便失去了平衡，土壤裸露，受风侵日蚀，时间一长便会导致土质变坏，水涝与风沙灾害日益严重，危害人类的生活与社会生产。

明清时期长江下游地区人口增长迅速，人口密度急剧增大，土地垦殖面积不断扩大，山林不断被开发，尤其江河两岸的植被不断被破坏，水域植被生态系统也不断被破坏，由此造成水土流失严重。虽然自明代以来，长江中下游堤防不断被加固加高，但随着水土流失严重，每年夏秋季节洪水水量逐渐增大。明代以前防洪压力较小，明以后防洪压力逐渐增大。且随着明清长江下游两岸河道、湖泊的淤积面积加大、围湖造田增多，长江下游防洪压力急剧增加。由此，水灾发生频次也逐年增加。因而，关于围湖造田的利弊也成为明清以来各级官员治江争论的焦点之一。

明初设立虞衡一职，负责山林川泽的管理，规定"冬春之交，罝罦不施川泽；春夏之交，毒药不施原野"，"凡帝王、圣贤、忠义、名山、岳镇、陵墓、祠庙有功德于民者，禁樵牧"①。这些规定在一定程度上有助于环境的保护。但永乐四年（1406 年）开始营建北京皇宫，所需木材的重要来源便是长江中上游的山林，因而采伐山林直至明末未曾有停息，长江中上游森林资源采伐数量惊人，尤以成祖、武宗、世宗、神宗等朝为最。如在四川山林采木，嘉靖三十六年（1557 年）"以三殿采木共木枋一万五千七百一十二根块"，万历三十五年（1607 年），采伐林木"二万四千六百一根块"②。在两湖地区山林采伐同样十分严重，永乐四年（1406 年）"以十万众入山辟道路"③，万历四十三年（1615 年），从长江流域运往北京的圆木在水运中被洪水漂流和被淮抚李三才盗取的有八万五千余根④。至明仁宗洪熙年间，政府开始放松管制，《明史·食货志》载："仁宗时，山场、园林、湖池、坑冶、果树、蜂蜜官设守禁者，悉予民。"⑤ 其弛禁的原

---

① 《明史》卷七二《职官一》。
② 雍正《四川通志》卷一六上《木正》。
③ 《明史》卷一五〇《师逵传》。
④ 暴鸿昌、胡凡：《明清时期长江中上游森林植被破坏的历史考察》，《湖北大学学报》1991年第 1 期。
⑤ 《明史》卷八二《食货六》。

本目的是鼓励百姓垦殖以及解决燃薪困难。史载"古山林川泽皆与民共，虽虞衡之禁，取之有时，用之有节，其实亦为民守，非公家专有之。……苟可惠民，皆当施之，况山泽天地所产以利民者"①。至此，明朝山林之禁逐渐松弛。清代采伐皇木形成定制，长江流域山林成为重要的采伐区之一。如康熙二十一年（1682年）至康熙二十四年（1685年），四川应办楠木4503根、杉木4055根，但是由于森林资源日渐枯竭，只采办楠木2663根，日后则更少②。乾隆时期，四川大木"产木山场砍伐已尽，穷山邃谷亦无不遍加搜寻，即如酉阳州属，原系苗疆从不采办之区，亦经委办，尚难多购合式大料"③。嘉庆八年（1803年）朝廷饬令川楚两省采办楠木，但"在川境各老山内遍加采访，并无合适材料，直踩至云南所属永善县地方"，才"采获合适楠木十九根"④。

明代弛禁山林川泽，百姓围湖造田，开发山林，生态平衡逐渐受到破坏。正统十一年（1446），巡抚周忱指出："故山溪水涨，有所宣泄。近者富豪筑圩田，遏湖水，每遇泛滥，害即及民，宜悉禁革。"⑤万历四十四年（1616年），巡漕御史朱阶也说："（过去）积泄有法，盗决有罪，故旱涝恃以无恐。及岁久禁弛，湖浅可耕，多为势豪所占。"⑥清代人口激增，统治者继续实行弛禁政策，鼓励百姓广垦山林田地。雍正元年（1723年）谕户部：

> 朕临御以来，宵旰忧勤。凡有益于民生者，无不广为筹度。因念国家承平日久，生齿殷繁，地土所出，仅可赡给。偶遇荒歉，民食维艰。将来户口日滋，何以为业？惟开垦一事，于百姓最有裨益。但向来开垦之弊，自州县以至督抚，俱需索陋规，致垦荒之费浮于买价，百姓畏缩不前，往往膏腴荒弃，岂不可惜。嗣后各省凡有可垦之处，听民相度地宜，自垦自报，地方官不得勒索，胥吏亦不得阻挠。至升科之例，水田

---

① （清）余继登辑：《典故纪闻》卷八，明万历王象干刻本。
② 蓝勇：《中国历史地理学》，高等教育出版社2002年版，第72页。
③ 乾隆十三年六月十三日《甘肃巡抚黄廷桂为川省采办及未获之楠木数目事奏折》，载王澈《清代楠木采办史料选》，《历史档案》1993年第3期。
④ 嘉庆八年八月初五日《四川提督勒保为于云南永善县采获楠木并运送事奏折》，载王澈《清代楠木采办史料选》，《历史档案》1993年第3期。
⑤ 《明史》卷八八《河渠六》。
⑥ 《明史》卷八五《河渠三》。

仍以六年起科, 旱田以十年起科, 着着为定例, 其府州县官, 能劝谕百姓开垦地亩多者, 准令议叙。督抚大吏, 能督率各属开垦地亩多者, 亦准议叙。务使野无旷土, 家给人足, 以副朕富民阜俗之意。①

农田扩垦, 山林破坏, 导致水土流失更为严重, 嘉道年间进士梅曾亮在《书棚民事》中记载了太平府宣城因山林破坏而导致水土流失的状况:

> 余为董文恪公作行状, 尽览其奏议。其任安徽巡抚, 奏准棚民开山事甚力。大旨言: 与棚民相告讦者, 皆溺于龙脉风水之说; 至有以数百亩之山, 保一棺之土。弃典礼, 荒地利, 不可施行。而棚民能攻苦茹淡, 于丛山峻岭、人迹不可通之地, 开种旱谷以佐稻粱; 人无闲民, 地无遗利, 于策至便, 不可禁止, 以启事端。余览其说而是之。及余来宣城, 问诸乡人。皆言: 未开之山, 土坚石固, 草树茂密, 腐叶积数年可二三寸; 每天雨, 从树至叶, 从叶至土石, 历石罅, 滴沥成泉。其下水也缓, 又水下而土石不随其下; 水缓, 故低田受之不为灾, 而半月不雨, 高田犹受其浸溉。今以斤斧童其山, 而以锄犁疏其土, 一雨未毕, 沙石随下, 奔流注壑涧中, 皆填污不可贮水, 毕至洼田中乃止, 及洼田竭而山田之水无继者。是为开不毛之土而病有谷之田, 利无税之佣而瘠有税之户也。②

文中所描述的现象表明, 自从棚民进入宣城山区垦荒, 这里的山林植被便遭到了破坏, 失去了其对水土保护的作用, 雨水季节往往出现山水倾泻低洼田地并因之造成内涝现象。

这种情况在徽州更为严重。进入明清时期, 徽州的生态环境遭到了严重的破坏, 这与棚民的纷纷涌入有直接的关系。早在明代中后期, 随着徽州社会稳定局面的形成, 该地区人口快速增长, 人地矛盾日趋尖锐。加之政府对徽州实行重赋政策, 致使徽州人外出务工经商者日趋增多, 导致大量土地被闲置, 这便吸引了与徽州相毗邻地区的人口纷纷前往开垦, 从而形成了徽州历史上的棚民现象。如道光《徽州府志》记述休宁县"棚民"

---

① 《清世宗实录》卷六"雍正元年四月乙亥"条。
② (清) 梅曾亮:《书棚民事》, 载《柏枧山房全集》, 咸丰刻本。

垦山案，声称"查徽属山多田少，棚民租垦山场由来已久，大约始于前明（朝），沿于（清）国初，盛于乾隆年间"。又云："自嘉庆十二年以后，仍有将公共山场，一家私召异籍之人开垦者。"府志照录当时道宪杨懋恬《查禁棚民案稿》记载："本道等复查该处浯田岭、江田村、岭南、牛岭、青山、方圩、璜源七村共业山场，惟程姓股份较多，自程姓族人名租棚民，以致各村纷纷附名。……且该棚既有九十余座，丁属六百余人。"① 此记载足以说明这一带棚民垦山的严重性。

移民到徽州的棚民，数量很大。据道光《徽州府志》载《查禁棚民案稿》云：

> 本道等又即遵照饬具各县确查开报前来计歙县棚三百三十四座，棚民一千四百十五丁口；休宁县棚三百五十九座，棚民二千五百二十二丁口；祁门县棚五百七十九座，棚民三千四百六十五丁口；黟县棚九座，棚民六十九丁口；婺源县棚七十四座，棚民二百九十五丁口；绩溪县棚一百七十二座，棚民九百十五丁口，其随时短雇帮伙工人，春来秋去往返无定，多少不一，难以稽核确数。②

徽州棚民的数量究竟有多少，文献记载不一，据当年办理抚剿徽州棚民事宜的高廷瑶估算，徽州的棚民有万余人之众，"棚民之多，以万计也"③。后来，高廷瑶又说："余思徽郡属境，俱有棚民，不下数十万人。"④ 无论是数万还是数十万人，清代中叶以后徽州棚民的数量不会是一个小数字。这些棚民主要来自安徽的怀宁、潜山、太湖、宿松和桐城各县，也有一部分来自江西、浙江等地。他们移民徽州后，进行无序的垦山种田以及伐木、造纸、煤炭等矿物开采，既开发了山区，但也造成了水土流失，引起了当地生态环境的重大变化。对此，乾嘉时人这样描写黟县棚民种植玉米的情况：

> 腊腊苞芦满旧蹊，半锄沙砾半锄泥。

---

① 道光《徽州府志》卷四之二《营建志》。
② 道光《徽州府志》卷四之二《营建志》。
③ （清）高廷瑶：《宦游纪略》卷上，清同治十二年刊本。
④ （清）高廷瑶：《宦游纪略》卷上，清同治十二年刊本。

沙来河面年年长，泥去山头日日低①。

"苞芦"也就是玉米，它自 16 世纪中叶由美洲传入中国后，因其耐寒、耐旱、耐瘠，产量又高，因而得以迅速推广。这首竹枝词意思是说，玉米到处种植，种地人一锄下去，一半是沙一半是泥，由于水土流失，导致河床年年抬高，与此同时，山头却是日渐低矮。这样一种粗放的生产方式，导致当地灾害频频发生。灾害来袭，房屋尽遭漂没，榱崩栋折，满目萧条。对此，道光《徽州府志》总结说："自皖民开种苞芦以来，沙土倾泻，溪堨填塞，河流绝水利之源，为害甚大。"②

棚民开发对于水土流失的影响，还表现在其特殊的烧山垦荒上。为了驱赶野兽，棚民时常采用放火烧山的方式垦荒，肆意破坏原始森林，从而加剧了水土流失③。又据同治《祁门县志》卷十二载：

> 今日徽郡之患不在水碓而在垦山。嘉庆绩溪县志载，乾隆年间，安庆人携包芦入境，租山垦种，而土著愚民间亦效尤。其种法必焚山掘根，务尽地利，使寸草不生而后已。山既尽童，田尤受害。雨集则砂石并陨，雨止则水源立竭，不可复耕者，所在皆有。渐至壅塞，大溪旱弗能蓄，潦不能泄，原田多被涨没。一邑之患，莫甚于此。诚哉是言，祁自棚民开垦河道日高，水在砂下，舟不能达。十日不雨，货物不至，盘运翔贵……④

这则史料告诉我们，棚民进入徽州后，由于用粗放的方式进行垦荒，导致山地泥沙下泄，河道壅塞，使得洪灾频频爆发。

除了棚民开发所引起的变化外，徽州本土民众之舍本逐末，也导致生态环境的很大变化。如由于无节制的开发，元代以降，歙县漳潭一带的一些河流便渐趋湮废，致使当地水灾频频发生。据《重订潭滨杂志》"水灾"条的记载：潭渡一带的水灾，万历三十六年（1608 年），村中水深达七八尺；康熙三十五年（1696 年），《重订潭滨杂志》的作者之一黄昌，所居

---

① 欧阳发、洪纲：《安徽竹枝词》，黄山书社 1993 年版，第 74 页。
② 道光《徽州府志》卷四之二《营建志》。
③ 参见王振忠《新安江》，凤凰出版传媒集团 2010 年版，第 231 页。
④ 同治《祁门县志》卷一二《水利志·水碓》。

的房屋水深四尺；至康熙五十七年（1718 年）六月二十日，水高离他房屋的楼上仅"三版"① 距离，歙西一带的其他村落，屋室成了淤池，居民变成鱼鳖，而棺木则成为蓬梗，生态环境令人堪忧②。

（四）官员的消极作为

虽然明清两朝统治者都强调加强水利修治，加大对消极行为的惩罚力度，但地方官府在执行中效果却不理想。史实证明，对于水利修建实务，地方大小官吏普遍存在诸多消极作为现象，连乾隆帝也发出无奈之叹："实力行之者盖少，朕亦无可如尔等何也。"③ 关键原因是中央政府在政策执行方面长期以来一直推行形式主义路线，不注重实际效果，即使发现执行过程中出现的问题，对执行官吏也没有按照规定予以处罚。由此，许多官吏便敷衍塞责，彼此效尤。如乾隆年间治理黄河，主管官员腐败严重，他们"首厅必蓄梨园，以数万金至苏，召名优为安澜演剧之用"，吃的是山珍海味，穿的是关外裘皮、苏杭绸缎，照明不用油灯而是蜡烛；他们拥有的"珠翠金玉，不可胜计……衙参之期，则各贾云集，书画好玩无不具备"④。乾隆知晓此情，但他对此只是放任姑息："河工官役，领帑办公，藉霜徐润，以资饭食，在所不免，但非有侵蚀大弊，姑置勿问。"⑤ 如此放任姑息，势必助长各地官吏贪污腐败、挥霍资金的行为。我们注意到，凡是水旱灾害严重的省份，都存在严重的水利废弛现象，长江下游各府州概莫能外。乾隆三年（1738 年），安徽巡抚孙国玺就曾分析安徽各府州水旱频仍的主要原因之一，就是"河塘湮淤。无从宣泄灌溉所致"⑥。但直到乾隆四十七年（1782 年），这种局面也没有改观⑦。

---

① "版"，是指筑墙用的夹版，此处用来代称长度。

② 参见王振忠《新安江》，凤凰出版传媒集团 2010 年版，第 232 页。

③ 陈振汉：《清实录经济史资料——农业编》（第二分册），北京大学出版社 1989 年版，第 302 页。

④ 欧阳兆熊、金安清：《水窗春呓》（卷下），中华书局 1984 年版，第 42 页。

⑤ （清）彭元瑞：《孚惠全书》，北京图书馆出版社 2005 年版，第 340 页。

⑥ 《清高宗实录》卷八一"乾隆三年十一月"条。

⑦ 陈振汉：《清实录经济史资料·农业编》（第二分册），第 397—399 页。

第二章 灾害的一般规律与特点

　　自然灾害发生的原因是复杂的，总的来说是自然生态的基本平衡和稳定状态被打破而导致的异常情形，这其中既有自然环境的因素，也有人类社会与自然环境交互作用的影响。所以，自然灾害的发生看似有一定的随机性和偶然性，但在唯物史观的视角下，自然灾害的发生、发展过程及其影响，在相对较广泛的区域内和特定的社会历史阶段中，还是有规律可循的，其特点也是可以探究的。

第一节 一般规律

　　明清时期长江下游乡村的自然灾害在时间分布、区域空间分布以及各种不同类型的自然灾害间的相互关联等方面存在着明显的规律性。

一 时间分布上的集中性和持续性

　　明清时期长江下游地区自然灾害在时间分布上的集中性是指某些自然灾害往往在特定的时段发生，尤其表现为水旱灾害的季节性；灾害的持续性是指该地区的某些自然灾害历程较长，也包括在一年内连续数月或连续数年内反复发生的情形。

　　长江下游干流地区的洪水灾害，多由暴雨形成，尤其是异常降雨时常发生，各支流的洪水在干流发生遭遇，形成大洪水和特大洪水，从而造成严重的洪水灾害。明清时期长江下游的水灾往往出现在两个相对集中的时间，即每年的五、六月或八、九月，亦被称为夏涝和秋涝，特别是沿江府州县水涝灾害大多相对集中出现在每年的六月和八月，因为这时长江下游地区正处在梅雨季节和秋季连阴雨天气，该地区往往因为阴雨连绵，江水排泄不畅而致江岸、河堤、湖围、圩堰崩塌。如明洪武三年（1370 年）六月，应天府所属溧水县大雨连连，发生江溢，淹没民居①。明永乐九年（1411 年）六月，南直隶扬州府、江都、海门等县风雨暴至，江潮泛涨，淹死无数人和牲畜，摧毁民房②。每年的八月间则是沿海州县水灾相对易发的时期，此时，因为长江入海口常有台风，尤其受强台风的影响而易引发江潮或海水倒灌，导致该地区江水或海水漫溢。明洪武五年（1372 年）八月，绍兴府所属嵊县、金华府所属义乌县、杭州府所属余杭县大风骤起，山谷水涌，淹没庐舍，牲畜和人多溺死③。清雍正七年（1729 年）八月，镇海飓风，潮涌冲毁堤塘；八年（1730 年）八月，嘉兴、嘉善发大水④。清道光二十八年（1848 年），长江下游地区所发生的大洪水在各地文献中多有记载。安徽境内沿江的望江、桐城、当涂、芜湖、繁昌等县大水，建德江水入城，和州大水隳坏城廓；江苏也因江水暴溢，导致长江两岸水深数尺。清道光二十九年（1849 年）的洪水使得长江中下游的湖北、湖南、江西、安徽、江苏等省，均遭受不同程度的洪水灾害，尤其是安徽沿江所有 17 个州县都受灾严重，导致安庆、宿松、巢湖等大水涌入城市，水一丈多深，其灾情之重，为数百年所仅见。芜湖的圩堤尽破，平地水深一丈有余，合肥、无为、巢县等地均发大水，数百年来的水患，莫此为甚。

　　明清时期长江下游一年内连续数月或连续数年内反复发生某种自然灾害的情形也比较普遍，尤以旱灾为甚。有些地区连续数月大旱，有些则旱灾连年发生。一般而言，根据发生时间，有春旱、夏旱、秋旱、冬旱、

①　李国祥、杨昶：《明实录类纂·自然灾异卷》，武汉出版社 1993 年版，第 45 页。
②　李国祥、杨昶：《明实录类纂·自然灾异卷》，武汉出版社 1993 年版，第 64 页。
③　李国祥、杨昶：《明实录类纂·自然灾异卷》，武汉出版社 1993 年版，第 46 页。
④　陈桥驿：《浙江灾异简志》，浙江人民出版社 1991 年版，第 133 页。

春夏连旱、夏秋连旱、冬春连旱等不同旱灾类型。明清时期长江下游的旱灾较为典型的是春旱、夏旱、春夏连旱、夏秋连旱以及冬春连旱等。春旱多发生在每年的3—5月，夏旱多发生在每年的7—8月，夏秋连旱多为每年的8—9月。干旱对农作物的危害，轻则减产，重则绝收，尤其春旱多对冬小麦等农作物的产量影响很大。如咸丰六年（1856年），江浙一带发生大旱，当地官员奏报江苏一带的灾情是："去岁一冬无雪。本年自春徂夏，雨泽稀少，交秋亢旱尤甚。湖荡皆涸，民田无水灌溉，高区未及插苗，低田虽种，亦日渐黄萎。直至八月初旬以后，方得透雨，间有补种杂粮，收成无几。"① 又据《宣宗实录》卷一〇五载，明宣德八年（1433年），直隶扬州府、泰州、通州春夏无雨，农作物绝收；宣德九年（1434年）七月，如皋县春夏大旱，"二麦薄收，田稼不实，人民饥窘"②。《宣宗实录》卷一一一载，宣德九年（1434年），应天府所属溧阳、江宁二县，扬州府所属通州、泰州及如皋、兴化、泰兴三县，太平府所属芜湖县，和州含山县春夏缺雨，旱灾伤田苗，导致农作物歉收。清代长江下游地区也常发生春夏连旱，据《安徽省志·气象志》记载，清康熙十八年（1679年），和州含山等地发生旱灾和蝗灾，无为州大旱，人民大饥；怀宁从五月至八月未曾下雨；贵池从三月至八月不雨；东流从五月至八月不雨；当涂：夏大旱；宣城：旱，有虫；郎溪：旱；休宁：旱，赈饥③。

在夏秋连旱的记载中，如《英宗实录》卷四八载，明正统三年（1438年），应天府、直隶常州、徽州府、池州府、安庆府等所属州县夏秋大旱，禾苗枯死，百姓为饥荒所困④。《英宗实录》卷八五载，明正统六年（1441年）浙江嘉兴、台州、宁波、绍兴四府夏秋亢旱，庄稼枯槁⑤。另据《安徽省志》记载，清乾隆十六年（1751年），南陵、宣城，夏秋大旱，谷价

---

① 同治《攸县志》卷四九，同治十一年刻本。
② 李国祥、杨昶：《明实录类纂·自然灾异卷》，武汉出版社1993年版，第231—232页。
③ 安徽省地方志编纂委员会：《安徽省志·气象志》，安徽人民出版社1990年版，第91页。
④ 李国祥、杨昶：《明实录类纂·自然灾异卷》，武汉出版社1993年版，第237页。
⑤ 李国祥、杨昶：《明实录类纂·自然灾异卷》，武汉出版社1993年版，第239页。

成倍涨价。泾县夏大旱，从四月到九月不雨，禾苗全都枯死。广德、旌德、休宁大旱。宁国夏秋大旱。绩溪夏、秋、冬连续大旱达二百余日，人民被迫凿溪汲水[①]。此外，如嘉兴府平湖县"崇祯十四年夏大旱，三月不雨"[②]。诸暨县"十三年庚辰夏，雨雹禾稼尽折、击伤牛羊无算……十四年辛巳，飞蝗遍野，斗米价千钱，十五年壬午，江潮至枫溪，十六年癸未，大旱"[③]。绍兴府山阴县"十四年辛巳至癸未年连年大旱"[④]。灾害的持续性也同样表现在水灾上。据相关统计，明永乐九年（1411 年）至宣德九年（1434 年），南直隶连续 14 年发生重大水灾。明正统九年（1444 年）至正统十三年（1448 年），南直隶又连续 5 年发生水灾。明成化六年（1470年）至成化十一年（1475 年），南直隶再次连续 6 年水灾，而后，从明成化十三年（1477 年）至成化十八年（1482 年），南直隶水灾又接连发生 6年。明弘治四年（1491 年）至正德元年（1506 年）16 年，南直隶连连水患，几乎无年不灾。明万历十三年（1585 年）至万历二十三年（1595年），应天府、太平府、淮安府、扬州府等连续 10 年水灾严重。

二　区域分布上的相对集中性

明清长江下游自然灾害在区域上的相对集中性是指该流域的有些区域各种自然灾害均有发生，且呈现出不同类型的自然灾害在某个特定区域不同时段交叉发生或同时发生的情形。此外，这里的相对集中性也指某种具体的自然灾害在某一特定地域内反复发生的情形。下面将以图 2 - 1 至图 2 - 10 为例进行分析。

明清长江下游地区各种自然灾害在某些或某个地区发生的情形如图 2 - 1、图 2 - 2 所示。明代长江下游地区各种自然灾害主要集中在应天府、苏州府、扬州府、常州府、湖州府、松江府、嘉兴府、镇江府、安庆府和池州府，这 10 个府共发生各种自然灾害 1886 次，占明代长江

---

① 安徽省地方志编纂委员会：《安徽省志·气象志》，安徽人民出版社 1990 年版，第 96 页。
② 乾隆《平湖县志》卷一〇《外志》。
③ 宣统《诸暨县志》卷一八《灾异志》。
④ 康熙《山阴县志》卷九《灾祥志》。

下游地区自然灾害总量的 66.83% 。其中应天府共发生自然灾害 284 次，苏州府 262 次，扬州府 239 次，常州府 226 次，湖州府 208 次，松江府 193 次等。清代长江下游地区各种自然灾害主要集中在松江府、苏州府、湖州府、扬州府、江宁府、安庆府、常州府、庐州府、嘉兴府、池州府，此 10 个府共发生各种自然灾害 1772 次，占清代长江下游地区自然灾害总量的 56.40% 。其中松江府共发生自然灾害 243 次，苏州府 210 次，湖州府 208 次，扬州府 192 次，江宁府 190 次，安庆府 166 次等。如明崇祯年间，湖州府所属归安县就是水灾多发的区域，"崇祯四年大水，五年雨黑豆，六年水民饥，七年三月地震，四月大雨雹，八年大水秋蟊，十一年秋旱蝗，十二年旱，十二月淫雨阡陌成巨浸，十三年五月大雨七昼夜，大水溢街市田禾尽潦，十四年春大雪，六月旱"①。又如明万历十五年（1587 年），"（浙江）万历十五年山阴、会稽、萧山、余姚、上虞，自秋雨至冬至始晴，大饥。次年又淫雨，疫疠交作"②。由此可见，湖州府、苏州府、松江府、常州府、扬州府等地是明清两朝长江下游地区各种自然灾害相对集中发生的区域。

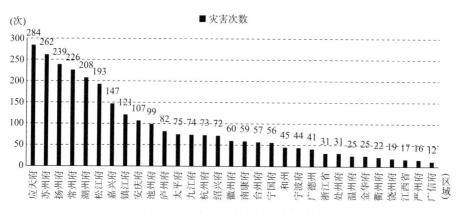

图 2-1　明代自然灾害区域分布统计

资料来源：此图根据表 1-1 相关数据绘制。

---

①　光绪《归安县志》卷二七《前事略·祥异》。
②　雍正《浙江通志》卷一○九《祥异》。

图 2 - 2 清代自然灾害区域分布统计

资料来源：此图根据表 1 - 2 相关数据绘制。

明清长江下游地区某种具体的自然灾害在某些或某个特定区域反复的
发生情形如图 2 - 3 至图 2 - 10 所示。据图 2 - 3、图 2 - 4 可以看出，明代
长江下游水灾主要分布在苏州府、扬州府、湖州府、常州府、应天府、松
江府、嘉兴府、镇江府、杭州府、池州府 10 个府，共发生水灾 823 次，占
明代长江下游地区水灾总发生次数的 68.30%，其中苏州府、扬州府均达
100 次以上；清代长江下游水灾主要分布在扬州府、湖州府、松江府、苏
州府、安庆府、池州府等个府，共发生水灾 648 次，占清代长江下游地区
水灾总发生次数的 60.39%。由此可见，明清两朝湖州府、扬州府、苏州
府、松江府、安庆府等府皆为水患频发的地区。如明崇祯年间，湖州府的
南浔镇水患常连年发生，"崇祯元年水；四年大水；六年二月雨雹；七年
四月大雨雹；八年大水；十二年恒雨；十三年大雨，水溢淹禾；十五年大
水"[1]。另外，由强风暴导致的海潮，由海水倒灌而诱发的洪灾在长江下游
的入海口地区也频繁发生。处于长江下游入海口的长江三角洲地区，包括
江苏沿江两岸、太湖流域、上海市和浙江钱塘江口以北等滨海地区，地势
低平，绝大部分地区在海拔 10 米以内，在沿海的台风易发季节，近海巨大
浪潮在强风暴的作用下，叠加于天文大潮和上游来水之上，并伴随着狂风

_____

[1] 民国《南浔志》卷二八《灾祥志》。

暴雨，超过当地警戒水位，摧毁防洪堤坝等设施，导致洪水泛滥而酿成灾害，致使良田淹没、屋倒船翻，海港、海岸工程、滩涂养殖以及海上作业等无不受到冲击，甚至有大量人员伤亡，因此该地区在明清时期自然是水患频发相对集中的区域之一。

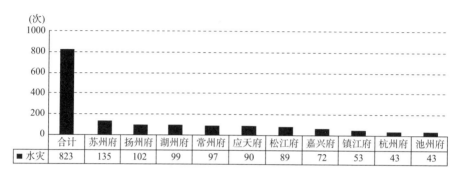

（次）	合计	苏州府	扬州府	湖州府	常州府	应天府	松江府	嘉兴府	镇江府	杭州府	池州府
■ 水灾	823	135	102	99	97	90	89	72	53	43	43

图 2 - 3   明代水灾主要区域分布

资料来源：此图根据表 1 - 1 相关数据绘制。

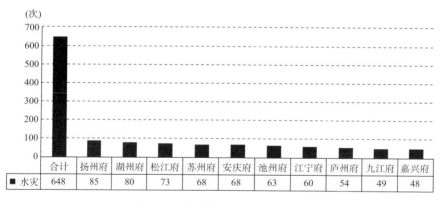

（次）	合计	扬州府	湖州府	松江府	苏州府	安庆府	池州府	江宁府	庐州府	九江府	嘉兴府
■ 水灾	648	85	80	73	68	68	63	60	54	49	48

图 2 - 4   清代水灾主要区域分布

资料来源：此图根据表 1 - 2 相关数据绘制。

而据图 2 - 5、图 2 - 6 显示，明代长江下游地区旱灾主要发生在应天府、常州府、扬州府、湖州府、苏州府、松江府等 10 个府，共发生旱灾 447 次，占明代长江下游地区旱灾总发生次数的 64.13%；其中应天府 71 次，常州府 62 次，扬州府 61 次，湖州府 40 次等。清代长江下游地区旱灾主要发生在常州府、湖州府、江宁府、扬州府、池州府、宁国府等 10 个府，共发生旱灾 387 次，占清代长江下游地区旱灾总发生次数的 56.17%；其中常州府发生旱灾 48 次，湖州府 47 次，江宁府 46 次等。由此可见，明清两朝常州府、湖州府、扬州府等地是旱灾相对集中发生的地区。如明崇祯二年（1629年），常州府秋旱至冬，其所属江阴县"九月不雨，至十一月"[①]。

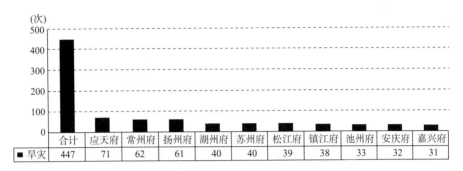

图2-5　明代旱灾主要区域分布

资料来源：此图根据表1-1相关数据绘制。

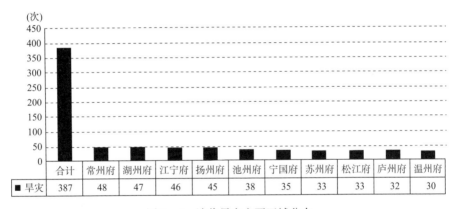

图2-6　清代旱灾主要区域分布

资料来源：此图根据表1-2相关数据绘制。

从图2-7、图2-8可以看出，明清时期长江下游地区的地震灾害发生的总量不高，但呈现出明显的特定地区地震高发的规律。如明代震灾主要分布在应天府、苏州府、常州府、扬州府、庐州府等10个府，共发生震灾116次，占明代长江下游地区震灾总发生次数的86.57%；其中，以应天府发生的震灾最多，整个明代共发生震灾56次，相当频繁。清代震灾主要分布在湖州府、松江府、庐州府、九江府、嘉兴府等10个府，共发生震灾50次，占清代长江下游地区震灾总发生次数的80.65%；其中以湖州府发生的地震为最多。明代庐

---

① 光绪《江阴县志》卷八《祥异》。

州府大规模的地震灾害亦复不少，史载，明成化十七年（1481 年），"二月甲寅庐州地震"①，明万历十三年（1585 年）二月丁未"庐州地震"②。

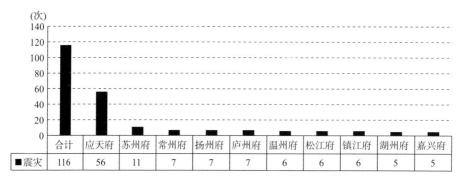

（次）

	合计	应天府	苏州府	常州府	扬州府	庐州府	温州府	松江府	镇江府	湖州府	嘉兴府
■震灾	116	56	11	7	7	7	6	6	6	5	5

图 2 - 7　明代震灾主要区域分布

资料来源：此图根据表 1 - 1 相关数据绘制。

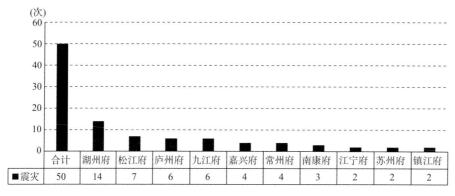

（次）

	合计	湖州府	松江府	庐州府	九江府	嘉兴府	常州府	南康府	江宁府	苏州府	镇江府
■震灾	50	14	7	6	6	4	4	3	2	2	2

图 2 - 8　清代震灾主要区域分布

资料来源：此图根据表 1 - 2 相关数据绘制。

从图 2 - 9、图 2 - 10 所显示的情形看，明清长江下游地区的蝗灾主要分布的区域也呈现出明显的相对集中性。如明代长江下游蝗灾主要分布在扬州府、应天府、常州府、苏州府、湖州府、松江府、庐州府、镇江府、安庆府、太平府 10 个府，共发生蝗灾 136 次，占明代长江下游地区蝗灾总发生次数的 73.51%。其中扬州府发生蝗灾 24 次，应天府 19 次，常州府 16 次，苏州府 14 次。清代长江下游蝗灾主要分布在湖州府、松江府、扬

① 光绪《续修庐州府志》卷九三《祥异志》。
② 光绪《续修庐州府志》卷九三《祥异志》。

州府、庐州府、宁国府、池州府、苏州府等 10 个府，共发生蝗灾 98 次，占清代长江下游地区蝗灾总发生次数的 73.68%。其中湖州府、松江府、扬州府、庐州府发生蝗灾次数相对较多，均为 12 次，宁国府、池州府、苏州府分别为 10 次、10 次、9 次。由此可见，湖州府、扬州府等地是明清时期蝗灾的主要发生区域。如明崇祯十四年（1641 年）的蝗灾就覆盖了当时湖州府所属的德清、孝丰、安吉、南浔、归安、长兴、乌程等地，甚至遍及整个浙江地区；又如长兴，"崇祯十四年旱蝗"[①]。南浔，"崇祯十四年六月旱蝗"[②]。这样的记载俯拾皆是。

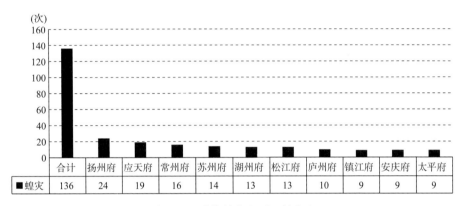

（次）	合计	扬州府	应天府	常州府	苏州府	湖州府	松江府	庐州府	镇江府	安庆府	太平府
■蝗灾	136	24	19	16	14	13	13	10	9	9	9

图 2-9　明代蝗灾主要区域分布

资料来源：此图根据表 1-1 相关数据绘制。

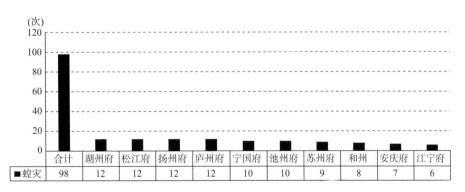

（次）	合计	湖州府	松江府	扬州府	庐州府	宁国府	池州府	苏州府	和州	安庆府	江宁府
■蝗灾	98	12	12	12	12	10	10	9	8	7	6

图 2-10　清代蝗灾主要区域分布

资料来源：此图根据表 1-2 相关数据绘制。

---

① 同治《长兴县志》卷九《灾祥志》。
② 民国《南浔志》卷二六《灾祥志》。

三 灾害的伴生性

自然灾害的伴生性是指某两种或几种自然灾害的发生在成因方面存在着一定的关联性，即基于某些共同原因导致某些自然灾害同时发生或相继发生，或一种自然灾害的发生和发展是其他自然灾害发生和发展的显著诱因和催化因素，它们之间存在着互为因果的关系。明清长江下游地区多类型的自然灾害之间也具有伴生性的特点。一般而言，水旱灾害往往会成为其他自然灾害的重要诱因。

明清时期长江下游地区由水灾而引发其他伴生灾害的现象尤为显著。长江流域在夏秋两季，或因连续阴雨而导致长江下游山洪暴发，或因长江下游雨水排泄压力不断积聚而致溃堤，导致内涝，或因土地或植被长时间的被水濡湿和淹没，这些状况都会滋生病菌或带菌生物，诱发传染性疾疫，而传染性病原体又会随着水的流动而传播到其他区域，从而进一步加剧疫病的扩散。这方面的记载俯拾皆是。如明正德三年（1508 年）江南遭受洪涝，广德州下属的建平县灾情尤为严重，"次春复大疫，饿殍枕藉，僵死载途"①。明正德四年（1509 年），"湖州大水，民苦疾疫"②。又明正德五年（1510年），"湖州复大水，疫甚"③。明正德十二年（1517 年）"夏，大水，铜陵、建德、东流皆出蛟，坏民田舍，秋大疫"④。铜陵县"大水，蛟出，坏田舍，秋大疫"⑤。"崇祯十四年，里中大遭饥厄。自四月至七月，雨不濡禾，……逾月，禾甫就殖，蝗飞蔽天，曝日下灼，妇子惊泣，不知所终"⑥。清康熙四十七年（1708 年）五月，泾县暴雨连绵，大水进入城区，漂没了无数房屋和田地。至七月十三日，这里又发大水。第二年，泾县发生饥荒，百姓只能以树皮度日。到秋季，该地又暴发疫病，并迅速传播，死者无数，甚至有全族都感染而死的⑦。又如光绪三十二年（1906 年），

---

① 康熙《建平县志》卷二四《艺文》。
② 雍正《浙江通志》卷一〇九《祥异》。
③ 雍正《浙江通志》卷一〇九《祥异》。
④ 乾隆《池州府志》卷二〇《祥异志》。
⑤ 乾隆《铜陵县志》卷一三《祥异志》。
⑥ （明）吴麟征：《吴忠节公遗集附年谱一卷》，《四库禁毁书丛刊-集部八一》，明弘光刻本。
⑦ 嘉庆《宁国府志》卷一《祥异志》。

（扬州）"夏间淫雨为灾，街衢积潦，居民深受水湿之气，致冬十月多有患疫症者，传染既众，死亡相继，秦邮、邵埭一带，患此尤甚"①。

　　这一时期长江下游地区由旱灾而引发蝗灾、疫灾等其他伴生灾害的情形亦较为突出。一般情况下，旱灾波及的区域，水域水位渐渐退去，沼泽滩涂不断增多，蝗虫等害虫孳生加快，所以极旱或大旱之后往往飞蝗遍野，遮天蔽日，旱蝗灾害可谓"如影随形"。如明万历十七年（1589 年）己丑，"望江县大旱，河井干涸，田亩颗粒无获，殍死甚众。秋冬，疫大作，灾连数千里"②。明崇祯十一年（1638 年），当涂境内"大疫，旱蝗，患羊毛疹，身热似伤害，三日出疹胀甚，投以药，皆死。有妪以针刺中指中节间，出紫血少许，去如羊毛者一茎，随愈，病渐息，妪死"③。崇祯十四年（1641 年），"苏州大旱，蝗疫"④。清雍正二年（1724）闰四月，安徽巡抚李成龙奏报："桐城、合肥、舒城、庐江、芜湖、当涂等处，间有蝻子萌发。"⑤ 清康熙四十七年（1708 年），"宣、宁二县夏水秋旱，山田禾尽槁，溪田亦淹没无收，人取草木或白土食之，道殣相望。寻大疫，至明年死者殆半，村落间往往有舍无人"⑥。清乾隆九年（1744 年）六月以来，庐州、凤阳、颖上三府，滁、泗二州各府属三十余州县卫出现蝗蝻⑦。清咸丰年间，江苏、浙江等省皆有因旱而蝗的灾情，两地几乎所有州县蝗灾发生时都是"飞蝗蔽日"。

　　持久性旱灾也会引发风沙之灾，如"康熙三十二年，无为、庐江、巢县旱，自二月十六日至二十日，大风飞沙"⑧。高温节气时的久旱，极易发生山林火灾、房舍火灾等。如含山县，"嘉靖三十三年，旱。三月初五日，西厢火延烧七十余家"；又"万历十七年，大旱。城中井涸，民大疫，北门

　　①　《申报》1906 年 11 月 4 日，第 9 版。
　　②　乾隆《望江县志》卷三《民事·灾异》。
　　③　（清）孙之騄辑：《二申野录八卷》，《全四库存目·史部·杂史类》，清初刻本。
　　④　乾隆《江南通志》卷一九七《杂类志·禨祥》，《文渊阁四库全书》512 册，台湾商务印书馆 1986 年版。
　　⑤　《安徽巡抚李成龙奏报二麦收成分数暨严饬文武除减蝗蝻折》，《雍正朝汉文朱批奏折汇编》第 2 册。
　　⑥　嘉庆《宁国府志》卷一《祥异志》。
　　⑦　《安徽巡抚准泰奏报沿途察看蝗蝻并早稻收成各情形折》，《雍正、乾隆朝军机处录副奏折》。
　　⑧　嘉庆《庐州府志》卷四九《大事志·祥异》。

火灾";又"康熙六十一年春二月,小西门内外火三十一家,是年大旱"①。

飓风及淫雨往往会引发海潮。顺治十年（1653 年）六月乙卯,苏州"大风雨,海溢,平地水深丈余,人多溺死"②。康熙三十七年（1698 年）,"飓风大作,海潮越堤入,冲决海宁塘千六百余丈,海盐塘三百余丈"③。雍正十年（1732 年）七月,苏州"大风雨,海溢,平地水深丈余,漂没田庐人畜无算;镇洋飓风,海潮大溢,伤人无算;昆山海水溢;宝山飓风两昼夜,海潮溢,高丈余,人多溺毙;……青浦大风,海溢"④。嘉庆《东台县志》中一首描写永乐十九年（1421 年）江苏沿海地区遭受海潮袭击的诗歌,至今读来仍令人心寒：

> 辛丑七月十六夜,夜半飓风声怒号。
> 天地震动万物乱,大海吹起三丈潮。
> 茅屋飞翻风卷去,男妇哭泣无栖处。
> 潮头骤到似山摧,牵儿负女惊寻路。
>
> 四野沸腾那有路？雨洒月黑蛟龙怒。
> 避潮墩作波底泥,范公堤上游鱼度。
> 悲哉东海煮盐人,尔辈家家足辛苦。
> 频年多雨盐难煮,寒宿草中饥食土。
>
> 壮者游离弃故乡,灰场蒿满池无卤。
> 招徕初蒙官长恩,稍有遗民归旧樊。
> 海波忽促余生去,几千万人归九泉。
> 极目黯然烟火绝,啾啾妖鸟叫黄昏。⑤

这是清代江苏东台诗人吴嘉纪所作的《风潮行》诗,描写了东海煮盐

---

① 乾隆《含山县志》卷一《舆地志·星野》。
② 《清史稿》卷四〇《志一五·灾异》。
③ 《清史稿》卷一二八《志一百三·河渠三·海塘》。
④ 《清史稿》卷四〇《志一五·灾异》。
⑤ 嘉庆《东台县志》卷三八《艺文志》。

人所经历的一次震撼人心的海难：飓风怒号，震天动地；茅屋飞翻，男妇哭泣；牵儿负女，四处流离；万千性命，瞬间消息。海潮给盐民带来的厄运，由此可见一斑。

在明清长江下游地区，水灾、旱灾、疫灾等灾害交替发生的情况也很常见，如《按浙政略·报旱灾疏》载：

> 今春臣初入境，各属告饥，臣以为二麦可待，多方平粜，暂纾燃眉之困；无何四、五月间淫霖如注，高田薄收，低田率多泡烂不可食。……几望有秋，乃自六月初旬以来，方幸水去，旋告旱至，臣巡历绍兴事竣，将之宁波，河流既殚，舟胶不得进，舍而走陆，时见草色渐焦，原田多圻，枯槔虽具，潴泽无水，老父稚儿，频闻咨嗟叹息之声。①

这方面的例子还能举出许多。如明永乐十四年（1416 年）五月，浙江"金华，大水漂屋，疫病大作"②。正统十年（1445 年）八月，南直隶"自正统九年至正统十年以来，旱、蝗、风、雹、沴气时行"③。代宗景泰六年（1455 年）八月，太平府、安庆府、徽州府、淮安府、扬州诸府，"今夏亢旱……猛风骤作，雨雹交下，连日不止"④。嘉靖八年（1529 年）淮安府、扬州府及所属州县旱灾、蝗灾并发，不久又水灾⑤。嘉靖二十九年（1550 年）十月，扬州府旱、蝗灾。万历四十五年（1617 年）七月，"自直隶大江南北，或大旱、或大水、或旱蝗。又或水而复旱，旱而复蝗。应天所属，群鼠渡江，食民间田禾殆尽"⑥。明万历十六年（1588 年），浙江"山阴、会稽、萧山、余姚、上虞自秋雨，至冬至始晴，大饥，次年又淫雨，疫病交作"⑦。天启六年（1626 年），扬州府、庐州府等各府属，春夏旱蝗为灾，入秋淫雨连旬，河溢海啸⑧。

① （明）李邦华：《文永李忠肃先生集》卷二《按浙政略·报旱灾疏》。
② 雍正《浙江通志》卷一〇九《祥异》。
③ 《明英宗实录》卷一三二"正统十年八月癸丑"条。
④ 《明英宗实录》卷二五七"景泰六年八月甲辰"条。
⑤ 《明世宗实录》卷一〇二"嘉靖八年六月戊寅"条。
⑥ 《明神宗实录》卷五五九"万历四十五年七月庚寅"条。
⑦ 雍正《浙江通志》卷一〇九《祥异》。
⑧ 《明熹宗实录》卷七六"天启六年九月壬申"条。

由上述记载可以看出，明清时期长江下游地区自然灾害的伴生性主要表现为因水旱灾害诱发疫灾、蝗灾、火灾、风灾等情形。正是由于各种灾害相伴而生，延续不断，甚至出现各种灾害同时并发的情形，往往使得受灾地区旧疮未复，新伤又生，灾害连连，百姓生活苦不堪言。

第二节　灾害特点

明清时期长江下游地区的自然灾害在灾发频率、灾害的覆盖范围、灾害的历时性、灾害的破坏性等诸方面呈现出明显的特点。

一　发生频率高

从中国古代自然灾害史的研究来看，长江下游地区总体来看并不是自然灾害的高发地区，但在明清时期的长江下游地区，与往朝相比，自然灾害的发生总量和灾发频率都显著增加。尤其该地区在明清时期是全国范围内水灾的高发时期。

明清时期的长江下游地区一年四季都有自然灾害发生，多灾频发的特点非常突出。据统计，明清时期长江下游地区的自然灾害的总次数为5964次，平均每年发生灾害10.96次，可谓无时不灾。明清时期长江下游各类灾害发生情况如图2-11所示。

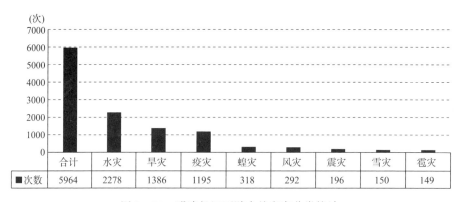

图2-11　明清长江下游自然灾害分类统计

资料来源：此图根据表1-1、表1-2相关数据绘制。

从图 2 - 11 可以看出，明清时期长江下游地区各种自然灾害中，尤以水旱灾患为甚。其中水灾最多，共计 2278 次，占全部自然灾害的 38.19%；其次为旱灾，共计 1386 次，占全部自然灾害的 23.23%，水旱灾害合计为 3664 次，共占比为 61.42%；疫灾，共计 1195 次，占全部自然灾害的 20.04%；蝗灾，共计 318 次，占全部自然灾害的 5.33%；风灾，共计 292 次，占全部自然灾害的 4.90%；震灾，共计 196 次，占全部自然灾害的 3.29%；雪灾以及雹灾位列最后，各为 150 次和 149 次，分别占全部自然灾害的 2.52% 和 2.50%。明崇祯年间，浙江省所发生的各种自然灾害的记载是灾害高频多发的最好例证，如崇祯十三年（1640 年），浙江大水，其灾害范围覆盖嘉兴、湖州、金华、杭州、绍兴等五府县，而嘉兴、金华、杭州、绍兴等四府还同时发生旱灾，出现同一地区同一年份水旱灾害同发的情形；再如嘉兴府平湖县"崇祯十四年夏大旱，三月不雨"①。旱情极为严重，时间多持续长达三四个月，最短的旱灾亦持续一月有余。明崇祯年间甚至还有连年发生干旱的地区，如绍兴府所属山阴县"崇祯十四年至十六年癸未俱大旱"②。部分地区在连年旱灾发生的同时，还伴随着突如其来的暴雨、大风、冰雹等自然灾害，如诸暨县"崇祯十三年夏旱，雨雹害稼，杀牛羊甚众。崇祯十四年、十五年、十六年连旱，诸暨蝗遍野，斗米价千钱"③。

清代各朝的长江下游地区亦是各种自然灾害的高发时期。据相关研究，有清一代，全国范围内发生最多的灾种是水灾，约占全国总自然灾害发生次数的 56%，全国共有 22 年次发生覆盖波及 150 州县以上的特大水灾，从区域看，水灾主要发生在江苏省、直隶、安徽省、河南省、浙江省、湖北省、山东省等省份，水灾类型多为春涝、夏涝、秋涝等。其中，湖北省、安徽和江苏南部地区的水灾以春涝、夏涝为典型，主要由雨季时的连阴雨造成。夏涝、秋涝以黄河流域、淮河流域、海河平原、长江中下游地域的发生几率最高，多由汛期时的暴雨或连日大雨造成。黄河、淮

---

① 乾隆《平湖县志》卷一〇《外志》。
② 康熙《山阴县志》卷九《灾祥志》。
③ 宣统《诸暨县志》卷一八《灾异志》。

河、海河、汉水、长江等水溢泛滥，往往会导致大范围的特大水灾。其次，有清一代全国范围内的旱灾也较多发生，约占全国总自然灾害发生次数的32%。旱灾主要分布在直隶、山东、甘肃三省，其次浙江、江西、江苏、安徽、河南、湖北、陕西等地也是旱灾的多发地区①。

现据《清史稿》所载将清代长江下游地区的主要灾情资料征引如下：

> 清世祖顺治五年闰三月三日，昆山雨雹，大如斗，破屋杀畜……六月，无为州大风，坏屋拔木。八月，海丰飓风，毁庐舍无算……八年正月丁卯，苏州、昆山地震……四月初七日，潜山蛟出千百条，江暴涨，坏民居无算……五月，旌德大雨，蛟发水，平地水深丈余，溺死人畜无算……潞安淫雨八十余日，伤禾稼，房舍倾倒甚多。六月，江阴淫雨六昼夜，禾苗烂死……十年四月四日，贵池雨雹，大如碗，屋瓦皆碎；武宁雨雹如石，杀鸟兽……五月，海宁雨雹，大如鸡卵，屋无存瓦，树无存枝……六月，苏州大风雨，海溢，平地水深丈余，人多溺死……十一年正月朔，潜山、望江、石楼、贵池、铜陵、舒城、庐江地震。五月，庐江又震……二月，太湖大风，毁城内牌坊……清圣祖康熙三年六月，海宁海决，水入城壕……二十九年二月，杭州地震……五月，湖州大雨一月，田庐俱损。七月，绍兴大雨弥月，平地水深丈余，漂没田庐人畜无算……五月二十六日夜，六安狂风暴起，屋瓦皆飞，大木尽拔……八月，余姚大水，蛟蜃出者以千计，平地水深丈余；诸暨、上虞皆被水，田禾尽淹……十一月，高淳大雪，树多冻死；武进大寒，木枝冻死。十二月，庐江大寒，竹木多冻死；当涂大雪，橘橙冻死……清世宗雍正二年夏，海宁、嘉兴旱……七月，泰州海水泛溢，漂没官民田八百余顷……海宁海潮溢，塘堤尽决；余姚海溢，漂没庐合，溺死二千余人……八月，江浦陨霜，杀稼……清高宗乾隆九年天津、河间大水……七月，绍兴、徽县岩水发，海溢，田禾尽淹……十三年四月初四日，上海雨雹，伤麦豆；昆山大雨冰雹，击死人畜无算。五月十一日，泰州、通州大雨

---

① 李向军：《清代荒政研究》，中国农业出版社1996年版，第14—23页。

雹，坏屋……十二月，上海大寒，雨雪……清德宗光绪二年五月，饶州、南康、九江大水……四年夏，南康、九江、广信大水……五年六月，永嘉大风雨，坏官厅民居。[①]

以上记载表明，长江下游地区是明清时期各种自然灾害高发的区域。具体表现为自然灾害类型多样化，尤以水旱灾害为甚。同时，疫灾、蝗灾、雹灾、冻灾、风灾以及震灾等自然灾害也在此一时期频繁发生，可谓无年不灾、无地不灾。造成此种情形的主要原因在于该地区独特的自然环境和气候条件以及环境变迁的负向效应。各种各样的自然灾害在该地区的交织频发，深刻地影响该地区的社会经济发展和百姓日常生活。

二　覆盖范围广

就明清时期自然灾害的区域分布情况和一些自然灾害波及的范围看，长江下游地区所有州县都有灾害发生，受灾范围极为广泛，主要表现为某种自然灾害在多地同时发生，覆盖的区域或受其影响和波及的区域很广。在各种自然灾害中，水灾波及范围最为广阔。如明崇祯年间浙江地区所属州府的区域中，各种不同类型的自然灾害覆盖杭、嘉、湖、严、台、处、衢、宁波、绍兴、金华十府 70 个县，其中崇祯十三年（1640 年）、十四年、十五年三年灾害波及的地域范围尤为广泛。又如明洪武九年（1376年）十月甲寅，直隶、苏州、湖州、嘉兴、松江、常州、太平、宁国、杭州等府州并发水灾[②]。明天顺四年（1460 年）九月壬寅，位于长江下游的含山、当涂、芜湖、繁昌、宣城、泰兴、仪真、全椒、怀宁、桐城、潜山、太湖、宿松、贵池、上海、华亭、宜兴、嘉定、浙江秀水、嘉善、镇江、寿州、安庆、扬州等府县均同时发生大水，使得"五、六月大伤稼，秋粮子粒无征"[③]。据《安徽省志》载，清顺治八年（1651 年）六月，（太平府）连日大雨滂沱，旌德、宣城、泾县、宁国、太湖、休宁等县同时发

---

① 《清史稿》卷四《灾异一》，卷四二《灾异三》，卷四三《灾异四》，卷四四《灾异五》。

② 李国祥、杨昶：《明实录类纂·自然灾异卷》，武汉出版社 1993 年版，第 48 页。

③ 李国祥、杨昶：《明实录类纂·自然灾异卷》，武汉出版社 1993 年版，第 130 页。

水，平地水深丈余，民居皆被淹没，桥岸等公共设施被摧毁，人畜溺死众多①。又清乾隆九年（1744年）九月，徽州府、池州府和宁国府暴发山洪，但三府所属的歙县、宁国、贵池、绩溪、东流、广德、青阳等州县因境内多为山区，且山体连绵，虽然本地因暴雨而山水陡涨，或遭遇上游山洪下泻，但洪水却消退较快，所受水灾并不严重，而宁国、太平二府所属的宣城、南陵、芜湖、繁昌等县，因其处于宁国府下游，却受灾严重②。道光三年（1823年）的水灾情形是，芜湖大水破圩，南陵大水，繁昌圩堤坍塌；即使圩岸未破也淹没于水底；而已破之圩，更是汪洋一片，圩田尽没于水底③。此种情况，自徽州、池州、宁国、太平以至凤阳、庐州等各府州县的圩区莫不皆然。行舟者从本地顺流扬帆可直达于南京，而无所阻碍，足以说明当时水势甚是浩大。清道光二十九年（1849年），安庆府太湖县发大水，江潮漫溢，更是前所未有，导致滨泊湖田、房舍被淹无数。到了五月，又下雨，山洪爆发，沿河人畜死亡无数，"决县东北堤，旋破古善庆门城数丈，城中水暴溢。复冲决西南城及大西门，水势始平"④。而光绪年间，宣城的山洪骤发，水势迅猛，亦导致一场特大水患："五六十万圩田堤防尽决，虽百有一二，力救未溃，中亦汇为巨浸，茫无疆界。"⑤由上述可见，明清时期长江下游地区已然成为全国的水灾多发的区域，不仅水灾类型多样，其中既有大范围的强降雨而致的水灾，亦有山洪暴发而致"蛟出"等，而且一些重大水灾在该地区的波及范围也甚是广泛。

　　这一地区的旱灾等自然灾害波及的范围也较为广泛。如明宣德九年（1434年），直隶应天府所属的溧水、六合、江宁、上元、句容等五县，太平府所属的当涂县自春至秋不雨，土地干裂，农作物尽皆干旱枯死，寸草不生。旱灾还波及浙江省，嘉兴、杭州、衢州、金华、绍兴等五府州属县都遭遇严重的春夏连旱，陂塘干涸，农田禾稻都已经焦枯⑥，可谓赤地千

---

① 王善型：《安徽省志·气象志》，安徽人民出版社1990年版，第89页。
② 王善型：《安徽省志·气象志》，安徽人民出版社1990年版，第95页。
③ 王善型：《安徽省志·气象志》，安徽人民出版社1990年版，第100页。
④ 民国《太湖县志》卷四〇《杂类志·祥异志》。
⑤ 光绪《宣城县志》卷三〇《艺文志》。
⑥ 李国祥、杨昶：《明实录类纂·自然灾异卷》，武汉出版社1993年版，第233页。

里。明洪武五年（1372 年）八月乙酉，绍兴府所属嵊县，金华府所属义乌县，杭州府所属余杭县等三地大风，"山谷水涌，漂流庐舍、人民、孳畜，溺死者众"①。清光绪十四年（1888 年）十月，桐城、芜湖、宣城、庐州、当涂、无为、东流等州县同年发生水灾、旱灾、风灾、虫灾等多种自然灾害②。据《明武宗实录》卷五记载，明弘治十八年（1505 年）九月，南京发生地震，与此同时，松江府、苏州府、常州府、镇江府等四府以及扬州府的通州、和州、淮安和宁国府都在当天发生地震③。

明清长江下游自然灾害的覆盖范围广还表现为各种灾害同时发生，相互交织，故而出现涉及地域广、灾情复杂的状态。如成祖永乐十四年（1416 年）夏，浙江大旱，疫疠。七月，广信、饶州、衢州、金华大水，坏房舍死人畜甚多；九月，宁陵县水；盐城县飓风，海水泛溢，伤民田二百十五顷④。

三　经历时间长

明清长江下游的许多自然灾害持续的时间都很长，有的是连续数日、数十日，乃至数月，甚至有持续达数年之久的灾害。具体来看，明清时期长江下游很多的自然灾害都有历时较长的情形。如《明英宗实录》卷二七〇记载，明景泰七年（1456 年）九月癸未，巡按直隶监察御史胡宽奏："松常镇四府，国家贡赋多赖于此。自景泰五年以来，水旱相仍，瘟疫流行，人民死亡不可胜数。今岁以蝻生发，又复旱伤，优望特赐矜恻。"⑤ 清康熙十年（1671 年），太湖县自夏季五月至秋季八月无雨；怀宁夏秋亦无雨，大旱民饥；当涂从五月至七月不雨；芜湖夏大旱；繁昌大旱，山间泉水、河水干涸，禾苗尽死，民不聊生；南陵连月不雨，大旱；泾县秋大旱；宣城夏大旱，连续数月不下雨，骄阳似火。大面积持续性的干旱致

---

① 李国祥、杨昶：《明实录类纂·自然灾异卷》，武汉出版社 1993 年版，第 46 页。
② 《安徽巡抚陈彝奏明秋禾歉收蠲缓漕粮折》，《宫中档光绪朝奏折》第 4 辑。
③ 李国祥、杨昶：《明实录类纂·自然灾异卷》，武汉出版社 1993 年版，第 394 页。
④ （明）谈迁：《国榷》卷一六，中华书局 1958 年版，第 1130—1135 页。
⑤ 李国祥、杨昶：《明实录类纂·自然灾异卷》，武汉出版社 1993 年版，第 13 页。

"赤地千里",甚至出现人因干渴而死亡的惨象①。又据《浙江灾异简志》序言记载,从明嘉靖十八年(1539年)到二十四年(1545年),浙江省各地出现连续长达七年的旱情,钱塘江十八里的江面仅剩一线之水。而在水乡绍兴,"湖尽涸为赤地"②。从明万历十五年(1587年)到十八年(1590年),金华地区又连续四年大旱;从万历三十三年(1605年)到三十七年(1609年),台州和松阳亦连续五年大旱;从明崇祯十三年(1640年)到十七年(1644年),浙江全境又遭遇五年大旱,使得面积三千多平方千米的太湖因旱而枯竭③。水灾历时时间长的情形在文献中亦有诸多记载。如《明宣宗实录》载,明宣德七年(1432年),苏、松、常、镇四府四月至六月苦雨,又海潮泛溢,漫浸圩堤,所属的吴江、昆山、长洲、宜兴、常熟、华庭、上海、金坛等地,因地势较为低洼,农田尽皆被水,水患之重而致庄稼无收④。另从清顺治元年(1644年)到康熙三十年(1691年)的48年里,浙江省内水灾则几乎连年发生。

安庆府水旱灾害历时长的情况也较为突出。如康熙《安庆府志》载,"明洪武五年甲戌,大水……逾三月乃平","明成化十年甲午,大水,五月至九月,人皆乘舟入市","康熙十七年戊午,大旱,自六月不雨至八月。十八年已未大旱,自五月不雨至八月"⑤。清乾隆《望江县志·民事》载,"明景泰五年甲戌夏秋,大水,乘舟入市,逾三月始平","明正德五年庚午,大水自五月至十月……六年,大水害稼……十二年、十三、十四年俱大水"⑥。清道光《桐城续修县志》卷二三记载,桐城"明景泰五年甲戌夏秋,大水害稼,乘舟入市,阅三月始平","清道光三年癸未,大水。枞阳市中行舟,自五月至八月"⑦。民国《怀宁县志·祥异志》载,清顺治九年(1652年)四月,怀宁不雨,至秋八月,十年复大旱;"清康熙

---

① 安徽省地方志编纂委员会:《安徽省志·气象志》,安徽人民出版社1990年版,第91页。
② 乾隆《绍兴府志》卷八〇《祥异志》。
③ 陈桥驿:《浙江灾异简志》,浙江人民出版社1991年版,第5—6页。
④ 《明宣宗实录》卷九五"宣德七年八月戊申"条。
⑤ 康熙《安庆府志》卷六《祥异》。
⑥ 乾隆《望江县志》卷三《民事·灾异》。
⑦ 道光《续修桐城县志》卷二三《杂记·祥异志》。

十七年自六月不雨至八月大旱。十八年自五月不雨，至八月大旱"①；民国《宿松县志》卷五三所载，清同治七年（1868 年）、八年、九年宿松连续三年大水，十一年复大水。清光绪八年（1882 年）、九年、十一年，大水频发；清宣统元年（1909 年）、二年、三年，再次三年大水②。

明清时期长江下游地区自然灾害持续时间如此之长，其危害也是巨大的。

四 破坏程度大

著名经济史学家傅筑夫曾指出："灾荒、饥馑是毁灭人口的一种强大力量，而在科学不发达和抗灾能力不大的古代，灾荒的破坏力更是格外强烈。不幸的是一部二十四史，几无异一部灾荒史。水、旱、虫、蝗等自然灾害频繁发生，历代史书中关于灾荒的记载自然就连篇累牍。"③ 由此可见，各种自然灾害给人类社会尤其是受灾地区的百姓生活带来了毁灭性的打击和社会秩序的严重破坏。特别是水灾、震灾、风灾、雹灾等极具破坏性的自然灾害，除常常冲塌、摧毁、砸坏房屋建筑等百姓居所以外，也常造成道路、桥梁等基础设施的毁坏，甚者还会造成人口的大量死亡。明清时期长江下游的自然灾害破坏程度之大，主要表现为人畜的大量死亡、生活和生产资料的严重损毁以及由此带来的社会经济的萧条等方面。

由自然灾害而导致的人畜大量死亡是其破坏力大的最显著的表现。明清时期长江下游因自然灾害而致死亡的人口数量是十分惊人的，史料中多以"死者遍野""死者无算""死者无数""死者甚众""死者相望""死者枕藉"等语进行记载和描绘。各种自然灾害导致人口大量死亡的情形在各种典籍中俯拾皆是。如水灾导致大量人口死亡的情形，《明太祖实录》卷一三四载，（洪武十三年十一月）"崇明县大风，海潮决沙岸，人畜多溺死"④。明成化八年（1472 年）七月，"南直隶、浙江大风雨，海水暴溢，

---

① 民国《怀宁县志》卷三三《祥异志》。
② 民国《宿松县志》卷五三《杂志·祥异志》。
③ 傅筑夫、王毓瑚：《中国经济史资料·秦汉三国编》，中国社会科学出版社 1982 年版，第 96 页。
④ 李国祥、杨昶：《明实录类纂·自然灾异卷》，武汉出版社 1993 年版，第 49 页。

南京天地坛、孝陵庙宇、中都皇陵垣墙多颓损，扬州府、苏州府、松江府、杭州府、绍兴府、嘉兴府、宁波府、湖州府诸府州县……溺死者二万八千四百七十余人"①。明正德五年（1510年），"太平府、宁国府、安庆府等府大水，溺死者二万三千余人"，"严州府大雨三日，溪水暴涨，坏官民廨舍，有溺死者"②。明崇祯元年（1628年），温体仁奏曰："职乡浙江杭、嘉、湖、宁、绍、台、严七府，自先年七月二十三等日，龙门海啸，风雨飙至，波浪翻空，飘瓦飞砖，拔木掩栋，势若千军之沓至，声如万鼓之齐鸣，火光烛天，凡七昼夜。沿海居民及低洼近水之处，男女老幼，淹没漂流，总计十余万。海塘尽溃……米价腾贵，奸民乘间为盗，父老皆云：'二百余年未有之变。'"③同年七月，绍兴府"大风拔木发屋，海大溢，府城街市行舟。山、会、萧民溺死各数万，上虞、余姚各以万计。二年海复溢"④。因旱灾导致的人口死亡同样很严重，"南直隶、凤阳等四府，滁、和、徐三州水旱相仍，道殣相望，继以瘟疫，死者愈众"⑤。明万历十七年（1589年）己丑春夏，连月不雨，宿松县境内湖陂干裂，庄稼禾粒无收，民多殍死⑥。因疫灾而致人口死亡的则更为多见，如明正统九年（1444年）冬至次年秋七月，浙江省所属绍兴、宁波、台州等三府州县"瘟疫大作，致男妇死者达三万四千余口"⑦。明景泰六年（1455年）五月初六日，"苏州地震，并常镇松江四府瘟疫，死者七万七千余人"⑧。《明太宗实录》卷一四一载，明永乐十一年（1413年），浙江宁波府所属的鄞、慈溪、奉化、定海、象山等五县发生瘟疫，九千五百余人因此死亡。又据《明英宗实录》卷一三一载："（正统十年七月甲申）浙江道监察御史黄裳言：'浙江绍兴、宁波、台州三府属县，自去年冬以来瘟疫大作，男妇死

---

① 《明宪宗实录》卷一〇六"成化八年七月癸丑"条。
② 《明武宗实录》卷六七"正德五年九月乙卯"条。
③ （清）计六奇撰：《明季北略》卷四《浙江水灾》，中华书局1984年版，第94页。
④ 乾隆《绍兴府志》卷八〇《祥异志》。
⑤ 《明宪宗实录》卷三〇"成化二年五月己卯"条。
⑥ 民国《宿松县志》卷五三《杂志·祥异志》。
⑦ 《明英宗实录》卷一二一"正统九年九月癸卯"条。
⑧ 《明英宗实录》卷二五四"景泰六年五月初六"条。

者三万四千余口。'"① 因风灾而致人口死亡的情况也时有发生,《清实录》载,"江南苏州、常州、松江、镇江等府飓风海溢。房屋树木,半被漂没倾拔。男妇溺死无算"②。康熙三十五年(1696 年),江浙地区多次遭风暴潮灾袭击,四月二日夜,江苏崇明就出现"潮溢,坏民居,人溺死无算"③的惨状。

明清长江下游的自然灾害导致的人民生活困苦也直接体现了灾害的破坏性。灾害不仅损毁普通民众的房屋和农具,而且还毁坏、吞没他们的积蓄和财物,广大百姓因之陷于饥寒交迫之中。灾害所带来的严重社会创伤,是很难在较短的时间内得以恢复的。尤其是特大水灾发生时,处处一片汪洋,大量耕地被淹,或被大水冲毁,庄稼经水浸泡而霉烂,从而造成粮食大量减产,甚或庄稼颗粒无收。《明太祖实录》卷一二四记载,明洪武十二年(1379 年)五月,"处州府青田县淫雨,山水大发,没县治,坏民舍"④。《明宣宗实录》卷一六也载,直隶扬州府海门县田多濒海,自永乐九年(1411 年)以来,"为海潮冲决凡八百八十二顷六十亩"⑤。明成化十二年(1476 年)九月,南京夜,大雷电,十一月初旬,雨雪连绵,至次年正月一直大雪,且风雨间作,人民饥寒交迫。浙江、苏、松"或疫疠流行,或水潮泛溢,或雨雪交加"⑥,人民生活苦不堪言。明崇祯四年(1631年),杭州"大旱,蝗飞蔽天,民初食豆麦,次糠秕,不给。煮榆皮、橡粟食之。僵尸载道,天竺山掘土三尺得土细类粉,食之不饥,民赖以活"⑦。又据《明英宗实录》卷二五二记载,明景泰六年(1455 年),四月丙戌,少保兼太子太傅工部尚书东阁大学士高濲上奏,苏、松、常、镇连年苦灾,张秋一带年年河决,"或在雾弥旬,或木介经日,或雨霰飞霜,或星变日食"⑧。明崇祯时,南直隶"淮安府、海州等十一州县连岁水涝蝗

<hr />

① 《明英宗实录》卷一三一"正统十年七月甲申"条。
② 《清世祖实录》卷八四"顺治十一年六月庚辰"条。
③ 民国《崇明县志》卷一七《杂事志·附灾异》。
④ 李国祥、杨昶:《明实录类纂·自然灾异卷》,武汉出版社 1993 年版,第 49 页。
⑤ 李国祥、杨昶:《明实录类纂·自然灾异卷》,武汉出版社 1993 年版,第 82 页。
⑥ 李国祥、杨昶:《明实录类纂·自然灾异卷》,武汉出版社 1993 年版,第 17 页。
⑦ 民国《杭州府志》卷八四《祥异志三》。
⑧ 李国祥、杨昶:《明实录类纂·自然灾异卷》,武汉出版社 1993 年版,第 11 页。

旱相仍，加以大疫，死亡者众，人民饥窘特甚"①。明景泰六年（1455 年）闰六月，南直隶所属嘉定县大风，"声吼如雷，拔木坏屋，民压死者甚众"②。明嘉靖元年（1522 年），太仓飓风大作，"崩垒拔木飞瓦，屋宇倾倒者百二十有三，畜压伤死者九十有四"③。

明清长江下游乡村的自然灾害也直接导致农作物产量降低甚至绝收，进而导致物价飞涨，其中尤以粮价上涨为甚，而且粮价波动不稳，起伏很大。明正统四年（1439 年），南直隶苏、松、常、镇四府大风，拔木杀稼，粮收无望④。清乾隆四十年（1775 年），当涂县百姓眼看麦收在即，但"自夏徂秋，大旱，而山田无获"。同年十月，"江潮涨，淹麦"。米价因此而大涨，"每石制钱千五百"⑤。清雍正四年（1726 年）五月二十六日至六月初十日大雨，当涂"小圩破者无数。八月，复雨，直至九月底方止，田中水深数尺，禾烂无限，被灾九、十分田共五千三百七十六顷九"⑥。据学者考证，明末时丰年某些地区银一钱可籴米五、六斗或三、四斗，更多地区是每石二钱五分至三钱三分或四分⑦。而在自然灾害发生时期，由于各地灾情破坏程度的不同，米价的起伏也因此而异。如"崇祯十三年五月南浔县大雨七昼夜，水溢淹禾，米价腾涌，每石价一两六钱，至崇祯十四年六月，旱蝗，雾继之，禾尽萎，疠疫盛作，米价涨到每石四两"⑧。仅一年之隔，米价的涨幅就让人瞠目结舌，与崇祯十三年（1640 年）相比而言，每石米涨价二两四钱，涨幅比例达 150%。绍兴府所属诸暨县，"崇祯十三年秋大水，斗米五钱，到十四年诸暨蝗遍野，斗米价千钱"⑨。涨幅之大，世少有之。时人的诗歌对该地区自然灾害的破坏性作了很直白的描写和刻画：

---

① 《明英宗实录》卷一六七"正统十三年六月乙亥"条。
② 正德《练川图记》卷七《杂识》。
③ 崇祯《太仓州志》卷一〇《杂志》。
④ 《明史》卷三〇《五行志三》。
⑤ 乾隆《无为州志》卷三四《集览志·祥祲》。
⑥ 民国《当涂县志·祥异》。
⑦ 唐文基：《明代赋役制度史》，中国社会科学出版社 1991 年版，第 193 页。
⑧ 民国《南浔志》卷二六《灾祥志》。
⑨ 乾隆《绍兴府志》卷八〇《祥异志》。

飘零水国不胜愁，况复惊涛八月流。

吹落海星连夜雨，泣残禾黍万家秋。

波连大泽浮蛟窟，潮撼重湖徙鹭洲。

国计民艰两垂泪，主恩今日更难酬。①

　　此诗为清代章士雅（字循之，明南直吴县人，万历十九至二十五年任职，嘉善县知县）所作，表达了一位地方政府官员对灾害来临时的惊叹和无奈。此外，因自然灾害所致人口的大量死亡，农具、耕畜的丧失，也必然直接导致土地荒芜，进而使农业生产衰退。而在农业生产衰退之外，几乎每一次较大自然灾害发生之后，都会产生大量的饥民、流民，大量人口的流移无疑是影响社会稳定、导致社会动乱的重要因素。与此同时，灾荒之年引起的社会恐慌，以及社会心理的波动，社会伦理的失范，还会引起人口结构和家庭结构的改变，甚至人口质量的下降，这也会影响社会的良性运行和发展的根基，进而引发民变、暴动。

---

①　光绪《嘉善县志》卷三三《艺文四》。

第三章　灾害与社会危机

在传统社会中，由于人们抵御自然灾害的能力比较弱，一旦遭灾，往往造成大规模的饥荒，灾民流离失所，社会危机四伏。这种社会危机在明清时期长江下游地区主要表现在两个方面：一方面造成人口大量伤亡，迁徙加剧，人口素质下降；另一方面则导致生产凋敝，地权变动，经济紊乱，加之政治腐败，从而大大降低了人们的抗灾能力，给国家治理带来严重挑战。

第一节　人口变动

每当自然灾害发生时，一般都会出现房屋损毁、土地荒芜、粮价上涨、人口死亡、社会越轨行为增多等灾害事象。在明清时期的长江下游地区，频繁发生的自然灾害也毫无例外地给当地的社会经济发展和农民的生产、生活带来巨大损失和破坏性冲击。一般而言，频发的自然灾害尤其是一些严重的自然灾害，不仅造成大量的人口损失，也会导致灾区人口的大量迁徙。人口是乡村经济的主体，是农业生产的必备要素。无论是灾害造成的人员伤亡，还是逃荒导致的人口外流，都会引致乡村劳动力的减损和变动。

一　数量锐减

自然界为人类的生存提供衣食之源，而人类赖以为继的自然界又会发生频繁的自然灾害，从而阻断人们的衣食之源，造成人口的大量死亡。"灾害对人类社会最严重的影响是危害人类生命。一般来说，绝大多数灾害都会造成生命的伤亡"①。受到自然灾害的恶劣影响，人员伤亡必然导致受灾地区人口发展的波动，从而进一步影响当地社会经济发展的进程。

水灾、疫灾及地震等多种自然灾害都会造成人员伤亡。其中，水灾直接威胁着人类的生命，尤其是江河泛溢、山水暴出之时，往往漂溺而亡者甚多。旱灾虽然在短期内不会直接威胁生命，但是长期干旱造成的缺水、饥荒以及衍发的其他疾病，也会造成人口锐减。一些奇寒年份，久降大雪亦会造成缺少御寒条件的农民受冻而死。疫灾更是直接威胁人民的生命安全与健康。除此之外，地震、大风都会造成不同程度的人口伤亡，这些自然灾害暴发后引发的饥荒、疾病更会影响人口数量的变化。

明清时期，在长江下游地区的某些府县中，自然灾害带来的人口损失是十分惊人的。历史文献中有关这一地区自然灾害造成人口死亡的记载比比皆是，兹摘录数条如下。

永乐六年（1408 年）十月，江西广信府上饶县发生疫灾，"民死者三千三百五十余户"②。

宣德十年（1435 年），"岁大饥，自铜陵抵于泾县、青阳、繁昌、芜湖，相接数百里，死者枕藉，十室九空"③。

正统九年（1444 年）冬季到次年七月，浙江绍兴府、宁波府、台州府"瘟疫大作，男妇死者三万四千余口"④。

景泰六年（1455 年）五月，苏州地震，常、镇、松、江四府瘟疫，共造成七万七千余人死亡⑤。

成化八年（1472 年）七月，"南直隶、浙江大风雨，海水暴溢"，扬

---

① 张建民、宋俭：《灾害历史学》，湖南人民出版社 1998 年版，第 133 页。
② 《明太宗实录》卷八四 "万历四年十月" 条。
③ 嘉靖《铜陵县志》卷八《序传》。
④ 《明英宗实录》卷一三一 "正统十年秋七月" 条。
⑤ 《明英宗实录》卷二五四 "景泰六年五月" 条。

州、苏州、松江、杭州、绍兴、嘉兴、宁波、湖州等府，因水灾溺死者二万八千四百七十余人①。

崇祯十三年（1640 年），泾县夏季"旱，米价涌贵。民掘土作饼，称'观音粉'者，多死。十四年春夏间，斗米千钱，寻大疫，死者十三四，道殣相望，稿葬以席"②。

康熙十四年（1675 年），旌德"大雨，三昼夜不止，乔亭民，溺死者六十三人"③。

康熙四十七年（1708 年），宣城夏季大水，"诸圩尽溃，庐舍无存，舟行市中，居民离散"；秋季又发生旱灾，"山田尽槁，人食草木，或掘地取白土食之，俗名观音粉是也。道殣相望，圩中人俱露栖"④。

雍正二年（1724 年）七月十八九日，两淮盐场遭遇风潮，通、泰、淮分司所属丰利等 19 场悉被潮水淹没。通州属丰利、掘港、西亭 3 场，泰州属拼茶、角斜、富安、安丰、梁垛、东台、何垛、丁溪、小海、草堰 10 场，淮安属白驹、刘庄、庙湾、伍枯、新兴、板浦 6 场，溺死男妇大小共计 49558 口⑤。

雍正五年（1727 年）（宣城）"七月十三四日，狂风大雨，急骤不休，山腰平陆多出蛟。至十五日子时，西南山水陡发万丈，平地水深数尺，山圩田庐淹没，厝柩坟塚，溺死者以数万计"⑥。

嘉庆五年（1800 年），桐城县因久雨而成灾，"侵晨大雨，至夜不止，三更后城外起蛟，东门外紫来桥石与两头桥亭，尽被山水冲去。自北门外至南门外冲去民房无算，淹死男妇二百余人。四乡山中起蛟处甚多"⑦。

光绪十三年（1887 年），"正月，大雪平地三四尺，有误陷致死者，

---

① 《明宪宗实录》卷一〇六"成化八年秋七月"条。
② 嘉庆《泾县志》卷二七《祥异志》。
③ 安徽省地方志编纂委员会：《安徽省志·大事记》，方志出版社 1990 年，第 4 页。
④ 光绪《宣城县志》卷三六《祥异志》。
⑤ 嘉庆《两淮盐法志》卷四一《优恤二·恤灶》，安徽省地方志编纂委员会《安徽省志·自然环境志》，安徽人民出版社 1990 年版，第 442 页。
⑥ 嘉庆《舒城县志》卷三《祥异志》。
⑦ 道光《续修桐城县志》卷二三《祥异志》。

夏旱，饥，人有食观音土者"①。

　　以上所列，自然灾害每次死亡人数都很多，甚或成千上万人，这对于社会生产力的打击是十分沉重的。那么，在明清时期的长江下游地区，因自然灾害而造成的死亡人口究竟有多少呢？由于资料的限制，我们很难能够准确地回答这个问题。有学者曾统计旱灾、涝灾、风雹、冻害、潮灾、地震六种灾害的伤亡情况，指出明代因为自然灾害而死亡的人口总共达到6274 万人，平均每年死亡 22 万人。清代因为自然灾害而死亡的人数达到5135.15 万人，平均每年死亡 19.16 万人②。当然，这只是明清时期全国范围内部分灾害造成的人口伤亡情况，但它对我们了解这一时期长江下游地区因灾死亡人口的情况还是有所帮助的。尽管我们无法详细地统计明清时期长江下游地区因灾死亡的人口数，但是从历史典籍的记载和学者的研究中，我们还是能够大体看到自然灾害对灾民生命的摧残是比较严重的。例如，据明末湖州沈氏《奇荒纪事》记述，崇祯十三年（1640 年）至十五年，湖州发生特大灾荒，死亡人数达到十分之三。到崇祯十六年（1643年）尚幸存者，全然仰赖于前两年作物丰收，才能熬过艰难的岁月。又据《温毒病论》一书记载："乾隆乙亥冬，吴中大荒，途多饿莩，尸气绵亘。至丙子君相司令之际，遂起大疾，沿门阖境，死者以累万计。"③ 类似的记载不胜枚举。人是乡村社会农业生产的主体，大量人口因灾死亡，必然对农业生产的恢复和发展造成严重的影响。

二　迁徙加剧

　　人口迁移是指人口从一个地区向另一个地区的迁移流动。人口迁移既包括因自然灾害而引起的灾民的自发流动，也包括政府组织的、有计划的移民，前者即与自然灾害密切相关。社会学家孙本文认为，影响人口迁移的因素主要有四个：因自然灾害和战乱而逃离；因歉收、贫困和破产而外

---

① 民国《怀宁县志》卷三三《祥异志》。
② 高建国：《自然灾害基本参数研究（一）》，《灾害学》1994 年第 4 期。
③ 邵登瀛：《温毒病论》，见《吴中医案·温病类》，第 406 页。

出谋生；经商、求学和外出务工；婚嫁和投靠亲友而迁出①。这里将重点考察自然灾害对明清时期长江下游地区人口迁移的影响。

传统社会的农民多安土重迁，一般不会轻易向外地迁移。在他们的观念里，固守自己的土地，记得住乡愁，也意味着固守住了自己的"根"。"根"不受到损伤，家族或家庭这棵参天大树才会枝繁叶茂。因此，只要不是出现极端的生存风险和政府有组织的迁移号令，农民一般是不会轻易离开自己家园的。但是，在频发而严重的自然灾害面前，人的生命是脆弱的，自然灾害对人的打击是致命的，尤其是灾后引发的饥荒和疫病，往往会使很多灾民家破人亡，幸存下来的人们为了生存只能背井离乡，四处逃亡。这样的例子在长江下游各地均史不绝书。总起来看，在明清时期，自然灾害对人口迁移的影响主要表现在以下几个方面。

一是受制于农业减收，灾民无以为食，被迫流亡。自然灾害尤其是水灾、旱灾、蝗灾对农业生产的影响最大。如山洪暴发和江河溢决都会造成水灾，进而淹没田地，粮食减产甚至无收。如嘉靖四十年（1561 年），庐江发生水灾，圩田尽没，民多流亡②。雍正四年（1726 年），繁昌县出现大水，圩岸尽被毁坏，室庐漂荡，居民被迫流亡③。道光二十八年至三十年（1848—1850 年）的三年，长江下游地区分别有 21 个、29 个、11 个州县遭受水灾侵袭，农作物产量大幅度下降，夏季农作物的收成持续三年只有六成多，秋季农作物的收成也只有五成多。道光三十年（1833 年），池州府建德县也江水泛滥，"较二十八九年小三尺许，六月蛟水亦大，南关外漂民房甚多，上乡杨林河水及树杪"④。

旱灾对农作物的伤害也极大，会导致农作物因缺失水分干枯而死，轻则粮食减产，重则颗粒无收。如嘉靖二年（1523 年），太湖县大旱，民多逃逋⑤；是年，滁州秋季亦发生旱灾，民流离饿死无算⑥。顺治十年

---

① 孙本文：《现代中国社会问题》，商务印书馆 1943 年版，第 50—51 页。
② 光绪《庐江县志》卷一六《祥异志》。
③ 道光《繁昌县志》卷一八《祥异志》。
④ 宣统《建德县志》卷二〇《杂志·祥异志》。
⑤ 民国《太湖县志》卷四〇《祥异志》。
⑥ 光绪《滁州志》卷一《舆地志·分野·祥异志》。

（1653 年），"夏大旱，冬天鼓鸣，大雪，鸟兽多死，合肥大饥"①。乾隆四年（1739 年），"无为春不雨，五月微雨，山圩田半坼，六月旱，秋仅半获"②。有时，旱灾和蝗灾相继而至，更加剧对农作物的伤害。例如，康熙十年（1671 年），全椒县出现历史上少见的夏旱，蝗灾随之而至，"七月飞蝗蔽天，禾苗殆尽"③；合肥也是旱灾、蝗灾同时发生，庐州府和安庆府受灾更重，史书有"夏蝗"的记载④。在一些年份，雨雹体积较大，打伤农作物，也会造成农业收成的减产。康熙十六年（1677 年）"望江五月十三日，雨雹禾苗伤损"⑤。乾隆十四年（1749 年）"太平四月，雨雹大者如杯"⑥。道光十五年（1835 年），"怀宁四月雨雹，大如鹅卵，坏禾稼"⑦。除此之外，大雪严寒天气也会冻死草木。康熙二十九年（1690 年）（无为）"旱，冬奇寒，竹木冻死"⑧。咸丰十一年（1861年）贵池，"冬大雪，深七八尺，河水成冰，松柏竹梓栗树冻死"⑨。这些草木被冻死，也会对百姓的生活造成影响。

由于气候异常导致的灾害对农作物的生长很不利，特别是频繁的水旱灾害对粮食产量的冲击更大。在这种情况下，灾民流亡他乡觅食便在所难免。

二是水灾、地震等自然灾害摧毁民众赖以生存的居所，在短时间恢复、重建无望的情况下，灾民也会远徙他乡谋生。如崇祯四年（1631 年），"六月黄、淮交涨，海口壅塞，河决建义诸口，下灌兴化、盐城，水深二丈，村落尽漂没。逡巡逾年，始议筑塞。兴工未几，伏秋水发，黄、淮奔注，兴、盐为壑，而海潮复逆冲，坏范公堤"。这次灾害导致乡民死者无算，少壮者转徙他处，"丐江、仪、通、泰间，盗贼千百啸聚"⑩。康熙四

---

① 光绪《续修庐州府志三》卷九三《祥异》。
② 民国《无为县志》卷三四《集览志·机祥》。
③ 民国《全椒县志》卷一六《杂志》。
④ 嘉庆《合肥县志》卷一三《祥异志》。
⑤ 乾隆《望江县志》卷三《民事·灾异》。
⑥ 嘉庆《太平县志》卷八《祥异志》。
⑦ 安徽省地方志编纂委员会：《安徽省志·自然环境志》，安徽人民出版社 1990 年版，第 456、457 页。
⑧ 民国《无为县志》卷三四《集览志·机祥》。
⑨ 光绪《贵池县志》卷四二《灾异志》。
⑩ 《明史》卷八四《河渠二》。

年（1665 年），石埭县从五月开始即受到连绵大雨的侵袭，到 6 月 20 日时，积水成灾，引发大水，多村皆被淹没①。乾隆三十二年（1767 年），望江"江水泛滥，较二十九年小一尺，西圩破。六月初旬后，暴雨不时，被水房屋多颓坏"②。宣统二年（1910 年）"六月宁国府、池州府等地大雨倾盆，数月不止，河水暴涨，百余村尽成泽国。八月十八日，安徽饥民大批进入河南归德府境活动"。宣统三年（1911 年）六月，安徽发生特大水灾，无为、和州等州县尤甚，圩破堤溃，一片汪洋，民渡江觅食者 10 多万人③。

三是疾疫的爆发，直接危及人们的生命安全，为了躲避肆虐的疾疫，受灾民众也会成群结队地逃离家乡。明清时期，长江下游的苏州府、扬州府、松江府、湖州府、宁波府、江宁府等是疾疫的高发地区。疾疫的传染性极强，短时间内会造成大量感染者死亡。《明太宗实录》卷一四一载，永乐十一年（1413 年），浙江宁波府鄞、慈溪、奉化、定海、象山五县发生疾疫，死亡人口达九千五百余人④。《明英宗实录》卷一三一载：正统十年（1445 年）七月甲申，浙江道监察御史黄裳上奏，"浙江绍兴、宁波、台州三府属县，自去年冬以来瘟疫大作，男妇死者三万四千余口"⑤。疾疫一旦发生，对个体生命的摧残往往比其他灾害要严重得多。在这种情况下，政府如果对患疾疫的民众救治不及时，一方面会使灾民受传染甚或致死，另一方面，也势必会迫使一些灾民流离失所。如弘治五年（1492 年），（苏州）"春复雨，至五月大水，太湖泛滥，田禾尽没，民多流徙，大疫"⑥。又如康熙四十八年（1709 年），"无为州春洊饥，居民采草根树皮为食，又大疫，流离死亡不计其数"⑦。

在很多时候，水旱灾害和疫灾经常会相继出现，彼此交织在一起，共同危及灾民的生命安全和生产生活。正所谓"大灾之后，必有大疫"。受

① 民国《石埭备志汇编》卷五《风土》。
② 安徽省地方志编纂委员会：《安徽省志·大事记》，方志出版社 1990 年版，第 29 页。
③ 安徽省地方志编纂委员会：《安徽省志·大事记》，方志出版社 1990 年版，第 135、138 页。
④ 李国祥、杨昶：《明实录类纂·自然灾异卷》，武汉出版社 1993 年版，第 515 页。
⑤ 李国祥、杨昶：《明实录类纂·自然灾异卷》，武汉出版社 1993 年版，第 533 页。
⑥ 崇祯《吴县志》卷一一《祥异》。
⑦ 民国《无为县志》卷三四《集览志·机祥》。

多重灾害的侵扰，灾民的迁移现象更为频繁。譬如，正德五年（1510年），（太平府）"洪水泛涨，漂没民居，……舟入市中，流离播迁，哭声载道，饥疫相仍，死者不可胜数"①。道光三年（1823年），和州大水，灾情极其严重。这次水灾影响范围极广，波及27个州县，水灾淹没房屋和上万顷的庄稼，淹死灾民无数，水面浮尸，灾民乞讨无门，只能携带棉絮外出逃荒。周廷佐的《甲申大水歌》对此次水灾作了生动而形象的描述：

> 横江五月江潮溢，骇浪崩奔万马急，沟河日涨三尺余，三日盈丈与城逼，田禾万顷眨眼空，昔时埂坝皆无功。芦舍漂没畜牧死，村堡滉作蛟龙宫……冢中白骨沉泥沙，水面横尸自偃仰，恶蛇挂树食人肉，鱼鳅跃出骷髅腹……故鬼啾啾新鬼哭，鬼哭向人人不闻，苍皇救水如救焚……城外纷纷走城里，城里之人惊且徙，沿街十户九不开，却向何门乞薪米。②

受灾饥民因求乞无门，只能是"惊且徙"，逃荒外地。此诗内容真实，描述惊人心魄。

明清时期，长江下游地区民众受自然灾害影响，外出逃荒现象极为普遍。这里再结合相关史实作进一步的阐述。成化二年（1466年）都御史周瑄奏言直隶凤阳等处，"流民甚众，时或抢掠粮饷"③。弘治六年（1493年）巡抚直隶监察御史曹凤上疏称"臣自今岁二月过山东，抵凤阳等处，见饥民流移者众，可为痛心"④。可见，当时因灾而流徙者是十分常见的现象。明代万历年间出任庐州知府的张瀚就总结道："江北地广人稀，农业惰而收获薄。一遇水旱，易于流徙。"⑤地处江淮之间的兴化县，在明代其户口以万计，但在清初，由于连续遭到水旱灾害的袭击，其"民多死徙流亡"⑥。更有甚者，灾害之后，灾区官府未能及时、妥善安置灾民生活，反

① 康熙《太平府志》卷三《星野志·灾祥》。
② （清）陈廷桂：《历阳诗囿》卷八。
③ 《明宪宗实录》卷二八"成化二年闰三月癸酉"条。
④ 《明孝宗实录》卷七六"弘治六年闰五月丁酉"条。
⑤ （明）张瀚：《松窗梦语》卷一《宦游纪》，第9页。
⑥ 康熙《兴化县志》卷三《户口》。

而对灾民实行"责税急"的催征政策，"天灾"叠加"人祸"，灾民逃荒更为常见。如靖江县在明初多次发生坍江之灾，"民田之圮于江水者，官犹征其租，民嗷嗷无诉，则去而为盗贼，户口日耗"①。另如，泰州"自隆庆三年遭淮洪水，及高、宝、邵伯各湖建造减水闸座之后，前田年年沉于水底，而前赋岁岁征收如额，以故本州岛百姓凡有田之家无不贫穷彻骨，逃亡接踵，曾不若逐末游惰之民反无赔粮切身之累"②。万历年间，宝应知县耿随龙在《六事兴革碑记》中回顾该县从成化到万历时期，饥馑频仍与差役日烦相叠加而造成的户口变动情况：

> 宝应在成化、正德间，土沃岁穰，为江淮望县，户口至八万。嘉靖辛亥，淮决刘伶台，自是岁多水患，饥馑频仍。至隆、万间极矣。里长以包赔覆家，百姓以徭役废业，差日烦，田日荒，民日贫，争讼盈庭，流移载道，里递疲敝，城野萧条，户口不满二万。③

此则材料说明宝应户口减损的主要原因就是水患频仍和徭役日繁，对百姓这样的双重煎熬往往导致"流移载道""城野萧条"。清代亦复如此。如江苏淮安人黄钧宰的《质儿行》吟道：

> 黄河北走海东徙，河滩有田三百里。
> 居民分领完官租，十年耕种九年水。
> 大麦小麦淹河滨，一家九食当三旬。
> 朝廷经费不爱惜，圣人岂意殃吾民。
> 泥河不塞蛟龙窟，锱铢难厌豺狼食。
> 旧时温饱富家儿，今日一贫寒彻骨。
> 朔风卷地皴肌肤，县吏如虎登门呼。
> 老翁出语息慎怒，家无人力完征输。
> 大儿渡河乞衣食，去年饿死填沟渠。
> 今年小儿未十岁，心欲卖去形神孤。

---

① 光绪《靖江县志》卷一二《人物志·良吏传》。
② 崇祯《泰州志》卷九《本州岛均粮申文》，《四库全书存目丛书》（史210），第210页。
③ 道光《重修宝应县志》卷三《公署》。

三秋风雨水盛涨，屡经荒乱人烟疏。

十里八里一村落，卖儿有人买者无。①

此诗描述的即是灾害侵害与债税逼交导致人户流亡的真实状况。

灾民之所以纷纷逃荒，其原因有二：一是以小农经济为主的长江下游地区易受自然灾害的影响。中国传统社会是典型的农耕社会，明清两代虽然商品经济有所发展，但以农为本、农本商末、重农轻商依然是基本国策。在这种农耕社会中，农民多以家庭为单位从事农业生产，在有限的土地上春耕、夏耘、秋收、冬藏。受农业耕作技术水平低下的约束，农民的生产耕作多是简单而粗放的，基本上是靠天收。这样的职业活动和粗放的耕作方式，使农民与士人、商人、手工业者相比，更易直接遭受水旱等自然灾害的侵袭，受其影响更大。二是封建政府和地主对农民的经济剥削繁重，使得农民家庭雪上加霜，加重了灾害的影响。道光四年（1824 年），巢县知县舒梦龄曾在《劝民力田示》中说：

> 巢邑地瘠，民苦拙于谋生。无材木之饶，无蚕桑之利，无巨商大贾挟资以游四方，数十万生灵，全靠几顷薄田。乃圩田忧涝，冈田忧旱，即雨水调匀之年，禾苗亦复矮小，计每亩打稻二三担，出息可谓极薄。②

可见，巢县由于自然资源匮乏，农民只能依靠几亩薄田维持生活。倘若灾害来袭，在收成不佳的情况下，农民经年劳作，往往是"秋获一毕，即无余粮，民生日蹙，民产日贱，售买无主，视同废业"③。这种小农经济的生产模式是十分脆弱的。另据光绪《通州直隶州志》卷一《疆域志·风气》记载：

> 盖一夫一妇大约种田五千步，五千步者，古之二十亩也。以一岁之所费，则持秧褥草至于获稻每用十余人，则有东吁西陌，比屋之家

---

① （清）黄钧宰：《金壶浪墨》卷八《质儿行》，《清代笔记丛刊》（4），齐鲁书社 2001 年版，第 2922—2923 页。

② 道光《巢县志》卷二〇《杂志》。

③ 道光《巢县志》卷末《附录》。

相与合作，不足则佣之，有余力者又时时修其沟洫，饰其未耗，饭牛车水，所费亦不货焉。以一岁之所入，则每田一亩丰年得谷三石，次则二石，又次之则一石而已，主人得其十六，农得其十四焉。以一岁之所入，较一岁之所费，农夫之四已费其一矣，而况乎不止于一也。方其谷秀于田，则有催租之香、放债之客，盼盼然履亩而待之。比其登场，揭囊而荷担者喧嚣满室矣。终岁所得仅了官边私债，曾不得一粒入口。于是与其妻子扮心而叹，把臂而泣，谓吾数口之家岁食粟几何？衣衣几何？男女婚嫁丧葬之需所用几何？仰视其屋，上雨旁风，不稍缉治何以卒岁？……焉若不幸，而一朝有霜蝗水旱之灾及意外之变，则二十亩之间皆化为蓬蒿，鞠为沮抑，乃有恶主人者，方执筹而临之，以算十六之利，必如往时曾不少减。于是离其妻子而逃之，否则骄首就毙为沟中瘠耳。

可见这种脆弱的小农经济生产方式极易受到自然灾害的影响，加之政府对农户的超额课税，又大大影响农民抵御自然灾害的能力。丰收之年尚难以维持温饱的脆弱的小农经济，在灾害多发的环境里，更是雪上加霜。在这种情况下，灾民便流离失所，饿殍遍野，诸种人间悲剧在灾后多有上演。当然，因自然灾害而引发的社会动荡也不可避免。

三　素质下降

自然灾害除造成农民生命和财产的直接损失之外，对他们的衣食住行等日常生活也会带来不利影响。灾害侵袭着农民的土地、庄稼、房屋、牲畜以及亲人，造成他们的生存环境极其恶劣，生活陷入困苦之中，生活质量下降，食物匮乏，身体健康受到威胁，宁静和谐的乡村生活不复存在。重灾年份民众的生活更是捉襟见肘，灾民衣不蔽体，食不果腹，居无定所，出行不便，生活格外艰辛，而由灾害诱发的疾病更是加重对农民的折磨。由此，自然灾害不仅使乡村人口大量减少，还对广大乡民的素质造成很大影响。概而言之，频繁而严重的自然灾害对乡民的身体素质和文化素质及民众心理等，都造成严重的影响，导致人口素质的下降。

首先，饥荒、疾疫等灾害严重侵害受灾民众的身体素质。正如上文所论，自然灾害对乡村粮食的生产有重大影响，水、旱、蝗灾等农业灾害发生之后，必然会导致农作物的减收或绝收。受灾害重压的农民，尤其是贫困农户灾后面临的首要问题就是粮食匮乏。特别是在灾害频发的地区，持久的灾害使得乡民根本没有闲钱购买粮食。灾后粮食紧缺，米价飞涨，饥民无资购米，只能被迫吃草根、树皮等物来维持生命，苦不堪言。万历三十六年（1608 年），当涂县发生大水之灾，"民剥树皮、掘草根以食"①。乾隆二十一年（1756 年），广德州出现严重的饥荒，濮阳模曾作《乙亥丙子奇荒纪事诗》记述此事，诗曰：

辛未虽大旱，仰赖皇仁弭。
乙亥复奇荒，祸延及丙子。
夏间风雨时，良苗硕且美。
谁知秋风来，有虫细如虮。
攒喙禾茎中，禾叶皆披靡。
丰忽变为凶，千塍槁若毁。
比户尽啼饥，村落半逃徙。
春初抑米价，米价越腾起。
斗米四百钱，中有五升水。
水米亦难求，持钱空入市。
市中何所有？橡子及糠秕。
木皮百草根，种种皆供嘴。②

该诗告诉我们，乾隆二十一年前后，广德州非但灾害频繁，而且灾情十分严重。"春初抑米价，米价越腾起。斗米四百钱，中有五升水。"说明灾后不但米价飞涨，而且粮米市场混乱不堪，甚至连"水米"都难以买到，有钱之人只能购买橡子或糠秕一类的谷物充饥。至于贫困之家，树皮及草根也成为维持生命的必需品。

现根据方志等资料，将清代皖江流域部分州县灾民食用粮食替代物的

---

① 乾隆《当涂县志》卷三《祥异》。
② 光绪《广德州志》卷四八《杂志》。

情况制成表 3 – 1。

表 3 – 1　　　　　　清代皖江流域部分州县灾年食用粮食替代物情况

年　份	州县	灾时粮食替代物情况	资料来源
康熙十年（1671 年）	望江	旱，饥民采菱芡度日，草根木皮一时俱尽	《望江县志》
康熙十一年（1672 年）	南陵	大饥，人食草木	《南陵县志》
	宣城	春大饥，人食草木	《宁国府志》
康熙四十七年（1708 年）	宣城	夏水秋旱，人食草木或掘地取白土食之	《宣城县志》
康熙四十八年（1709 年）	无为	饥民采草根树皮为食	《庐州府志》
	泾县	大饥，民食树皮	《泾县志》
雍正五年（1727 年）	庐江	大水，饥民食草根	《庐州府志》
	舒城	草根、树皮食尽	《庐州府志》
	无为	五月大雨，七月大雨，圩田尽没，饥民食草根树皮	《无为州志》
乾隆十七年（1752 年）	宣城	春大饥，人食蕨根树皮	《宣城志》
	宁国	饥荒，人食蕨根、树皮	《宁国县志》
	泾县	春大饥，民掘蕨作粉食之	《泾县志》
乾隆二十一年（1756 年）	东流	春米腾贵，民食草木	《灾异制》
乾隆三十二年（1767 年）	望江	民大饥，食野菜树皮	《安徽省志》
乾隆五十年（1785 年）	宣城	自夏初至冬不雨，民饥食草根树皮	《宣城县志》
	广德	自夏至秋不雨，民食草根木皮几尽	《广德州志》
	建平	民食草根树皮几尽，食观音土	《郎溪县志》
道光二十二年（1842 年）	潜山	夏，大水，米价暴涨，贫民多食观音土	《潜山县志》
咸丰六年（1856 年）	怀宁	食榆树皮、叶殆尽	《安庆市志》
咸丰七年（1857 年）	潜山	树皮草根食尽	《潜山县志》
同治三年（1864 年）	建德	旱大饥，食树皮、观音粉，肠被塞，多有死者	《建德县志》
	东流	旱，民食树皮、观音粉，肠被塞，死者众多	《东至县志》
光绪八年（1882 年）	巢县	旱灾，民吞食草根树皮	《巢县志》
光绪十三年（1887 年）	怀宁	夏旱，饥。人有食观音土者	《怀宁县志》
光绪二十七年（1901 年）	南陵	大水，籽粒无收，人多食草根以延残息	《南陵县志》

通过表 3 – 1 我们可以直观地看到，农民在灾后食物匮乏的情况下，寻

求其他食物，如菱芡、野菜和蕨根等度日，便成为常态。更为糟糕的是，有时候观音土也会被作为果腹之物。我们知道，蕨根是一种山草，含有致癌物质，食用时要有所节制，否则会酿成疾病。而观音土是一种灰白色的泥土，没有任何营养价值，灾民掘出干吃，或和糠粉、麦粉等混食借以充饥，食后往往肚肠压坠作痛①。上述这些植物对于个体而言虽然能够充饥，但是远不能满足人体的营养需要，长期食用必然会造成灾民的营养不良。由此可见，受自然灾害的影响，广大乡民的生活水平低下，营养不良，严重妨害人们的身体健康，导致灾民身体素质普遍较差。

明清时期长江下游地区各种自然灾害的爆发，不仅使该地区的民众生活步履维艰，而且还会诱发各种疾病，在给农民的生产生活带来损失的同时，也使他们饱受精神和肉体上的折磨。前文提及，自然灾害会破坏当地的自然环境，造成土地荒芜，粮食减产。很多贫穷的灾民饥寒交迫，营养不良，体质变差，自身抵抗力严重变弱，其中对个体健康影响最大的是疾疫的侵害。据《芜湖县志》记载：光绪二十八年（1902 年）夏，芜湖县"瘟疫大行，患者吐泻，肌肉立消"②。此次瘟疫造成很多灾民的身体抵抗力大为下降。这一时期，长江下游地区疾疫灾害频发。以康熙四十五年到康熙四十九年（1706—1710 年）的疾疫为例。康熙四十五年（1706 年）宁国旱灾后出现疫情，"至康熙四十六年（1707 年）高田槁死，溪田又以他邑水溢没，至康熙四十七年（1708 年）瘟疫大作，十家九病，死者殆半，村落间往往有舍无人，至康熙四十九年（1710 年）止"③。在康熙四十七年时，此次疫情蔓延整个宁国府、庐州府和池州府部分州县。是年，"宁国府，南陵、泾县、太平三县夏秋皆大水，宣城、宁国二县夏水秋旱，山田禾尽槁，溪田亦淹没无收，人取草木或白土食之，道殣相望寻大疫，至明年死者殆半，村落间往往有舍无人"④。到康熙四十八年（1709 年），宁国府、庐州府、太平府、池州府、和州部分属县仍有疫情发生。康熙四十

---

① 于树峦：《皖中农村灾荒的严重状况》，《东方杂志》1935 年第 8 期。
② 民国《芜湖县志》卷五七《杂识·祥异》。
③ 民国《宁国县志》卷一四《灾异志》。
④ 来新夏：《中国地方志历史文献专辑·灾异志》，第三十一册《宁国府志》卷一四，"祥异"，学苑出版社 2010 年版，第 391 页。

八年，"宁国府的泾县大饥，民食树皮，秋大疫传染迅速，死者枕藉，有全族没者，掘坑瘗之。南陵大疫。庐州府的无为春泞饥，居民采草根树皮为食，又大疫，流离死亡不计其数"①。当年，太平府的当涂，夏秋季节出现疫情；池州府的东流，因旱灾发生大疫；铜陵大水之后，夏季出现疾疫；和县和含山也都出现了疫情。面对疾疫的侵袭，乡民总是束手无策。一旦瘟疫大作，就会饿殍载道，人口大量死亡。此外，灾害使得乡民失去家园，人们纷纷离乡避难，一些病毒传染媒介物，就会随着人群的聚集和流动而加速传播。而灾害之后的卫生状况也非常差，特别是水灾后，会有很多病菌漂浮物以及人和动物的尸体浮在水面，时间一长就会腐败，衍生细菌，污染水源，加速疾病传播，严重威胁乡民的生命安全。

其次，天灾人祸使民众的行为趋于失范。当灾害发展到危及生命安全的境地，灾民往往会失去应有的道德伦理观念，失去社会责任感和公共意识，行为和意识往往都趋向生物性的本能需求，一切活动都仅仅是为了能够生存下去。根据美国学者亚拍拉罕·马斯洛提出的需求层次理论，人的基本需要包括生理需要、安全需要、归属与爱的需要、自尊需要和自我实现需要。人的需要的满足是由低级到高级的，唯有生理获得满足后，人才会追求安全等其他需要。然而在灾害的重压之下，人的基本生计都难以维持，便顾不得考虑安全需要了②。正如巴西学者约绪·德·卡斯特罗所言："没有别的灾难能像饥饿那样地杀害和破坏人类的品格。"③ 在饥饿与死亡的绝境下，乡民的心理会逐渐崩溃，丧失伦理，行为也趋于失范，做出连自己都没法想象的行为。灾荒之年乡民的道德伦理失范最常见的是"卖儿鬻女"和"人相食"，这两种行为势必会造成妻离子散，家破人亡。史籍中有关灾民卖儿鬻女的记载比比皆是，这里试举几例。嘉靖三年（1524 年），南畿诸郡大饥，"百户王臣、姚堂以子鬻母"④。明朝人何景明在《与藩司论救荒书》

---

① 安徽省地方志编纂委员会：《安徽省志·大事记》，方志出版社 1990 年版，第 12 页。

② ［美］马斯洛著：《动机与人格》（第 3 版），许金声等译，中国人民大学出版社 2012 年版，第 19—30 页。

③ ［巴西］约绪·德·卡斯特罗著：《饥饿地理》，黄秉铺译，生活·读书·新知三联书店 1959 年版，第 66 页。

④ 康熙《宿松县志》卷三《星野·祥异》。

中也提道："顷者朝廷以淮西告灾，蠲其常税，命守臣存抚赈贷，此主上俯念元元之意，惠甚渥也。今效塵乡鄙之民，捐室庐，去田亩，诀兄弟，叛父母而出者，闻皆卖其妻子，身为奴婢。"① 另据一些地方志记载，康熙四十七年（1708 年），宣城县灾情严重，"夏水秋旱，疫病蔓延，道殣相望。夏季大水冲破圩堤，庐舍无存，乡民离散，孰知秋季又大旱，山田尽槁，乡民无以为食，只好以草木树皮、观音土充饥，死者甚多，亲旧不能相顾，或载妇女小儿鬻于他境"②。康熙四十八年（1709 年），繁昌县大灾，"耆死者枕藉，鬻儿质女者，仅三五百钱，犹以得售为幸"③。道光十一年（1831 年），南陵夏季大雨洪涝，江潮长期受阻，三个月不退，圩田颗粒无收。冬大雪极冷，逃荒冻死者甚多，到道光十二年（1832 年）的春夏之交，饿莩满途，鬻妻卖子，各自逃命，无暇索价④。宣统三年（1911 年）"庐江县大水，江水圩破，屋舍漂没，灾民啼饥号寒，卖儿鬻女"⑤。

清人林丙莺还曾写下《亥子叹》一诗，对因为灾害卖儿鬻女的现象作了真实描述：

> 僵尸无亲收，草卷委堤岸。
> 亥冬物已耗，子春人更瘝。
> 鬻儿三百钱，番舶作奴唤。
> 如此长离别，临歧不复看。
> 卖妻一斛米，他家待翠幔。⑥

从诗中描述可以看到，三百钱就把自己的儿女卖给船家作奴使唤；一斛米的价格也能把妻子卖给富贵之家操劳家务。

---

① （明）陈子龙等撰：《皇明经世文编》卷一三九。

② 光绪《宣城县志》卷三六《祥异志》。

③ 道光《繁昌县志书》卷一八《杂类志·祥异志》。

④ 南陵县地方志编纂委员会编：《南陵县志》第六章"水利"，黄山书社 1994 年版，第195 页。

⑤ 庐江县地方志编纂委员会：《庐江县志》第二章"自然环境"，社会科学文献出版社 1993 年版，第 118 页。

⑥ 民国《真如志》卷八《杂志·祥异志》，转引自余新忠《瘟疫下的社会拯救——中国近世重大疫情与社会反应研究》，中国书店 2004 年版，第 109 页。

在极端情况下，卖妻鬻女甚至不论价钱，"犹以得售为幸"。有时由于卖妻鬻女者众多，会出现人贱畜贵的奇怪现象。陈其德在《灾荒记》中记载，崇祯十五年（1642年），家禽家畜的价格成倍上涨，大鸡一只一千钱，小的刚能打鸣的鸡一只五六百钱，一头猪五两至六七两，一头乳猪一两五六钱至一两七八钱，而卖妻鬻女只不过钱二千文①。灾年人比牲畜贱，显然是有悖伦常的。可见，在自然灾害的威胁面前，亲情伦理已经不及生存重要，在这些人看来，出卖子女，甚至妻子、母亲，一方面能够换取一些钱财，另一方面还能让子女在富裕人家过上饱食暖衣的生活，也是一种生存之道。饥民们出卖自己的亲人，实为一种被逼的无奈。对于饥民此举，时人并不都是抨击谩骂，有时也持一种同情的态度。如明中期的大臣丘浚曾言：

> 饥馑之年，民多卖子，天下皆然。而淮以北山之东尤甚。呜呼，人之所至爱者，子也，时日不相见则思之，梃刃有所伤则戚之。当时和成丰之时，虽以千金易其一稚，彼有延颈受刃而不肯与者。一遇凶荒，口腹不继，惟恐鬻之而人不售（受）。故虽十余岁之儿，仅鬻三五日之食亦与之矣。此无他，知其偕亡而无益也。然当此困饿之余，疫疠易至相染，过者或不之显，继有售者，亦以饮食失调，往往致死。是以荒歉之年，饿殍盈途，死尸塞路，有不忍言者矣。②

在丘浚看来，儿女都是父母至爱，丰歉之年虽受千金亦不会售卖，然而一遇凶荒，口腹不继，惟恐鬻之而人不受，其原因无外乎"知其偕亡而无益也"，儿女跟随尚处在饥馑之中的父母必然难以保存生命。

如果说饥民卖儿鬻女多少尚有为子女的生计考虑的话，那么"人相食"则全然背弃了人类的基本道德底线，可谓灭绝人性，惨绝人寰。我们注意到，在饥荒之年，几乎每个州县都会有"吃人"的记载。如嘉庆《如皋县志》载，成化十七年（1481年），如皋县"大饥，人相食"③。民国

---

① 光绪《桐乡县志》卷二〇，《中国地方志集成·浙江府县志辑》第23册，上海书店1993年版，第875页。

② （明）潘游龙辑：《康济录》卷一一，明崇祯间刻本。

③ 嘉庆《如皋县志》卷二三《祥祲志》。

《太湖县志》载，崇祯十四年（1641 年），太湖县发生蝗灾，粮食绝收，斗米涨至千钱，饥疫流行，"死者日以数百计，人相残食，日脯不敢独行"[1]。康熙十八年（1679 年），旌德"三月到八月久旱无雨，田地颗粒无收，草根树皮皆被人畜食尽，饥民残食人肉"[2]。乾隆五十年（1785 年），"怀宁大饥，人相食"[3]。嘉庆十七年（1812 年），"潜山大旱，民饥"[4]。咸丰六年（1856 年），"宁国大旱，人相食；合肥夏秋，大旱赤地千里，子粒不收，饿殍载道，人相食"[5]。这样的例子不胜枚举。

清人冒国柱的《亥子饥疫纪略》中还记述了饥民吃自己亲生骨肉的故事：南沙小民夫妇不堪忍饥，想吃自己的儿子，儿子发觉后逃到邻居家哀哭。邻居安慰并给他食物，经询问才知道其嚎哭的缘故。邻居不信，问孩子父母，父母都说只是吓唬小孩而已。邻居信以为真，把孩子送回家后，"是夜，竟烹而食之"[6]。人相食，甚至连亲生骨肉也不放过，让人毛骨悚然。此时，人的尊严、伦理道德已丧失殆尽。

再次，频繁而严重的自然灾害，常常使广大乡民艰难地挣扎在死亡的边缘，迫于生存的需要，一些社会越轨行为也不断出现，诸如抗粮抗税、抢夺财物、盗匪猖獗、变乱迭起等，已成为司空见惯的现象，从而导致整个社会陷入畸形和扭曲的状态之中，处处充斥着冲突与恐怖，社会安宁遭受极大的破坏。

第二节　秩序崩坏

灾害社会学认为，灾害是由自然的或社会的原因造成的妨碍人的生存

---

① 民国《太湖县志》卷四〇《杂类志·祥异志》。

② 旌德县地方志编纂委员会办公室编：《旌德县志》第二章"自然环境"，黄山书社 1992 年版，第 10 页。

③ 民国《怀宁县志》卷三三《祥异志》。

④ 民国《潜山县志》卷二九《祥异志》。

⑤ 来新夏：《中国地方志历史文献专辑·灾异志》，第三十一册《宁国县志》卷一四"祥异志"，学苑出版社 2010 年版，第 440 页。

⑥ 李文海、夏明方、朱浒：《中国荒政书集成》第 4 册，天津古籍出版社 2010 年版，第 2006—2007 页。

和社会发展的社会性事件①。由此可见，灾害具有自然和社会的双重属性，一方面它们是自然和社会相互作用的产物，另一方面其影响和后果也是社会性的，对政治、经济和思想文化具有多方面的影响。

一　生产凋敝

在中国传统社会中，因为受到社会制度和历史条件的制约，生产技术的革新和生产方式的改变不太可能有大的突破。明清时期的中国依然是一个传统农业社会，农业是国民经济的主要产业。封建王朝统治集团腐朽没落，农民的租税负担沉重，加之农业生产方式分散单一、规模较小、技术条件落后，这些都严重束缚着传统农业经济的发展。此外，农业生产对外部条件诸如气候状况、土壤状况等有很强的依赖性，风调雨顺是小农经济持续稳步发展的基本前提，而一旦遭受自然灾害的侵袭，就会因为沉重的打击而一蹶不振。甚至可以说，对农民而言，自然灾害的肆虐相较地主阶级的掠夺，其影响有过之而无不及，某些时候，重大水旱灾害对农业生产的冲击甚至是致命的。

自然灾害对明清时期长江下游地区农业生产的影响，主要表现在以下几个方面。

第一，自然灾害对农业生产所必需的人力资源造成严重戕害。关于自然灾害导致人口死亡的事实，前文已多次论及，对重大灾荒造成人口锐减的典型事例，也曾屡屡提起，此处无须赘述。可以想见，自然灾害导致大量人口死亡，必然会造成劳动力资源的锐减。在小农经济的模式下，人口对社会经济的发展起到至关重要的作用，尤其是青壮年劳动力人口的多寡是小农经济发展的关键要素。自然灾害对农业生产的影响，从个体家庭层面来看，家庭主要劳动力的丧失，意味着个体家庭再生产能力的丧失。从社会整体层面来看，青壮年劳动力的减损，必然导致大片田土荒芜，耕地被抛荒，进而会影响到农业生产的恢复，甚至可能直接导致灾区农业经济的发展陷入停滞甚或倒退状态。

---

① 王子平：《灾害社会学》，湖南人民出版社 1998 年版，第 18 页。

　　第二，自然灾害对农作物和耕地也会带来巨大的毁坏。自然灾害对农业生产的影响，除直接造成劳动力资源的大量损耗，影响到农业生产的正常进行之外，还表现为导致庄稼减产甚至绝收。水灾、旱灾、蝗虫、雨雹、霜冻、风灾等农业灾害，都会对农作物产量造成严重影响。水灾、旱灾、蝗灾被称为农业的三大灾害，对农作物的破坏性最为严重。比如，淫雨连绵、久雨不断，地表积水严重，农作物会因长期被水浸泡而淹死；山洪暴发、河堤坍塌导致的突发性洪水会把农作物冲毁，甚至使其长时间淹没于水下，无法生长。旱灾对农作物的影响不亚于水灾，长时期的干旱必然会导致田地龟裂，农作物因缺水而萎蔫甚或枯死。蝗虫更是农作物的天敌，飞蝗来袭，掩天蔽日，一瞬间就能把苗壮成长的农作物啃食殆尽。风灾、雨雹、霜冻等自然灾害对农作物的破坏同样十分严重。为了揭示明清时期长江下游自然灾害对农作物的破坏情况，下面举几例进行说明。

　　水灾　嘉靖九年（1530年），太平府"旧水不退，春雨连绵，田畴成湖，麦禾无收"[1]。雍正四年（1726年），五六月雨水不断，当涂县圩田积水成灾，破者无数。"八月旬，复雨，至九月底止，田中水深数尺，禾烂无根，被灾九、十分田共五千三百七十六顷九"[2]。嘉庆五年（1800年），芜湖县雨水过多，圩埠被冲决，田禾伤损居半[3]。道光六年（1826年），巢县"自七月望至八月中秋，阴雨连绵，农人不能收获，禾稻浸水中皆霉烂生芽"[4]。

　　旱灾　隆庆三年（1569年），宿松县"春夏不雨，湖陂干裂，禾无粒收"[5]。乾隆四十年（1775年），当涂县"自夏徂秋，大旱，山田无获"；到十月时，"江潮涨，淹麦"，复又遭遇水灾[6]。

　　蝗灾　景泰五年（1454年），宁国、安庆、池州府属县，旱蝗伤稼[7]。天顺四年（1460年），安庆"雨，自五月至七月，淹禾苗；六月壬午，秋

---

①　乾隆《太平府志》卷三二《俪事志·祥异志》。
②　民国《当涂县志》，《祯祥灾异》。
③　民国《芜湖县志》卷五七《杂识·祥异志》。
④　道光《巢县志》卷一七《杂志·祥异志》。
⑤　民国《宿松县志》卷五三《杂志·祥异志》。
⑥　民国《无为州志》卷三四《集览志·机祥》。
⑦　《明英宗实录》卷二四五"景泰五年九月"条。

虫害稼"①。雍正元年（1723 年），无为州"大旱，飞蝗"②，农作物严重受损。

风灾　康熙二十六年（1687 年），"苏州、昆山、武进大风伤禾"③。清宝应县人陶季《大风行》一诗吟道："城东夜妖三日哭，城中无端风折木。当时六鹢犹退蜚，何怪爰居止人屋。黑云如马奔腾来，雷车电策遥相摧。江干蛟鱼卷沙立，仿佛似有江神回。寒威中人气萧瑟，旅人对此心不怪。……弥月不雨苔井干，法王旧寺今摧残（开元寺先为飓风所拔）……"④

雨雹　弘治六年（1493 年），望江县"春夏，大雨，大水大雹，四序皆灾伤稼"，"民多疹疫，孽畜俱损"⑤。乾隆十三年（1748 年），绩溪四月大雨雹，歙县大雨雹，对田麦造成重大伤害⑥。

霜冻　景泰五年（1454 年），浙江杭州、嘉兴、湖州三府"正月中雨雪相继，二麦冻死，五月以来骤雨大至，水漫圩岸，身苗淹没"⑦。

自然灾害一方面对农作物造成严重破坏，导致粮食减产甚至绝收，另一方面对耕地的毁坏也较为严重。在诸种自然灾害中，水灾、旱灾、地震等对耕地的毁坏最为严重。水旱灾害发生后，农田或被冲毁，或被淹没，这既毁坏了耕地，又破坏了土质，导致土壤肥力下降，抵御自然灾害的能力随之减弱。闵宗殿先生曾根据《清实录》资料，对清代乾隆四十一年（1776 年）至光绪八年（1882 年）共 107 年的自然灾害对耕地毁坏的情况进行统计，结果显示，在这一百多年间，因冲塌、水淹、沙压而被破坏的耕地达 4 万多顷⑧，其耕地损坏数量十分惊人。

明清长江下游地区因自然灾害而导致耕地损坏的数量也是十分惊人

---

① 民国《宿松县志》卷五三，《杂志·祥异志》。
② 民国《无为州志》卷三四《集览志·机祥》。
③ 《清史稿》卷四四《灾异五》。
④ （清）陶季：《舟车集》卷三，四库全书存目丛书（集258），第 138 页。
⑤ 乾隆《望江县志》卷三《民事·灾异》。
⑥ 嘉庆《绩溪县志》卷一二《杂志·祥异》。
⑦ 《明英宗实录》卷二四二"景泰五年六月"条。
⑧ 闵宗殿：《关于清代农业自然灾害的一些统计——以〈清实录〉记载为根据》，《古今农业》2001 年第 1 期。

的。如宣德元年（1426 年）五月，芜湖进入梅雨季节，久雨不停，江河泛溢，共淹没田地一百五十八顷[1]。宿松县处在滨江临湖地带，"各庄自道光后迭经洪水为灾，田亩之被淹废者甚多"，计废田有二百余顷"[2]。该县江洲地带因"江路迁徙无常，洲地坍卸无定，前之滨江，今或坍入江心矣，或涨于江右矣。前之腹内者，今或坍去腹外而成滨江矣；或坍陷十之六七八九而仅存四三二一，白砂不能布种矣；或全入江心，片土无存矣"[3]。这里的大部分田地都被毁。仪征地处长江北岸的镇江、扬州河段，从隆庆到天启年间，总共坍没田地近万亩，其中江都"邑叠催水患，滨江之田沦于浸啮"[4]；瓜洲到光绪年间毁坏田地共十四万一千八百九十亩[5]；泰兴县在清朝开国到光绪二年（1876 年）期间，共坍失田地"十一万九千九百亩"[6]，光绪二年后又坍田"二万五千四十八亩"[7]。除此之外，史籍中有关耕地受损的记载多使用描述性语言，如"田庐俱损""田畴尽没""坏田庐无数""浮没民田"等，从这些描述性语言中，也可以看出明清长江下游地区耕地因灾害而遭毁坏的情况是多么的严重。

第三，自然灾害对农业生产所依赖的牛马等畜力资源也会造成威胁。中国自古以农立国，在农业生产中，由于耕作技术的低下，人力和耕牛是最主要的生产工具。这种主要依赖人力和畜力耕作的情况在明清长江下游地区别无二致。在严重的自然灾害面前，大量灾民的生命被无情地吞噬，牛、马等用于耕作的牲畜同样不能幸免于难。水灾、疾疫、雨雹、地震、冻灾等自然灾害，在破坏农业生产的同时，也摧残了牛马等牲畜。如弘治六年（1493 年）春夏，望江"大雨，大水，大雹，四序皆灾，伤稼，民多殍疫，孳畜俱损"[8]；六安、霍山"秋九月十三日大雪，至次年三月，积

---

① 民国《芜湖县志》卷五七《祥异》。
② 民国《宿松县志》卷一五下《赋税志二·田赋一》。
③ 民国《宿松县志》卷一六《赋税志·杂课》。
④ 乾隆《江都县志》卷六《赋役》。
⑤ 光绪《江都县志》卷一三《民赋考》。
⑥ 光绪《泰兴县志》卷一〇《赋役》。
⑦ 宣统《泰兴县志续》卷五《赋役》。
⑧ 乾隆《望江县志》卷三《祥异》。

深丈余，中有如血者五寸，兽畜枕藉而死"①。万历二年（1574年）八月，宁国"淫雨，宣城、宁国、诸山蛟发，洪水溢漂庐会，人畜溺死甚众"②。康熙三十五年（1696年）七月，桐乡、石门、嘉兴、湖州四地"飓风大作，民居倾覆，压伤人畜其多"③。史籍中此类记载还有很多，兹不一一罗列。自然灾害导致大批牲畜的死亡，从而使灾后农业生产的恢复缺乏必要的畜力。

二　地权变动

频发的自然灾害对耕地的影响是十分明显的。一方面，水旱等自然灾害导致耕地面积减少、土地荒芜，农业生产受到沉重打击；另一方面，又使灾民因经不起自然灾害的沉重打击而外出逃荒谋生或卖地以度荒。这样就造成灾区地权的急剧变动，土地兼并因灾而加剧，肥沃的土地渐渐集中于豪族富商之手。李沫在隆庆六年（1572年）知宝应县时，适逢大浸之后，他见到的就是这样一番景象："民间腴田悉归他邑豪右，其余荒田无力开垦。"④

正如前面所述，水旱等自然灾害会毁坏民田，导致农村耕地面积的减少。与此同时，因自然灾害的影响，饥民不断向外迁移，则进一步加剧受灾之地耕地利用的恶化，大量土地被闲置，土地荒芜情况十分严重。可以说，每次经过灾害的"洗劫"，荒地的面积都会有所增加，土壤也会更贫瘠。

明清长江下游地区的水旱灾害较为频繁，山洪暴发以及长时间的降雨通常会冲破圩堤，使耕地浸泡在水中。如光绪《续修庐州府志》记载："各邑之水，计程三百余里，并出裕溪，……百余里圩田，年年积潦难退，内浸汪洋，田低河高，无法疏放，不能播种。"⑤耕地经过长时间浸泡，无处泄水，加上农作物根部腐烂，会出现土地盐碱化现象。旱灾对耕地的影

---

① 嘉庆《舒城县志》卷三《祥异》。
② 嘉庆《宁国府志》卷一《祥异》。
③ 《清史稿》卷四四《灾异五》。
④ 道光《重修宝应县志》卷一五《名宦》。
⑤ 光绪《续修庐州府志》卷一三《水利》。

响则主要表现为土地因缺水而干涸，土壤表面干燥沙化板结，无法继续耕作。如嘉庆十九年（1814 年），皖江流域大旱，旱情波及多个州县，巢县即是受灾地区之一，"该年巢县旱，冈田尽成赤土，青草俱无"①，青草都难以生长，更何况庄稼。此外，高强度地震会造成地面开裂，不过它对耕地的影响似乎没有水旱灾害那么严重。明清长江下游地区主要还是以水旱灾害对可耕作土地影响较大，频发的水旱灾害造成该地区土地的长期荒芜和贫瘠。

自然灾害对耕地的影响还表现在抛荒土地和低价交易上。土地是农业生产最基本的生产资料，如果不是灾害给农民带来措手不及的打击，不会有人愿意抛荒和低价售卖自己的土地。在严重的自然灾害冲击下，市场通货膨胀，粮价上涨，农民在自己温饱都无法解决的情况下，宁愿低价出售土地以换取粮食，所以灾后就会出现大量土地被抛荒和贱卖的情况。可以说，灾害与饥荒破坏中国传统社会中土地买卖的约束机制，导致土地供给急剧扩张、土地价格直线下跌，进而给土地的频繁转让和大量兼并创造极为便利的条件。

土地的自由买卖是我国封建地主经济的一个重要特色，明清时期长江下游地区，随着豪强贵族的衰落和庶民地主的发展，土地买卖也大为盛行，这些庶民地主在土地流转过程中扮演最重要的角色②。正因如此，它又在很大程度上延缓了传统社会土地兼并的速度，限制土地兼并的过程。其原因主要在于，土地是传统农业社会最基本的生产资料，是人们的生存基础。不到万不得已农民不会出卖自己的土地，即使有出售土地的也是小规模出卖以救燃眉之急。在这种情况下，要在短期内进行大规模的土地兼并，只有凭借来自土地买卖之外的非经济因素即自然灾害来实现，当土地在自然灾害的袭击之下暂时失去其价值增值的可能，其所有者又被自然灾害侵袭得一无所有的时候，出卖土地才是人们最后无奈的选择。当成千上万的饥民不堪重压纷纷出卖土地而造成土地供求关系严重失衡的时候，土地价格一落千丈。同时土地被豪强势力盘剥兼并，导致农民生活更加困苦。灾荒在造成一个相对过剩的土地供给关系的同时，也造成一个相对萎

① 道光《巢县志》卷一七《杂志·祥异》。
② 吴承明主编：《中国资本主义发展史》（第一卷），人民出版社 1985 年版，第 218 页。

缩的土地需求市场，因此，它一方面提供土地兼并的可能性，另一方面又限制土地兼并的大肆扩张。当大量的农民被无情的饥饿推向流亡、死亡的绝境时，豪强地主阶层也难幸免于难，加上土地兼并导致地价上涨，政府控制着大量土地，致使劳动人民无立锥之地，一遇灾害便流离失所，饿殍载道。而这些因素又在一定程度上限制土地需求市场的扩大，加剧灾区土地供求关系的不平衡状态，一方面是包括中小地主在内的小土地所有者纷纷竞买土地，另一方面又是无人收买，最终只能是大批土地被荒芜。因此灾区农民丧失的土地，有相当一部分，与其说是被地主兼并，不如说是被大自然暂时或永久的"吞没"。

明中后期，土地兼并异常激烈，无地农民却背负沉重赋役。明代王邦直曾在一份奏疏中指出：

> 官豪势要之家，其堂宇连云，楼阁冲霄，多夺民之居以为居也。其田连阡陌，地尽膏腴，多夺民之田以为田也。至于子弟恃气凌人，受奸人投献，山林湖泊，夺民利而不敢言。当此之时，天下财货，皆聚于势豪之家。①

虽然后来张居正"一条鞭法"改革使这种兼并现象有所好转，但为时不长，张居正去世后，长江下游一些地区赋役负担不仅未见减轻，反而有日益加重的趋势。每当此时，往往差役愈繁，人户逃亡日众，土地随之荒芜，兼并日益剧烈，贫富不均现象愈加严重，贫者身无寸缕，地无立锥，富者却田连阡陌，财富骤增。正如顾炎武在《日知录》中所言，在富庶的苏州地区，自己有田的人只占十分之一，无田而佃耕者十分之九②。

伴随着地主和富商土地兼并规模的扩大，乡民逐渐失去固定资产，生活也是更为艰难，土地的高度集中也非常不利于乡村民生经济的发展。在自然灾害期间，除土地兼并外，地价下跌也给那些侥幸生存的农民提供拥有土地的机会，在一定程度上缓解了土地集中的张力。张锡昌先生曾说：

---

① （明）王邦直：《陈愚衷以恤民穷以隆圣治事》，（明）陈子龙辑《明经世文编》卷二五一，明崇祯平露堂刻本。
② （清）顾炎武撰：《日知录》卷一〇，清乾隆六十年刻本。

"每一次重大自然灾害的发生都促使土地价格一落千丈，有不及原价十分
之一者。"① 在自然灾害发生后，土地大量荒芜使其快速贬值，贫瘠土地的
价格更是低廉，乡村自耕农和富农阶层借此契机，用低廉价格购买灾民土
地，豪强地主因地租不似丰年丰饶且难于收缴反而不愿买入土地，动摇乃
至丧失持续大量兼并土地的意向。这种现象在明清长江下游地区十分突
出。如清代《庐江县志》载，"庐民勤稼穑而多殷富，习俗浑朴业，农者
足迹少入城市，富户不为商贾，有余赀则占田招客户耕种"②。《太湖县志》
亦载：清末民初，寺前河熙福堂王幼铭占有田产 5300 余亩；王崇寿、王崇
堂等富户也有田 1200 亩③。可见当时土地占有是相对分散的。而最重要的
是，灾荒期间各阶层人口的死亡、流徙，也在很大程度上缓和了地权集中的
趋势，在灾荒期间或死或逃的人口当中，占地愈少的农民逃亡的比例就愈
大，于是在灾后土地的分配上，灾前占地较少的农家就有可能因为人口大幅
度的死亡或逃离而在灾后提高人均土地的占有量，而这种提高是建立在无以
数计灾民死亡、流徙的基础之上的，是既定的社会生产力遭到毁灭性的破坏
之后形成的。可见，灾荒导致土地兼并，但在灾荒期间地权又呈分散的趋
势，那么在某次特定的灾荒中，两者孰轻孰重，要根据灾害的程度而定。无
论哪种情况占据主要地位，都与社会进步无缘，前者表明生产关系的进一步
恶化，后者则反映社会生产力的巨大破坏。

三　经济紊乱

明清长江下游地区的乡村经济是自给自足的小农经济，靠地生存，靠
天吃饭，土地是人们赖以为生的根本，自然环境是影响农业生产的重要因
素。然而，在自然灾害的冲击下，灾害和饥荒给乡村人民的日常经济生活
和生产都会造成不同程度的影响。有研究者指出："灾荒最直接之结果，
即造成整个农村经济之崩溃，使国民经济之基础根本颠覆。"④ 自然灾害发

---

① 张锡昌：《战时的中国经济》，上海科学书店 1943 年版，第 109 页。
② 嘉庆《庐江县志》卷二《疆域》。
③ 同治《太湖县志》卷三《舆地志》。
④ 邓云特：《中国救荒史》，商务印书馆 1998 年版，第 184 页。

生后，每个社会阶层都会受到打击，无论是穷苦百姓，还是达官贵人都无法摆脱灾害所带来的损失，只是影响的程度因人而异。显然身处社会底层的穷苦百姓，因自身防御灾害能力有限，受灾害打击和摧残更深重，这无疑严重影响了乡村的经济发展。

这里我们以米价上涨为例来考察自然灾害所导致的乡村经济秩序的紊乱状况。

据顾炎武《日知录》记载，明洪武十八年（1385年），"令凡折收税粮，金每两准米十石，银每两准米二石。是金一两当银五两也"，之后"更令金每两准米二十石，银每两准米四石"①。可见明初的米价还是比较低的。其后每遇灾荒之年，米价便会上涨。以浙江平湖为例，明代宗景泰二年（1451年），平湖"夏旱，大饥，斗米百钱"；明嘉靖二十三年（1544年），平湖"大旱，禾蹲无收，米价腾贵，石二两"；明崇祯十三年（1640年）四月初八，平湖雨彻昼夜，"至五月初九日，禾尽淹，石米三两"②。明末崇祯朝灾荒连年，其米价比明初足足增长10倍有余。灾后米价上涨的情况在清代也殆为常事。钱泳《履园丛话》载：

> 康熙四十六年，苏、松、常、镇四府大旱，是时米价每升七文，竟长至二十四文。次年大水，四十八年复大水，米价虽较前稍落，而每升亦不过十六七文。雍正、乾隆初，米价每升十余文。二十年虫荒，四府相同，长至三十五、六文，饿死者无算。后连岁丰稔，价渐复旧，然每升亦祇十四、五文，为常价也。至五十年大旱，则每升至五十六、七文。自此以后不论荒熟，总在二十七八至三十四五文之间，为常价矣。③

也就是说，苏、松、常、镇四府，康熙四十六年（1707年）时米价为每升七文，雍正朝到乾隆初年米价为每升十文，乾隆五十年（1785年）大旱，米价暴涨，每升为五十六七文，灾后米价涨幅之高由此可见一斑。同

---

① （清）顾炎武撰：《日知录》卷一〇，清乾隆六十年刻本。
② 光绪《平湖县志》卷二五《外志祥异志》。
③ （清）钱泳：《履园丛话》卷一《旧闻》，华东师大图书馆藏清道光十八年述德堂刻本，第27页。

书又记道，乾隆二十年（1755 年），苏、松、常、镇四府发生大虫灾，米价每升上涨到三十五六文。足见由于自然灾害的影响，苏、松、常、镇四府米价的涨幅是很大的。而青浦县尤为严重，竟达到每升两百文，上涨 12 倍之多①。可以看出自然灾害如果严重影响到粮食收成，造成米粮短缺，势必会导致米价的上涨。

　　为了更加直观地揭示灾害与米价的关系，这里再以康熙、雍正、乾隆三朝苏松地区灾害前后粮价的变化为例加以说明（见表 3 - 2）。

表 3 - 2　　　　　　　　　康雍乾时期苏松地区灾前灾后米价对照

年份	灾情	灾前米价	灾后米价	米价上涨比率（%）	资料来源
康熙四十六年	宝山夏大旱，秋水，岁大祲	石米七百文	石米银二两	151	光绪《宝山县志》卷一四，光绪八年刻本
康熙四十七年	宝山夏淫雨，五月十七日地震	石米七百文	石米银二两三钱	189	光绪《宝山县志》卷一四，光绪八年刻本
	川沙厅春正月大雨至五月方止，漂没人民无算，秋大水，禾棉无收	石米七百文	石米银二两八钱	252	光绪《川沙厅志》卷一四，光绪五年刊本
康熙四十八年	吴江去岁五月大雨，七月十二日大风潮	石米七百文	石米银二两四钱	202	乾隆《吴江县志》卷四〇，民国石印本
	震泽去岁五月大雨，七月十二日大风潮	石米七百文	石米银二两四钱	202	乾隆《震泽志》卷二七，光绪重刊本
康熙六十一年	宝山二月十二日一日三潮，夏大旱	石米七百文	石米银二两	123	光绪《宝山县志》卷一四，光绪八年刻本
雍正元年	宝山秋大旱	石米一千文	石米银一两九钱	61	光绪《宝山县志》卷一四，光绪八年刻本
雍正三年	宝山春夏民饥	石米一千文	石米银二两三钱	94	光绪《宝山县志》卷一四，光绪八年刻本

---

　　① （清）钱泳：《履园丛话》卷一《旧闻》，华东师大图书馆藏清道光十八年述德堂刻本，第 27 页。

续表

年份	灾情	灾前米价	灾后米价	米价上涨比率（%）	资料来源
乾隆十三年	金山秋七月，米麦腾贵	石米一千文	斗米二百文	100	光绪《金山县志》卷一七，光绪四年刊本
	上海县雨雹伤豆麦，自春徂秋	石米一千文	石米银三两五钱	180	同治《上海县志》卷三〇，同治十一年刊本
	川沙厅雨雹伤豆麦，自春徂秋	石米一千文	石米银三两五钱	180	光绪《川沙厅志》卷一四，光绪五年刊本
	昆山、新阳大雨雹	石米一千文	石米银三两	140	光绪《昆新两县续修合志》卷五一，光绪七年刻本
乾隆二十年	宝山岁大祲	石米千五百文	石米银五两	167	光绪《宝山县志》卷一四，光绪八年刻本
	昆山、新阳八月十七日至十九日三昼夜雨如墨，田水微红，虫灾大作，岁大饥	石米千五百文	石米钱三千五百	133	光绪《昆新两县续修合志》卷五一，光绪七年刻本
乾隆二十一年	宝山春大疫，岁祲	石米千五百文	石米银五两	160	光绪《宝山县志》卷一四，光绪八年刻本
	吴江春大疫。饥	石米千五百文	石米银三两八钱	97	光绪《吴江县续志》卷三八，光绪五年刻本
乾隆四十四年	宝山三月淫雨无麦	石米千五百文	石米银六两	260	光绪《宝山县志》卷一四，光绪八年刻本
乾隆四十七年	宝山春旱八月三日龙风，无禾棉	石米千五百文	石米两千五百文	67	光绪《宝山县志》卷一四，光绪八年刻本
乾隆五十年	上海县夏大旱，花米价腾贵	石米三千文	石米四千文	33	同治《上海县志》卷三〇，同治十一年刊本
	宝山夏大旱，冬疫	石米三千文	石米七两二钱	135	光绪《宝山县志》卷一四，光绪八年刻本
	川沙厅夏大旱	石米三千文	石米四千文	33	光绪《川沙厅志》卷一四，光绪五年刊本

续表

年份	灾情	灾前米价	灾后米价	米价上涨比率（%）	资料来源
乾隆五十一年	上海县春多阴雨	石米三千文	斗米五百钱	67	同治《上海县志》卷三〇，同治十一年刊本
	青浦夏大疫	石米三千文	石米五千钱	67	光绪《青浦县志》卷二九，光绪四年刊本
	川沙厅春多阴雨	石米三千文	斗米五百文	67	光绪《川沙厅志》卷一四，光绪五年刊本
	昆山、新阳夏多疫	石米三千文	石米钱五千二百	73	光绪《昆新两县续修合志》卷五一，光绪七年刻本
	吴江春大疫。饥	石米三千文	石米钱五千	67	光绪《吴江县续志》卷三八，光绪五年刻本
乾隆五十五年	宝山五月大雨雹，六月十五日飓风，海溢	石米三千文	石米银四两	31	光绪《宝山县志》卷一四，光绪八年刻本
乾隆五十六年	宝山飓风海溢	石米三千文	石米银五两	63	光绪《宝山县志》卷一四，光绪八年刻本
乾隆五十七年	宝山七月十日大雨，禾损	石米三千文	石米银三两三钱	43	光绪《宝山县志》卷一四，光绪八年刻本

注：1. 米价上涨比率＝（灾后米价－灾前米价）/灾前米价

2. 清代官价定银一两合钱千文，但实际上银钱之间的比价是不断变动的。康熙四十六年至四十八年，银一两约合钱880文，六十一年银一两约合钱780文；雍正元年、三年银一两约合银845文；乾隆二十三年、二十年银一两约合钱800文，二十一年银一两约合钱779文，四十四年、四十七年银一两约合钱900文，五十年、五十一年、五十五年、五十六年银一两约合钱980文，五十七年银一两约合钱1300文。参见彭信威《中国货币史》，上海人民出版社1958年版，第569—570页；彭凯翔《清代以来的粮价》，上海人民出版社2006年版，第171—172页。

　　表3－2选取康雍乾时期苏松地区16个年份灾害前后的米价变化情况，从中可以看出，苏松地区所属州县在凡是发生自然灾害特别是直接摧毁庄稼的水灾、旱灾、虫灾、雹灾的年份，每次灾害之后粮价必会上涨，而且涨幅都很大。从康熙四十六年（1707年）到乾隆前期，苏松地区灾后米价的上涨幅度要明显高于乾隆后期灾后米价上涨的幅度。

　　灾后米价飙升，饥民买不起粮米，只能靠吃草根、树皮等为生。如万历三十六年（1608 年），当涂县发生严重水灾，"民剥树皮、掘草根以食"①。面对饥饿，灾民试图通过抢米这种方式生存下去。如乾隆八年（1743 年），江西连日骤雨，山洪暴发，江水汹涌，南昌、新建、丰城、清江、新喻等地势比较低洼地区的农作物皆被淹没，"每米一石自一两八九钱至二两以外不等"，在米价骤涨的情况下，一些村民"辄有汹汹之势，恃众强借，均所不免"，"袁州府属之宜春等县，曾有聚众抢谷之事"②。而当饥民有粮可食时，抢米事件便随之减少，社会也趋于稳定。如乾隆二十一年（1756 年），安徽按察使徐垣闰上奏称，上年江苏、浙江歉收，米价一时昂贵，春夏间穷民不无滋事，强劫扒抢粮食者比比皆是，但"一交二麦、旱禾成熟之后，遂觉宁静"③，新粮收获后，抢夺现象再无发生。

四　政治的刷新与腐败

在中国的传统文化中，"天人合一"的观念深入人心，认为人受灾，乃"天谴"。即认为自然灾害与君主治国理政的成效、政权的安危存亡有着密切的联系。故此，汉唐以降，当灾害频仍之时，为求天下平安，皇帝往往要下"罪己诏"，检讨为政和自己德操的缺失。另外，朝廷中的言官们往往也要在皇帝指示或许可下，议论朝政得失，矛头往往直指把持朝政的辅弼权臣，从而引起朝廷中人事和方针政策的刷新。自然灾害在明清两代的政治生活中扮演着重要角色，发挥着重要作用。

历代政权都比较重视防灾和救灾工作，防灾、减灾和备荒、赈济成为政府一项重要职能，并建立兴修水利、赈济、借贷、蠲免钱粮、安辑流民、以工代赈、灾情勘报等制度，谓之为"荒政""灾政"。这些政治举措设立的动机不可谓不是出于仁善之心，实施得好也往往能够成为政府塑造新形象、增强亲和力、提升信任度的好机会。明代永乐年间，苏松地区连

---

① 乾隆《当涂县志》卷三《祥异》。

② 中国人民大学清史研究所等编：《康雍乾时期城乡人民反抗斗争资料》，中华书局 1979 年版，第 301—302 页。

③ 葛全胜：《清代奏折汇编——农业·环境》，商务印书馆 2005 年版，第 153 页。

年发生水灾，百姓的生产生活受到严重影响，对于易代后的永乐政权也是一次严峻的考验。因水灾关乎漕粮赋税之国家经济命脉，故而惊动了朝廷。朝廷委派户部尚书夏元吉赴苏松治水。他在汲取前人治水经验的基础上，不囿陈规，博采众长，顺势而为，使苏松地区水患得到有效治理，不仅使百姓摆脱了水患的长期侵扰，农业生产得以恢复、发展，而且使得永乐政权在我国经济文化最为发达的苏松地区获得认可。本来建文政权在这一地区一直受到拥护，永乐政权则持怀疑甚或被敌视。夏元吉在苏松地区治水的成功，对于永乐政权塑造新形象、对于转变苏松人民的政治态度无疑具有十分重要的意义①。

又如明代万历二十六年（1598年），进士刘光复初授浙江诸暨县知县。诸暨纵贯南北的浦阳江，水患频发，严重影响了百姓的生产和生活。刘光复上任次年，诸暨发大水，田地被淹，房屋倒塌，"老幼悲号"。刘光复深入现场勘察，在详细了解灾情、民情的基础上，拟订了《疏通水利条陈》和《善后事宜》，提出"怀、捍、捵"三者相结合的浦江治理方案。特别是他利用责任制创造性地设计并实施圩长治水制度，筑湖堤72处，围垦湖田20余万亩，建备荒粮仓数十间，以丰保歉。在诸暨治水垦田期间，他还写成《经野规略》一书。万历三十四年（1606年），刘光复因政绩卓异，擢为河南道监察御史。离开诸暨时，当地百姓万余人"跪道左，以挽留"，还在全县为刘光复建祠63座，以示纪念。诸暨人民之所以这般爱戴他，是由于他在知县任上清正廉洁，勤政为民。诸暨在他的治理下，经济富庶，秩序井然，百姓乐业。后来诸暨再遇水灾，冲毁田畴，修复中各家因水毁无界而争讼于公庭，往往查阅刘光复《经野规略》一书为证，即可断狱息讼。连新中国成立后，诸暨水利规划与实施，仍主要参照该书。万历四十三年（1615年）五月，神宗帝因"张差梃击案"于慈宁宫召见廷臣，欲以恫吓手段掩盖案情真相，群臣因事涉宫廷内幕不敢进言，唯独刘光复挺身而出，直陈己见，以致触怒神宗，当即被拘捕卜狱，服刑5年后，释放归闲故里。泰昌元年（1620年），光宗即位，起用刘光复为光禄寺丞，但未及赴任即病逝，诰封太常寺卿。无论在朝在野，都能坚持为官的职守与

①　参见赫治清主编《中国古代灾害史研究》，中国社会科学出版社2007年版，第476页。

德操，在传统社会的历代官员中不能不说是凤毛麟角。当然，刘光复有此气魄与胆量，也跟他本身就出生于官宦世家有关，富裕的家底和良好的教养，使他能够真正做到清廉守正，"不为稻粱谋"，而谋天下利。李光复在诸暨的为官实践，对于树立政府的良好形象，和谐官民关系发挥了积极作用。

然而，由于传统社会的阶级矛盾，在中国传统的官本位体制下，为官掌权者似乎在生活上总要优越于普通百姓才是常态。观念形态上程朱理学要求当官的士大夫"仁义礼智信"，"忠孝节悌"，但"千里来为官，只为吃和穿"，日常为官实践中，他们却是要千方百计地维护自己的阶级利益。因此，善良的高层设计，到具体实施时，"荒政"往往荒腔走板，各种腐败行为也经常渗透其中。

自然灾害发生前后，明清政府都会采取一系列的防灾救荒措施，如灾前兴修水利、积谷备荒，灾后蠲缓田赋、赈济灾民、安辑流民，等等。这些救荒备荒措施得力，就能在很大程度上避免社会冲突的发生，反之，救荒备荒措施没有得到很好地执行，便会进一步加剧社会冲突。而救荒备荒措施实施的好坏，在某种程度上与明清两代的吏治清明与否有极大的关系。

明朝吏治在朱元璋的严刑整饬下得到了较大改善，正所谓"明祖严于吏治"①。但是到了永乐年间，吏治便渐渐松弛趋坏，永乐十九年（1421年）侍讲邹缉在《应诏求直言疏》曾言：

> 贪官污吏遍布内外，剥削及于骨髓，朝廷每遣一人，即是其人养活之计，虐取苛求，初无限量，有司承奉唯恐不及，间有廉强自守不事干媚者，辄肆谗毁，动得罪谴，无以自明，是以使者所至，有司公行货赂，剥下媚上，有同交易。②

这种贪污腐败之风，到了宣德年间更是严重，当时的三朝元老杨士奇

① （清）赵翼：《廿二史札记》卷三三《明史》"重惩贪利"条。
② （清）高宗弘历敕辑：《御选明臣奏议》卷二，清乾隆武英殿木活字印武英殿聚珍版丛书本。

如是说："贪风，永乐之末已作，但至今甚耳!"① 清代尤其是乾隆朝中叶以后，贪风更是达到无以复加的地步，民谣有"三年清知府，十万雪花银"之谓，便是其吏治腐败的真实写照。"非其时人性独食也，盖有在内隐为驱迫，使不得不贪也"②。其"内隐为驱迫"即为贪风，竟达到"不得不贪"的骇人地步。随着财政紧张，吏治败坏，明清时期长江下游地区的荒政流弊丛生，严重影响救灾救济效果。

如在水利兴修、积谷备荒方面，长江下游地区各级政府多苦心经营，但有时也存在平时不备荒、惠民反害民的问题。在明清时期长江下游地区自然灾害中，水灾、旱灾最为频繁，破坏性最大。在水旱灾害形成的相关因素中，水利兴修与否至关重要。整体来看，明前期长江下游地区的地方政府对兴修水利比较积极，也取得不少成效，但在明后期，各地的水利设施逐渐荒废，水利失修相当普遍。如万历年间，御史宋仪望奏曰："三吴财用所出，水利最急，自嘉靖初抚臣李充嗣修治之后，未尝大修。沟港日淤，圩埂尽废，旱涝无备。"③ 万历《嘉定县志》也载："昔人以治水为大政，故二百年常通流不废。正嘉之际，其遗烈犹有存者。至于今，湮没者十八九，其存者如衣带而已。"④ 经年的水利失修，既与国家财政投入较少有关，也与地方官员对兴修水利事业的漠视有关。正如万历时南京户科给事中吴之鹏所言："迩来有司惟从事于簿书期会，修筑圩岸、疏浚防塘等项事宜，漫不经心，一遇岁凶，茫无措手。"⑤ 隆庆六年（1572 年），政府还对地方官员漠视水利事业的行为提出直接批评："大江南北，国赋所出，全资水利。各处设有水利佥事，各府县又有水利通判、县丞等官。近来往往视为末务，上下因循，一遇水荒，即奏乞蠲免、赈济，引天灾以逃责，岂为民父母之道?"⑥ 这些官员将兴修水利视为末务，更有甚者将之视为中饱私囊的大好机会。

---

① （明）杨士奇：《东里文集·圣谕录卷下》，中华书局 1998 年版，第 408 页。
② （清）薛福成撰：《庸庵笔记》卷三，清光绪二十三年遗经楼刻本。
③ 《明神宗实录》卷五二 "万历四年七月"条。
④ 万历《嘉定县志》卷一九《文苑一·永折漕粮碑记》。
⑤ 《明神宗实录》卷一八六 "万历十五年五月"条。
⑥ 《明神宗实录》卷三 "隆庆六年七月"条。

　　备荒仓储制度建设方面也充斥着腐败行为。预备仓是明代前期颇为重要的备荒仓储，但是由于缺少稳定的粮食来源、守仓官吏的肆意侵盗、州县官府管理不当等原因而屡被废置，无法有效承担起备荒的任务。明代末期，陈龙正曾感叹："至于今日，天下皆无复有预备仓。"① 此时，民间社仓和义仓开始大规模出现，发挥着备荒粮储的重要作用。地方政府为加强对社仓和义仓的管控，试图将其纳入自己的管理范围之中，使之成为政府荒政的一部分。这种政府对民间社仓、义仓的管控，稍有不当就可能将之变成官仓或将仓中粮食移作他用。如万历十六年（1588年），浙江桐乡、乌程两地遭受自然灾害打击以后，"吾镇贰府何公（挺）必欲将民间义米贮常平仓作为官米，以邀功干名，已是差了，然犹为义米也。乃代之者夏公（尚忠）恶其琐屑，申分守道，将米价三百余两分贮乌程、桐乡库，备荒义米竟改为库银"② 当地民间筹集义米以备灾荒，最后却被官府变成常平仓官米，不能不说是对民间营建备荒仓储积极性的伤害。受此影响，明代晚期社仓、义仓虽曾一度复兴，但很快就又衰落下去，而此时预备仓也处于废置状态，于是"自嘉靖起，虽有备荒之名，而无备荒之实。灾荒屡见，万姓流离，至于泰昌、天启、崇祯，尤不可问"③。更有甚者，备荒粮仓粒谷无存，甚至谷仓尽毁。"州县赎缓，行省余羡，……今日尽笼而输上"，于是，"乃今为民积储，率多文具，在籍者尽属空名，在仓者徒号虚数。上官纵有查盘，有司临期搪塞，一遇饥荒，赈灾无措，始或议借议，万口嗷嗷，勺合无济，惟饥馑流散以死而已"④。地方官唯知"日优游堂上岁月而望迁"。至于劝借，更是地方官敲富人竹杠、中饱私囊的好机会，赵完璧云：

　　　　盖劝借之名，国家原以相周之义教之，听其愿也。迩年有司官不体民情，责以里书，令其报举，得赂者故释而去，无赂者开陈而拘，及至官也定具数目，严法比较，过于催征，官得十一而里胥十九，然

①（明）陈子龙：《救荒政要》，《中国荒政全书》，北京古籍出版社2003年版，第712页。

②（明）李乐：《见闻杂记》，瓜蒂庵藏明清掌故丛刊，上海古籍出版社1986年版，第716—717页。

③（清）陆曾禹：《钦定康济录》，北京古籍出版社2004年版，第409页。

④（明）陈子龙辑：《皇明经世文编》卷三七一"魏时亮疏言"，明崇祯平露堂刻本。

后以其余撒之民而粉饰之。①

又如在报灾勘灾方面，其腐败行为也同样十分严重。报灾是灾害救济的基础环节，准确而及时地勘报灾情是开展灾害救济的前提和基础。然而，时常在灾害发生之后，"吏好谈时和年丰以约声誉，而讳言饥荒水旱以损功名。故恒有匿灾异以不闻，甚或饰饥荒为丰穰"②。一些地方官为求政绩，时常出现遇灾匿不报、延迟奏报、报而不实的情况，影响非常恶劣。譬如，康熙十八年（1679 年），安庆府"十八年己未大旱，自五月不雨至八月"③，府属桐城、太湖、宿松三县据实呈报灾情，怀宁、潜山、望江三县则未据实呈报。地方政府未能据实呈报灾情，在明清时期绝非个别。如嘉靖时王廷相言："当夫荒歉之时，……遇灾不行申达，既灾之后，犹照旧惯，催征税粮。"④ 明人孙绳武《荒政条议》提及："近见各州县报灾伤时，每多张皇其事，将无作有，捏轻为重，以为异日请赈之地。"⑤ 甚至某些地方官员还利用权力，收受贿赂，歪曲灾情。据屠隆《荒政考》记述：

> 余见里役之报饥民也，家有需索，人有纳贿。市猾之得过者，欲为他日规避差徭之地，则贿里役，以报饥民。民之实饥而流离者，以贫无能行贿而反不得与。则虽有赈济之名，无救小民之死。⑥

这些地方官沽名钓誉、贪腐堕落，不实的灾情信息给政府救灾工作带来了很大的难度，灾民往往难以得到有效的救济。

勘灾的真实与否与灾民能否得到切实有效的救济也是息息相关的。明朝规定了严苛的勘灾奏报制度，这固然有利于防止地方官员贪腐，但也导致勘灾程序烦琐，有时官员的灾情勘查几近骚扰行为，"府州县委官踏勘，

---

① 民国《西园闻见录》卷四〇《蠲赈前》。
② （明）屠隆：《荒政考》，《中国荒政全书》，北京古籍出版社 2003 年版，第 191 页。
③ 康熙《安庆府志》卷六《民事志·祥异》。
④ （明）陈子龙辑：《皇明经世文编》卷一四九《王廷相疏誉》，明崇祯平露堂刻本。
⑤ （明）孙绳武：《荒政条议》，《中国荒政全书》，北京古籍出版社 2003 年版，第 592 页。
⑥ （清）俞森：《荒政丛书》卷三《屠隆荒政考》，《文渊阁四库全书》第 663 册，台湾商务印书馆 1986 年版。

不过骚扰一番，镇巡官踏勘又一番骚扰，到头贷赈及其济几何"①。例如，明代万历年间，扬州府高邮、宝应、兴化、泰州四地同罹灾伤，而负责勘灾的官员殉于私情，草率勘灾，使四地灾民面临不同境遇。史载："高、宝、兴有灾之实，而亦有灾之名。有灾之害，而亦有灾之利，不幸之幸也！泰州同有灾之实，而独不有灾之名。同有灾之害，而独不有灾之利，不幸之不幸也！"② 结果泰州的灾情就没有得到及时准确的勘报。晚明陈继儒《赈荒条议》也记述勘灾官员借勘灾之机收受贿赂、弄虚作假的情形："官长踏荒，东踏则西怨，西踏则东怨。舟车所至，攀拥叫号，里排总甲有伺候之费，有送迎之费，有造册之费，有愚民买荒之费。不如一概，以全荒具申上司"，还有"得钱做荒，出钱买荒，其弊种种不一。"③ 因此足以见负责勘灾的官员漠视民瘼、敷衍塞责的严重程度。官吏渎职腐败，勘灾环节出现问题，必然严重影响赈济的公允适当。

再如，赈济蠲免等救灾举措方面，亦存在施行不当、阳奉阴违、营私舞弊的现象。赈济是最常见的政府救灾举措，由于其环节复杂，且直接涉及钱粮等财物，腐败现象常有发生。明副使林希元就曾指出人都有私欲，见利思动，遇到灾荒，朝廷拨百万银赈济灾民，但这些财物一经人手，某些贪婪的官吏不免垂涎，"官耆正副，类多染指。是故，银或换以低假，钱或换以新破，米或挿合沙土，或大入小出，或诡名盗支，或冒名关领，情弊多端，弗可尽举"④。朝廷恩惠被贪官污吏攫为己有，并没有落实到灾民身上，更没有起到赈济、救荒的效果。其中，最典型的是杨文举浙江赈灾案。万历十七年（1589 年），明神宗委派给事中杨文举到浙江施行赈济：

> 文举入境，顾左右曰："如此花锦城，奈何报荒?"以欺妄挟制有司。有司惴惴，盛供张伎乐。文举遨游湖山，作长夜饮，每席费数十金。有司疲于奔命。诸绅士进见，日已午，夜醒未解，愍愍不能一

---

① 民国《西园闻见录》卷四〇《蠲赈前》。

② （明）陈应芳：《敬止集》，《文渊阁四库全书》第 577 册，台湾商务印书馆 1986 年版。

③ 陈梦雷等：《古今图书集成·经济汇编·食货典》卷一一〇《荒政部·杂录三·赈荒诸议》，中华书局，巴蜀书社 1985 年影印版，第 83323 页。

④ 李文海、夏明方、朱浒：《中国荒政书集成》第 2 册，天津古籍出版社 2010 年版，第 688 页。

语，趋揖欲仆。两竖掖之堂上。糟邱狼籍，歌童环伺门外。置赈事不
问。惟令藩司留帑金十一，贿当路藩臬。至守令悉括库羡赂之。东南
绎骚，咸比越多文华之征倭云。①

　　显而易见，杨文举浙江之行，赈灾是其名，实际上却干着吃喝玩乐、
贪污腐败的不齿勾当！更有甚者，某些地方要员在救灾过程中欺上瞒下，
丝毫不顾饥民的死活，只做表面文章。《康济录》载："明末，州县官之赈
粥也，探听勘荒官次日从某路将到，连夜于所经由处寺院中设厂垒灶，堆
储柴米盐菜炒豆，高竿挂黄旗，书'奉宪赈粥'四大字于上，集村民等
候。官到，鸣钟散粥。未到，则枵腹待至下午。官去，随撤厂平灶，寂然
也。"② 至于那些丧失为官之本、贪污救济银两之事在长江下游地区救灾过
程中也并不罕见。万历十六年（1588 年），扬时举负责江南之地的灾荒赈
济，他"赍银二十万两赈东南诸郡，惟日置酒高令，糜费不赀，即有所
赈，里胥递为侵克，其余半入市井奸猾，半入豪佑之门，乡民未曾及知
也"③。趁灾荒赈济，大肆敛财者亦有之。如乾隆五十一年（1786 年），宁
国县出现严重饥灾，训导谢嘉修"奉檄查各属灾户"，发现"宣州书院佃
负租千余石"，且"敲扑频烦，徒为县胥利薮"④。另据陈梦雷《荒政部》
记载，金华县孝顺乡第十二都十里牌荒旱，金华县朱县尉未实施赈济措
施，置灾民饥荒于不顾，为应对上级查验，朱县尉沿路散榜，诈称粜米施
粥。散粥日以一二斗米，多用水浆煮成粥饮，来就食者反被所害，空有其
名⑤。这些官员的贪腐程度令人发指。

　　蠲免是另一种救治灾害的常规举措，多在水、旱、蝗等自然灾害对农
业生产造成侵扰、粮食减收或无收时使用，官府通过减免灾民部分或全部
的赋役捐税负担以达到救灾的目的。但这样的一项好的救灾措施，有时在
基层执行过程中却大打折扣，政府对灾区尽数蠲免的钱粮，地方官府仍穷

①　（明）林希元：《荒政丛言》，《中国荒政全书》，北京古籍出版社 2003 年版，第 172 页。
②　（清）陆曾禹：《钦定康济录》，《中国荒政全书》，北京古籍出版社 2004 年版，第 434 页。
③　转引自叶依能：《明代荒政述论》，《中国农史》1996 年第 4 期。
④　同治《祁门县志》卷二五《人物志·宦绩》。
⑤　李文海、夏明方、朱浒：《中国荒政书集成》第 3 册，天津古籍出版社 2010 年版，第
1448—1449 页。

追不舍，不过为囊橐计耳①。如崇祯十四年（1641年），江南大旱，为了不招致朝廷非议，周延儒损米二百石，"自是抚按不敢言旱，备县苛征漕粮如故，民不堪命"②。有时蠲免措施虽然已被执行，但是救灾效果尚未显现时即被恢复原有的赋税负担，如史载："太祖尝下诏蠲江南诸郡税。秋复税之。右正言周衡进曰：'陛下诏蠲租税，天下幸甚，今复税之，是示天下以不信也。'"③周衡这一番诘责之语令朱元璋很是嫉恨，不久便被他借口杀了。甚至有些蠲免举措压根就是一纸空文，地方根本就没有执行过，正所谓："上泽虽播而不得下流，下情虽苦而不得上达，奉诏宽恤事情公然废格不行，奉旨蠲免钱粮，肆意重复征扰。"④

在灾害背景下，上述发生在防灾救灾过程中的种种腐败行为，无疑等于火上加油，助纣为虐，从而大大降低了人们抵御自然灾害的能力，给国家治理带来严重挑战。而从制度层面看，之所以会出现如此严重的腐败现象，关键在于在传统社会没有真正建立起行之有效的监督制约机制。不过，客观而论，对于荒政中的腐败行为，明清政府也曾下力气整治，尽管整体效果不尽如人意，但在明清前期和盛期，政府对于明清长江下游荒政中腐败现象的治理还是取得了一定成效（参见第四章第三节之"社会调控"）。

---

① （明）吴亮辑：《万历疏钞》卷一，明万历三十七年刻本。
② （清）文秉：《烈皇小识》卷七，清光绪二十二年扫叶山房刻本。
③ （明）吕毖辑：《明朝小史》卷二，旧抄本。
④ （明）陈子龙辑：《皇明经世文编》卷一四九《李永勖奏疏》，明崇祯平露堂刻本。

第四章 灾害与农民生活

　　明清时期长江下游地区多发的自然灾害，给当地社会经济造成巨大损失，出现了土地荒芜、粮价飙升、设施损坏、民生艰危等沉重灾象。在政府救灾不力或矛盾激化的情况下，社会冲突便接踵而至。这种局面，迫使中央和地方都必须采取有效的措施加以控制，否则，长江下游这个财赋重地必将动摇，而国家的这一赋税支柱就会丧失。

第一节　乡村生活

一　粮价飙升

　　自然灾害对于传统中国社会的农业生产影响是直接而致命的，加之当时社会应对灾害能力的欠缺容易造成食物的匮乏，甚至是饥荒。嘉靖二十四年（1545 年），杭州因干旱而造成作物绝收，物价高涨，"贫人有食草者"①。崇祯十年（1637 年）因为饥荒，出现人吃人的惨状，"父子、兄弟、夫妇相食"②。崇祯十三年（1640 年），杭属仁和县民众，因食物匮乏，"采榆屑木以食"③。崇祯十四年（1641 年）江南发生饥荒，"至是富

---

① 民国《杭州府志》卷八四《祥异三》。
② 民国《杭州府志》卷八四《祥异三》。
③ 民国《杭州府志》卷八四《祥异三》。

家亦半食粥矣，或兼煮蚕豆以充饥"①。清顺治十八年（1661 年），杭属昌化县因旱而饥，民众"赖采竹实及锄蕨根杵粉以食"②。乾隆五十年（1785年）秋，江浙旱灾，作物绝收，百姓"榆树剥皮葛根春粉以充食，老鸦蒜浸去苦汁杂米煮食之"③。物以稀为贵，农业减产，粮食匮乏，势必带来的是粮价的飙升。在第三章第二节，笔者已讨论清代康雍乾三朝苏松地区灾害前后米价的变动情况。这里再以杭州府为例就灾后粮价上涨问题进行补论，参见表 4－1。

表 4－1　　　　　　　清代杭州府部分年份灾前灾后米价对照

灾前米价			灾后米价			比率及备注	
年份	每石米价（两）	地区	年份	每石米价（两）	地区	米价上涨比率（％）	备注
乾隆十二年（1747 年）	1.5—1.9	杭州	乾隆十三年（1748 年）	3	临安/昌化	57.9—100	
乾隆十五年（1750 年）	1.3—2.1	杭州	乾隆十六年（1751 年）	3	海宁	42.9—130.8	石米 3 金
乾隆十九年（1754 年）	1.37—1.83	杭州	乾隆二十年（1755 年）	4.5	临安	146—228.5	
乾隆四十九年（1784 年）	1.5—2	杭州	乾隆五十年（1785 年）	1.86—2.5	杭州	24—25	
嘉庆八年（1803 年）	2.45—2.89	杭州	嘉庆九年（1804 年）	2.52—3.18	杭州	2.9—10%	
道光十年（1830 年）	1.96—2.87	杭州	道光十三年（1833 年）	6	海宁	109.1—206.1	石米 6000 钱
道光二十八年（1848 年）	1.6—2.7	杭州	道光二十九年（1849 年）	10	海宁	270.4—525	石米 10000 钱
咸丰十一年（1861 年）	2.02—2.81	杭州	同治元年（1862 年）	10	海宁	255.9—395	石米 10000 钱
光绪十五年（1889 年）	1.83—3.35	杭州	光绪十六年（1890 年）	7	昌化	109—282.5	石米 7000 钱

①　康熙《仁和县志》卷二五《祥异志》。
②　民国《杭州府志》卷八五《祥异四》。
③　民国《杭州府志》卷八五《祥异四》。

续表

灾前米价			灾后米价			比率及备注	
年份	每石米价（两）	地区	年份	每石米价（两）	地区	米价上涨比率（％）	备注
光绪二十三年（1897 年）	1.5—3.18	杭州	光绪二十四年（1898 年）	8	富阳	151.6—433.3	

注：1. 灾前米价数据主要来自浙江档案网所辑录的清代杭州府奏折，而灾后米价数据则基本据《杭州府志》卷八十三至卷八十四整理。

2. 清银两与铜钱换算标准为：鸦片战争之前，一两银子约等于八百文至一千三百文。鸦片战争后，币值涨跌幅度大，难以计算。

3.《杭州府志》所载"斗米千钱"，未言明是千文铜钱还是千钱银子，若为千钱银子，则一石米有千两之巨，不合常理，故推测为千钱铜钱。

4.1831—1833 年连年有灾，1833 年灾重米贵；1831 年、1832 年灾害相对较轻，米价上涨较小，故以 1830 年正常年份米价与 1833 年米价作比较。

根据表 4-1 分析，同在杭州府，米价因为自然灾害的影响波动较大，就时间段而言，乾嘉年间因为清王朝的统治比较稳定，加之当时国力相对强盛，灾害对于米价上涨的影响，少则 2.9％，多则达 228％，基本上处在 50％—150％之间。嘉庆以后，清王朝的国力开始减弱，社会危机此起彼伏，这无疑直接影响着清政府的救灾能力，道光至光绪年间，因灾害而造成的米价上涨，少则 109％，多则达到 525％。

明清之际，长江下游灾害的地区分布广泛，灾荒多发，由此常常引起米价上涨，百姓生活艰难，使得原本因为水旱灾害而绝收的乡民生活更为困顿，有的不得不因此变卖家产或者卖儿鬻女，或者外出乞讨以躲避灾荒。更有甚者，因为不肯接受他人的施舍，一家五口人，饥饿难耐，最终"以相牵同赴水死"①。

二　设施损坏

自然灾害不仅对百姓的生命安全造成巨大威胁，而且对于地方社会的财产损毁也相当大，特别是对传统农业社会中的农舍、农田的影响尤为突出（参第三章第一、二节）。就杭州府而言，明洪武九年（1376 年），杭

---

① 康熙《太平府志》卷三《祥异志》。

属钱塘、余杭、仁和三地爆发洪水，"下田被浸者九十五顷"①。永乐三年（1405 年）的大水致使该地"漂庐舍千一百八十二间"②。清乾隆二十三年（1758 年），夏秋交替，雨水不绝，造成桑、棉产量减少，"夏秋淫雨伤蚕及棉花"③。乾隆三十四年（1769 年），"夏霉雨，淹浸仁和钱塘杭州卫下田"④。此外，海潮对农业生产也造成较大影响。永乐元年（1403 年）八月，浙江东部沿海潮水上涨，损坏江塘万余步，"坏田四十余顷"⑤，"溺民居及田四千顷"⑥。雍正二年（1724 年），浙省沿海地区出现海水倒灌现象，以致淹没田地，"漂去室庐无算，郭店袁化诸桥梁无一存者"⑦。浙省冰雹致灾并不少见，如正德九年（1514 年）冬春之际，杭州府冰雹为灾，"雨雹为灾，蚕麦不利"⑧，其中杭州府所属于潜县受灾最重，灾后颗粒无收。正德十五年（1520 年）八月，杭属仁和忽降冰雹，"大者如斗，小者如碗，坏田禾树木"⑨。长江下游地区多为丘陵、山地地形，每遇洪灾，丘陵、山地则易受泥石流的威胁。泥石流的波及范围虽没有洪灾广，但是它瞬间的冲击力很大，破坏力极强。明万历十五年（1587 年），杭州府所属昌化县大雨成灾，当地爆发泥石流，"近山田涨为砂砾者数十处，十二都民有被洪涛洗没者，所坏室庐无算"⑩。清道光二十九年（1849 年）夏季，杭州府所属临安、余杭、富阳、仁和、海宁、于潜等县泥石流爆发，"庐舍尽没，地陷为坑"⑪。

在长江下游皖江段，明朝永乐三年（1405 年）夏，宣城地区连日大

---

① 《明太祖实录》卷一〇六"洪武九年六月壬辰"条。
② 《明太宗实录》卷四五"永乐三年八月戊辰"条。
③ 民国《海宁州志稿》卷四〇《杂志》。
④ 民国《杭州府志》卷八五《祥异四》。
⑤ （清）嵇曾筠撰：《浙江通志》卷一〇九《祥异志》，《文渊阁四库全书》521 册，台湾商务印书馆 1986 年版。
⑥ （清）嵇曾筠撰：《浙江通志》卷一〇九《祥异志》，《文渊阁四库全书》521 册，台湾商务印书馆 1986 年版。
⑦ 民国《杭州府志》卷八五《祥异四》。
⑧ 民国《杭州府志》卷八四《祥异三》。
⑨ 民国《杭州府志》卷八四《祥异三》。
⑩ 民国《昌化县志》卷一五《灾祥志》。
⑪ 民国《杭州府志》卷八五《祥异四》。

雨，屯仓被淹，"漂子粒三千二百余石"①。明万历二十三年（1595年），潜山因为山水暴涨，导致数百民屋被毁②。清康熙六年（1667年）夏，宿松县山洪暴发，冲毁淹没田舍无算③。道光三年（1823年）三月至七月间，怀宁县大雨不止，江水涨，损毁百姓田舍，当年发生饥荒。同年夏五月，泾县大水入城。秋七月，潜山、太湖、望江、南陵、贵池、铜陵、东流、当涂、芜湖、繁昌、庐江、无为、巢、滁、和等州县蛟水大发，坏田庐无算④。道光二十九年（1849年），怀宁、桐城、宿松、望江、宣城、南陵、贵池、铜陵、东流、当涂、芜湖、繁昌、庐江、无为、和州、含山俱大水，没田庐、人畜，有入市深丈余者⑤。除了田舍，河堤、交通、城池的破坏也十分严重。宣德三年（1428年），青阳县化成桥因洪水冲坏⑥。嘉靖十三年（1534年）六月，贵池突发大水，毁坏桥梁⑦。乾隆二十四年（1759年）夏天，望江、潜山地区发生大水，河堤决口，田舍损毁。乾隆三十四年（1769年），铜陵、芜湖、南陵、庐州、潜山、宣城发生大水，水毁河堤无数⑧。顺治五年（1648年）六月，"宿松县西洪水袭来，冲毁田宅"⑨。道光二十九年（1849年），太湖县"大水，江潮泛溢，为前所未有，滨泊湖田房淹没无算。五月，淫雨，县西北山水大作，沿河冲毙人畜甚众。决县东北堤，旋破古善庆门城数丈，城中水暴溢。复冲决西南城及大西门，水势始平"⑩。

三　民生艰危

水灾所造成的影响往往有着较强的即时性，大水袭来，水势汹涌，民

---

① 《明太宗实录》卷四三"永乐三年六月乙丑朔"条。
② 民国《潜山县志》卷二九《祥异志》。
③ 民国《宿松县志》卷五三《祥异志》。
④ （清）吴坤修，（清）何绍基纂：《重修安徽通志》卷三四七《祥异》，清光绪四年刻本。
⑤ （清）吴坤修，（清）何绍基纂：《重修安徽通志》卷三四七《祥异》，清光绪四年刻本。
⑥ 光绪《青阳县志》卷一《桥梁》。
⑦ 光绪《贵池县志》卷四二《灾异》。
⑧ （清）吴坤修，（清）何绍基纂：《重修安徽通志》卷三四七《祥异》，清光绪四年刻本。
⑨ 民国《宿松县志》卷五三《祥异志》。
⑩ 民国《太湖县志》卷四〇《祥异》。

众躲避不及，容易造成大量的伤亡。除了水灾，因为长江下游地区多靠近沿海，也常容易受到台风雨的侵袭。以杭州府为例，因为台风带来的强降水造成的破坏性很大，由此所导致的人员伤亡也往往不在少数。明清各朝实录、《杭州府志》及各县县志等文献不乏洪水淹死灾民的记述。如明洪武五年（1372 年）八月，杭州府所属余杭大风雨，山谷洪涝爆发，以致冲毁房屋，人畜伤亡严重①。永乐三年（1405 年）八月，杭州府所属诸县因大雨袭来，"溺死民男女四百四十一口"②。永乐十一年（1413 年），仁和县遭受台风雨，"仁和十九都、二十都居民陷溺死者无算，存者流移"③。

有明一代，浙江特别严重的灾害是成化八年、崇祯元年两次水患。成化八年（1472 年）七月，"浙江大风雨，海水暴溢……诸府州县淹没田禾，漂毁官民庐舍、畜产无算，溺死者二万八千四百七十余人"④。崇祯元年（1628 年）七月，浙省杭属、嘉属、湖属、绍属各县风雨不断，还出现了海溢，"溺数万人"⑤，其中杭州府所属海宁县受灾尤为严重，时人吴本泰就海宁受灾作诗云：

> 孤踪犹泛梗，阖室岂沈川。
> 急难应无地，苍茫或有天。
> 鹳鸣知失垤，蚁渡想攀舷。
> 恨不同生死，风波梦里传。⑥

诗歌告诉我们，灾害给百姓带来的影响是很大的。进入清代，地方政府对防洪设施的建设虽有加强，但是水患的影响依旧较大。清康熙五十三年（1714 年）五月，杭州府所属地区风雨频繁，在钱塘县出现"上江顺流浮尸无数"⑦ 的惨状。同样是在钱塘县，道光二十九年（1849 年）因水灾，导致百姓溺死者无数。

---

① 《明太祖实录》卷七五"洪武五年八月乙酉"条。
② 《明太宗实录》卷四五"永乐三年八月戊辰"条。
③ 民国《杭州府志》卷八四《祥异三》。
④ 《明宪宗实录》卷一〇六"成化八年七月癸丑"条。
⑤ 《明史》卷二八《五行一》。
⑥ 民国《海宁州志稿》卷四〇《杂志》。
⑦ 民国《杭州府志》卷八五《祥异四》。

火灾对于百姓生活的影响也不小。仍以杭州府为例，在地方志中，杭州府所属地区火灾时有发生，清康熙十二年（1673 年）九月，杭州府盐桥东一带突发大火，火势借助风力迅速蔓延，"焚死男妇二十余口，周十余里，东城为之一空"①。嘉庆元年（1796 年）十一月十六日夜，杭州府城内吴山发生火灾，"毁四千余家，死者百数十人"②。

就明清时期长江下游地区来说，水旱灾害对于灾民生命财产的冲击是第一位的，百姓在灾荒中受害最重，死亡的人数也往往最多，已如第三章第一节所述。至于灾荒时因粮食短缺，灾民食不果腹，不得已采食葛蕨、草根、蕨根、榆榉树皮等自然植物维持生计以及由此带来的人口流动的情况，已如前述，兹不赘。

四　疾疫频发

大灾之后，往往会有大疫。明万历十六年（1588 年），杭州府所属余杭县饥荒与疾疫同时爆发，"死者相藉"③。万历二十九年（1601 年）八九月天气异常炎热，加速地区人员之间的疫病传播，以至于出现"里无不病之家，家无不病之人"④。崇祯十四年（1641 年），杭州府内旱灾、虫灾相继而至，伴随而来的是饥荒与瘟疫，使得杭属钱塘县百姓饿死甚多，"僵尸载道"⑤。

明清时期长江下游地区自然灾害的发生往往也伴随着疾疫的传播。在长江下游地区广泛蔓延的疾病主要是瘟疫，这是一种具有温热病性质的急性传染病，具有传染速度快、病情危重凶险且具有流行性等特点。笔者根据《中国地方志历史文献专辑·灾异志》及部分地方志⑥中疫灾的记载，

---

① 民国《杭州府志》卷八五《祥异四》。
② 民国《杭州府志》卷八五《祥异四》。
③ 民国《杭州府志》卷八四《祥异三》。
④ 民国《杭州府志》卷八四《祥异三》。
⑤ 民国《杭州府志》卷八四《祥异三》。
⑥ 《中国地方志历史文献专辑·灾异志》第 14 册、第 15—21 册、第 22 册；光绪《青浦县志》卷二九、《松江府志》卷八〇《祥异》、《丹阳县志》卷三〇《祥异》、光绪《续纂句容县志》、《镇江府志》卷四三《祥异》、光绪《川沙厅志》卷一四《祥异》、民国《上海县续志》卷二八《祥异》。

整理了"明清长江下游部分府县疫灾分布年份统计",见表4-2。

表4-2　　　　　　　　明清长江下游部分府县疫灾分布年份统计

府　名	疫灾分布年份
松江府	1454、1495、1509、1515、1541、1587、1588、1641、1649、1662、1663、1677、1678、1679、1687、1697、1707、1727、1732、1733、1735、1736、1742、1749、1769、1772、1784、1808、1820、1821、1849、1855、1859、1862、1863、1876、1880、1883、1885、1888、1891、1893、1897、1899、1900、1901、1902、1903
苏州府	1501、1502、1503、1523、1524、1588、1660、1669、1671、1675、1677、1706、1735、1743、1756、1772、1773、1816、1820、1821、1824、1831、1860、1862、1863、1864、1882、1885、1886、1887、1888、1889、1890、1894、1901、1902
淮安府	1503、1518、1523、1588、1589、1603、1638、1639、1640、1641、1644、1647、1739、1742、1750、1756、1785、1786、1821、1827、1867
镇江府	1455、1524、1562、1588、1589、1640、1641、1642、1644、1709、1729、1730、1737、1756、1758、1821、1832、1881、1888、1902
江宁府	1524、1685、1756、1770、1786、1820、1824、1833、1842、1862、1880、1907
安庆府	1498、1507、1523、1524、1587、1588、1589、1641、1642、1680、1681、1709、1756
南昌府	1589、1641、1786、1832、1844、1859、1866、
南康府	1512、1577、1590、1807、1862
九江府	1465、1484、1537、1563、1589、1641、1642、1709、1767、1768、1792、1793、1807、1832

注:表4-2反映的是明清长江下游部分府县的疫灾情况,由于资料的局限,统计的数据并不完整。

从时间上看:从表4-2可以看出,明清时期长江下游的江苏段、江西段、安徽段以及上海市共有疫灾年份约为116年(计算时重复年份未算入)。其中,明朝以万历及崇祯年间受灾最为严重。表4-2显示,万历十五年至十八年(1587—1590年)共发生瘟疫约13次,占总数的11.21%。崇祯十三年至十七年(1640—1644年)共13次,也占总数的11.21%。万历、崇祯年间的瘟疫发生次数之多、范围之广,部分史料均有记载,且与频发的自然灾害息息相关,如《南昌府志》记载,"神宗万历三年南昌地震,旱……十年宁州大雨雹……十四年……南昌府属大水……十五年南昌府属大水……十六年……七月武宁县雨雪……十七年南昌府属自春三月不雨至秋七月，疫……进贤不雨，至秋大疫"①。清朝的疫灾多发生在晚清，彼时西方列强的入侵给长江流域带来了巨大的灾难，嘉庆二十五年至道光元年（1820—1821 年）霍乱由印度经曼谷到香港、澳门、广州、温州、福州、宁波、上海及长江流域。从史料中可看出此波疫情一直传染至北方运河两岸："道光元年三月，任丘大疫。六月冠县大疫，武城大疫，范县大疫，钜野疫，登州府属大疫，死者无算。七月，东光大疫，元氏大疫，新乐大疫，通州大疫，济南大疫，死者无算。东阿、武定大疫，滕县大疫，济宁州大疫。八月，乐亭大疫，青县时疫大作，至八月始止，死者不可胜计。"② 从表 4－2 中也可以直观地看出，长江流域在道光元年前后就发生瘟疫 9 次，占总数的 7.76%。据《光绪太平县续志》记载，"嘉庆二十五年夏，城乡疫，凡染者，二三日即死"③。这便是由印度传来的霍乱病毒。

从地域上看：瘟疫的发生与传播是与地区经济发展水平和地理位置紧密相关的，据此，我们结合表 1－2 提供的数据，整理出长江下游沿江部分州县与距离长江相对较远州县发生疫灾的次数，见图 4－1。

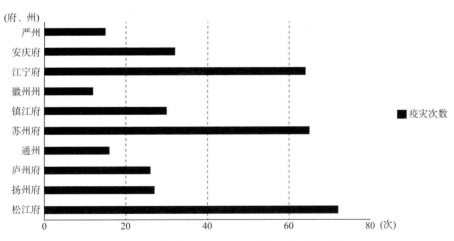

图 4－1　清代长江下游重要城市疫灾次数对比

数据来源：此图根据表 1－2 相关数据绘制而成。

---

① 同治《南昌府志》卷六五《祥异》。
② 《清史稿》卷四〇《灾异一》。
③ 《光绪太平县续志》卷一七《灾祥》。

　　由图 4 - 1 不难看出，松江、苏州、江宁作为当时经济最为发达的地区，其疫灾发生次数也是位列前茅，尤其是位于长江口岸的松江府和其他地区形成鲜明对比，其疫灾数量遥遥领先。当然这只是一小部分州府的对比，并不能全面的反映整个长江下游疫灾的分布情况，但从图中数据还是可以看出，在经济较为发达的地区以及一些沿江城市，其疫灾发生和传播的可能性是比较大的。这是因为经济发达的地区和沿江城市，其人口流动量很大，因而增强了加速疫病流行的可能性。《苏州洋关史料（1896—1945 年）》一书便提道："苏沪来往者甚众。"仅光绪二十二年（1896年），从苏州去上海的达 12142 人，由上海来苏州的达 16008 人。"另有木轮搭客数多，计不胜计。"[1] 书中还记道：

　　　　在本地区（指苏州），1902 年发生过严重的霍乱流行病。1909 年又发生过一次。在此以后的岁月里，这种灾难在城东南的农村流行得较厉害。1903 年，登革热很流行，传染得像其他流行病一样普遍。因此，任何人包括外国人，都难以幸免。一些中国人全家同时患病，以至到了早晨竟无人出来启门。……白喉与猩红热似乎也在增加。二十五年前，外国医生很少看到这些疾病。但近十年至十五年来，这两种病或多或少经常出现，偶然地爆发起来，几乎达到流行病的程度。[2]

　　由此可见，沿江口岸由于人口流动快，再加上气候环境等因素的影响，促使流行病的产生与传播。关于明清时期长江下游各府（直隶州）的疫灾发生情况，见附录之一"明清时期长江下游分府（直隶州）疫灾年表"。

五　饥馑与斯文
——以《管庭芬日记》为中心

　　上文主要是从宏观的层面关注灾害环境下乡村民众的生活状况，这里笔者则把视角进一步聚焦到乡村社会中的一类特殊人群——读书人，他们

---

① 陆允昌编：《苏州洋关史料（1896—1945 年）》，南京大学出版社 1991 年版，第 146 页。
② 陆允昌编：《苏州洋关史料（1896—1945 年）》，南京大学出版社 1991 年版，第 107 页。

与普通的村民不同，他们文化素养较高，其中不乏功名在身者。同时，乡村文人又与地方富绅有一定的不同，他们中很多人的生活并不富裕，灾害对于他们生计的影响是直接的，下面我们结合一个具体的事例来加以论述。

道光二十九年（1849年）长江流域发生了一次特大水灾，其中"浙省地方，因春夏以来雨多晴少，底水过大，自闰四月十六日（6月6日）以后，复叠遭大雨，江河漫溢"①，"虽间获晴霁，旋复滂沱，现尚密布浓云，阴晴未定。杭州、嘉兴、湖州、绍兴、严州各属一片汪洋，田禾淹浸，已种者多漂没，未种者更难插秧，米价增昂"②，"至（五月）二十八日（7月17日）始能畅晴，水势可望逐渐消退"③。

对于水灾的记忆，亲身经历者的描述自然最为真切。所幸现藏于浙江省图书馆的《芷湘日谱》为我们还原这场发生在包括浙西在内的江南特大水灾提供了史料支撑，在此有必要作简单介绍。该书作者管庭芬（1797—1880），原名怀许，字培兰，又字子佩，号芷湘，浙江海宁路仲人。他与同时代的读书人一样，把科举考试作为自己人生的目标，但屡试不第，最终仍是生员。作为一名中下层知识分子，校抄古籍既是管庭芬谋生的重要途径，也是他一生中最有影响的活动，并因此与当时名士蒋光煦、钱泰吉等过从犹多，但基本局限于以海宁为中心的地方文人圈子，与那些达官显贵几乎没有交集。由此《芷湘日谱》所记载的便是一个中晚清地方中下层文人的具体生活历程。《芷湘日谱》一共记录管庭芬69年的生活状况，这对于其84年的人生来讲是相当完整的一部日记。该书始记于嘉庆二年（1797年），终于同治四年（1865年）农历十二月三十日，其中18岁（嘉庆二十年）以前的生活，管庭芬以追忆的方式记录，而他晚年近15年的经历没有记录。扣除作者追忆的18年，该书逐年逐月逐日记载51年的时

---

① 水利电力部水管科技司、水利水电科学研究院主编：《清代浙闽台地区诸流域洪涝档案史料》，中华书局1998年版，第420页，5月29日"吴文镕奏"。

② 水利电力部水管科技司、水利水电科学研究院主编：《清代浙闽台地区诸流域洪涝档案史料》，中华书局1998年版，第420页，5月28日"浙江布政使汪尤铨奏"。

③ 水利电力部水管科技司、水利水电科学研究院主编：《清代浙闽台地区诸流域洪涝档案史料》，中华书局1998年版，第420页，6月15日"吴文镕奏"。

间，这在现存古代人物的日记中实属罕见①。管庭芬生活在一个"清末灾害群发期"（或"清末宇宙期"）。"清末灾害群发期"这一概念主要是由从事灾害学研究的自然科学工作者提出的，对于其具体的起止时间，学界尚有不小的争议，"不过有一点是肯定的，这就是它的巅峰阶段正处在 19 世纪中后期"②。管庭芬所处的时代正是一个灾害不断加剧的历史时期，他尽管只是一名以馆徒为生的穷秀才，但却十分关注民生与时局变化，在他的日记中，除了记下每天的天气情况，还特别关注天气变化对于农业生产的影响。对于水旱灾害的情况及其影响，作为亲历者的管庭芬均有关注，并且作为一位普通的中下层文人，自然灾害对于管庭芬生活的冲击并不亚于普通民众。在《芷湘日谱》中详细记录道光二十九年（1849 年）四月至六月的天气变化，而这段时间管庭芬正好在杭州。从日记中所载天气情况来看，农历四月晴雨不定，29 日当中有雨的天数为 15 天，其中农历四月十三日（立夏）"雷雨大作，彻宵不止"，第二日（农历四月十四日）"雨声淋浪，竟日不停"，此后六天（十五日至二十日）则为晴天，二十一日至二十五日晴雨不定，至此而言农历四月与常年无异。但从农历四月二十六日至闰四月初六，连续十日有雨，其中（农历）四月二十八日"雷雨竟日"，闰四月初四"竟日夕大雨如注，河流陡涨二

---

① 原本藏于浙江省图书馆的《芷湘日谱》已由中华书局以《管庭芬日记》之书名于 2013 年 9 月正式点校出版，为读者提供了极大的方便。《管庭芬日记》面世至今已过去六年，学界对于该资料的利用度较低，相关研究较少，相关成果主要有李细珠的《乡村士绅在近代"边缘"的生活世界——以清中后期浙江海宁管庭芬为例》一文，利用新出版的《管庭芬日记》，重构了生活在"近代"边缘的浙江海宁乡绅管庭芬的生活图景，描绘出鸦片战争前后近代转型时期传统乡村士绅的生活状态（杨宏、张杨《"地方的近代史：州县士庶的思想与生活学术研讨会"综述》，《近代史研究》2015 年第 4 期）；徐雁平《〈管庭芬日记〉与道咸两朝江南书籍社会》一文，以《管庭芬日记》为中心，着眼于书籍的社会性及其所附载的人情与个人兴趣，探究了区域性书籍的内部交流、资源共享、规约的遵守等问题（徐雁平《〈管庭芬日记〉与道咸两朝江南书籍社会》，《文献》2014 年第 6 期）；刘于峰《〈管庭芬日记〉所载新见戏曲序跋词考述》一文，则就日记中记载的大量戏曲序跋及题词进行了探讨（刘于峰《〈管庭芬日记〉所载新见戏曲序题跋词考述》，《文化艺术研究》2015 年 7 月第 8 卷第 3 期）。从既有的研究成果来看，《管庭芬日记》更多的是被文学领域的科研工作者所使用，史学界对于这份珍贵资料的使用明显不足，偶有涉及的也主要是集中于古籍考证与人物生活还原方面，而对于日记中所记大量的有关气候变化、自然灾害、社会民生等的研究却相对不足。

② 夏明方：《从清末灾害群发期看中国早期现代化的历史条件——灾荒与洋务运动研究之一》，《清史研究》1998 年第 1 期。

尺余"，因此道光二十九年从四月二十六日至闰四月初六杭州府已经连日大雨，河流陡涨，灾状初现。这比时任浙江布政使汪尤铨在五月二十八日给朝廷的奏报中所说"闰四月十六以后，大雨兼旬，江湖并涨"①显然要早。时任浙江巡抚吴文镕在当年五月二十一日给朝廷的奏报中写道："兹查，杭州省城，闰四月上中下旬（5月22日—6月19日），雨多晴少，已觉梅水过多，低田间被淹浸"②，而从同在杭城的管庭芬所写日记中，我们知道实际早在四月下旬才雨多晴少，梅水过多。同年五月二十九日吴文镕上奏写道："浙省地方，因春夏以来雨多晴少，底水过大，自闰四月十六日（6月6日）以后，复叠遭大雨，江河漫溢。"③对比同年5月28日布政使汪尤铨的奏折，我们发现他们二人都强调是在"闰四月十六日"以后，灾状如何如何。实际上在《管庭芬日记》中闰四月十六日杭州的天气是"薄阴，夜即微雨"，此前闰四月初七到十五日杭州也多为晴好天气，而后闰四月十八日才是"大雨竟日"，并且管庭芬特别写道"时蚕事不登，市上罕有新丝，农民俱有忧色"。闰四月十九日"阴雨如昨。米价大增"。由此我们知道闰四月初七至十五多为晴好天气，十六日当天只是"薄阴"，十七日也无非"晨雨甚大，过午稍止"，十八日一天大雨何以至于十九日"米价大增"？而对于管庭芬闰四月十八日所描写的"时蚕事不登，市上罕有新丝，农民俱有忧色"，汪尤铨、吴文镕先后给朝廷的奏折中都有分析："浙省自春徂夏，阴雨多寒，春花蚕丝收成已形减薄"④"浙省今岁春夏以来，雨多天寒，春花蚕丝已苦歉收。"⑤由此可知，正是因为当年（1849年农历四月十三日立夏）春夏之交雨水偏多，又多寒冷，影响蚕桑养殖（每年农历三四月间），以至于闰四月"市上罕有新丝"。而米价陡涨也应

---

①　水利电力部水管科技司、水利水电科学研究院主编：《清代浙闽台地区诸流域洪涝档案史料》，中华书局1998年版，第420页，5月28日"浙江布政使汪尤铨奏"。

②　水利电力部水管科技司、水利水电科学研究院主编：《清代浙闽台地区诸流域洪涝档案史料》，中华书局1998年版，第421页，5月11日"吴文镕奏"。

③　水利电力部水管科技司、水利水电科学研究院主编：《清代浙闽台地区诸流域洪涝档案史料》，中华书局1998年版，第420页，5月29日"吴文镕奏"。

④　水利电力部水管科技司、水利水电科学研究院主编：《清代浙闽台地区诸流域洪涝档案史料》，中华书局1998年版，第420页，5月28日"浙江布政使汪尤铨奏"。

⑤　水利电力部水管科技司、水利水电科学研究院主编：《清代浙闽台地区诸流域洪涝档案史料》，中华书局1998年版，第421页，5月29日"吴文镕奏"。

当是由于春夏之交以来多雨少晴，低田被淹，天气多寒又会影响农作物生长，特别是在当年农历四月下旬至闰四月上旬之间，连日大雨，河水陡涨，进一步影响田间生产，以至于到闰四月中旬"米价大增"。

道光二十九年的水灾始于当年农历三四月，雨多晴少，天气多寒，四月下旬起连日大雨，致使闰四月上旬浙西灾状初现，而吴、汪二人奏折中的"闰四月十六日"多为一个"概数"。至于为什么二人奏折中同时使用"闰四月十六日"这一天，笔者认为，可做一下分析。其一，吴文镕为浙江巡抚，汪尤铨为浙江布政使，二者官阶均为从二品，又共事于一地，两份奏折前后只差一日（5月28日、5月29日），想必二人在奏报前，应当有过"默契"；其二，根据清代报灾勘灾的有关规定，确定一个具体日期，便于救荒实际操作。清代规定督抚"报灾"需"将被灾情形日期飞章题报"，且"夏灾限六月终旬，秋灾限九月终旬"。对于"勘灾"则规定得更为详细："州县官扣除程限，定限四十日。上司官以州县报到日为始，定限五日。统于四十五日内堪明题报。"①

道光二十九年闰四月中旬以后，水灾进一步加剧，据《管庭芬日记》载，闰四月二十四日"雨，晚雨益甚，河流大涨"，闰四月二十九日"晨雨甚大，有雷声，过午雨复如注，抵暮不绝"。进入五月，雨量进一步加大，五月初一"雨竟日不止"；初二（夏至）"大雨如昨"；初三至初八之间晴雨不定，天气甚燠，在此期间初四、初五（端午），"湖上始演龙舟"，百姓"观龙舟"②。可以说，至端午，水灾并没有影响杭城百姓庆祝传统节日。然此后雨势不断加大，初九"大雨如泼，竟日夕不绝声"；初十"大雨不异上日，入夜而雨势更可畏"，管庭芬在日记中特别写道"五月以前，水已大涨，今复如是，其景象不可问矣"；十一日"雨势如注竟日夕"，杭州城中"西湖山水陡发，俱漫堤而过"，"水深至四尺余，行者几欲灭顶，从此无日不乘船入市矣"；十二日"薄晴"；十三日"入夜大雨达旦，不能成寐"，足见当晚雨势之大；十四日仍旧"雨声尽日如注"，"大吏请大士

---

① （清）杨景仁：《筹济篇》卷首"蠲恤·功令"，载李文海、夏明方主编《中国荒政全书》（第二辑）第四卷，北京古籍出版社2003年版，第20页。
② 张廷银整理：《管庭芬日记》，中华书局2013年版，第1327页。

之海会寺祈晴"，同日管庭芬家本有喜庆之事，然而"家中因值奇荒，不设贺客之宴"；十五日"晨雨，午后见日光"，管庭芬在杭州城内"见父老祈晴"；十六、十七两日"大雨竟日"，管庭芬在杭州得知"时（浙省）三衢、严州等处发洪，连日江中浮尸，屋宇蔽江而下，至不胜备棺，惟草席掩埋而已"，灾情进一步扩大；十八日（小暑）"晨雨极大，抵晚稍止。是时杭城土墙砖垣无不倾倒，压毙人丁，随处见报"，知命者不立墙，于兹始信；十九日"大雨，兼有雷声，晚昏雾至不能望咫尺，时湖上水势日涨，路绝行人，为百岁老翁所未见"，管庭芬在日记中记录当地民众"虑有其鱼之患，将圣堂闸掘毁"，以至于"水皆趋入下湖"，造成"下乡之农田，弥望无非泽国矣"；二十日"薄晴。蒸燠，殊不可耐。中宵复雨声大作"，在当天的日记中管庭芬特别写道"时越中大水更甚，绍郡及萧山城中平地水皆盈丈"，官民议开三江闸；二十一日"大雨又竟日"，市面上已"斗米价至六百余"；二十二日仍旧是"雨不止"。二十三、二十四日两天"晴雨无定"；二十五日"晨雨极大，淋浪之暮"。当天日记中在此记载当时的米市，"时杭城"，管庭芬因此怒写，"二十六日之五月末，晴雨不定。时闻灵隐枫树岭石裂数十丈，疑潜蛟所损，幸不发洪"。

　　可见，道光二十九年农历五月长江下游的水量加大，致使灾情进一步加剧。对于像管庭芬这样的中下层文人，灾害的加重对他生活最为直接的冲击是粮价的上涨，闰四月十九日写道"米价大增"，想必此时米价的上涨尚在管庭芬可以承受的范围之内。"五月中旬（6月30日—7月9日），又叠连大雨，连宵达旦，江河增涨，沟渠漫溢"，"田亩悉被水淹，禾苗朽坏"[1]，至五月二十一日，杭州城内"斗米价至六百余"，此时管庭芬已然表现出了对于生计的担忧，在当天的日记结尾，管庭芬写道："大约吾乡亦相同，忧虑之极"。而在四天后（二十五日），杭州城内"米铺俱闭粜，始也人可得五斗，今也以一斗为率"，一向斯文的管庭芬罕见在日记中怒骂"市狯之刁恶，何其甚哉"，对此与其说是管庭芬关心民生，更不如说是此时粮食危机正冲击着管庭芬"斯文的底线"。好在五月二十四日起，

<hr>

　　① 水利电力部水管科技司、水利水电科学研究院主编：《清代浙闽台地区诸流域洪涝档案史料》，中华书局1998年版，第419页，5月20日"吴文镕奏"。

降雨开始减弱，"直至二十八日（7月17日）始能畅晴，水势可望逐渐消退"①。一个月后，在杭州逗留近半年的管庭芬于六月二十八日"雇舟回家"，沿途"上下湖相平，低田尚存巨淹，惟高田仍望秋收"②。七月"秋风渐起"，"气候颇凉"，但此时的"米价至六百五十"，管庭芬在七月十日的日记中写道："我辈砚田为沽，不知何处谋生，忧虑之极。"③ 好在七月下旬，"米价稍平，然每斗须制钱六百"④。据浙江省档案馆所公开的清代杭州府粮价条所载，道光二十八年每石米价在1.96—2.87两，而在道光二十九年大水之后，据《杭州府志》卷八三至八四整理，当时隶属于杭州府的海宁州，也就是管庭芬的居住地，其米价大约每石10两，比一年前的米价上涨三四倍之多。

在地方上，杭城在五月十一日后"无日不乘船入市"，地方官员"请大士之海会寺祈晴"，城内"父老祈晴"⑤。笔者认为，祈晴活动对于实际减灾防灾并无大用，但是可以将其视为一种心理减灾防灾机制，在某种程度上有益于安定人心，凝聚人心，有利于稳定灾害期间的社会秩序；水灾期间"连日江中浮尸"，"不胜备棺，惟草席掩埋而已"，当年闰四月至六月，管庭芬在日记中，多次写道"气甚蒸燠""蒸燠，殊不可耐"等，足见当时天气闷热，长期浸泡的尸体极易腐烂变质，如果对江中浮尸不及时处理，想必水灾过后，瘟疫便不可避免，现在虽只是用草席掩埋，但"一经掩埋，不惟死者得安，而生者亦免灾沴之祲矣"⑥；"湖上水势日涨，路绝行人"，当地民众"将圣堂闸掘毁"，结果是"水皆趋入下湖"，然上游水患得以缓解，"下乡之农田弥望无非泽国矣"⑦。无独有偶，"时越中大水更甚，绍郡及萧山城中平地水皆盈丈，官民议开三江闸"⑧，以泄水势。水

---

① 水利电力部水管科技司、水利水电科学研究院主编：《清代浙闽台地区诸流域洪涝档案史料》，中华书局1998年版，第420页，6月15日"吴文镕奏"。
② 张廷银整理：《管庭芬日记》，中华书局2013年版，第1331页。
③ 张廷银整理：《管庭芬日记》，中华书局2013年版，第1331页。
④ 张廷银整理：《管庭芬日记》，中华书局2013年版，第1333页。
⑤ 张廷银整理：《管庭芬日记》，中华书局2013年版，第1327页。
⑥ 光绪《皇朝经世文统编》卷四一《救荒》。
⑦ 张廷银整理：《管庭芬日记》，中华书局2013年版，第1328页。
⑧ 张廷银整理：《管庭芬日记》，中华书局2013年版，第1328页。

势上涨，淹没城池，开闸泄水是自然之举，但是时人还不具备科学调度的
意识，泄一处之水，却淹没低处之地，也让我们看到了天灾背后的人祸。
水灾的影响是多方面的，在六月十七日的日记中，管庭芬写道"是日知大
吏因办荒政特奏请科场展期九月，已准所议"①，大雨成灾，当年的地方
科考也延期举行。值得一提的是，在管庭芬的日记中记录当时民众一种
"偶然的"自救方式，"时海昌、桐乡等处野蚕成茧，贫民采之日可盈
筐，每斤可得钱百余文，市肆间至有估客运返，此天所以济困乏，使饥
民得易秕糠以延旦夕"②。清末浙西地区蚕丝也已比较成熟，每斤蚕茧可
卖百余文，一方面自然与蚕丝本身的价值有关，另一方面，前面已经提
到道光二十九年因为春夏之间多雨阴寒，当年蚕丝歉收，物以稀为贵，
自然也就抬高野蚕茧的价格。对于野蚕茧事件，地方官"反欲以上瑞祥
之大府，置请赈而不问"，以至于管庭芬在当天日记中反问道："是居何
心哉？"③

　　值得提及的是，在《管庭芬日记》中针对道光二十九年这场特大水
灾，作者分别于五月二十二日、二十六日作诗两首。五月二十二日《积雨
纪灾》七古一章云：

> 今岁天公欠分晓，雨日苦多晴日少。
> 熟梅未届已翻盆，荻笋穿墙林涩鸟。
> 闭门枯坐行步艰，绿涨陂塘径须绕。
> 此际农夫正插秧，桔槔无声田事了。
> 榴花齐放客武林，狂风忽起天垂阴。
> 奔腾不住已半月，雷鸣涧底昏烟沈。
> 万山飞瀑泻急溜，平地无不愁临深。
> 人家如凫泛水面，柳枝拂浪还堪寻。
> 近闻上江灾更烈，浮藏随潮惨不绝。
> 飘来茅屋聚如萍，棺椁纵横莫分别。

---

① 张廷银整理：《管庭芬日记》，中华书局 2013 年版，第 1330 页。
② 张廷银整理：《管庭芬日记》，中华书局 2013 年版，第 1333 页。
③ 张廷银整理：《管庭芬日记》，中华书局 2013 年版，第 1333 页。

又闻三吴更趋下，门外波涛顶可灭。

滔天一望绝行踪，尾闾无从策宣泄。

嗷嗷中泽鸣哀鸿，岚烟杂雨仍溟濛。

日光才露云复掩，败荷浮梗同秋蓬。

米估不来薪莫继，祸福转眼分凶丰。

垣倾墙坍十室九，病湿何处求山菊。

大吏忧民切恫瘝，祈祷纷纷礼虔展。

通商议赈示通衢，救潦煎心甚于旱。

吾乡恤政无所问，令长神明古所罕。

城捐才议又催科，只说黄梅水稍满。①

    诗中形象描绘当时的灾情：道光二十九年入春以来雨多晴少，尽管"熟梅"天气尚未到，却已是大雨倾盆。因为河水上涨，平时可以通过的陂塘需要绕道而行。本应是农夫插秧之际，却因水势过大"田事了"。雨水"崩腾不住已半月"，"万山飞瀑泻急溜，平地无不愁临深"，以至"人家如凫泛水面"。管庭芬提到的"近闻上江灾更烈"，应该是指他五月二十日听闻的"越中大水更甚，绍郡及萧山城中平地水皆盈丈"，但实际上，杭州的"上江"应该是严州地区，严州府内新安江接东阳江于建德，改称桐江，流至桐庐，又接西天目山水，进入杭州府改称富春江，其中建德、桐庐正处江水汇聚之地，特别是桐庐接新安江、东阳江及天目山水，在此番水灾中所受冲击最重。从"浮蔽随潮惨不绝""棺椁纵横莫分别"来看，水灾造成的人员伤亡很大，从"不胜备棺，惟草席掩埋"的记载来看，当地社会对于尸体的处理还是比较及时的，农历五月下旬天气已转热，如果不对尸体及时掩埋，灾后大疫的可能性很高，所幸在史料中我们没有寻觅到灾后大疫的记载。值得注意的是管庭芬提道"又闻三吴更趋下，门外波涛顶可灭"，目前学界公认的说法是《水经注》中吴郡、吴兴、会稽为三吴，就是三吴之地势低于杭州，因而水患更为严重，但是这里管庭芬用的是"闻"，可见这是他听说的，并非亲身所见，其真实性有待考证。诗中

---

① 张廷银整理：《管庭芬日记》，中华书局 2013 年版，第 1328 页。

也传达出管庭芬对于生计的忧虑，他提到米价，也提及房屋的损坏，但让他苦恼的一个问题是"病湿何处求山葞"，此时的管庭芬已经年过半百，在清代这样的年龄已经不小，长期以来管庭芬饱受胃病的折磨，在当年四月十五日日记中写道"余胃病，又饮食难进"，四月十六日写道"胃症益增，卧竟日"，四月十八日写道"胃痛不能减"，并且在当日写下两律，其一云：

> 彻夜不能寐，闻鸡尚独醒。
> 捧心诮西子，合眼梦南屏。
> 药汁和愁煮，蕉声杂雨听。
> 自知由境遇，何必觅参苓。

其二云：

> 妻子虽欢笑，心知慰藉多。
> 一丝蚕屡缚，万事蝎同磨。
> 倦极非耽静，思深岂养和？
> 何妨观物化，变蝶任婆娑。

四月二十日依旧是"胃痛不能成寐"①。五月初五（端午），管庭芬抵"圣因寺，观龙舟。……雨亦随至，幸不沾濡，然体甚不适"②，连日多雨，天气湿气愈重，虽未被雨水淋到，管庭芬仍感到"体甚不适"，而在七月十九日管庭芬带病作诗更是写到自己"一窗竹影撼虚明，病眼迷离误雨晴"③，由此可见年过半百的管庭芬身体健康状态并不乐观，阴湿的天气加重了他的病情，大水袭来影响到管庭芬求医问药，想必这种情况不止管庭芬一人，应该是具有普遍性的。此外，在生产力相对落后的古代社会，"（对于灾害）人类既无法预知也不可避免，只有依靠虔诚祈祷，感化上

---

① 张廷银整理：《管庭芬日记》，中华书局 2013 年版，第 1322 页。
② 张廷银整理：《管庭芬日记》，中华书局 2013 年版，第 1327 页。
③ 张廷银整理：《管庭芬日记》，中华书局 2013 年版，第 1332 页。

苍，或借助于巫术的力量，驱策神灵，才能消弭灾害"①，因此也就出现管庭芬诗中"祈祷纷纷礼虔展"的情况。对此有学者认为："诸如求雨、祈晴、迎神、驱邪、占验、风水、禁忌等等，只能窒息人类与大自然进行抗争的勇气，并造就慑服于大自然淫威之下的奴隶。"② 此论虽不无道理，但似乎并不全面，"诚如哲人云：'地方的惯例和神话等，都被包含在宗教性的思维方式之中。宗教能够使群体中潜在的恐怖和苦恼得到缓解，并提供驾驭激情和紧张的高明手段。' 其实，不仅宗教是这样，巫术禳弥信仰亦何尝不是如此呢？因此，我们不能简单地视巫术禳弥信仰为迷信，实际上它是中国这个灾荒国度里人们对频仍灾害所作的一种心理调适，是人文避灾、减灾的一项重要内容"③。

在管庭芬的诗中，我们能看到许多类似"吾乡恤政无所问"，"城捐才议又催科，只说黄梅水稍满"这样的句子，这无疑彰显了其忧国忧民的情怀。在随后的五月二十六日，管庭芬接到家书一封，得知海宁水灾也颇为严重，遂感赋一律云：

> 雨深百里程先阻，乍接家书倍怅然。
> 到处阶除堪拂钓，每逢入市尽乘船。
> 水乡仅认垂杨树，农亩休言下溇田。
> 自叹家贫无担石，转愁茅屋绝炊烟。④

在这首诗作的结尾，我们很容易读懂作为中下层文人的管庭芬在灾害面前的脆弱，水灾袭来，陆路被淹，只好用船只进出。而农田生产也受到影响，米价的上涨，更是让管庭芬发出"自叹家贫无担石，转愁茅屋绝炊烟"的无奈与担忧。

---

① 夏明方：《近世棘途——生态变迁中的中国现代化进程》之《洋务思潮中的荒政近代化构想及其历史地位》，中国人民大学出版社 2012 年版，第 272 页。
② 夏明方：《近世棘途——生态变迁中的中国现代化进程》之《洋务思潮中的荒政近代化构想及其历史地位》，中国人民大学出版社 2012 年版，第 272 页。
③ 张崇旺：《明清时期江淮地区的自然灾害与社会经济》，福建人民出版社 2006 年版，第543 页。
④ 张廷银整理：《管庭芬日记》，中华书局 2013 年版，第 1329 页。

第二节　社会冲突

一　抢米风行

灾害社会学认为，在灾害面前会出现灾害风险不平等和社会分化的问题，即由于阶级、族群和性别等其他灾前社会不平等因素的存在，同一个地区的个人和家庭的受灾风险会出现不平等现象。而灾后的资源重建不能公平有效地进行分配，弱势群体的脆弱性相对就会提升，灾害之前的不平等现象在灾害暴发之后会更加恶化①。在灾害期间，由于所处社会阶层的差异，处于社会中上层的家庭，由于具有较好的经济基础，其抵御灾害的能力往往比处于社会下层的民众要强，同时在社会关系网络中，由于中上层人士所拥有的一些利益裙带关系，他们可以在享受赈济与蠲免田赋方面比普通民众多些便利，从而使其渡过灾害的能力得以提升。因而中上阶层人士的家中多有余粮，也有一定的财物基础，大灾袭来他们抵御灾祸的能力要大大超过普通百姓。更为严重的情况是，在灾害期间，一些相对富足的民众会利用他们的优势，低价收购甚至是抢夺普通百姓手中的田产，这对于原本就处于危机中的一般百姓而言无疑是雪上加霜。一系列的社会不公现象不断冲击着民众的心理底线，一些地区便频频发生抢米风潮。如万历十七年（1589 年），松江府"今灾伤甫告，已见抢米于路者，虽职以严法禁止，而民之思乱"②。崇祯年间灾害连连，长江下游地区的乡民们群起抢米事件多有发生，崇祯十六年（1643 年），平湖"夏大旱，民不堪饥，相率而掠有米之家，逼粜官米"③。清代长江下游灾后抢米事件也并不少见，如乾隆九年（1744 年），浙江遭遇大水，淳安尤为严重，"竟有抢夺铺户

---

① 周利敏：《从经典灾害社会学、社会脆弱性到社会建构主义——西方灾害社会学研究的最新进展及比较启示》，《广州大学学报》（社会科学版）2012 年第 6 期。

② 熊月之总主编：《中国华东文献丛书》第 2 册《松江府志》，学苑出版社 2010 年版，第 352 页。

③ 光绪《平湖县志》卷二五《祥异》。

食物，并强赊商米等事"①。这方面的例子不胜枚举。

造成抢米风潮的原因有很多。首先，天灾导致田地绝收，米价疯涨。对此上文已有专论。在此以《浙江省粮食志》为例再作论述，书中记载："景泰二年，浙江平湖夏大饥斗米百钱；嘉靖二十三年，平湖大旱，禾蹲无收米价腾贵，石2两；万历十五年，湖州水荒石米1两7钱；万历四十八年六月，平湖米价骤贵石1两5；崇祯九年大旱，宁海斗米银5钱；崇祯十三年，桐庐大水斗米银5钱；湖州石米1两6钱；是年四月初八，平湖雨彻昼夜，至五月初九日，禾尽淹，石米3两。"②灾后米价昂贵，普通民众无力购买口粮，只能以树皮、树根充饥。如万历三十六年（1608年）当涂县发生大水，当地"民剥树皮掘草根以食"③。面对饥饿的威胁，有部分灾民就选择通过抢米来获取口粮以求生存下去。

除因粮价陡涨以外，市场流通常常也容易导致抢米事件的发生。之所以会造成市场流通不畅，第一个原因是州县之间相互封闭所致。如乾隆五十年（1785年）夏，吴淞发生大旱，"米每石涨至四千余文"，《浦式金冬日纪事》也有诗云：

> 出门霜影寒，长吁路傍客。
> 云自市中来，斗米钱四百。
> 旱魃燬江淮，东吴亦闭籴。④

粮价上涨给灾民生活带来的影响由此可见一斑。在灾害的重击下，即使各地区之间会有所周转帮助，但也多是杯水车薪。乾隆十四年（1749年），浙江温州本为丰年，米价一直维持在稳定的价格，但由于"今岁商贩往来络绎，搬运米谷前赴处州接济"，最终致使温州"米价一时骤长"⑤。

---

① 中国人民大学清史研究所与档案系中国政治史教研室合编：《康雍乾时期城乡人民反抗斗争资料》，中华书局1979年版，第292页。

② 浙江省粮食志编纂委员会：《浙江省粮食志》，当代中国出版社1999年版，第198页。

③ 来新夏：《中国地方志历史文献专辑灾异志》第29册，乾隆《当涂县志》，学苑出版社2010年版，第477页。

④ 来新夏：《中国地方志历史文献专辑灾异志》第14册，《浦式金冬日纪事》，学苑出版社2010年版，第128页。

⑤ 葛全胜：《清代奏折汇编——农业·环境》，商务印书馆2005年版，第107页。

又一例，清陈梦雷所撰的《荒政部》中有一段关于"徽州"的记载：

> 臣等籍在徽州，介万山之中，地狭人稠，耕获三不赡一，即丰年亦仰食江楚十居六七，勿论岁饥也。天下之民寄命于农，徽民寄命于商。而商之通于徽者，取道有二，一从饶州鄱、浮，一从浙省杭严。皆壤地相邻，溪流一线，小舟如叶，鱼贯尾衔，昼夜不息。一日米船不至，民有饥色；三日不至，有饿殍；五日不至，有昼夺。今连年饥馑，待哺于籴，如溺待援，奈何邻邦肆毒，截河劫商，断绝生路，饿死万计……初闻米船过浙，钱塘县遏阻，商人苦累，已深讦之。乃饶州浮梁县殆有甚焉……名为抢米，并货物攫去，稍与争抗，立死梃下，舟亦椎碎。商人赴诉于浮梁，知县反听胥吏拨置，言贫民无活计，暂借尔商救度。此言一出，恶胆愈壮，劫杀遍野，渠魁为之煽聚，大猾为之窝匿，什百成群，打庐劫舍，不可缉御，总以徽民为壑。①

这则史料告诉我们这样一些信息：一是徽州人多地少，百姓吃粮主要依赖外地调拨，"一日米船不至，民有饥色；三日不至，有饿殍"，就是该地缺粮的生动记载。二是邻府州县抢米劫物之风盛行："名为抢米，并货物攫去，稍与抗争，立死梃下，舟亦椎碎"。而其地官府对于灾民的抢粮事件也是不管不问、消极应对，从而助长了抢粮风气的发生和蔓延，也由此形成粮食输入上的封锁。

富商囤积居奇是造成市场流通不畅的第二种原因。随着米价上涨，富户逐利，囤积居奇，造成市场流通不足，从而导致抢米风潮的兴起。据《吴江县志》记载："（崇祯）十三年大旱蝗大饥……是年米价腾涌，富家多闭籴。乱民朱和尚等率饥民百余人，强巨室出籴，不应则碎其家，名曰：'打米'。"②《清高宗实录》亦有载，乾隆十七年（1752 年），浙省温州、台州等地因灾，多有民众抢米，对此地方官员认为"大凡抢夺之案，

① 李文海、夏明方、朱浒：《中国荒政书集成》第 3 册，天津古籍出版社 2010 年版，第 1633、1634 页。

② 乾隆《吴江县志》卷四〇《灾祥》。

多由富民居奇闭粜而起"①。

此外，也有民间无赖蓄意煽动的抢米风潮。在丰年这种煽动显然很难奏效，但是当出现生存危机时，伦理、制度和律法等的底线却很容易被煽动突破。据《清高宗实录》载，乾隆九年（1744 年）九月，据闽浙总督奏报"绍兴府属上虞县有村民金为章等，哄诱贫民，肆行勒借强借富户谷米"②。乾隆十六年（1751 年），在永嘉地区出现过一次由数百名妇女前往县衙索要赈济牌子的事件。事件的开端，经地方官府调查，"其中有民人数名唆使"③。对此，清人杨西明所编《灾赈全书》中有专门的论述：

> 更有一种刁民，非农非商，游手坐食，境内小有水旱，辄倡先号召，指称报灾费用，挨户敛钱，乡愚希图领赈蠲赋，听其指挥，是愚民之脂膏已饱奸民之囊橐矣。迨州县踏勘成灾，若辈又复串通乡保、胥役捏造诡名，多开户口，是国家之仓储又饱奸民之欲壑矣。迨勘不成灾，或成灾而分别应赈、不应赈，若辈不能遂其所欲，则又布帖传单，纠合乡众，拥塞街市，喧嚷公堂，甚且凌辱官长，目无法纪，以致懦弱之有司隐忍曲从，而长吏之权竟操于奸民之手。刁民既得滥邀，则贫民转致遗漏。是不但无益于国，并大有害于民。言念及此，殊可痛恨！再，在荒岁春冬之际，常有一班奸棍，号召灾民，择本地饶裕之家，声言借粮，百端迫胁，苟不如愿，辄肆抢夺。迨报官差辑，累月经年，尘案莫结。在刁滑之徒尚可支撑苟活，而被灾之愚民多至身命不保。是灾民之不死于天时之水旱，而死于刁民之煽惑者，又往往然也。④

————————

①　中国人民大学清史研究所与档案系中国政治史教研室合编：《康雍乾时期城乡人民反抗斗争资料》，中华书局 1979 年版，第 295 页。

②　中国人民大学清史研究所与档案系中国政治史教研室合编：《康雍乾时期城乡人民反抗斗争资料》，中华书局 1979 年版，第 292 页。

③　中国人民大学清史研究所与档案系中国政治史教研室合编：《康雍乾时期城乡人民反抗斗争资料》，中华书局 1979 年版，第 294 页。

④　李文海、夏明方、朱浒：《中国荒政书集成》第 5 册，天津古籍出版社 2010 年版，第 2967 页。

这则史料揭示了真正的灾民与"刁滑之徒"之间的微妙联系，而这种关系的实质其实就是灾害时期一般民众尤其是贫民都面临着生存的危机，这种危机又会驱使他们受人煽动、听信"刁滑之徒"，进而突破法律的底线，甚至引发暴动。

那么，当时的抢米风潮有什么样的特点呢？在抢米对象上，主要集中于富户、富商。一方面确实有不少富户为富不仁，囤积居奇，坐地起价，导致百姓生存难以为继。另一方面也存在着普通民众仇富的心态。明代《荒政考》有载：

> 父老言，昔时荒岁，米价倍增。有素封贪心未已，请仙问价。一天将降箕，判云：丰年积谷凶年粜，一倍平收两倍钱。四境苍黎饥欲死，斯人溪壑尚无厌。直将民命为儿戏，反乘天灾把利专。若此贪夫不重谴，头上青天岂是天？着火部抄其家，立刻灰烬。①

虽然这则史料的真实性有待进一步考证，但它却鲜明地反映了灾民对富户为富不仁的痛恨程度。又如明景泰四年（1453 年），苏、松地区的饥民群起向富户借粮，在遭到拒绝后，他们随即放火烧毁富商之家。饥馑之时，读书人在其生存面临挑战的情况下，也加入了"闹事"的队伍，万历十六年（1588 年），浙江饥荒，慈溪地区有二三百名生童，"拥入士夫之家，迫胁借贷"②。

在手段上，抢米多采取聚众哄抢的方式。据《亥子饥疫纪略》载："沙上数十成群，各携一箸、一碗、一袋，至有力之家硬索饮食，名曰'义借'，又曰'麻雀会'。此一家者粮食既尽，亦持碗箸入队中，往别家去矣。到处皆然。"③《履园丛话》亦有载："嘉庆甲子年五月，吴郡大雨者几二十日，田俱不能插莳。忽于六月初一日，乡民结党成群，抢夺富家

---

① 李文海、夏明方、朱浒：《中国荒政书集成》第 1 册，天津古籍出版社 2010 年版，第 388 页。

② 李文海、夏明方、朱浒：《中国荒政书集成》第 2 册，天津古籍出版社 2010 年版，第 747 页。

③ 李文海、夏明方、朱浒：《中国荒政书集成》第 4 册，天津古籍出版社 2010 年版，第 2007 页。

仓粟及衣箱物件之类。九邑同日而起，抢至初六日，不知其故，共计一千七百五十七案，真异事也。"①

不言而喻，抢米的影响是极其恶劣的。明人傅岩所撰《歙纪》中有一篇《纪条示·禁抢通商平籴》，其中提到时年歙县大旱，原本就缺粮的歙县，在灾害的影响下，米价进一步上涨，直接威胁着民众的生存，百姓便纷纷加入抢米队伍，以至于"铺思罢市，且使客米闻风疑畏不前，中途移舟别卖"②。抢米风潮直接影响地方社会的稳定，造成地方商业流通的阻断。《诸暨县志》载："诸暨，康熙间……邑罹水灾，编户荡析。比春，淫雨无麦，饥者望屋而食，几成乱阶，萑苻啸聚，势将燎原。奸民又挟采铜之例，集亡赖无算，朝夕攘斗戕人命。"③ 抢米本来所抢的是粮米，在此过程中有的却逐步演变为暴力事件，以致伤害到百姓的生命。

面对抢米风潮，地方政府采取多种策略和举措予以应对。浙江省图书馆现存一本名为《光绪乙丑年海盐水灾办理始末记》的手抄本，该书记录了光绪十五年（1889 年）长江下游地区的特大水灾，作为基层政府的海盐县官们所做出的一连串应对举措。《光绪乙丑年海盐水灾办理始末记》清楚地记录了因水灾而引发的社会变乱。在海盐县官上报的《禀卑县连日灾民报荒地方恐有事故请兵弹压由》中写道，早在农历七月二十七日、二十八日，因为狂雨连朝田禾被淹，乡民纷纷来县禀请勘灾，经县官妥为抚慰不致滋闹，而自八月下旬起"复又风雨连旬，迄未晴霁，田禾霉烂殆尽，乡民情更惶急，近日来县报荒日以千百计，倚恃人众扰攘不休，虽经卑职（县官）日坐大堂善为抚谕，其真正灾民尚可理喻"，县官还特别提到，其中不乏地痞匪徒在民众中唆煽喧哗，呈"欲闹之势"。然"卑县（海盐县）城守汛兵额设无多，署中差役寥寥无几，一有缓急，是不足以供指使而资弹压"。县官进一步写道："现乡间民心摇摇，谣言四起，打衙门吃大户，众说不一，虽皆传闻无据之辞，而处此天时情形刻变，实不敢保其必

① 中国人民大学清史研究所与档案系中国政治史教研室合编：《康雍乾时期城乡人民反抗斗争资料》，中华书局 1979 年版，第 291 页。
② （明）傅岩：《歙纪》卷八《纪条示·禁抢通商平籴》，黄山书社 2007 年版，第 98 页。
③ 中国人民大学清史研究所与档案系中国政治史教研室合编：《康雍乾时期城乡人民反抗斗争资料》，中华书局 1979 年版，第 291 页。

无事。"对于此次请兵，浙省做出的反应也较为迅速，决定派出兵勇一二哨①即日起程前往海盐驻扎，海盐县官随即上报称"（待）民心安静，大局稍宁，即当禀请裁撤，不敢稽留"②。然而兵勇还未抵达海盐，灾民就千百成群前往县衙"吵闹"，并且与县衙兵役发生冲突，灾民用棍棒打伤兵役十余人，由此我们也可以看到，作为晚清最基层行政单位（县）在管控地方秩序方面的艰难③。

　　七月大雨过后，乡民便前往县衙报灾，要求县衙勘灾，因为根据清代的制度规定，"勘明灾地钱粮，堪报之日，即行停征"④。由此可见，乡村社会在应对灾害的过程中并非被动地等待，民众具有一定的自发性，他们会主动禀报地方政府，以期获得救济与赋税减免。对地方政府而言，此时它关注的焦点显然不是如何"勘灾"，而在于如何防范民众"不致滋闹"。八月下旬海盐县雨势加重，灾情更为严重，报荒者"以千百计"，人数众多"扰攘不休"，县官把带头滋事且不好规劝的民众界定为"游手匪徒"。乡民与地方政府、富绅博弈的聚焦点在于租税米谷、报荒勘灾等方面。对此，海盐县官一方面借兵维稳，另一方面采取缓和措施：针对米价问题，海盐县发布告示称，"现因天时久雨城乡市肆米价逐渐增昂，贫民朝饔夕飧"，县官"传集各米行行首，面加查询"，其间米行大都表示不曾贵买贵卖，也"不敢陡涨"。不过县官在告示中直言"省此实情"，"只面一己之利"，"抬价囤积居奇者不乏其人"。县官接着强调"要知地方偶遇灾荒民食最为紧要，全赖商贾殷富共相设法"，并要求"屯米者赶紧及时出粜"，"平买平卖以惠穷户"，而"籴米之人亦思""由于时势使然"，米价"各处皆贵，不独本境"，"各自安于义命，如此则商民合一，人心大平，必能感兆祯祥潜消沴戾"。在告示的最后警告"冒充籴户强买多米而借以囤积者则是幸灾囤利"，"人心不厚，人言可畏，官法难饶"。针对百姓报荒勘灾的诉求，海盐县发布告示称，"尔等（乡民）来告水荒皆是勤力务农安

---

① 一哨大约为一百人。
② 《光绪乙丑年海盐水灾办理始末记》（手抄本），现藏浙江省图书馆孤山馆。
③ 《光绪乙丑年海盐水灾办理始末记》（手抄本），现藏浙江省图书馆孤山馆。
④ （清）杨景仁《筹济篇》卷首《蠲恤·功令》，载李文海、夏明方主编《中国荒政全书》第二辑·第四卷，北京古籍出版社 2003 年版，第 21 页。

分种田之人，遇此灾年欲要官府晓得尔等"，让官府"替尔等作主办理"，而并没有与官府"为难之心"，强调"官与百姓痛痒相关"，为此"尤为着急，业经屡次禀经（上级）"。告示的前半部分多是以"宽慰"的口吻安抚乡民，接着话锋转向，写道："大宪委员临勘并饬庄专坊保下乡造册应办灾务刻刻在心，尔等亦要体谅官府，使官府专心致力，好代尔等办事。"并反问："何得蜂拥大至，吵吵闹闹，口出胡言，形同化外。"接着告示中又刻意将"闹事者"区分为"良农"与"匪徒"，指出"（但）尔等良农断不出此，必系地方游手无赖痞棍匪徒幸灾乐祸从中煽惑所致"，表示将重点打击"闹事"之首，并且警告"试思借灾纠闹哄至塞署，挟制官长，《大清律例》俱有专条，重则斩枭，轻则绞决，罪名甚重"，"恐尔等真正被灾农民受其诳惑，附和随行"，以致获罪。指出如有乡民前往县衙告荒，"为保全尔等身家起见"，可"令代专门写姓名田亩，投禀回归静候详办，毋得轻信莠言喧哗挤闹"，并承诺说"即不来报亦必一体办理"，"断不有所亏待"，奉劝灾民不必亲往官府报灾以免往返跋涉，只须将人名下被灾田亩据实开交，造底册呈候本县会委勘明详情。此外，告示中还对兵勇驻扎海盐的情况作了说明："现蒙抚宪札调，何统领派平湖防营勇丁一哨到县驻扎，系为专弹压游民痞匪"，"诚恐众情惊疑"，并特意强调所驻扎的兵勇"纪律素严，于地方秋毫不扰，城乡居民铺户均各照常安居公平买卖，不必故事惊惶"①。

综述可见，当时的海盐县官应该是一位从政经验较为丰富的地方官员。水患初期，一方面县官成功安抚住前来报荒的乡民，另一方面，他预判形势的发展可能趋于恶化，于是及时请求上级派兵勇驻扎海盐，后来事态的发展也佐证了县官的预判，即乡民与县衙兵役发生小范围流血冲突。如果说请兵弹压是县官"硬的一手"，那么水患后期发布的告示，则更加体现了县官掌控地方秩序的智慧。县官从乡民最为关心的口粮问题作为"怀柔"百姓的突破口，将自己如何察查米行的过程写于告示，并且在告示中对于囤积居奇者加以严厉训诫。不过笔者认为，这个训诫更是"训"给乡民看的，一来训诫米行囤积居奇的行为，确实是地方县官职责所在；

---

① 《光绪乙丑年海盐水灾办理始末记》（手抄本），现藏浙江省图书馆孤山馆。

二来想必县官也在给乡民作一种姿态，化解乡民的怨气，同时缓和官民之间的敌意。更有意思的是，县官随后在告示中提到米价"各处皆贵，不独本境"，若"商民合一，人心大平，必能感兆祯祥潜消祲戾"，由此可见，县官察查米行更多是一种政治表态，安抚民心，维护地方秩序的稳定才是其主要的考量。因为紧接着这位海盐县官搬出《大清律例》，告诉百姓"借灾纠闹哄至塞署，挟制官长"，"重则斩枭，轻则绞决，罪名甚重"。通过这种威慑举措来化解地方社会动荡的可能。此外，该县官在处理此事时更为老道的一面还体现在，他一再强调是"匪棍"煽动乡民，驻盐兵勇为此而来，他们纪律严明，对普通百姓秋毫无犯，以分化乡民，突出打击重点，节约行政成本。

通过具体剖析海盐县官应对抢米事件的策略与举措，以及官、绅、民等各阶层相应的反应，可为我们观察清末社会控制的效能提供新的视角。从表面上看，官府可以通过武力迅速镇压发生在海盐县的抢米风潮，但这并不能掩盖清王朝统治的深刻危机。

二　抗缴租税

在封建社会，农民的田租赋税负担总体而言都是比较重的，在这种情形之下，正常年份农民还可勉强维持生计，但是一遇灾荒之年，则其生存便会受到威胁。明清长江下游地区的灾民，在生活无着的情况下，处于生存的需要，他们往往会进行抗租抗税的斗争。而对于这些灾民，地方官府往往将其冠之以"刁佃""刁民""恶徒"等恶名，并进行镇压。当时抗租税及其引发的冲突大致有以下几种类型。

其一，灾荒之年官府照常对灾民收税征粮，引起灾民不满以致抗税。《明宣宗实录》记载：宣德六年（1431年），广德州、溧阳、溧水、宜兴等地，官府到村征税，民众多不服从，聚众抗税抗粮。更有甚者，百姓伪造卫仓及县衙大印，私造免税免粮文书[1]。

其二，佃主在灾荒之年并不想主动减轻佃户田租负担，而佃农则希望

---

① 李国祥、杨昶：《明实录类纂·安徽史料卷》，武汉出版社1994年版，第1003—1004页。

能够在荒年减轻或免除田租，于是二者之间常因此而发生冲突。其中，有佃户收成未减而借机赖抗田租的。如"康熙三十四年，浙西大水，嘉属幸不成灾，高乡车戽易退，每每大熟。而各邑佃户以水借口，无论高下，每亩止吐二三斗，而佃主因不成灾，无有蠲减。嘉善有一佃户，素号强梗，佃某宦田二十余亩，亩收二石五六斗，仅完租五六石，余米六十余石，载至嘉郡粜银四十余两"①。更多的则是佃农因为天灾歉收，无法交全当年田租，期望缓缴免缴田租不成而产生的冲突。

其三，在天灾之年，地主无法从土地中获得应有的田租，便将土地强行收回转租于他人，由此而引发冲突。在苏州就发生过一起因佃主起田另佃他人而引起的冲突。顾生、顾节是兄弟二人，顾集与他们二人同姓但不同宗。适逢歉岁，顾节向顾集求情。乾隆二十四年（1759 年）二月内，顾集因顾节租欠不清，打算将此田另召他人佃种，顾节向顾集恳请继续租佃，顾集不答应，让家人自种棉豆。顾节故意将豆子撒入田间，企图混赖。八月初五顾集令工人杨三株、杨升连等往田拔豆。顾节见而喊阻，赶往争论②。在浙江仙居，乾隆二十六年（1761 年），张志祥有一亩一分田和八分地，向来由陈尚絅和陈尚雍佃种，一直以来都交租从无缺欠。上年偶因歉收少交了二石租谷，张志祥便想起田自种，随后赴地削麦，陈尚絅来阻止，被张志祥用石块砸伤了头颅③。

具体而言，明清长江下游地区民众的抗粮抗税斗争有着以下几个显著的特点。

其一，规模较大，次数频繁。《文献丛编》有载："浙江杭州，康熙四十六年九月二十三日，王鸿绪奏：'又闻浙江抚藩于六月间欲派公费，其下属州县，拟派每亩加三。时正当亢旱，遂致省城百姓数千人，直到巡抚

---

① 中国人民大学清史研究所与档案系中国政治史教研室合编：《康雍乾时期城乡人民反抗斗争资料》，中华书局 1979 年版，第 53—54 页。

② 中国人民大学清史研究所与档案系中国政治史教研室合编：《康雍乾时期城乡人民反抗斗争资料》，中华书局 1979 年版，第 41—42 页。

③ 中国人民大学清史研究所与档案系中国政治史教研室合编：《康雍乾时期城乡人民反抗斗争资料》，中华书局 1979 年版，第 59 页。

辕门吵闹，督抚为之出告安民而止。'"① 乾隆年间，江阴吴震在其《严禁顽佃抗租告示》中说道，一旦碰到水旱灾害，地方歉收，地方不法之徒便借机搅动民情，夸大灾情，更有甚者结成党羽，地方百姓存在拖欠税粮不交的问题，致使内部矛盾丛生。"此种恶习，江邑到处皆然，而惟沙洲为尤甚"②。乾隆三十三年（1768 年），江阴县发生大旱，收成甚少，在官府勘明灾害后，对于受灾的田亩减免税粮，而对于不受灾的田亩进行缓征。然而很多村民并不买账，因此约二百余人聚集一处，冲击官府，其中有数十人冲入公堂，砸毁桌椅，异常激烈③。总体而言，村民抗粮抗税的规模是比较大的，参与的人数也很多。

其二，部分抗粮抗税斗争在发展过程中逐步演变成有组织的行为。《明穆宗实录》载，隆庆六年（1572 年），浙省东阳县催促粮税，部分乡民为拒交税粮，歃血为盟，约为一体，震动乡里④。董含的《三冈识略》记道，康熙二十八至三十二年（1689—1693 年），"松郡大荒""连日暴风，昼夜不息"，许多地方歉收，其中有全部荒芜的，也有局部荒芜的。部分佃农处于生存所需，提出免租，甚至结为一体共同抗拒。由于规模较大，以至官府一时无以应对，地主也束手无策⑤。光绪《江阴县志》亦载，从顺治到乾隆期间，江阴地区一遇到歉收之年，便有"强悍者倡首抗欠，群相效尤，谓之霸租"⑥。据黄中坚《征租议》载，康熙五十年（1711 年），苏州府发生灾害导致歉收，乡村民众"醵金演戏、诅盟歃结"，结成团体以期实现抗粮抗税的目标，对不答应他们要求的地主进行殴打。尽管官府多有警示，但作用并不大，还有很多佃户群起攻击，有击沉舟船的，

①　中国人民大学清史研究所与档案系中国政治史教研室合编：《康雍乾时期城乡人民反抗斗争资料》，中华书局 1979 年版，第 341—342 页。

②　中国人民大学清史研究所与档案系中国政治史教研室合编：《康雍乾时期城乡人民反抗斗争资料》，中华书局 1979 年版，第 28—29 页。

③　中国人民大学清史研究所与档案系中国政治史教研室合编：《康雍乾时期城乡人民反抗斗争资料》，中华书局 1979 年版，第 322 页。

④　李国祥、杨昶主编：《明实录类纂·安徽史料卷》，武汉出版社 1994 年版，第 1041 页。

⑤　中国人民大学清史研究所与档案系中国政治史教研室合编：《康雍乾时期城乡人民反抗斗争资料》，中华书局 1979 年版，第 25 页。

⑥　中国人民大学清史研究所与档案系中国政治史教研室合编：《康雍乾时期城乡人民反抗斗争资料》，中华书局 1979 年版，第 28 页。

有毁坏粮房的，这样的情况较为普遍①。每次自然灾害的发生都给农民带来很大的影响，此时，官府减免或者缓征相关租税，初衷在于减轻百姓的压力，缓和地方社会的矛盾，但这一举措却被农民用来作为与官府进行博弈的手段，常常会引发激化社会矛盾的行为。

其三，通过制造假象以达到抗租抗粮的目的。乾隆《乌青镇志》有载：浙省吴兴地区的农民"将田中稻谷先时砻舂，或趁新贵粜，或投典贱质"，其中有不少人假借歉收，"甚且不安分以图事，又或于春夏时告贷富室，独租米迁延日月"②。《清高宗实录》也记道：乾隆六年（1741年），江苏省靖江县以乡民徐永祥为首的民众，把已经采摘完的棉花干支拿给官府，以此报荒，以求免灾③。

其四，女子也参加抗粮抗税的活动。《荒政备览·浙省条议》一文谈及，有的地方官员在勘灾的过程中，有部分妇女成群结队组团闹事，以期对那些原本无灾的田地进行减免租税，"往往酿成大案一条"④。嘉庆《太平县志》有云，浙省太平县，农田"一季收或两季收，乡例不等。北方佃种人田，有主仆名分；南方则否，呼田主曰田私头，并有抗欠，且多妇女出头，田主畏事，不敢深较者"⑤。

其五，田租纠纷往往酿成恶果。人们对于事物的忍耐程度往往是有限度的，当一方过度损害另一方利益时，一开始怵于或刚性或柔性的社会压力，往往选择服从，但是当外部环境发生改变，特别是天灾之年，如果对于社会矛盾处理不妥，则极易引发激烈抗争。乾隆二十三年（1758年），崇明县所属向化镇，佃户姚八等人，一向租种黄兰田地，八月间受风潮的侵袭，禾稻、棉花有损，姚八等人想要减租。黄兰家人不允，各佃农争

　　① 中国人民大学清史研究所与档案系中国政治史教研室合编：《康雍乾时期城乡人民反抗斗争资料》，中华书局1979年版，第25—26页。

　　② 中国人民大学清史研究所与档案系中国政治史教研室合编：《康雍乾时期城乡人民反抗斗争资料》，中华书局1979年版，第62页。

　　③ 中国人民大学清史研究所与档案系中国政治史教研室合编：《康雍乾时期城乡人民反抗斗争资料》，中华书局1979年版，第29页。

　　④ 李文海、夏明方、朱浒：《中国荒政书集成》第5册，天津古籍出版社2010年版，第3016页。

　　⑤ 嘉庆《太平县志》卷一八《杂志》。

嚷，遂将黄兰仓屋外二间草盖厨房烧毁①。这种激烈的对抗极易导致社会的不稳定，如果处理不妥，小区域的问题很容易酿成大范围的动乱。乾隆二十六年（1761 年），江苏昆山地区，刘家三兄弟种地，原先商定是每年定租十五石五斗。而在具体操作中，因为折银、折麦的问题，刘家兄弟与地主发生冲突，在追逐斗殴中，多人受伤，刘家一兄弟落水溺亡②。无独有偶，浙省上虞有朱氏家中有田二亩，多年由惠民在租种，按照每年收谷三石八斗来计算。乾隆八年（1743 年）秋，朱氏前往惠民家中讨要租税，惠民缴纳其中部分谷物，其余则以收成稍歉为由，请求佃主免去，朱氏不允。惠民家中当时已经没有剩谷，实在无力缴纳其他税额，朱氏一怒之下，破口大骂，甚至侮辱惠民的父母，并用竹竿捣毁惠民家中先祖牌位，惠民义愤填膺，连砍朱氏数刀，致使朱氏死亡③。

值得一提的是，每逢灾荒之年，地方官员及士绅往往积极地力请官府蠲免灾民的租税。这里以明代松江府为例加以论述。历史上，受地理环境等因素的影响，这一地区经常遭受的灾害以水患为多。自明代成化、弘治已降，松江地区几乎每年都发生水灾。每当水患发生，往往一片汪洋，庄稼颗粒无收。每逢此时，地方官员和士绅便上书官府请求减免税粮。顾清就是这方面的杰出代表。顾清系松江府华亭县人，一生刚正不阿，历任南京兵部员外郎、礼部右侍郎、南京礼部尚书等职。他对家乡松江人民负担的繁重赋税和徭役深表关切，特别是在灾害发生时，他曾多次上书或撰文表达了要求官府蠲免百姓赋税的愿望，如他曾记载了明中期松江府水灾的治理情况：

> 松江岁比不登，辛巳（1461 年）风秕。壬午（1462 年）秋，大风雨害稼。癸未（1463 年）夏旱，高乡种不入。秋大风连雨，熟稼多泡损，抚臣奏灾，未报，榜示诸州先输起运之数以候蠲除。又禁取私

---

① 中国人民大学清史研究所与档案系中国政治史教研室合编：《康雍乾时期城乡人民反抗斗争资料》，中华书局 1979 年版，第 36—37 页。

② 中国人民大学清史研究所与档案系中国政治史教研室合编：《康雍乾时期城乡人民反抗斗争资料》，中华书局 1979 年版，第 43 页。

③ 中国人民大学清史研究所与档案系中国政治史教研室合编：《康雍乾时期城乡人民反抗斗争资料》，中华书局 1979 年版，第 56—57 页。

租负欠，专足公输。至春又谕，令有司劝农分煮粥以食饿者。新抚又下令开仓赈贷，逋欠皆停，民方欣然。忽札下，令具豪强逋负五十石至千石者提问追解。其末云："纵不忍为灭门刺史，亦当为破家县令。"闻者骇异，而户部咨行，巡按王御史杲灾伤奏得旨，照例蠲除，京运不敷，通融处置。松灾八分以上，例免五分有奇。新抚札下遵行，且令以在库官钱借充运数。至是民以为实惠矣。及有司具申，则批云：府县沽名不恤国计，五分之税，止许于存留项下。准除松赋，连夏税折征及纲用杂办，总为米百三十八万有奇，而留用者不满六万，假令尽免，犹不及一分之半也。号令如此，人谁适从！自是敲扑盈庭，死者相继，非惟不忍见，固亦不忍闻矣。且旧冬米价虽贵，石不过银七钱，上下顾以墙壁之文导使通慢。新岁因禁租。负人皆闭廪，五六月间，石至一两六钱之上，乃严令急征如诏旨，当输一石者输五斗，如台令当输一石者输二石有奇而犹不止也。①

这则史料全面反映了明代天顺年间松江府实行煮粥、赈贷、蠲除赋税等情况，结果是"民方欣然""民以为实惠"。

正德四年（1509 年）、五年，苏松地区闹水灾，灾情十分严重，顾清又上疏请求赈济："区区之愚，欲望鉴前之失，飞驿上报，仍请于总司，速加赈济，使得安存。一面晓谕乡胥，及此少晴，速为区处圩岸有可措手，督民并力。假令捞土于田以补塍阙，损一存五，为利已多，或有豪强阻挠，指名明正，奖罚如此，则灾重者虽无如之何，而稍轻者薄有所收，犹足相补。若陈请后时，税额不减，复如往年，则此茫然巨浸之中，当征数十万石之粟，虽有智者，孰能为谋！而亦岂仁人之所忍耶！"② 正德十二年（1517 年），松江水灾，年近花甲的顾清再次上《与翁太守论水患疏》，请求蠲免税收。疏中首先陈述水灾之重和百姓生活之艰难："乙丑（1505 年）之岁，郡中尝潦，比时巡抚魏公惑于恬言，以为新主即阼，宜荐祥瑞，不宜告灾，凡有诉者，皆斥之去。洎事势已迫，方议奏陈。则已后

---

① 嘉庆《松江府志》卷二六《田赋志·赈恤》。
② 嘉庆《松江府志》卷二六《田赋志·赈恤》。

时，不蒙检放。是岁无征之粮几十三万石，均敷邑中，怨恣之声溢于道路。今日之水，视乙丑且将数倍，极其势所损苗粮岂止十三万石而已。……窃恐因此觊望，逡巡不早为计，复蹈往辙。其害将有不可言者。吴中之田以围捍水，方雨之甚，表里弥漫，数日以来，滔潦渐降，围塍渐出，除滨湖巨浸外，尚有可救。而贫民苦于潏没，扶携僦居，救死不暇。布贱米贵，为生益艰。"① 于是请求翁太守蠲免当年税粮，拯救百姓于水火之中。此外，在顾清的《答叶一之侍御书》《与陈太守论水后加税书》《东江家藏稿》《奉西涯书》《与翁太守论加税疏》《与谢德温》《与乔白岩侍郎书》等上疏和书札中，也都表达了他对家乡水灾的深切关注，彰显了他的爱民情怀和作为一位致仕官员的社会担当。

而像顾清这样主动为民请命的官吏和士绅在松江地区还有不少。如万历八年（1580年），松江内阁首辅徐阶《上内阁张居正书》云："弊郡去岁（1579年）水灾，赖公顾念旧几，破格赈恤。不意今岁复遭淫雨，田畴淹没，民之困苦在抚按之奏陈、郡县之勘报，计已能详之。某蜷伏山林，不宜屡出位以及政事，但念万民之命悬于君相，譬如赤子恃父母以生，赤子不幸有疾，非父母则无所诉。而为父母者亦不以尝一疗，赤子之疾遂自谓已足，不顾惜其再病之能亡身。况公拯溺哺饥，视民之辗转望救，情尤恳迫。故辄敢复以控吁伏乞台慈，不以民之积咎致灾为可恶，而惟见夫重叠被灾患为可怜；不以下之挟恩再请为可忧，而独轸夫颠蹶好呼为出于不得已；不以国之轻费、势不容捐以为德，而深虑夫民穷之甚，或足以生事而耗财，仍垂望外之施曲慰沟中之望，则岂惟松人幸于再活，某幸于言之再行而已哉！"② 在书札中，已经退居乡间的徐阶表达了对家乡灾情的关切，恳请新任首辅张居正对松江地区的税粮予以减免。又如万历三十六年（1608年），苏、松一带水灾，庄稼歉收，巡抚周孔教上《请蠲赈疏略》，希望朝廷根据灾情破格停征钱粮。其上疏云：

今岁灾遭水患，自三月二十九日以至五月二十四日，霪雨昼夜不

---

① （明）陈子龙辑：《皇明经世文编》卷一一二《与翁太守论水患疏》，明崇祯平露堂刻本。
② 嘉庆《松江府志》卷二六《田赋志·赈恤》。

歇，墙垣倾圮，万井无烟。较之嘉靖四十年间，被灾更惨矣……今遇
非常之灾伤，全望非常之蠲赈。即今灾伤甫告已见抢米于路者，虽职
以严法禁止而民之思乱可知，计此时职犹能奉法纪、竭心力以调停维
系于马奔兽骇之间。过此，日饥一日，益复无聊。加之都逋日急，鞭
扑益烦，窃恐流亡之民力不能办，将使蠲停之权不在上而在下，职有
不忍言者伏乞敕下户部亟行。按臣查勘，将重灾地方本年钱粮无论起
存，破格蠲免，万历三十五年以前旧欠钱粮，尽数停征，又将浒墅钞
关与税监所抽税银量留一年，及各府事例税契，抚按职罚，凡可动可
留等银尽留备赈，此不过蠲朝廷一年之租易此二百年孝顺之，百姓不
为饿殍盗贼，此其所得孰多？不则不惟损今日岁入之额，恐且益以他
年军兴之费，为忧愈深耳。①

在松江地区乡绅的强烈要求之下，使朝廷对松江府的蠲免成为现实。
而这一愿望的实现，很大程度上是缘于皇帝与大臣的个人情谊。由此可
见，明清时期松江地区的经济和文化之所以长期处于繁荣态势，与以顾清
为代表的松江乡绅浓烈的乡愁意识是密不可分的②。

三　盗匪猖獗

在灾害的大背景下，当自身的生存受到威胁的时候，灾民往往会铤而
走险，选择暴力反抗，而这种反抗也往往是逐步升级的，如果在事发之初
便积极进行疏导则事态可以管控，但如果饥荒压力不减、弹压手段不当不
力，则问题会不断扩大，终至盗匪猖獗。

在封建社会，百姓以农为本，其生存的基础是农业的收成。在灾害环
境下，如果官府与民间救济不力，甚至官府还大肆搜刮，则必逼民为匪为
盗。在传统社会，因灾荒而出现的盗匪事件主要有三：一是流民因地方官
府抚恤不周，临时聚起作乱为匪盗；二是地方上的闲散之人、无赖之徒，

---

① 嘉庆《松江府志》卷二六《田赋志·赈恤》。
② 参见朱丽霞、刘丽洁《长三角地区的水灾及政府救荒》，《黄河科技大学学报》2013 年第
5 期。

借机灾荒群起为强盗土匪；三是那些平时借粮度日，因灾荒无力偿还，被迫偷盗甚至聚众公开抢劫①。

历史上长江下游地区由于特殊的地理环境加之自然灾害多发，每逢灾荒之年该地容易成为强盗悍匪的易发地区。《明世宗实录》载：嘉靖三年（1524 年），江北江南水旱交替，灾荒饥馑不绝，百姓相食，盗匪丛生②。清《嵊县志》载，嘉靖二十三年（1544 年）和二十四年，绍兴府嵊县发生大旱灾，"乡人有携麦半升夜归，辄被劫杀于道"③。民国《怀宁县志》载，康熙九年（1670 年）冬，极寒，冰雪封冻，数月不解，百姓无以为食，"乡村每夜有人影踪迹，扣门掷瓦砾如盗贼状"④。

晚清时期，更是盗匪横行。《顺天时报》载：

> 钱塘江所辖之上四乡各镇区，近有帮匪赛宋江等纠众四千余人，潜运军火，图谋不轨……青红帮匪，勾结本地痞棍，藉口被灾，聚众千余人，分赴殷实富户索食，衣服银钱尽情搬抢，房屋则拆毁焚烧，不留片瓦，民众畏其凶悍，无敢过问，致声势日盛，灾民一唱百和，每日招摇过市，扬言某日赴某处，某日打某家，风声鹤唳，民不堪命，现已蔓延余杭东北乡一带。⑤

江苏"沿江滨海，水陆交冲，五方杂处，匪徒最易托足。如上海之闽广游民，苏松常镇之土匪棚民，淮扬徐之捻匪盐枭与跟随漕船之水手青皮，以船为家之渔户流丐，防范稍疏，每虞滋事"⑥。在太平天国军队进入长江下游地区时，包括灾民在内的贫民纷纷响应加入太平军，而乡村社会中的地主乡绅，在面对巨大的社会冲击时，他们举出"打大匪"的旗帜，选择将自己的命运与清王朝的命运捆绑在一起，举办团练，其中不乏有

---

① 李文海、夏明方、朱浒：《中国荒政书集成》第 2 册，天津古籍出版社 2010 年版，第 750 页。
② 李国祥、杨昶主编：《明实录类纂·安徽史料卷》，武汉出版社 1994 年版，第 1027—1028 页。
③ 同治《嵊县志》卷二六《祥异》。
④ 来新夏：《中国地方志历史文献专辑灾异志》第 30 册，学苑出版社 2010 年版，第 182 页。
⑤ 《顺天时报》1911 年 11 月 23 日。
⑥ （清）李概：《李文恭公（星沅）行状》，道光二十六年。

"藉团练之名，擅作威福，甚至草菅人民，抢夺民财，焚掠村庄，无异土匪"①。李鸿章的父亲李文安曾在家书中写道："叠接家信，家乡土匪滋扰，幸团练办有眉目，稍得安靖。……鸿儿随敬修抚军剿办土匪，现未得信，胜负若何，弟甚悬注。"②同治九年（1870 年）桐城、广德等地遭受大水，近千余顷良田受损，"州县流民甚多，有抢占田宅、造会馆、私藏军器等情况"③。

盗匪丛生其危害性极大。明凌迪知所著《国朝名世类苑》云：处州地区叶宗留盗挖少阳坑，所得不能果腹，于是鼓动百姓加入抢劫队伍，纠集千余人在处州附近恣意抢劫，烧毁房屋。叶宗留对那些愿意跟随者给予施舍，因而追随者越来越多，危害严重④。又如康熙三十三年（1694 年）八月，浙省泰顺地区"王掠天劫夺柘洋，蹂躏各村"，"冬十二月焚毁上城，人民一空"⑤。百姓因为饥饿而沦为盗贼，粮食充裕的富户自然成了他们打劫的对象，而他们的过激行为往往会危及人们的生命安全。《上海县志》载，万历十六年（1588 年）因为灾害，地方上发生大饥荒，"人啖糟糠屑豆饼作粥，继以草根木叶，饥民相枕藉。桀黠者煽众环富室告贷，寻闲入室中，尽夺其所有，报复杀伤其众"⑥。

对于如何防控灾害期间盗匪猖獗的问题，光绪十五年（1889 年）农历九月二十三日《申报》的一则评论提出"办乡团"的主张。评论开篇写道"近日浙江蛟水之后，继以连旬风雨，其灾象已成各处纷纷来报"，"江浙向为财赋之所出，户有盖藏，不至如北省之地瘠民贫，一遇灾祲立成饿莩。今浙省虽已成灾，而杭属、湖属、嘉属，夫宁绍等属不乏殷富之户，以本省绅富办本省赈捐而有余"，并且每逢"齐、豫、奉、直等处办赈，浙省捐助者颇多，岂有急于远反不急于近之理？"不过，在本则评论中也特别提道"屈计浙省此次被灾之地几于十一府无一不有，则受灾之地广，

---

①　《清史列传》卷五五《福济传》。
②　李文安：《寄运昌、芳农、邋菴诸兄、玉坪六第书》，《李光禄遗集》卷七。
③　安徽省地方志编纂委员会：《安徽省志·大事记2》，方志出版社 1998 年版，第 91 页。
④　陈瑞赞：《东瓯逸事汇录》，上海社会科学院出版社 2006 年版，第 194 页。
⑤　陈瑞赞：《东瓯逸事汇录》，上海社会科学院出版社 2006 年版，第 203 页。
⑥　同治《上海县志》卷三〇《祥异》。

而被灾之人亦多，恐但恃本地绅富不足以济"。尽管如此，评论中依旧强调赈灾的重要性，其中惠民是自然，更为重要的是能够安定民心："屡促各善士劝办浙赈以济眉急，此举非仅实惠足以及民，亦且先声可以安民。灾区遗民知将有人挟资而来施惠于我，则不胜感激涕零"，"焉敢有妄为者"？"然而鞭长莫及，一时何能速集巨欸急驰"，"近日以来纷纷传述"，"某某等处均有贫民抢米之事，此说也得之传闻，其确否犹未敢信。然征之往事，则浙省实有此种风气，一遇荒年，竞向大户乞米，不与则聚众剥夺"。随后文中特意以"道光二十九年、三十年连年大水，绍属即有此等事"为例分析："盖浙江沿海之处，与夫深山之中民风亦多强悍，故发匪之来受创于绍兴之包村，设或成群结队打抢肆剥，则亦无可抵挡。若请官兵攻剿，则若辈多系贫民，以无食故出而谋食，又何忍彼而诛之。若不诛，则彼恃众横行，鱼肉良懦"，出现"当此之时，竟无两全之策"的困境，由此评论认为"惟有劝办乡团以资守望"。灾荒之年"办乡团"在浙省也有先例，"前者绍郡大荒，白洋砀山一带多有贫民出掠粮米，近邨各大户心窃忧之，乃相约资雇本邨贫民，每名每日给钱一百文，派人四面了望，倘有外来成群持械之人，立即放铳为号，邨人毕集鸣锣执械严阵以待，各村因此赖以保全"。"夫各大户处此荒年（光绪十五年）不得不谋保卫之法，设不联络本村贫氏，则恐先有祸起于萧墙之内者，则出资预雇村人，此策之上者也。"对于"办乡团"的益处，评论中写道："村人既得大户资雇，一家数口稍可敷衍不至饿以死，则亦不肯随波逐流，与打抢诸匪合污同流。不但可以免于饿莩，而且可以保全清白，人各有良，孰不感激？倘遇外侮，定必竭力守御，尽心保卫各大户。"对于大户而言，"虽日费数十金，然较之突被抢掠仓粟一空者，则大相霄壤矣"[①]。

《申报》提出"办乡团"的主张，从一个侧面反映了清政府对盗匪惩治不力，致使盗匪为患成为清代特别是晚清时期重大的社会问题。无论从盗匪人数、规模上，还是从其社会危害性等方面看，晚清盗匪问题都比前代严重得多。

---

① 《申报》1889 年 10 月 17 日。

四 水事纠纷

明清时期长江下游的广大农村地区，长期以来以农业生产为主，而农业生产却容易受到自然因素的影响，特别是水利资源的影响。中国历史上历代中央王朝对于长江流域水利治理，一直都比较重视，由政府发起的水利工程建设不在少数，与此同时，长江下游的民众出于自身生产生活的需要也多自建一些水利设施，如堤、坝、溇港、陂塘等。然而任何事物都有其两面性，正是由于这些水利设施事关百姓切身利益，平时还比较稳定，而一遇灾害，水事主体之间便极易产生冲突，引起纠纷。明清时期长江下游乡村社会因灾害而造成的水事纠纷主要有以下几种。

第一，地方豪吏刁徒无序占有公共资源引发的水利冲突。在传统社会，像湖陂、滩涂等都属于公共资源。由于这些资源没有明确的利益主体，因而常常成为民众追逐的对象。如果政府对这些公共资源的无序占有无法加以控制，则必然生发诸多的水事纠纷。据《山阳县严禁恶佃架命抬诈霸田抗租碑》载，每每遇到旱灾，地方豪吏便会筑起大坝用于蓄水，以确保自家田地无虞。而一旦遇到水灾，地方豪吏出于自身利益的考虑，则又自行泄洪，而不惜淹没邻家田地，更有甚者甚至纠集众人堵住大坝，阻止他人排涝。"此等不循疆界，损人利己之佃，每每怂恿业户，滋生事端"①。明嘉靖十一年（1532年），在大理寺左丞周凤鸣所奏《条上水利六事》中有专门记载：有些强豪占用滩涂，"筑成塍围"，"因而垦为良田"；另有豪吏利用溇港设施为自家谋利，或者为扩大耕种，填埋溇港开辟为自家的耕地②。这方面的记载俯拾皆是。如《明史·河渠志》载，在成化十四年（1478年），有"滨湖豪家尽将淤滩栽苇为利"③。安徽省档案馆所藏《清乾隆休宁县状词和批示汇抄》中也有类似记载：乾隆二十一年（1756年），因为豪强独霸陂塘，自建立以来程氏宗族的公用水塘不许个人养殖，

---

① 江苏省博物馆编：《江苏省明清以来碑刻资料选集》，生活·读书·新知三联书店1959年版，第435页。
② 洪焕椿：《明清苏州农村经济资料》，江苏古籍出版社1988年版，第395页。
③ 《明史》卷八八《河渠六》。

"只缘故侄程渭公私将众塘当与族棍程用和霸管"①，以至于大量稻田得不到灌溉，民众极为不满，爆发地方冲突，最后由官府出面才得以平息。兴修水利本是为了应对灾害，调控水旱，保障农业生产与百姓生活。灾害之年，豪吏凭借自身强势地位往往会将公共资源占为己有，侵害普通民众的权利，以邻为壑，引发众多社会矛盾。

第二，不同灌溉区域之间的用水纠纷。水资源往往处于动态变化之中，而水利兴修一般是根据地理环境来布局水利工程，因此农田灌溉常常具有一定的区域共享性。因此即使在同一个地区，无论是抗旱还是排涝，乡民之间因用水分配不均也往往会引起冲突。对此，《姑苏志》中便记有一例：

> 本朝洪武九年八月长洲县民俞守仁等诣县状诉，苏州之东松江之西皆水乡，地形洿下，上流之水迅发，虽有刘家港难泄众流之横溃。张氏开白茅港与刘家港分杀水势，自归附以来十余年间并无水害。今夏淫雨，又山水奔注，江湖增涨，况当熟。昆山之民于白茆四近昆承湖南诸泾及至和塘北港汊，尽为堰坝，不使通流，虽曾差官开浚，彼民随开随堰。本府遂差官会同相视淤塞港汊，丈量计工开浚。②

清人王元基所编辑的《淳安荒政纪略》中也有类似的记载，浙省萧山县遭遇大旱，"民争湘湖水利，灌溉九乡，向无定制，争者益纷"③。又《月浦里志》载，乾隆五十二年（1787 年）夏，在四昼夜连续下大雨的背景之下，田地中的积水有五六尺高，百姓请求政府开大坝泄洪，有数十村民因"偷坝"而被捕入狱④。在农业社会，水是农业生产的基本要素，因此对于水资源的利用自然成为了焦点，历史上普通民众之间、民众与官府之间的水利之争较为频繁，危害很大。

---

① 安徽省档案馆藏：《清乾隆休宁县状词和批示汇抄》。

② 熊月之总主编：《中国华东文献丛书》第 5 册，《姑苏志》一，学苑出版社 2010 年版，第 624 页。

③ 李文海、夏明方、朱浒：《中国荒政书集成》第 5 册，天津古籍出版社 2010 年版，第 3069 页。

④ 来新夏：《中国地方志历史文献专辑灾异志》第 14 册，学苑出版社 2010 年版，第 128 页。

其三，官府与民间的水事纠纷。官府与民间的水事纠纷是明清长江下游地区的主要矛盾之一。明清长江下游是农业生产最发达的地区，商品经济也相应得到快速发展，货物流通成为必要。江浙地区纵横交错的水道网络，为发展水上交通提供了条件。然而，官府为了交通便利，要求水道畅通，农民为了蓄水溉田，则需要设置拦水的堰闸。于是官府与民间便产生水事方面的矛盾。特别是每逢严重旱涝灾害时，通航水道的启与闭就成为官府与民间矛盾的焦点。阮葵生《茶余客话》记载了山阳一带的水利冲突：

> 历来洞头、差衙书蒙蔽本官，需水不开，水多不闭。当迫不及待之时，不得不敛钱饱蠹役之欲。其欲既餍，然后开闭一次，仅止数日，仍复阻挡。势必三日一敛，六日再敛，无有穷期，此农民之大害也。惟是屡敛之后，为数渐减，其意不遂。当望水之际，则涓滴不流；遇盛涨之时，则闸版尽撤，万亩秧田数日尽死。①

为了平衡各方的利益，官府对水道、闸坝的开启制定有规则，规定水位达到要求时方可开启闸坝。如对于高邮三坝，就有"不至三尺不开"②的规定。然而，漕运毕竟关乎国家利益，一些地方官员为避免出现差池，往往不按规定行事，致使百姓利益受损。正如光绪《清河县志》所云："值伏秋盛涨，河督为避险计，往往先时启泄，民田受其害。"③当然，如果地方官员能够正确使用权力，兼顾国家利益和民间诉求，那么，水事纠纷则可避免。如道光七年（1827年），高邮湖水猛涨，知州李宗颖坚持暂不启放高邮各坝，结果"山、盐、阜、高、宝、兴、东七邑赖以有收"。第二年，洪湖水复又大涨，李宗颖又与河员据理力争，虽然最终还是开启了闸坝，但"藉以迟延二十日，七邑得以抢收大半，成灾不甚"④。

水事纠纷在长江下游的圩区最为频繁。圩田作为长江中下游地区一

---

① （清）阮葵生：《茶余客话》卷二二《涵洞》，《明清笔记丛刊》，中华书局1959年版。
② 民国《宝应县志》卷一〇《宦绩》。
③ 光绪《清河县志》卷一七《仕绩》。
④ 民国《三续高邮州志》卷七《轶事》。

种特殊的土地利用方式，使其成为一个独特的圩田水利社会。由于人口、资源和环境之间矛盾的综合作用，在圩田开发利用过程中，不断发生水事纠纷，对圩区的社会经济发展和稳定极为有害。这里以皖江首圩大公圩为例，来探析圩区水事纠纷的一般情况。道光二十九年（1849年），"坝之上游巨浸，稽天宣邑顽民擅自掘闸"。故而导致水事冲突。这里说的"坝"即东坝，是江苏江宁府高淳县之俗名。纠纷发生后，"苏抚傅中丞南勋申请，江督陆制军建瀛亲诣会勘"。将"仍坚筑之辑犯定狱"，才使"坝如故"①。又如咸丰年间，一些圩民修筑圩堤时为了"省工图便"，便直接在圩内乱挖土方，"遂使有编业户含冤莫诉，受累无穷"。而官绅对此并不过问②。圩签董首也"往往藉仗官吏虐待农佃"，而"所虐者当时无所控诉，隐忍不言"，以后却"唆使顽愚趁间报复"。《当邑官圩修防汇述》并指出："圩固多此恶习也。"③ 下面这段记载更是反映了圩区水事纠纷的严重性：

> 圩务果有条理即事变猝起，何敢肆行蹂躏？近无规划，一遇崩塌，早知力难撑拄，不敢声传。比及他处侦知，纠集多夫乌合而来，豕突从事……偶有拂欲，遂有拆毁该处农具庄屋者。且有击碎屏门隔扇者，肆行勒索无所忌惮。该处丁男闪避，如入无人之境焉。若遇董首，或牵击椿头，或拖塞浪坎，穷凶极恶，有因此而丧其生者。④

纠纷居然闹出了人命案，其危害之大不言而喻。另外，圩区本有"按亩征夫"的夫役制度，"土豪劣董"却拒不执行。他们对"自己应出夫名，不令赴工修筑，只以空函嘱托圩修代收空卯，或有无耻之圩修受贿卖卯，致令众夫不平，不肯上前出力，甚且有拦夫、锹夫、夯夫、施夫等名，一切取巧之法，相沿成例"⑤。类似的纠纷尚能举出不少。大公圩所发生的这些水事纠纷类型多样，情况复杂，诉讼械斗殆为常事，从而加剧了各利益

---

① （清）朱万滋：《当邑官圩修防汇述初编》卷一《建置》，清光绪二十五年刊本。
② （清）朱万滋：《当邑官圩修防汇述初编》卷一《建置》，清光绪二十五年刊本。
③ （清）朱万滋：《当邑官圩修防汇述三编》卷三《抢险》，清光绪二十五年刊本。
④ （清）朱万滋：《当邑官圩修防汇述三编》卷三《抢险》，清光绪二十五年刊本。
⑤ （清）朱万滋：《当邑官圩修防汇述三编》卷四《夫役》，清光绪二十五年刊本。

主体之间的矛盾，引起地方社会的动荡不安。同时，纠纷还导致许多水利设施遭到破坏，一些管理制度也因此而难以有效推行，加之时常遭受洪水的袭击，因此，到了清末，大公圩的修防工作已日渐衰落。需要指出的是，圩区水事纠纷的发生固然有其利益驱动的因素，但在圩务管理过程中所暴露出来的管理不善、控制不力等问题也是值得深思的。

五 土客矛盾

天灾之年，不少村民的家园被毁，官府、社会的救济又没有及时跟上，不少百姓只好背井离乡，成为异地流民。流民对于其自身而言，可以在无灾之乡获得生存之机，但对于流入地而言，流民的到来又极易打乱所在地土著民众的日常生活，埋下社会不稳定的隐患。随着时间的推移，土客民矛盾不断加剧，成为明清时期长江下游地区一个重大的社会问题。明《荒政要览》有载：

> 流民什伯成群，百千成党，所过村市州县，蚁聚蜂屯，望烟投止，沿门借栖，或佣赁，或行乞，或樵山渔水以食，病虏传染，死恶秽闻，百姓患苦之如蟊贼。然官司下令驱逐，间闾拒莫能容，愤激成哄，黠者出为统率，以相捍御，于是有揭竿相向者，有肆行劫掠者，地方疾视之如寇仇。①

这段材料记载的是地方社会对于流民的排斥，甚或是侮辱，原本就处于生存困境中的流民，在外界的刺激之下，他们最终选择用暴力的方式来表达自己的不满，致使土客矛盾异常尖锐。造成土客矛盾的原因很多，除了最为基本的自然灾害外，还有如下原因。

其一，流民来到新的地区，求生的首选途径是开山种地，成为所谓"棚民"。由于他们过度开垦，长年累月造成当地生态环境的严重破坏，导致当地自然灾害频频发生，严重影响当地土著民众的生存与生活。民国

---

① 李文海、夏明方、朱浒：《中国荒政书集成》第 1 册，天津古籍出版社 2010 年版，第 247 页。

《德清县新志》收录蔡庚飏所著《杭湖棚民垦种山场有关水利等疏》一文记载，浙省杭州、湖州两府土地肥沃，自嘉庆始，温州、处州等地的流民来到当地从事生产，不断开采山地，而当地人又只贪图租金，疏于管理，开垦的范围和程度不断加剧，以至于土壤越来越松弛，加之大雨冲刷，水土流失，下游河道支流多半被堵塞①。光绪《祁门善和程氏仁山门支谱》有载，乾嘉年间，祁门有一山村，全村百姓因不堪忍受客民带来的骚扰，特意撰写《驱棚除害记》，称：（棚民）"伐茂林，挖根株，山成濯濯，萌蘖不生，樵采无地，为害一也；山赖树木为荫，荫去则雨露无滋。泥土枯槁，蒙泉易竭。虽时非亢旱，而源涸流微，不足以资灌溉，以至频年岁比不登，民苦饥馑，为害二也。"② 客民粗放的生产方式，严重破坏生态环境，造成严重的水土流失，损害当地的良田，因触及土著居民的利益，土客矛盾自然会不断升级。

其二，流民中亦有道德品质低下之人，他们来到新的地方，恶习难改，给当地社会治安造成很大的危害，致使土著民众深恶痛绝。民国《德清县新志》记载时人对此的评论，认为这些游民都"非安分之徒，犯窃案者不一而足，比年风闻各处更有抢劫之案，其为害于民间实非浅鲜"③。《国朝汪梅鼎驱逐棚民奏疏》亦有云：因灾而来的流民中，有不少人租地开垦荒地的客民，"其人刁玩成习，强悍为多"，滋扰当地百姓，致使土客矛盾众多，"吏利其所有，官又虑其难驯，玩忽因循，往往案悬不结"，以至于当地"斗殴、抢夺之风又炽，似此盘踞山谷千百成群，应归籍而不归，窃恐酿害藏奸，势将日甚"④。

其三，大量流民的引入致使当地粮食市场出现供应不足，引起当地粮食价格的飙升，影响土著居民的生存安全。前揭《驱棚除害记》有云："山遭锄挖，泥石松浮。遇雨倾泻，淤塞河道。滩积水浅，大碍船排，以

---

① 陈瑞赞编注：《东瓯逸事汇录》，上海社会科学院出版社2006年版，第152页。
② 光绪《祁门善和程氏仁山门支谱》第3本，卷一《村居景致·驱棚除害记》，转引自卞利《明清徽州社会研究》，安徽大学出版社2004年版，第323页。
③ 陈瑞赞编：《东瓯逸事汇录》，上海社会科学院出版社2006年版，第152页。
④ 道光《徽州府志》卷四《水利》。

致水运艰辛，米价腾贵，为害三也。"① 徽州虽为长江下游之地，实则山多地少，远不如浙西、苏南之地，粮食并不充足，外地流民的进入，则进一步削弱了当地原本就脆弱的粮食供应链，土著与客民的冲突在所难免，最终出现驱除客民以求自保的浪潮。

第三节　社会调控

一　劝分行善

灾荒之年，米价往往上涨，富户则将米粮囤积起来不出卖，从而极易出现贫民抢夺富户的事件。因此一些开明的地方官员便劝谕富户乡绅无偿赈济贫乏或减价出粜所积粮食以惠于贫者，从而起到缓和地方社会矛盾的作用。

明清时期，政府曾多次实行劝分，如弘治四年（1491 年），苏、松大水，徽、宁等处旱灾，时任巡抚南直隶都御史侣钟上言建议："军民有愿纳银入粟，量给散官冠带，或纪名于籍，建坊牌以表之。"② 又正德十四年（1519 年）八月，监察御史陈寮建言："江南地方水旱凶荒……乞令巡抚等官劝民输粟，量与褒奖。"③ 清政府继续沿用明代的做法，也在灾害之年实行劝分。如康熙九年（1670 年），常州大水，知府骆钟麟"发仓廪，劝富人出粟赈，民无荒亡"④。康熙十八年（1679 年），高邮地区先后发生旱、水灾，高邮湖漫溢，第二年复遭水灾，高邮知州白登明一面奏请朝廷蠲赈，同时，"劝富民分食，全活无算"⑤。乾隆三十四年（1769 年），安徽太平闹洪灾，知府沈善富"坐浴盆经行村落，得赈者五十万口"，"当涂

---

① 光绪《祁门善和程氏仁山门支谱》第 3 本，卷一《村居景致·驱棚除害记》，转引自卞利《明清徽州社会研究》，安徽大学出版社 2004 年版，第 323 页。
② 《明孝宗实录》卷五七"弘治四年十一月庚寅"条。
③ 《明武宗实录》卷一七六"正德十四年八月丙午"条。
④ 《清史稿》卷四七六《骆钟麟传》。
⑤ 《清史稿》卷四七六《白登明传》。

官圩决，密劝富家出粜，禁转掠，使各村自保"①。嘉庆年间，浙江省泰顺山多地少，屡遭干旱，林轩开在该地任职期间，便多次"劝积谷之家平价出粜以纾民饥"②，从而有效缓解了百姓的口粮紧缺状况，进而避免了饥民变乱。

对于乡绅们的慈善救济行为，政府则通过多种方式予以表彰。如贵池"李积惠（其家居所在今属石台县）秉心尚义。正统间遇岁荒，家积谷二千馀石，凡邻里贫乏者，尽以赈济。有司闻于朝，赐敕奖谕，劳以羊酒，旌为义士，仍免杂役。子孙多登第贵显，人以为阴骘之报。"青阳"章禧远正统间岁荒，出粟二千馀石赈济。有司以闻，赐敕奖谕，旌表其门，仍免杂役。子孙多登第贵显"。石埭"杨时遇正统七年出谷一千五百石赈济。有司以闻，敕旌为义民，复役五年。方守仁正统七年，出谷二千五百石赈济。有司以闻，敕旌为义民，复役五年"。建德（今东至）"徐永元正统戊午岁大饥，出谷二千石以济不给。有司上其事，朝廷遣使赍敕，旌为义民，劳以羊酒，复其身家。屈永德正统七年出谷二千石赈济。有司以闻，敕旌为义民"。贵池胡浩源，正值"成化二年大饥，铜陵尤甚。浩源积米五百石，倾廪以济，不求知于上官。人感其惠，以事闻于郡。时守因以例授七品散官，兼礼之羊酒，大书'恩荣'扁，以宠异之。浩源恳辞不受"。贵池"孙俊成化二年纳米五百石赈济，例授七品冠带"。胡浩源次子胡钢，"性慷慨乐施。尝寓城中，得遗金一囊，出帖召遗主还之。成化间，两值岁饥，钢辄捐私廪以助乡邻，活者甚众"。嘉靖二十三年（1544年）池州闹饥荒，李积惠后裔、休致在乡的原四川左布政使李崧祥，镕化当官时佩带的金腰带，"出赀（买米）均济两学师生及族众千余人，酌其贫富，量口赈给有差"③。从旧志"例授七品散官（冠带）"的记载可知，当时不仅地方政府，朝廷也是鼓励乡绅们的这种慈善行为的，并且拿出当时只有皇家才能采用的授予官职的行为来奖励。关于明清长江下游地区士民绅商的个人灾捐情况，详见附录之"二、明清时期长江下游士民绅商个人灾捐、

---

① 《清史稿》卷三三六《沈善富传》。
② 陈瑞赞编：《东瓯逸事汇录》，上海社会科学院出版社2006年版，第248页。
③ 嘉靖《池州府志》卷七《孝义》。

灾赈基本情况表"。

劝分与行善作为一种社会调控方式有效缓解了灾害环境下粮食短缺的问题，在一定程度上稳定了社会秩序，而当社会调控失灵时则会带来社会问题，影响社会的稳定。这里试举一例，明代《救荒》一书有载：

> 试观新城、溧阳、桐城等县，夫非有以激之而百姓敢乱矣乎？今有法于此，惟守令推诚劝诫乡绅大户，当岁祲时，毋乘米贵而粜于囤户，各设一米铺于门前，使小民零籴之，价照时估，不得过为增减，而为乡绅大户者，又时时亲稽其米之美恶、升之大小，勿令仆人有挽糠、拌水、搅滥稻，如铺家之弊，则此一街一巷一村一镇之民，俱有生地，且先天铺家拣钱之苦、升斗大小之苦、挽糠拌水搅滥稻之苦，四苦既无，则人无转徙之志矣。就中乡绅大户，每升较囤户量减一二文，以赡此穷民，则此一街一巷一村一镇之民，皆受吾阴鸷之者。万一寇出于不测，而此辈平昔不轨之念无所觊觎，且为我之干城，竭力以捍其寇耳。不则，惟恐其不乱之人，先觊我之所有，而又加豪奴敛怨于平昔，于是乘机而先为之报复。新城、溧阳等，非明验欤？吾乃知名炳几先之君子，绝不为此贼身之道也。有地方之责者，慎勿以为迂而忽之。[1]

可见新城、溧阳、桐城等地爆发的冲突民变，主要在于地方政府未能及时有效地控制社会矛盾和缓和地方社会的潜在危机，从而使矛盾进一步升级。

二　思想教化

自然灾害在给民众的生活带来严重困扰的同时，也给乡村社会秩序的稳定带来影响。前者可以通过官方和民间直接的救助予以解决，而后者则需要加强对灾民的意识引导。如果说前者旨在解决灾民的基本的物质生活

---

[1]　李文海、夏明方、朱浒：《中国荒政书集成》第 1 册，天津古籍出版社 2010 年版，第 411 页。

保障，那么后者则是解决灾民思想层面的问题。这两个方面尤其是后者需要统治者引起高度关注，不然会严重影响社会稳定。

对于灾民进行必要的思想教化，是有效控制社会稳定的手段之一。对此，历代统治者都予以高度关注，明清时期自然也不例外。如清乾隆二年（1737 年），将"世宗宪皇帝颁律条之圣谕及刑部遵开斗殴各条，通行刊刻，令各省督抚饬令该地方官，于凡讲约之所竖立牌坊，令约、正于先讲上谕之后，复行疏解，务使黎庶易于通晓。其远僻乡村，仍照例刻示张挂，以化其好勇斗狠之习"①。而对于部分罹灾后有异常举动的百姓，清政府于乾隆八年（1743 年）刊印《小学》以期教化百姓，认为"于灾属民人尤为有益"②。

这种思想教化属于软控制的范畴，它能够为社会治理提供一整套相对稳定、普遍认同的价值体系，能够促进灾害舆情的疏通和引导，以及民众情绪的宣泄与疏导，因此它在地方社会控制方面也发挥着重要作用。这里以皖江流域为例进行讨论。自唐宋以降，皖江流域属于传统儒学道统礼教的主导地区，形成了崇儒重礼的社会风尚。如安庆府"风俗清美，天性忠义"，"六皖山川美瞻，弦诵力本，其礼教信义，闻之熟矣"；宁国府"其人君子尚义，庶庶敦厚，故风俗澄清，而道教隆治，其风气所尚也"；池州府"民淳气和……虽人物稠夥而讼不嚣"，"质而勤业，鲜有为非"；太平府"其民浑然太朴，惟土物是爱，故能臧厥心，惟本业是崇。……故多知廉耻，习俗厚，故罕事争角"；无为州"人性淳厚，好学务本，畏犯法而少斗讼，无吴楚劲悍之风"，庐江"风气果决，赋性质朴"；滁州"地僻讼简，其俗安闲"，"虽风俗淳厚而尚气节，易以德化，难以力服"；和州"四民各安其业，而儒雅之风尤甚"；广德州"民淳事简，号江东道院"③。到了明清时期，皖江流域的理学教化更为加强，从科举教育到乡约族规，构成了传统儒学道统礼教的立体多维的传播网络，与其他地区相比，这一地区的主流意识形态更为稳固，恰如《安徽通志》所云："圣朝教泽涵濡

① 马建石、杨育棠主编：《大清律例通考校注》卷七《吏律·公式》，中国政法大学出版社 1992 年版，第 374 页。

② 王炜编：《清实录·科举史料汇编》，武汉大学出版社 2009 年版，第 269 页。

③ （清）吴坤修，（清）何绍基纂：《安徽通志》卷三四《风俗》，清光绪四年刻本。

礼陶乐淑，生其间者固已，咏仁而蹈德，自粤捻交讧以来，皖南北之民以忠义节烈称者，史不绝书，风俗之美，本于沐浴教化之深也。"① 由于深受传统儒学道统礼教的教化，在灾害发生时这一地区仍能维持良好的社会秩序便是顺理成章之事了。

三　严惩贪腐

历史上的灾荒之年，政府往往是通过救济来实现对社会的管控。救荒政策落实的主体在于地方官员，地方官员的所作所为直接影响灾害期间当地百姓对于国家政权的向心力。史实表明，要在受灾地区真正落实好救灾救济工作，必须有清正廉明、恪尽职守的官员，同时要对荒政中的腐败分子加以严惩。

在明清时期的荒政中，在报灾、勘灾、救灾、安抚、仓储及水利建设等方面都制定有严格的制度，这些制度在长江下游地区也执行的较好，特别是在荒政腐败治理方面取得了较好的成效。这主要体现在以下两个方面。

一是加强对办理赈务过程的监察力度。为了防止政府官员在办理赈务过程中贪赃枉法，或者无所作为，以确保政府的救荒之策能够真正惠及灾民，明朝政府注意加强对办赈过程的监管。如永乐二年（1404 年）夏六月，"直隶苏松、浙江嘉湖等郡水，民饥，命监察御史高以正等往督有司赈之"②。由于被派往的官员代表中央的意旨，而且被赋予的权力较大，一方面为中央尽快地了解灾情以及快速进行救济提供了重要的条件，另一方面也有力地监督了地方官员的办赈事务。对于被派往地方监督的不作为的官员，他们大都受到了惩处。据清代陈梦雷所著《荒政部》记载，金华县孝顺乡第十二都大旱，朱县尉没有按照章程赈济灾民，以至于出现了较多饥民。为应对上级检查，所设粥场里煮出的粥多为水浆，民众深受其苦③。

---

① （清）吴坤修，（清）何绍基纂：《安徽通志》卷三四《风俗》，清光绪四年刻本。
② 《明太宗实录》卷三二"永乐二年夏六月辛卯"条。
③ 李文海、夏明方、朱浒：《中国荒政书集成》第 3 册，天津古籍出版社 2010 年版，第1448—1449 页。

同书记载：衢州勘灾存在不实，其中最为严重的当数开化县。州本级派遣张大声前往巡查，同时又遣龙游县丞孙孜前往核实，然而，张大声和孙孜不顾念灾民生死，静观上级动向，不逐一检查，欺上瞒下，"将七八分以上灾伤作一厘一毫八丝六忽检放"，以至于受灾百姓不忍重负，四处流浪，不少百姓因缺衣少食，被活活饿死者甚众。最终，因事态严重，上级将"张大声、孙孜重赐黜责，以为日后附下罔上、慢法害民之戒"①。

二是加强对腐败官吏的严惩。虽然明清中央政府对于贪冒赈灾钱粮的行为惩处十分严厉，但还是控制不住黑心官员的人欲横流，因而在明清长江下游的荒政中，巧立名色、中饱私囊者不在少数，无论是救灾中的报灾、勘灾、救灾，还是防灾中的仓储及水利建设环节，腐败现象几乎无处不有。不过我们从地方文献记载中可以看到，在明清时期的前期和盛期，对于荒政中腐败官员的打击是毫不手软的。发生在嘉庆十三年（1808年）山阳县的冒赈大案就是有力的佐证。据赵翼《簷曝杂记》记载，嘉庆十三年，淮安一带洪水成灾，"皇上不惜数十万帑金，赈济灾民。有山阳县王伸汉冒开饥户，领赈银入己"②。候补知县李毓昌奉命至淮安府山阳县（今淮安市淮安区）核查救灾粮款发放情况。山阳知县王伸汉胆大妄为，居然将领到的九万两赈灾银，足足贪污了两万多两。李毓昌掌握王伸汉的贪污事实后准备据实通禀。王伸汉闻言十分惧怕，便纷纷行贿核查官员，十名大员中有九人被贿赂，唯有李毓昌严词拒绝，云："他事不敢违命，独吞赈不敢从。国法严，民命重，愿公勿言。"王伸汉担心事情败露，遂买通李毓昌的仆人将李毓昌毒死，反说其自缢而死，县、府层层上报，遂成特大冤案。后在嘉庆皇帝的直接干预之下，此案很快真相大白。谋害李毓昌的仆人被立即处死，主谋王伸汉在李毓昌墓前伏法，其他涉事官员也被革职流放③。

通过这一冒赈大案让我们看到了晚清政治生态的险恶，同时也让我们

---

① 李文海、夏明方、朱浒：《中国荒政书集成》第3册，天津古籍出版社2010年版，第1450页。

② （清）赵翼著，李解民点校：《簷曝杂记》卷六，《冒赈大案》，中华书局1982年版，第112页。

③ （清）黄钧宰：《金壶七墨》卷五，《山阳赈狱》，清代笔记丛刊（4），第2906页。

看到了在中国传统社会，由于"天灾"与"人祸"往往是相伴而生，从而降低了人们的抗灾能力，导致灾情加重，而政府官员的腐败又等于助纣为虐，从而使大灾引起大荒，加重了人民的生存危机。

需要指出的是，严惩荒政中的贪官污吏对于缓和地方社会矛盾具有一定作用，也可以在一定程度上缓解百姓怨气，维护社会稳定，但是总体而言，这些当属补救措施，我们对其不能估价太高。

四　管控冲突

明清时期长江下游地区的广大乡村社会经济虽有所发展，但总体而言，其交通网络并不发达，官府的救灾措施也受到时局的影响，存在着难以覆盖的情况。对于救灾过程中易出现的问题，特别是因救灾保民不力，而可能出现的冲突升级情况，部分比较有远见的官员是有所防范的，能够预先对局部已经出现或有征召的冲突采取必要的化解与管控。

明祁彪佳所著《救荒全书》记载：宣城知县乐護上任伊始，地方正值饥荒四起，不少饥民相聚为盗。乐護得知情况后，只身一人前往灾区，安抚乡民，缓和官民矛盾。他深入乡村各户，按照人口登记造册，回到府衙便依据人口多少发粮救灾①。地方官府的及时安抚，不仅拯救了大批灾民的生命，同时救济的本身也具有德化之功能，对稳定地方秩序具有较为积极的作用。《两浙宦游纪略》中所录《桐溪纪略》载：灾荒之年，官员戴盘前往桐乡地区征收漕粮。当时规定海盐、海宁受灾地区免征税收，而处于海宁和海盐之间的桐乡同样受灾，却要依旧征收漕粮。桐乡百姓得知海宁、海盐免征漕粮，都不愿意依规缴纳漕粮。面对这种情况，戴盘没有采取强硬措施，而是选择怀柔策略，"亲历各乡剀切面谕，示以分数，责以大义"②，最终桐乡百姓同意交纳应缴的漕粮。

如前面所论，政府在灾荒之年往往积极劝喻乡绅大户不要囤积居奇，鼓励富室按正常价格向灾民售米，则不仅有利于救灾，而且在一定程度上

---

① 李文海、夏明方、朱浒：《中国荒政书集成》第 2 册，天津古籍出版社 2010 年版，第 750 页。

② 戴盘：《两浙宦游纪略》之《桐溪纪略》，同治五年刊本。

可以有效地避免灾民与富室之间冲突的发生。清王元基《淳安荒政纪略》载，道光三年（1823 年）夏五月中下旬之交，淳安县大雨，山洪爆发冲毁房屋农田，村民饥馑，纷争不断。知县为了控制冲突，一面劝谕本境有粮之家除留自食粮食外，必须将米麦杂粮出粜，不许囤积居奇，且仍按照原来市价出售；一面开导富商殷户，急公好义，捐助灾民[1]。政府劝谕富家大户捐助不仅有利于救助灾民，对于控制乡村社会冲突也起到一定的作用。

综上不难看出，灾荒之年确有重重问题，也容易引发民变。对于如何防范和化解社会危机，这便考验着为政者的政治智慧，对于问题的发生要有所预判，及时采取措施加以防范，有效实现官民之间的必要沟通等，这些举措都可以有效避免社会冲突的升级。

五 武力镇压

对于暴动民变，防患于未然自然最好，不过更多的时候，地方官员所要面对的则是业已形成的地方变乱。对于这方面的事件，明清政府主要是通过武力镇压的手段来实现社会稳定。明人祁彪佳有云：

> 越中仓猝变起，自宜用电掣风驰之手。自城中之擒治，乃一日而安静。今山乡僻址，与诸嵊接壤，尚有于念之一二。方行倡乱，□列械聚众，其横更甚……夫擒治不在于多，须取死一二以示警……会稽山中有因抢杀人者，其犯现□血□可证。乞老公祖檄促审谳，果系真情，则立赐正法，悬首藁街。杀一人而千万人可安，功德无量。[2]

文中谈道"擒治不在于多，须取死一二以示警""杀一人而千万人可安"，这里祁彪虽在强调不可滥杀无辜，但换个角度看，他是肯定用武力方式镇压匪首，以期实现震慑百姓的作用。

清代陈梦雷所编《荒政部》亦载："敕下江浙二省抚按，严饬有司有

---

① （清）王元基辑：《淳安荒政纪略》，清道光四年刻本。
② 李文海、夏明方、朱浒：《中国荒政书集成》第 2 册，天津古籍出版社 2010 年版，第 749—750 页。

遏籴截商者，即是擒获……如敢再蹈前辙，即从重参来处治。"① 清《赈略》云：乾隆七年（1742）特颁谕旨，强调严惩闹赈厂以及胁迫官府的灾民，凡是应当赈济的百姓，都发给印票，由本人前往领取，届时乡民凭票据前往领取，没有票据者一律不得领取赈米。凡不应领取者进入赈厂领取米粮，一概严惩②。清汪志伊辑《荒政辑要》指出对于土豪地棍以灾为借口煽动愚民联名减租的情况，官员勘灾时暗使妇女成群哄闹捏报灾害的情况，不应赈济却强索的情况，必定"严拿详究，毋稍宽纵"③。

公然啸聚抢米的现象直接造成社会动荡，威胁政府的统治，同时也让封建统治者感到颜面无存，在其看来进行严厉镇压是维护统治不可或缺的手段。《松江府志》卷一三载，万历十七年（1589 年）松江府发生异常旱灾，民众饥肠辘辘，政府告示宣称，若有饥民乘灾荒啸聚，打着劝借名号公然抢劫的，为首者枭首，州县官纵容隐匿的一律追究责任。对于那些不堪饥荒，铤而走险的饥民，游行示众后枭首。"如奸徒罗文献、卢二、高二等已经拿解，前来绑押，游示六门毕即毙之。通衢讫夫各犯抢人粮米本以幸生反以速奸"④。灾民抢劫大多是迫于饥荒，要杜绝这种冲突最根本的办法就是解决好农民的粮食问题。但统治者却一味地想通过武力震慑来压倒人民，痛惩首恶，警示余众。不仅如此，官府对阻米的现象也进行严厉镇压。乾隆十三年（1748 年）五月，青浦朱家角镇发生抢米一案，"审明踏沉米船、拆毁行面并勒令罢市抗官系秦补、王圣金为首，应立即杖毙，为从者分别充徒枷责"⑤。总体而言，地方政府对于灾民的管控是比较严格的，特别是对于为乱者的镇压手段更加强硬。

---

① 李文海、夏明方、朱浒：《中国荒政书集成》第 3 册，天津古籍出版社 2010 年版，第 1634 页。
② 李文海、夏明方、朱浒：《中国荒政书集成》第 4 册，天津古籍出版社 2010 年版，第 2032 页。
③ 李文海、夏明方、朱浒：《中国荒政书集成》第 4 册，天津古籍出版社 2010 年版，第 2526 页。
④ 崇祯《松江府志》卷一三《荒政》。
⑤ 《清高宗实录》卷三一五"乾隆十三年五月辛丑"条。

第五章　官民抗灾举措

——以杭州府为例

在中国古代历史上，由于频繁发生的自然灾害危及灾民，也危及封建政权的稳定，因而开明贤能的统治者总是要从维护统治秩序的目的出发，采取一系列相应的防灾救灾对策。而民间力量在自救与救济中也发挥着举足轻重的作用，这一点在明清时期更为明显。本章以明清杭州府为例，重点探讨基层社会组织如地方政府官员、士绅、慈善组织等在灾害自救与赈济过程中的作用，并通过这一研究透视乡村社会的运作形式。

第一节　官府的抗灾与赈济

防灾于未发，防患于未然，积极防灾备灾，能增强抵御自然灾害的能力，减少自然灾害及其中的人为因素造成的不必要的生命财产损失。防灾备灾是救灾的前提条件，防灾工作做得好，可以使得一些极端天气不至成灾；备灾工作做得好，可以使得救灾物资充足，保障救灾工作能够有条不紊地展开，提高救灾效率。明清时期的杭州府十分重视防灾备灾工作，其做法主要体现在以下两个方面：一是兴修水利工程；二是建立仓储备荒。

一　兴修水利

明清时期杭州府的水利工程建设大致体现在两个方面：一是疏浚河湖水道，清淤开塘，其中又以西湖的疏浚为主要对象；二是修筑杭海段海塘，加固河湖堤坝。正如《疏浚西湖碑记》云："浙省要工，海塘为最；其次，则西湖水利。"①

对于明清时期杭州府水利工程的建设情况，民国《杭州府志·水利一》《杭州府志·水利二》《杭州府志·水利三》，以及《杭州府志·海塘一》《杭州府志·海塘六》都有较为详细的记述，我们以此为据，并辅之以其他史料，对其进行进一步的阐释。

（一）明代的河湖疏浚

总体来看，杭州府在明代前期即洪武至宣德年间，以修池塘、建水闸为主，明代中后期自明英宗正统朝始，开塘、建闸、疏浚河湖三者并举（见表 5 - 1）②。

表 5 - 1　　　　　　　　　　明代杭州府疏浚河湖情况一览

年　份	事　迹	结果或影响
洪武七年	浚龙山河闸	
洪武二十六年	富阳知县卢仁于县西十五里筑施家塘，县东十五里筑五姑塘	
洪武二十七年	监生王敏等筑宋家塘于富阳县北 工部差监生杨昶至新城县重修官塘莲塘，开筑各乡水堰	
洪武二十七至三十年	余杭开挑国昌、灵凤二乡青桐湾、化同坞、虾蟆坞等处，筑塘	
洪武二十九年	工部差人材李荣到昌化县开挑湖塘及云老、泥晶、赤源三塘	
永乐二年	增筑南湖塘，使阔厚；创筑庙湾瓦窑塘，以防水患	
永乐九年	富阳县令王必宁以杜家浦水湮塞，建言修辟，并于浦旁筑横泥堰	
永乐年间	永乐间，重修化湾塘闸，三年乃成。迨正统十年复圮，筑治如故	

---

① 《疏浚西湖碑记》，清嘉庆二十年。
② 表 5 - 1 至表 5 - 12 的内容均是根据民国《杭州府志》卷五三至卷五六的有关水利记录整理而成。

年　份	事　迹	结果或影响
永乐年间	新城县令刘秉修鱼池潭，凿山通道，筑堰、建闸，立堰长司之	
正统六年	五月，奏海宁县请浚大东门外官河、小东门外园花塘、河北门狭石桥塘河、城中水门及筑瓦石堰二所，宜令农暇时遣官督理。从之	
景泰七年	近者势豪又行包僭无已，渐致湖水浅狭，加之闸石毁坏，民田既无灌溉之资，而官河亦以涩阻。乞敕有司：于农隙之时量工兴浚，并禁占侵，薄利阖郡军民。从之	
天顺元年	春正月，杭州府知府胡浚兴治水利。开浚相度，笕门太低者，重令砌高；其下检水闸圮者，重修之，令民不以时启闭致耗运河水利者有罚。……时又于官塘一带，重修陡门闸五；于小林，重建大闸	干旱获利，舟行通便；溉田数千
天顺年间	知府胡浚置闸富阳县南，名胡公闸	
天顺间	知府胡浚下新城县，委方镛督理筑坝于塔山下，凿沟引水通入城濠，绕城东西，至南门置闸放水，由城东官沟抵鸡鸣山入溪	民甚利之
天顺四年	肇元乡人陆璇倡率居邻，改周家坝为石闸，成化七年又改木塘坝如之	田受其利者二万亩畸
成化十一年	七月，杨瑄上杭州水利议：谓钱塘门左、涌金门右，其间有九渠之一，宜因其古迹浚，使为河，构石作桥，以道湖水。外置一闸，相时启闭，以御横流，庶几水利复兴。下部议核，许之 何善知新城县，相度县中田亩夹山，夏秋雨涨害稼，督民筑堤浚沟	竟得水利
弘治七年	以侍郎徐贯言，开湖州之浚，泾泄天目、安吉诸山之水，自西南入于太湖	
弘治十八年	四月，学录陈珲奏：浙东之地高阜患旱，设立湖闸随时蓄水以济东山等乡。其后，塘下有力之家年侵月削，岸皆崩圮，水亦枯涸，旱辄大苦，洪武初，官于湖侧刱开小港一道，以通后湖，亦被富民填塞。乞令水利佥事如旧清浚。从之 十月，巡按御史车梁奏：杭州西湖周围三十余里，专蓄水以溉田，近年豪右侵占，以为园圃，池荡种植桑柘菱藕，或塞为田，或筑为居，又欲固为已业，则于册内捏收佃税，给帖影射。官府因循，莫能禁察。水既堙阻，昔所仰溉之田，乃尽荒芜。乞查究还官，兴工开浚。从之	—

续表

年　份	事　迹	结果或影响
弘治至正德年间	弘治间，水利郎中臧某临湖勘踏，将各围占湖田每一亩升谷一石，地一亩升谷三斗，荡一亩升谷二斗，俱候秋成另仓收贮；所筑围埂亦尽掘毁，务令坦平，意在蓄水难耕，占者自退，实非徒升谷也。豪民乘此豪占获利，又不纳谷，甚为失策。正德间，水利郎中宋某经行本县，知南湖囊蓄天目万山水势，保障三府，行府查追各占湖田稻谷；筑堤造闸，尽将庄房竹木拆毁，通行开浚，还官。勒碑三贤祠内	
正德十三年	十二月，提督苏杭水利河道工部郎中朱衮修筑南湖	
嘉靖元年	久晴无雨，河渠枯涸，有司行勘郡城内外开通河道。自正德十六年秋至嘉靖元年春无雨，官府因枯涸之际开城内外河。但疏浚之法，当于下流用功。今委官不得其法，却令处处一时挑掘，人夫俱立水中捞土，或有用桶挽水者	空费人力，开掘不深，终于无益
嘉靖六年	里民何，捐田十亩、塘二口及赀费银两，重修县北乌狗塘堰澳	灌田二千七百余亩
嘉靖十八年	豪金徐衢等复占据湖田。钱塘知县陈天贵申达巡按御史傅凤翱、通判王宗尹，亲诣湖所，酌量水势，议将湖南五亩塍筑砌滚坝一所，寔盈寔泄，徭编坝夫一名看守，沿湖立碑，永禁侵占。所围土埂一概铲平。会陈令以迁秩行，未底成绩。二十三年奸民张景魁将湖田阴献戚畹邵氏为护坟田，事闻于水利黄光升，邵氏推让还官	
嘉靖二十二年	工部汪大受来莅榷事，于贴沙河疏湮淤，归侵轶，悉复旧迹	
嘉靖年间	于潜里人金豪以赵庙坂无堰，水道不通，不能栽种，将象皋山脚凿开石沟数十丈，筑堰田象皋新城知县袁泽加浚官塘。因塘塍沁泄，乃筑石立闸，名袁公闸	夏秋之交，水旱无忧，田遂升科蓄水至今为利
隆庆六年	冬十月，海宁县重浚市河	
隆庆万历年间	余杭知县刘绍恤王炳衡邑人童？吉，以泮池沙土未免旦夕淤塞，欲宏大其规，于学宫门外增浚泮湖三十余亩	
万历元年	新城县人侍郎方廉捐赀，借得水人户，于天柱山下建筑石堰一十四丈有奇	灌田数百余亩

续表

年　份	事　迹	结果或影响
万历三年	新城邑民呈县，言塔山堰岁久坍塌……知县温朝祚撤去水碓，将小溪筑塞。查承堰水田户派银筑坝	
万历四年	七月，巡抚都御史宋仪望言：三吴水势，东南自嘉秀沿海而北，皆趋松江，循黄浦入海。……就其全势而论，杭、嘉、湖、常、镇势绕四隅，苏州居中，松江为诸水所受最居下。水利不可一日弗讲也，乞专设水利金事以裨国计。部议，仍遣御史董之	
万历三十四年	余杭县民葛臣等将前侵占之害闻于水利道王询。行委富阳令桂轸、钱塘令吴应征会勘。两县令申文极为详尽。而时奉行无实	
万历三十五年	海宁县民蒋坡等呈请修□江塘。县令郭一轮主其役	
万历三十七年	余杭知县戴日强奉檄相度湖势，寻址开浚，竖碑八座。湖中筑十字长堤。堤上莳桑万株，一便固堤，一便召佃，充五年一小浚、十年一大浚之需。仍于苕溪旁筑塘二以固堤防，湖堤内设闸二以节奔涌，设坝二以防冲啮。四隅各设夫二以察损坏，规制划然，可垂久远	
万历三十八年	余杭知县黄象鼎以县西塘当九水之冲，为县民患，筑塍百余丈防之	
万历三十九年	余杭知县戴日强修筑瓦窑、新湾等塘	
崇祯四年	新城胡公渠近城，沟濠为居民侵塞。令许征芳勘视，侵者复之，塞者通之，水注城隍如故	
崇祯十四年	大旱，诸闸笕俱高不能泄水。当事议去运河底石，泄水至下河可救田数十顷。比泄水后，石缝不能合，多方弥纶，水终漏下。里人陶子昂献策截运河两边水戽干以猪肝杂瓦灰捣烂合石缝，不半日而石底如故，至今犹坚固也	

　　具体来说，明洪武二十六年（1393 年）至洪武三十年（1397 年）这四、五年，杭州府地区开挖施家塘、五姑塘、宋家塘、莲塘、赤源塘等多处池塘，覆盖富阳、新城、余杭、昌化等县。永乐时期，杭州府水利工程颇多，如增筑南湖塘，又修筑庙湾瓦窑塘和横泥堰等，疏通水系，降低水灾的影响。钱塘县境内的苕溪因地势水流汹涌，水患较重。永乐年间，苕水横决，导致化湾塘闸倾圮，庄稼、房屋被淹没，朝廷派遣户部尚书夏原吉、通政使赵岳赴浙江勘督修筑水闸，三年后告成。同样也是在永乐时

期，刘秉知新城县，鉴于该县内的鱼池潭蓄水能力低，又因为潭水南岸隔山田亩每遇干旱不能灌溉，因此刘秉亲自勘测地形，请民夫千名，带领众人凿山通道，筑堰二十余丈，并设立堰长一职来管理，竣工之后，上下田二千余亩由此而变为膏腴之田。

明朝中期豪强侵占河湖的状况日益严重，成为杭州一大社会问题。景泰七年（1456年），有司上奏朝廷："势豪侵占无已，湖小浅狭，闸石毁坏。今民田无灌溉资，官河亦涩阻。乞勅有司兴濬，禁侵占以利军民。"①希望朝廷对此进行治理。天顺年间，杭州知府胡浚兴修水利，工程遍及杭州府各地，留下许多水利遗产。如疏浚海宁县运河塘，重修陡门闸，又在新城县塔山筑坝，带动民众捐资凿沟建闸。在富阳县南置闸，百姓称该闸为胡公闸，以示纪念和感激。

弘治时期，地方豪强侵占杭州河湖的问题日益严重，官府不得不坚决予以整治。弘治十八年（1505年），官府疏浚西湖，收回豪门大户侵占的大量湖地。正德年间，水利郎中宋某经过余杭县时，将被侵占的湖地收回，并修筑堤坝、水闸，拆除违法建筑，疏通水道。嘉靖时期，继续打击侵占河湖的行为，如嘉靖十八年（1539年）、二十二年（1543年）在进行水利建设时，明令禁止侵占河湖，强制归还侵占的河湖之地。明神宗万历时期是杭州府水利建设继洪武、永乐之后的又一个高峰期。在这一时期里，余杭、海宁、新城等县均有开塘疏浚河道之例，尤以余杭为最。迨至明末崇祯四年（1631年），新城县境内胡公渠近城沟濠为居民侵塞，县令许征芳勘视之后，收回被侵占的土地，又将堵塞的沟濠重新疏通。

（二）清代的河湖疏浚

清代官府也曾多次对杭州河湖进行疏浚清淤，其中，以康熙、雍正和光绪三朝为最。清代官府之所以要疏浚杭州河湖，其原因有三：一是防备旱涝；二是转漕通航；三是为清帝南巡做准备。这些举措诚然具有防灾减灾作用。

---

① 《明史》卷八八《河渠六》。

表5-2 清代西湖疏浚情况一览

年 份	主持者	事 迹
顺治九年	左布政使张儒秀	左布政使张儒秀立为禁约，奸民占为私产者，勒令还官
康熙四十六年	浙江巡抚王然、杭州府知府张恕可	十二月，浙江巡抚王然檄行杭嘉湖三府确查水利，随据杭州府知府张恕可详称：杭属钱塘县，西湖有涌金水门引湖水入城，周流曲折，归于海宁地界；湖北圣塘闸，泄水于濠河，流至新河坝，其减水石堰二闸之水，由桃花港入于余杭县界，流于大河，可资灌溉。今桃花港淤浅，约长三里，应行开浚。其余西湖通水诸处，皆有旧闸可考，劝率沾利农民勤加保护疏通，以资田畴。其支河港荡有淤浅者，令及时开浚等。因详核具题，奉旨动钱粮疏浚
雍正二年	盐驿道王钧	诏兴水利。盐驿道王钧以捐赏助浚。照旧址开通水源，凡湖中沙草淤浅之处，悉疏浚深通，其旧堤坍塌者，即将所挑沙草帮筑坚固。其上流沙土填塞于赤山埠、毛家埠、丁家山、金沙滩四处。建筑石闸，以时启闭。至四年冬告成
雍正七年	总督李卫	总督李卫开浚金沙港，动支岁修银三百三十六两。并添筑滚坝一座，设立坝夫二名，岁给工食，使不时挑浚，毋使沙砾泻入湖内
雍正九年		于金沙港筑堤六十三丈，建玉带桥一座，接于苏堤以通车马往来之便
乾隆二十二年		春，巡抚杨廷璋会同总督喀尔吉善将湖址逐段丈勘，筹酌清理情形，委道府督率佐杂各员分头展视，除久垦成田无碍水源者免其清出，其有碍之地荡淤滩，尽行开挖，归湖一里有余丈，实湖面计二十一里二分，立石于湖四岸，永禁侵占，仍造册绘图存案。所有免其清出之田亩地荡，酌定租额，以充岁修之用
乾隆三十九年	巡抚三宝	巡抚三宝大浚西湖。筹酌工费，有乾隆三十七年节存解费银一万一千余两，提取开浚西湖之用。将各处窄港淤滩，分段挑浚。经始于三十九年十一月，至四十年五月工竣，实支用银九千五百六十一两零，余存银两酌为定格。每岁秋冬之际，饬地方官将葑草捞取一次，俾湖面无所淤积
道光年间	巡抚帅承瀛	巡抚帅承瀛以在任裁存商捐银四万，捐浚西湖

续表

年份	主持者	事　迹
同治三年	知府薛时雨、总捕同知李国贤	知府薛时雨、总捕同知李国贤浚西湖
同治四年	巡抚左宗棠、布政使蒋益澧	巡抚左宗棠、布政使蒋益澧浚西湖
同治六年	巡抚李瀚章	巡抚李瀚章议办岁浚西湖，发钱一万缗，生息，年得二千六百余千，循照旧章招集渔户，挨轮责浚
光绪二年	巡抚杨昌浚、饬楚军副将刘东升等	九月，巡抚杨昌浚、饬楚军副将刘东升等疏浚西湖，三年冬毕工

　　侵占河湖的现象至清代依旧是屡禁不止，西湖问题尤为严重，从而引起清政府的重视，这从表5－2所反映的情况可以看出。顺治九年（1652年），浙江左布政使张儒秀立下禁约，并勒令奸民将非法侵占的西湖湖地归还官府。雍正二年（1724年），按照西湖旧址清淤疏浚，恢复西湖水域面积。乾隆二十二年（1757年），官府立石于西湖四岸，永禁侵占。康雍乾时期，清政府对西湖进行数次较大规模的疏浚，定下岁修之例，即每年都需对西湖进行清淤工作，又修筑大量的堤、堰、闸、坝，从而改善西湖的水文环境（见表5－3）。此后百余年间西湖较大规模的疏浚工程又有多次。嘉庆之前，清朝国力昌盛，疏浚西湖的费用皆仰赖朝廷划拨。嘉庆之后，国库空虚，清政府改变策略，开始接受民间的捐资用以兴修水利工程。

表5－3　　　　　　　　　　清代西湖隄堰闸坝修筑情况一览

年份	主持者	事　迹	结果或影响
康熙九年	总督刘兆麒、巡抚范承谟、耆民施国贤	总督刘兆麒、巡抚范承谟以运塘河路利济攸关，遂酌议兴工，计水阙共一千三百六十三丈，每丈工料八两；坍塌石塘共四千二百九十五丈，每丈工料四两七钱；无石塘路共一千二百二十五丈，每丈工料五两，约需银四万两。是时督、抚、布、按捐俸，绅士、义民乐输，委耆民施国贤董其事，历一载，筑成石塘四千三百八十三丈，桥六百二十三洞	虽以工费不继，未及竣工然往来利涉，漕艘通行，商民称便
康熙二十一年	巡抚王国安	巡抚王国安建河道堤闸	

续表

年份	主持者	事　迹	结果或影响
康熙四十六年	福浙总督梁鼐、浙江巡抚王然、温处道高其佩	十一月，福浙总督梁鼐、浙江巡抚王然会勘杭州府河渠水口，应疏浚建闸处，委温处道高其佩开浚运道	
雍正二年	总督觉罗满保、巡抚黄叔琳、粮储道官员	六月，总督觉罗满保、巡抚黄叔琳具题：浙江省城至江南吴江县接界一带，官塘运河间有浅处，其支港亦多壅塞，急应疏浚，以通运道。细加丈量，节省确估。委粮储道督率各官实心料理开浚。仁和、钱塘、海宁田十数万顷，全借省城上下两塘河水灌溉，自闸废土淤，民占为利甚微，而所损三属田亩逾巨万。叔琳疏请：照西湖旧址清出归湖，去其梗塞，开通水源，所属官塘运河支港坝堰斗门俱一律疏浚，以兴水利	浙民便之
雍正七年	总督李卫、知县王廷藩、县丞于平	总督李卫动给帑银八百六十两有奇，委知县王廷藩县丞于平修筑北新关外一带塘岸	

这一时期，杭州府属各县水利工程建设也是方兴未艾，详参表5-4至表5-12。

表5-4　　　　　　　　　　清代钱塘县水利兴修一览

年份	主持者	事　迹	结果或影响
康熙三年	知县何玉如	知县何玉如以钱塘下乡当苕水下流，余杭南湖一决，未抵太湖，则下乡先为巨浸。因请于巡抚范承谟开浚南湖	民咸德之
康熙九年	布政使袁一相	布政使袁一相檄县重修化湾塘闸	
康熙二十四年	巡抚赵士麟	巡抚赵士麟重建龙山河	
康熙四十七年	浙江布政司	浙江布政司动正项钱粮，疏浚支河港荡，造册详报	
康熙五十五年	知县魏嶂	安溪陡门闸在女南一图，北对安溪镇，大水冲圮。知县魏嶂修筑	
雍正五年	总督李卫	总督李卫委员动帑修筑压沙溪塘五十八丈，又动帑修清湖三闸	

续表

年份	主持者	事　迹	结果或影响
雍正七年	崇化乡七里居民	总督程元章檄知县李惺查议化湾陡门事宜。先是雍正三年，陡门土陷一丈五尺，崇化七里居民出赀修筑，优免杂使差徭	
道光十一年	巡抚陈芝楣	秋，大水，陈方伯芝楣命杭之仁、钱，湖之程、安、德、武六邑被水灾区同日兴工，官督民办，修圩修岸，不下千万计	

表 5 - 5　　　　　　　　　　清代仁和县水利兴修一览

年份	主持者	事　迹	结果或影响
康熙十年	浙福总督刘兆麟、浙江巡抚范承谟等	士民郭定生等以临平陡门闸自明季为土豪佃据阻塞，呈明督抚刘兆麟、范承谟，开浚修筑得以如旧，上下塘均受其益。邑人施国贤募修运河上塘，共五千余丈，工程甚巨，凡遇水缺皆侧立石板作方斗	惜纳土不实，旋就倾圮
康熙四十七年	朝廷、浙江布政使	浙江布政使奉旨动正项钱粮疏浚支河，造册详报	
雍正二年	朝廷	二月，诏兴浙江西湖水利。督抚觉罗满保、黄叔琳题请以沿河尽为鱼荡，田园清理既难，工程复大，非一时可以并举之事，应俟西湖完工之日，再为确议具奏。五年二月钦奉动用库银，令小民就近佣工。上谕巡抚李卫等钦遵察勘内外，应行修浚之处次第奉行，上下两塘河支河港汊堰埭桥梁靡不修举坚固，疏浚深通	
雍正五年	巡抚李卫、杭防同知马日炳	巡抚李卫委杭防同知马日炳开浚上塘河，自艮山门外施家桥起施家堰止，计七千七百九十九丈	
雍正七年	巡抚、知县董怡曾等	动给帑银一千三百有奇，委员开奉口河；又动给帑银四百两，委员修大云湾塘；又委知县董怡曾修清凉闸	
乾隆三十二年	巡抚熊学鹏	巡抚熊学鹏准仁和县士民之请，挑浚上塘各支河港汊，里民随段各出资力，官董其成。自铁关至笕桥，委署主薄顾锡圭董理。自刘坟村等处至赤岸，委唐栖巡检高芝董理。自赤岸村至临平，委临平县李□董理。并以塘岸堰闸修筑，不致上塘水骤泄下塘	现今四乡足水，溉运两便

续表

年份	主持者	事　迹	结果或影响
同治六年	巡抚马新贻、丁丙	十一月，巡抚马新贻饬邑绅丁丙浚临平湖，并修海宁闸坝，自临平赤岸起至海宁长安止，开复河道七千七百丈有奇，次年二月毕工	
光绪十三年	粮储道廖寿丰、丁丙	八月丁丙疏浚瓶窑溪河，兼查湖墅东河，自混堂桥起至艮山城濠止，又豆腐弄南塘埠两河口，均会营派勇挑浚。是年九月，粮储道廖寿丰捐俸五千两开浚北湖。十一月，寿丰复以西大塘旧río险名，当三苕会合之冲，左多高山右皆平壤，北湖既浚，塘堤未培，命丙经理，择要挑培，分段清丈	
光绪十六年	丁丙	六月，丁丙开西溪河，添设金筑闸以资启闭。八月修筑上河堤坝，自东新关及李王桥至临平之婆婆闸，凡十九处。九月修葺奉口陡门，改归钱邑险塘公所承值岁修	
光绪十九年	巡抚崧骏、丁丙	二月，巡抚崧骏饬丁丙堵沈家坝、杨家坝缺口，借蓄上河之水，六月开浚东河，并浚下河，自姚家坝至沈塘湾上，凡一百三十丈有奇	

表5-6　　　　　　　　　清代海宁州水利兴修一览

年份	主持者	事　迹	结果或影响
顺治二年	巡抚萧起元	巡抚萧起元以海宁南钟坝填塞，复行修筑	
顺治十年	知县秦嘉系	十月，知县秦嘉系开疏市河，又疏导六十里塘河	
康熙十四年	巡抚陈秉直、杭州知府、嘉兴知府、知县许三礼	四月，居民呈请修南钟坝。巡抚陈秉直委杭、嘉两知府确勘修筑。十月，知县许三礼重浚二十五里塘及碤石袁化等河	
康熙五十七年	巡抚朱轼	巡抚朱轼重浚六十里塘河	盐艘民舟往来咸利
雍正五年	巡抚李卫、湖州知府吴简民、杭州同知李飞鲲	巡抚李卫委湖州知府吴简民、杭防同知李飞鲲，动给邑绅陈邦彦捐输银，重浚二十五里塘河。自镇海门外吊桥起，直抵长安镇，迤西至施家堰仁和县界止	

续表

年份	主持者	事　迹	结果或影响
雍正七年	总督李卫、湖州府知府吴简民 总督李卫、湖州府知府吴简民	又委吴简民重浚硖石袁、花二河，一自宣德门外吊桥起，由郭店至北施家桥止；一自春熙门外起，由教场桥至东新仓港止 总督李卫委湖州府知府吴简民开浚海宁县城内市河，自拱宸门起至安戍川止	
乾隆十六年	巡抚永贵、知县刘守成	十二月，巡抚永贵檄知县刘守成重浚六十里塘河。城内市河施工未竟，旋即中辍	
光绪十八年至光绪十九年	巡抚崧骏、布政使树棠、知州苏嘉淦	冬，长安河道浅沮，知州苏嘉淦详巡抚崧骏、布政使树棠拨款疏浚。正月，仁和县知县伍桂生奉檄往勘。以时春水已生，蚕市将作，议定先堵猪口涧之沈家坝、陆家桥之杨家坝缺口，借蓄上河之水	

表 5 - 7　　　　　　　　　　　**清代富阳县水利兴修一览**

年份	主持者	事　迹	结果或影响
康熙元年	知县朱永盛	知县朱永盛开浚东门庆春河	
康熙五年		修筑阳陂湖堤	
康熙二十年	里人邵士庄	里人邵士庄筑偃虹堤于垒口溪上长互几里，又邵庄筑普济堰以溉新桥坂田	
康熙二十二年		重浚筑阳陂	
雍正七年	总督李卫、富阳知县朱永龄	总督李卫委富阳知县朱永龄开浚城内并北门外一带河道，城西北建坝闸一座，以蓄潮水	
乾隆十四年		始置黄毛堰孙浦闸，闸有上闸、下闸之别	
光绪十七年		里人集资重修阳陂湖西闸	
光绪二十年		重修孙浦闸	

表 5 - 8　　　　　　　　　　　**清代余杭县水利兴修一览**

年份	主持者	事　迹	结果或影响
康熙元年	知县宋士吉	知县宋士吉于南湖滚坝上更襄筑辅坝，广袤高下与滚坝等	

续表

年份	主持者	事　迹	结果或影响
康熙十年	巡抚范承谟、知县张思齐	九月，巡抚范承谟酌浚南湖，捐俸委杭州知府嵇宗孟会同仁、钱、德、清分土分工。本县知县张思齐昼夜监督开浚，四县民夫皆大鼓励，阅三月告成。知县张思齐又捐赀修筑天竺陡门，改旧井字式为八字式，以便启闭，复开浚港道，引溪流入溉田亩	民利赖之
康熙十九年	知县龚嵘	知县龚嵘浚南渠河，增筑辅坝，修南湖六桥	
乾隆三十四年	巡抚永德	巡抚永德履勘南湖形势及建塘设坝原委。议将下湖西南隅所有新丈入额田地三百二十余亩，铲复豁粮，以还湖身之旧。滚坝东皂荚泥塘逼近深潭，易致冲决，议取湖中浮土填潭，使塘身宽厚以成要工。凡一切塘坝俱仿绍兴南塘之例，令应修各里民人每岁按亩出钱，交官存贮。遇有应修塘坝，估工价，按数发交该董事经理。有余即挑土培塘。并设坝夫三四名，巡查看守，以防偷掘	俾南湖篊宣充畅足以分杀暴涨，则附近乡里永无冲决之患
乾隆三十五年	布政使富勒浑、杭州知府、知县汪皋鹤	布政使富勒浑饬知县汪皋鹤，议浚南湖。令余杭城东南等庄二十四里之产户照赋派方，统计漕粮银止万八千零，欲派人夫一百九十余万。民皆畏缩，赴院告免。转委本府相度形势，因议改增湖堤，以塘高一尺即蓄水一尺，庶免盘泻之虞。三次加倍，增高八尺。然所去之土，沿塘阔只二三丈深，不及一尺	
乾隆五十七年	训导任昌运	瓦窑塘圯，训导任昌运重筑之，并筑乌龙篊塘	
乾隆五十八年	知县张吉安、邑人潘璂	知县张吉安以吴家埠塘埁陷，酌议修理，以取土培塘身为难其赀。邑人潘璂请委石塘脚以护之，并请饬附近田圩，每亩各留一条以便取铺塘面	
嘉庆十年	邑人王揆	邑人王揆具呈请修天竺陡门，以旧址太高，遇旱则溪流不能灌入，因酌量稍低，独力改建	泾子河以东田亩赖焉

续表

年份	主持者	事　迹	结果或影响
道光三年		水灾，皂荚塘圯，余邑文山等十八庄，及钱邑之钦贤等二十五庄，均被其患，乡民自筑备塘，水势稍减	
同治三年	巡抚左宗棠	春，巡抚左宗棠剿匪驻营，筑皂荚塘，事平，至夏水骤涨，西首塘身坍卸。十二月，知县邹梓生禀请如式补筑，与东首新老各塘一律完固，南湖底不无高下，应请于溪水入湖处先行开掘，由石门桥至函洞止，开新港二百四十三丈，阔二丈四尺，深一丈五尺，并通函洞浚竹木河引灌，使溪水盘旋而出，势自纾缓。如逐年广开新港，浚复全湖不难矣。又以南湖淤塞，由临、于二邑棚民遍山开掘树根，栽种杂粮，致沙泥随涨下积。邑人潘瑗曾论及之。近年增以闽瓯厂民种山者，较前尤伙。请檄饬临、于两县永禁开山。禀上巡抚，饬布政司出示，札发临、于二县，令厂民尽行种田，永禁开掘山树栽种	
同治五年	知府谭钟麟、刘汝璆	三月，知府谭钟麟以瓦窑塘当苕溪冲要，市廛田亩赖作保障，而竹木各商运货每令簿户在塘边钉桩绊系，竹木溪流水急，日夜动摇，以致塘身逐渐损伤。给示勒石永禁。碑石植立塘侧，牙侩篙工往来窃相磨毁，未几已至没字。嗣复贿属劣董饰言储款修塘，重请开禁，知府刘汝璆谓虽捐有经费可修，莫若毋损塘身之为是。八年三月重申旧章令，将竹木放木香埠以下堤边桩吊，不准在瓦窑塘绊系。复行勒石示禁	
同治十年	知县刘锡彤	知县刘锡彤重修西涵陡门皂筴塘	
光绪十三年		重浚北湖并同上仲学辂苕溪险塘	
光绪十六年至光绪二十年	巡抚崧骏	被水，大饥，巡抚崧骏奏请以工代赈，浚治南下湖，委员督浚将南下湖沿堤四周并十字堤沿堤周开小河一道甲午，崧骏以工代赈浚河培堤	

表5－9　　　　　　　　　　　　清代临安县水利兴修一览

年份	主持者	事　迹	结果或影响
康熙年间	知县陈提知、教谕孙震	令陈提知、教谕孙震于泮湖南筑避水塘	
雍正五年	知县张桐、邑绅徐宏坦	雍正五年，令张桐、邑绅徐宏坦重浚	
乾隆二十年	知县赵民洽	知县赵民洽浚学外泮湖以备溉田之用	
道光二十八年		修筑长桥黑龙等堰	
道光咸丰以后	知县吴庆祥、邑绅胡仁义	泮湖水半淤积，民争栽禾。光绪间，知县吴庆祥、邑绅胡仁义浚并公议永禁栽莳。按：旧《临安县志·水利》云，邑地高水泻，盈涸不常，惟累土填沙为堰以资蓄泄，每一决则膏腴顿成陆地。故各堰皆立长以监之，司岁修防盗决。地出薪炭香纸，结筏转输必以其时。定例闭堰于四月朔，开堰于九月朔，凡以为溉田计者。至矣！	

表5－10　　　　　　　　　　　清代于潜县水利兴修一览

年份	主持者	事　迹	结果或影响
康熙十四年至二十四年	知县张在国等	知县张在国因县城乏水，穿城凿沟由北。众请于县，撤去城中宫沟架屋，按宫沟泉由黄山堰注入	一时称便

表5－11　　　　　　　　　　　清代新城县水利兴修一览

年份	主持者	事　迹	结果或影响
康熙八年	知县张瓒	知县张瓒重修青山、查村、天柱三堰	
康熙十年		重浚胡公渠	
康熙二十二年	知县孙毓珩	知县孙毓珩于永昌乡相度形势，开渠引水，捐俸倡筑新堰。民因号为孙公堰	
雍正七年	代理巡抚蔡士舢、知县罗爌	署巡抚观风整俗使蔡士舢委新城县罗爌修筑永昌、昌东、昌定、东洲、七贤五乡冲坍堰坝	
道光元年	知县武新安	知县武新安建闸于胡衙坝北岸小石桥下，以拒大溪洪水	

续表

年份	主持者	事　迹	结果或影响
光绪二年	昌定乡绅士李学源	七月，大水，城濠为泥沙淤塞至数里，居民欲开浚而难其赀，昌定乡绅士李学源创捐开浚	

表 5 - 12　　　　　　　　　　清代昌化县水利兴修一览

年份	主持者	事　迹	结果或影响
乾隆八年	典史汪自孔	知县甘文蔚履勘东堰，责革陋规，酌定：堰坝分水丈尺，委典史汪自孔，督令堰南北两庄业户遵式筑砌。勒石永禁堰长借端勒索商旅	
乾隆九年	知县甘文蔚、典史汪自孔	大水，成地变作沙洲。知县甘文蔚出示劝谕委典史汪自孔估工督令各业户兴筑大埂数百余丈，以防水激	
乾隆十二年	代理知县王元音、典史汪自孔、邑人章坫	复被水冲八十余丈，署令王元音典史汪自孔捐俸，邑人章坫捐赀，倡率各业户补筑石壁湾堰完固	
乾隆三十六年	邑武生章镗	邑武生章镗捐银三千二百两，买民地凿沟引水，自石壁湾堰头开凿洐洞，接连转造二十七洞，长一十六丈二尺……工竣，原田悉行垦后，听原户照契管业	
同治七年	知县史致驯	昌化知县史致驯修各庄堰坝。按：宣统初年昌化采访册，全邑能通舟楫之河，仅一道，长六十七里	

　　杭州府所属各县水利工程建设，从区域来看以仁和（见表 5 - 5）、钱塘（见表 5 - 4）、海宁（见表 5 - 6）、富阳（见表 5 - 7）、余杭（见表 5 - 8）等州县为多，临安（见表 5 - 9）、于潜（见表 5 - 10）、新城（见表 5 - 11）、昌化（见表 5 - 12）等县则较少。从时间段来看，康雍乾时期水利工程兴修较多，乾隆之后则较少。水利工程建设地区分布不均衡，究其原因，一是因为仁和、钱塘等地地势相对平坦，水系众多，而新城、于潜等县主要是丘陵地带，地势较陡，水系较少；二是因为前者耕地多，人口密集，后者耕地少，人口稀少，水利建设效益差距大。

　　杭州府东面临海，又有钱塘江水系自西向东流经境内，每遇风潮暴雨时便有堤坝冲决、淹没人畜与田庐的事件发生，因此修筑、加固堤坝也是当地人们应付大潮洪水的有效手段之一，为人们所重视。

（三）明清的海塘兴筑

海塘即是海堤，主要用来抵御海潮的侵袭，江塘便是江堤，用以抵挡江潮的冲击。杭州府境内海塘主要在海宁一带，属于杭海段。明代修筑塘堤通常是在塘堤被毁、潮水造成重灾之后的被迫之举，被动性很明显。明代杭州府境内修筑塘堤主要是在洪武、永乐和成化年间，其余时期则较少修筑。其事主要记载在民国《杭州府志·海塘一》至《海塘六》之中，这里据此作简要论述。

表 5-13　　　　　　　　　明代杭州府海塘、堤坝修筑情况一览

年 份	事 迹
洪武二年至五年	明洪武二年（仁和县）建永昌坝，三年建猪圈坝，五年建会安坝、德胜坝
洪武十年	七月，浙江布政使安然率民夫伐石筑江堤
洪武二十五年	左布政使王钝修筑江岸。江岸潮汐为害。钝率民夫伐石捍江
永乐元年	筑浙江杭州府缘江堤岸。先是浙江都司布政司言杭州府汤镇、方家塘边江堤岸为风潮冲激，沦于江者几四百步，延袤四十余步，沉溺民居及田地四十七顷，宜改筑以扞潮汐。上以农务方殷，命秋成后为之。至是始筑云
永乐五年	庚戌，浙江布政言杭州府沿江堤岸复沦于江。上命左通政赵居任督民修筑。修杭州府钱塘、仁和堤岸。修余杭南湖坝
永乐六年	发军民修筑仁和、海宁二邑江海塘
永乐九年	辛未，工部言浙江潮水冲决仁和县黄濠塘岸三百余丈、孙家围塘岸二十余里，海宁县风潮溺死居民，漂流庐舍，坍塌城垣，请发军民修筑。从之，仍命户部遣官巡抚被灾之家
永乐十一年	修浙江仁和、海宁、海盐三县土石塘岸万一千一百八十五丈
永乐十一年	五月，江潮平地水高寻丈。仁和十九都、二十都居民陷溺田庐，漂没殆尽。守臣申奏。朝命工部侍郎张某监筑堤岸。役及杭、嘉、湖、严诸府军民十余万。采竹木为笼柜，伐皋亭山魂石纳其中，叠砌堤岸以御江潮。修筑三年，费财十万
永乐十八年	浙江海宁等县言湖水沦没边海塘岸二千六百六十余丈，延及吴家等坝。命有司量起军民修筑

续表

年　份	事　迹
永乐十八年	九月，通政岳福言浙江仁和、海宁二县今年夏秋，霖雨风潮坏长降等坝，沦于海者千五百余丈。东岸赭山、岩门山、蜀山旧有海道，壅淤绝流，故西岸潮势愈猛，为患滋大。乞以军民修筑。从之
永乐十九年	十月，修浙江海宁等县塘岸，二十一塘，岸二十余里。海宁县风潮，溺死居民，漂流庐舍，坍塌城垣，请修筑。……俱从之。十一月……修浙江仁和、海宁、海盐三县土石塘岸万一千一百八十五丈
宣德五年	巡抚浙江侍郎成均筑捍海堤
宣德十年至正统四年	（富阳）知县事吴堂议筑春江堤防：在县南觅浦至观山三百余丈，皆垒以石，唐令李浚所筑，岁久圮，至是重筑之。正统四年十月，江堤成。民感其惠，更名吴公堤云
正统五年	浙江海宁卫百户罗贤奏：海水决蛎岩头堤，浸田七十余顷为卤地。乞筑塞之。下浙江三司，俟农隙兴役。六月筑
成化七年	九月，钱塘江岸为风潮涌决千余丈。近江居民田庐俱没。山阴、会稽、萧山、上虞四县，乍浦、历海二所，钱、清诸场灾亦如之。守臣以闻。命侍郎李颙筑之
成化八年	巡视浙江工部右侍郎李颙奏：钱塘江岸为潮水冲塌者计四百九十余丈，其修筑工料合用银七万三千二百余两。今官库收贮十不及五，如俟续收、赃罚解补，恐工潮复作，前功尽弃，欲取布政司存留粮银支给充用，量起杭州府卫人夫修筑。工部议以为当。从之
成化十年	十年筑海宁县堤，陈之遄《筑塘议》：大潮冲决堤岸，用崇德沈丞筑法，堤始成。□臣谨按：是役止见陈之遄《筑塘议》，旧志失载。沈丞，向逸其名，而成化十六年有维沈让溢丞任，前此无有也，筑法不传
成化十二年	奏杭州、嘉兴、绍兴三府所属海宁、海盐、山阴、萧山、上虞等县海塘冲塌数多，即今修筑，民力不足。乞照上年例，以杭州城南抽分竹木存留七分，卖银角□羊部者，以备筑塞工料，庶□民力。工部以为内府造供应器皿，并清江卫河造运船，皆取给于抽分之数，所系亦重。宜令各府先以在官物料支用，如不足，则于附近无灾府分借倩协济。从之
成化十三年	海宁海堤决。佥事钱山重筑障海塘
成化二十年	九月，命修嘉兴等六府海田堤岸，特选京堂官往督之
弘治十二年	御史吴一贯修筑石堰
嘉靖十二年	海宁县知县严宽建议准海盐例，岁储均徭役银以备海塘修筑之用。自后宁邑设海塘夫一百五十名，岁储役银三百两，著为令。自宽始也
万历五年	海宁县知县苏湖修海塘成

续表

年　份	事　迹
万历十八年	通判江必晖重筑（余杭）天竺陡门
万历三十三年	钱塘县知县聂心汤筑钱塘宝船厂一带塘堤。钱塘宝船厂一带旧无堤塘，田土倾坍。邑令聂心汤鸠工核实，椿石坚巨，为久远计，费六千余金
万历年间	（富阳）令喻效龙以湖山碛旁之支下坝久为积水所坏，亲诣本所，督令得水之民量田出费捐助，下砌以石，上筑以土，遂免旱潦之患
崇祯三年	三月，同知刘元瀚修海宁县捍海塘，堤成

资料来源：民国《杭州府志》卷四七《海塘一》。

　　明太祖洪武年间，杭州府内堤坝修筑工程较为频繁，约有 5 次。明成祖永乐年间，杭州府境内塘堤修筑工程将近 10 次，为有明一朝之冠。特别是永乐十一年（1413 年）修筑塘堤工程前后历时 3 年，耗资 10 万两白银。永乐之后，除成化、万历年间之外，兴修堤坝的工程次数都比较少（见表 5－13）。

　　清代对浙江沿岸的海塘施行岁修制度，而杭海段海塘是拱卫杭、嘉、湖等地区的屏障，作用尤为重要，因此得到朝廷格外的重视，投入的人力物力最大，屡次大兴修建，无论是修建的次数还是修建的规模，清代都堪为中国历代王朝之最（详见附录之"三、清代杭海段海塘修筑简况表"），其修筑特点如下。

　　一是海塘修筑具有明显的阶段性。清代杭海段海塘的修筑最为频繁的时期为康熙三十八年（1699 年）至嘉庆十三年（1808 年）这百余年间，以及同、光年间。在康熙帝执政之初，朝廷已经计划修建海塘，但考虑到会毁坏当地的桑麻之地，又加之百姓不愿受役使，因此只是小规模地修筑了一两次。自康熙三十八年（1699 年）始，连年修筑杭海段海塘渐成定例。而雍正一朝，修建杭海段海塘的频率甚至超过一年一次，这种频繁修筑海塘的势头一直延续到嘉庆前期。嘉庆中期至道光前期，海塘修筑工程几近停滞。道光十一年（1831 年）、十二年等年份滨海州县屡遭风潮，海塘坍损，故而自道光十二年（1832 年）开始对杭海段海塘进行较大规模的修筑，至十六年（1836 年）二月陆续竣工。太平天国时期，战争频仍，海塘修筑工程一度废止，后清政府在杭州府恢复统治，才又展开对杭海段海塘的修筑工程，特别是在同治三年（1864 年）至光绪十九年（1893 年），掀起了修筑杭海段海塘的又一个小高潮。

二是海塘修筑投入大。清代杭海段海塘修筑需要大量的经费，少则需银上千两，多则费银逾万两。雍正初年下诏修筑海宁东塘，塘身修筑 3614 丈，用银 8601 两 4 钱 1 分。而清乾隆中期至嘉庆初期，国力鼎盛，意图"一劳永逸"，彻底解决海塘问题，所以进行了数次大规模的海塘修筑工程，每一次海塘工程所用银两都很多。乾隆四十六年（1781 年），增建海宁老盐仓迤东鱼鳞石塘，估计花费银 798800 两；乾隆五十二年（1787 年），范公塘以东鱼鳞大石塘建成，共花费银子 871264 两；嘉庆皇帝统治之初的几年里，海塘工程的修筑费用也基本保持在数万到十几万两之间。清朝中晚期国力渐衰，无力再承担起大规模的海塘修筑工程，逐渐开始接受民间绅商的捐资以补充海塘修筑经费的不足，如道光十三年（1833 年），修筑杭海段某处海塘约略估计需银 200000 余两，官府经济拮据难以承受，为此，内阁学士陈崇庆奏请：

> （杭嘉湖苏松常镇）此七郡中绅士殷商及附近江浙处亦有急公好义者，若准其输赀捐办，既于要工大有裨益，亦不至动用正项钱粮，臣所指念，里亭汛石工尚是择要兴修捐项，傥有赢余更可一律修整，为巩固持久之计。①

这一建议得到道光帝的准允。由此也反映出民间资本的壮大和新的社会力量的崛起。

清代帝王如康熙、雍正、乾隆在修筑海塘之时，都曾在短期扰民伤民与长期便民利民之间犹豫不定，他们从不同的角度来考虑修筑海塘的利弊，最终都选择了注重长远利益、同时兼顾眼前利益的做法。如前揭的康熙初年强征百姓修筑海塘，虽然手段强硬，百姓怨愤，但"故堤加广厚什倍于旧"②，减低了海潮侵袭的风险。康熙四十五年（1706 年），建成江塘，费银 52603 两，这些银两皆出自官员、士绅和商人所捐。雍正帝在修

---

① 民国《杭州府志》卷五一《海塘五》。
② 民国《杭州府志》卷四七《海塘一》。

建杭海段海塘时非常重视民生，雍正二年（1724 年），采用以工代赈的办法，"沿海失业居民籍此佣役，日得工价以资糊口"①，既修筑了海塘又赈济了百姓。对此，雍正帝云："朕思海塘关系民生，必须一劳永逸，务要工程坚固，不得吝惜钱粮，江南海塘亦为要紧。"② 雍正十三年（1735 年）下诏强调雇募人夫及采办物料必须公平给价，听从民便，不能强制性役使百姓动工，扰乱地方，"致辜朕爱养民生至意"③。乾隆年间基本是朝廷独力承担所有修筑海塘费用，极少向当地百姓摊派。同时也采用一些政策减轻百姓的劳役之苦。除此之外，在修筑海塘的过程中，清政府还注意在征发徭役的时间，多次强调农隙时兴工，避免耽误农事。

总之，清代的海塘工程是一项民生工程。正是这些修筑的海塘，才使海潮灾害大大减少，使沿海百姓的生命、财产安全得到了一定程度的保障。

二　仓储备荒

建仓储粮以防不备之需的做法早在夏商之际就有历史记载，及至后世，莫不沿用这一做法。西汉宣帝时因谷贱伤农，特令各郡县建立仓储，在谷贱时提高价格籴入，在谷物价格昂贵时再降低价格粜出，这种用以储粮之仓便被称作常平仓，作为一项朝廷规定的制度一直延用至清末。而义仓则始设于唐贞观二年（628 年）。常平仓和义仓作为两大仓储类型，其功能迥异，义仓用于赈饥，常平仓则用来平衡物价，"凡义仓所以备岁不足，常平仓所以均贵贱也"④。

明代在继承前代仓储制度的基础上，又别开生面创设预备仓以供济荒。明初洪武年间，"州县则设预备仓，东南西北四所，以振凶。自钞法行，颇有省革"⑤。永乐时期，朝廷令天下府县广设仓储，又将预备仓转移放置在城内。

---

① 民国《杭州府志》卷四七《海塘一》。
② 民国《杭州府志》卷四七《海塘一》。
③ 民国《杭州府志》卷四七《海塘一》。
④ 《旧唐书》卷四三《职官二》。
⑤ 《明史》卷七九《食货三》。

明代杭州府常平仓、社仓（或义仓）、预备仓一应俱全，尤其以义仓、预备仓设置最为普遍，各县均有设置。在杭州府，预备仓又称"老人仓"，这是因为明代洪武初年令天下州县乡都置预备仓时规定须选一位老者来主管，所以有"老人仓"之谓。其运作过程大致是：每遇丰收之年，官府劝令各乡食物充足的人家捐米谷储蓄起来，官府登记其数目，凶年时准许本乡的贫困人家借贷，秋成后再偿还给官府。正统初，郎中刘广衡巡行两浙，劝民预备灾荒，遂改为预备仓，仍是自愿性质，捐输多的人家可以上报户部请授旌表。至于预备仓实际的作用，由于史料语焉不详而难以判断。但明代杭州府粮赈之谷物大都由府属常平仓、义仓及预备仓所出，仓储之重要性自然不可忽视。

清代仓储制度主要是建立在顺治时期。顺治十一年（1654 年），朝廷诏令各府州县都要设置预备仓及义仓、社仓，用以积贮备荒。顺治十二年，令各衙门自理赎锾，春夏积银两，秋冬积谷粮，全部放入常平仓备赈。另外，鼓励地方士绅、地主、富商捐资建义仓，并给予一定的奖励，"其乡绅富民乐输者，地方官多方鼓励，勿勒定数，勿使胥吏侵克及加耗滋弊"①。顺治十三年（1656 年），又准许积谷赈济，诏令修葺仓厫，印烙仓斛，选择仓书，粜籴平价，不许另作他用。顺治十七年（1660 年），准许常平仓粜籴以方便百姓，如果遇上灾荒，则按一定的数额散赈给灾民。

康熙时期，官府厘清常平仓、社仓、义仓等三大仓的定位与作用，并确立因灾截留漕运以资赈济的制度。康熙十八年（1679 年），准许地方官整理常平仓，每年秋收时劝捐米谷，并规定在乡村设立社仓，在镇上建立义仓，将捐送的米谷积储起来。康熙十九年（1680 年），又敕令将直隶及各省常平仓的积谷留在本地备赈，义仓、社仓的积谷留在本村备赈，不得调运至外地。康熙五十三年（1714 年），因灾先是截留 50000 石漕米拨运到杭州府，再截留江南江宁府拨出的 50000 石漕米到杭州府，后浙江又再截留 100000 石漕米收贮在杭州府以备赈济。第二年在省城广丰仓旧址上建造仓厫 240 间用以存储这些粮谷。自此截留漕米赈济灾区便成为清代常例。康熙五十五年（1716 年）、五十八年（1719 年）亦是如此。

---

① 民国《杭州府志》卷六九《仓储》。

雍正时期，朝廷大力改建杭州府仓廒，并对报灾赈灾制度进行改革。雍正四年（1726 年），两浙盐商愿输银 100000 两，分作三年交纳藩库分发买谷以备积贮。雍正帝命李卫在杭州督办建立仓储事宜，并命他因时制宜安排籴粜赈济。雍正五年（1727 年）、七年（1729 年），又对杭州府籴粜事宜和仓廒建设进行整改。雍正十一年（1733 年），谕令各省州县发生灾荒时须将上报灾情与开展救济同时并举，以使百姓避免遭受饥寒和盘剥，"若遇应行借给之时，该州县官一面申详上司，一面即速举行，方可以济间阎之缓急"①。

乾隆时期，继续改进杭州府籴粜制度。如乾隆元年（1736 年）令杭州府等地每年粜谷，秋成照数买补，如本地或邻县邻省均属歉收，方准待来年买补。另外，杭嘉湖等府需在邻省邻县采买粮谷，不得在本府籴入。乾隆八年（1743 年）又改革出粜上报制度。

嘉庆、道光时期，仓储废弛，弊端丛生，社会问题严重，清政府不得不出台政策以改变现状。嘉庆四年（1799 年），为革除弊端，朝廷诏令各省仓社仍由当地人自行管理，官吏不得干预。道光元年（1821 年），令直隶、各省修复社仓、义仓。道光十一年（1831 年）、十四年（1834 年），令各处核查仓储实情以备灾荒，又于道光十七年（1837 年）在杭州城北建义仓。道光三十年（1850 年），敕令增建社仓，"饬各州县按照里数酌设社仓，劝令富民捐输米石以备积储，断不可令胥吏经手，致滋弊端，倘能办有成效，准其将捐输姓名奏请议叙"②。同治、光绪时期，杭州府地方官员虽有籴谷填仓之举，但已无法和前代相比，赈灾功能已大不如前了。

三　灾后救灾

与防灾备灾相比，救灾是在灾害发生之后实施一系列的抢救、补救和救助措施。前者有助于缓解自然灾害的发生，防患于未然，后者则是对处在危难之际的灾民直接施救，防止灾民生活的恶化。明清时期官府救灾措施一般包括赈济、蠲缓、借贷、平粜等几个方面。

---

① 民国《杭州府志》卷六九《仓储》。
② 民国《杭州府志》卷六九《仓储》。

（一）赈济

在自然灾害发生之际，官府首要的举措是赈济灾民。赈济的方式多种多样，大致分为粮赈、银（钱）赈、医（物）赈、以工代赈等。明清时期，杭州府的赈济主要是粮赈、银赈和以工代赈，医赈并不多见。

1. 粮赈

粮食赈济是最普遍最直接也是最有效的赈济方式，它能解灾民的燃眉之急。明清两代统治者都十分重视粮赈。明代粮赈的内容主要体现在赈米之法、捐纳赈米、报灾时限等方面。

明初粮赈的标准是：给予成年人 6 斗米，五岁以上的未成年人 3 斗米，五岁以下的孩童不给予米粮。明成祖永乐以后，粮赈数额有所减少。为了能让地方政府及时赈济灾民，明太祖朱元璋曾下诏令地方可先散发粮食救济灾民再上报。史载："自今凡岁饥，先发仓庾以贷，然后闻，着为令。"①明成祖针对地方隐瞒灾情不上报朝廷的情况做出严厉申斥，规定水旱灾害不上报的地方官员将被论罪并严惩不贷，又敕令朝廷每年派遣巡视官巡视民生状况，隐报不言的地方官将面临牢狱之灾。

明初对报灾时限未作具体要求，自弘治朝开始，夏季灾害的上报时间不能超过五月底，秋季灾害的上报时间不能超过九月底。万历时又改为邻近京城的地区报灾时间不能超过五月（夏灾）和七月（秋灾），边远地区的报灾时间不能超过七月（夏灾）和九月（秋灾）。

根据《杭州府志·恤政一》所载，在明代，官府对杭州府赈济中明确记录为粮赈者共 10 次，若将赈饥等模糊记录亦算作粮赈，则有 30 余次（见表 5 - 14）。粮赈最多的朝代为永乐、宣德、嘉靖和万历年间。万历之后，有关官府对杭州府进行粮赈的记载已很少。崇祯年间，上级官府的赈济水平甚至赶不上杭州府本级。此时，整个江南地区灾害频仍，饥民不计其数，而官府无力施以粮赈，百姓或饿死，或揭竿而起。

---

① 《明史》卷七八《食货二》。

表5-14　　　　　　　　　　明代杭州府粮赈统计

朝代	粮赈次数	资料来源
洪武	2	
永乐	5	
洪熙	0	
宣德	4	
正统	2	
景泰	0	
天顺	1	
成化	2	民国《杭州府志》卷七〇《恤政一》
弘治	3	
正德	1	
嘉靖	6	
隆庆	1	
万历	5	
泰昌	0	
天启	0	
崇祯	0	
总计	32	

清代对明代的粮赈政策既有继承又有所发展。清代粮赈主要有以下几项规定：首先是粮赈的标准，一般是每日给成年人5合米，给未成年人2合5勺米，米谷不足时米、银并给①。清代赈济还有一种十分普遍的做法是设置粥厂煮粥来救济饥民。如雍正元年（1723年）煮粥赈济杭州府富阳县饥民，"又复准浙江富阳等县卫被旱乏食饥民，按口煮赈，至来年麦熟停止"②。又如乾隆二十年（1755年），置粥厂赈济淮、扬、徐、杭等水灾地区，"（乾隆）二十年，淮扬徐大水，赈饥民，仍设粥厂。浙江杭州、湖

---

① 王毓玳、吕瑾：《浙江灾政史》，杭州出版社2013年版，第155页。

② 《钦定大清会典则例》卷四五《户部·蠲恤二》，《文渊阁四库全书》621册，台湾商务印书馆1986年版。

州、绍兴府属亦被水，赈如例，设粥厂如之"①。

清代粮赈以赈济时间来划分，可分为三大类：即正赈、大赈和展赈。正赈又叫作普赈，赈济时间为一个月。大赈则是根据灾情和灾民经济条件在正赈的基础上延长赈济的时间，即"被灾九分者，极贫加赈三个月，次贫加赈两个月"②。若连续几年发生灾害且灾情特别严重，则可对极其贫困者加赈五六个月乃至七八个月，称为展赈。

据《杭州府志·恤政二》记载，清政府对杭州府的粮赈有 30 次（见表 5 - 15）。其中，最为突出的是康雍乾三朝与道光年间。自道光之后，官府仓廪衰竭，已无法有效地实施粮赈，故改成主要以蠲免、以工代赈等方式来缓解灾情。

表 5 –15　　　　　　　　　　　　清代杭州府粮赈统计

朝代	粮赈次数	资料来源
顺治	2	
康熙	8	
雍正	5	
乾隆	7	
嘉庆	1	
道光	7	民国《杭州府志》卷七一《恤政二》至卷七二《恤政三》
咸丰	0	
同治	0	
光绪	0	
宣统	0	
总计	30	

乾隆时期尤其是乾隆中前期，国力强盛，仓库充实，朝廷能够迅速而充分地实施粮赈。乾隆二十七年（1762 年），杭州府水灾，百姓乏食，朝廷根据极贫、次贫两大类施以粮赈（见表 5 - 16）。一般而言，如钱塘、仁和及海宁县，极贫施赈两个月，次贫施赈一个月。极贫以粮赈为主，亦折

---

① （清）嵇璜纂：《皇朝文献通考》卷四六《赈恤》，清光绪八年浙江书局刻本。
② 《筹济编》，转引自李文海等《中国荒政全书》第二辑第四卷，北京古籍出版社 2004 年版，第 542 页。

银赈济；次贫一律施以银赈。无论是成年男女还是未成年者都为施赈对象，只是施赈标准有所差别罢了。但也有特殊情况，如余杭县，只赈济极贫灾民，且赈济期限只有一个月。从中可以看出：一是粮赈是极其危急的灾情下的必需举措，银赈则针对的是相对轻缓的灾情而进行的救助（具体原因见"银赈"一节内容）；二是赈灾标准十分严格，但又根据各个地区的经济条件、政治地位和受灾情况而灵活变动。

表5-16　　　　　乾隆二十七年杭州府部分地区赈济一览

地区	灾民贫困等级	户数	成年人/未成年人（人）	赈米（石）	赈银（两）	时间	资料来源
钱塘县	极贫	17880	26579/4778	4345.2	5040.432	2个月	
	次贫	15338	2535/4888		4781.346	1个月	
仁和县	极贫	21866	36841/10553	6317.625	7328.445	2个月	
	次贫	9787	13750/5393		2861.691	1个月	
仁和场	极贫	1025	1867/940	350.55	406.638	2个月	
	次贫	14002	19100/12610		4420.47	1个月	民国《杭州府志》卷七一《恤政二》
海宁县	极贫	3367	11309/2864	1911.15	2216.934	2个月	
	次贫	2303	9337/3077		1892.337	1个月	
海南公地	极贫	359	694/348	130.2	151.32	2个月	
	次贫	2030	4584/2837		1044.435	1个月	
北沙时和字号	极贫	463	609/232	108.75	126.15	2个月	
余杭县	极贫	9039	22125/9454		4672.248	1个月	

2. 银赈

银赈，也叫作钱赈，即钱币赈济，它是粮赈的重要且行之有效的补充方式。银赈的好处主要有二：一是银两相对米谷而言，体积小，运输成本低，调度迅速，可迅速发放给灾民以解困；二是官仓储粮未必常年充足，银赈可弥补之。银赈的缺陷主要有三：一是在赈济过程中，银两更容易被贪官污吏中饱私囊，克扣数量；二是银赈没有粮赈那样立竿见影的效果，当饥荒极度严重时，灾民领到赈银亦可能因买不到粮食而饿死；三是银赈会在短时间内增加某一地区的货币流通量，钱多粮少，供需失衡拉大，若无平粜，米价必然会飙高，灾民终无法得到较长时间的救济。

银赈的历史可追溯到东汉时期。建光元年（121年），由于京师及二十七郡国水灾风灾严重，汉安帝下诏赈济，根据受灾情况，分别施以粮赈、银赈等不同措施。史载："诏赐压溺死者年七岁以上钱，人二千；其坏败庐舍、失亡谷食，粟，人三斛。"① 迨至明代，明孝宗弘治十六年（1503年），杭州发生旱灾："十一月，命以北新关船料并两浙运司，盘掣余盐价银之半，及农民助边银未解者，俱留赈济。"② 官府命令截留漕银赈济灾民。明神宗万历十七年（1589年）六月，浙江包括杭州府在内发生大旱，官府以银两赈济，当时赈济所用银两，有白银 800000 两与帑金 400000 两之说。史载："浙江大旱，太湖水涸，发帑金四十万振之。"③

清代对杭州府的银赈次数较多。据民国《杭州府志》卷七一《恤政二》至卷七二《恤政三》所载统计，雍正朝3次，乾隆朝2次，道光朝2次，光绪朝2次，宣统朝1次，共计9次。如雍正二年（1724年），浙江沿海一带海潮冲决堤岸，灾情严重，雍正即令动用仓库钱粮施赈。雍正五年（1727年），杭州等地水灾，雍正帝又命浙江巡抚李卫动用库银 10000 两散赈，雍正十二年（1734年）再度因灾施行银赈。乾隆三十五年（1770年），赈济仁和县极贫灾民银 657 两有余，赈济仁和场极贫灶丁约银 1157 两，赈济海宁县极贫灾民约银 501 两。道光三年（1823年），浙江水灾，拨浙江运库银 300000 两备海宁等 20 个州县及卫所赈济。道光十一年（1831年），杭州府因灾粮赈银赈并举。此后银赈大抵如上，不再赘述。

3. 医赈与物赈

医赈是指朝廷对受灾民众发放医药以抵御疫病的赈济方式。医赈由来已久，《周礼》有云："凡岁时有天患民病，则以节巡国中及郊野，而以王命施惠。"④ 由此可知，当时持节代天子巡视灾情，施医赠药已成常例。《周礼》更进一步指出，对患病百姓施以医药救助不只是在灾病流行之时，

---

① 《后汉书》卷五《孝安帝纪》。
② 民国《杭州府志》卷七〇《恤政一》。
③ 《明史》卷二〇《神宗本纪》。
④ （汉）郑玄注，（唐）贾公彦疏：《周礼注疏》卷一五《司救》，上海古籍出版社 2010 年版，第 504 页。

还要注重平时对患病百姓的救治。这种民生意识一直影响到后来历朝的荒政理念。

明代因袭前代的做法，也设有医疗救济机构，然而已不如宋元时期那样重视医疗救助。洪武三年（1370 年），官府在各地设置惠民药局，"府设提领，州县设官医。凡军民之贫病者，给之医药"①。惠民药局作为官方机构，诊病卖药的对象涉及各个阶级、阶层，正常年份收取医药费，只有在疫病流行的时候才偶尔免费施药。但在明中后叶，惠民药局逐渐废弛，由常设性医药机构变成灾害发生时的临时性公共卫生机构②。

杭州府各县均置有惠民药局，据《杭州府志·恤政四》载："明仍其旧税课抽分，药材不足，则官为买之。旧置局八所，后并为一，在西文锦坊之南大街西。"③ 在实际操作中，因存在诸多弊病，药局的功能并不能显现出来。如灾害之年，平民百姓无钱诊治买药，即使朝廷发给百姓银两以供其医治，但发放的过程混乱不堪，又无人监督，存在诸多问题，百姓即使领到赈银后所买的药物也往往不对症，徒然无用。针对这些弊端，嘉靖时林希元向官府建议在农村各乡开设药局，多储备医药，选拔名医坐镇各乡治疗患者。又让各郡县印刷花阑小票，待疾病发生时令病人领票就医，并广发榜文告示，使百姓都知晓。

根据笔者掌握的资料来看，清政府在疫病救治方面比明政府更不重视，态度更加消极。有研究者也提出相似的观点，并认为是以下三个因素造成清政府在疫病防治方面的消极态度：一是疫病不会对清朝统治造成直接的威胁，未触动其统治根本；二是官方医疗机构办事效率低下，而地方社会力量在救治疫病上更加积极和有效率，政府也就乐观其成，鼓励民间力量救助疫病；三是疫病的救助难度远远大于水旱灾害的救济，其救助结果不如后者有效④。

清代时杭州府的惠民药局被改成医学署，曾发挥过重大作用。康熙十年（1671 年），杭州府干旱，瘟疫流行，总督择选名医"设药局于佑圣

---

① 《明史》卷七四《职官三》。
② 王毓玳、吕瑾：《浙江灾政史》，杭州出版社 2013 年版，第 171 页。
③ 民国《杭州府志》卷七三《恤政四》。
④ 王毓玳、吕瑾：《浙江灾政史》，杭州出版社 2013 年版，第 172 页。

观，自八月至九月，活人无算"①。但这只是特例，绝大多数时候，瘟疫流行时清政府都采取不作为的态度，以致于瘟疫横行时，因病而死亡者不可胜计。

总的来说，明清时期，瘟疫一旦爆发，后果都是十分惨烈的，政府救治力度的不足以及医疗技术的局限，在很大程度上使得疫病成为水旱等灾害发生后随之即来的二次杀手，其所夺取的生命甚至比水旱等灾害更多。

物赈指的是在灾害发生时，政府给予灾民物品的一种赈济方式，一般为衣物、医药和棺木。入土为安、讲求丧葬一直是中华文化很重要的一部分内容。因此灾害过后，那些不幸受灾而死的灾民的尸体往往无人收殓，这时就需要政府出面负责提供棺木，埋葬尸体。明朝政府借鉴前代做法，设立漏泽园和义冢以帮贫民灾民掩埋尸骨。史载："初，太祖设养济院，收无告者，月给粮。设漏泽园，葬贫民。天下府州县立义冢。"② 有明一代，杭州府各县也均设有义冢。清代沿用了这一制度。而在当时的物赈中，以衣物赈济的则不多见，仅在洪武二年（1369 年）时，明廷给杭州府灾民每人米 1 石，棉布 1 匹。

4. 以工代赈

以工代赈是指在灾荒之年，指派灾民从事水利工程或者其他工程的修建，由政府发放钱粮作为报酬，帮助灾民渡过饥荒的一种赈济方式。这种赈济方式大有好处，既可以兴建工程，又可以赈济百姓，可谓一举两得。

以工代赈最早见于春秋时晏子为救济灾民而征用灾民修筑路寝之台一事。北宋时浙江等地以工代赈的做法已比较普遍，范仲淹在浙西为官时就采用过此法。

杭州各地方志中尚未见有明代杭州府实施工赈的记录，而有关清代杭州府的工赈记录则较多。雍正五年（1727 年），杭州府等地水灾，清政府"着动库银四万两，或开河道，或修城垣，令小民佣工糊口"③；嘉庆十九

---

① 民国《杭州府志》卷七三《恤政四》。
② 《明史》卷七七《食货一》。
③ 民国《杭州府志》卷七一《恤政二》。

年（1814 年），杭州府旱灾，"命浚西湖以工代赈"[①]；光绪二年（1876
年），余杭受灾较重，九月水退后，抚院筹款 2200 千文钱，由士绅董事领
办，施行以工代赈，修筑南湖塘堤 340 余丈，并拨款兴修洪高大塘及新陡
门，对于水灾较轻的于潜县，也拨给洋银 500 元用以修理堤堰；光绪十五
年（1889 年），面对水灾，光绪帝下令"以工代赈，总期实惠及民，毋任
稍有虚糜"[②]。

明清时期杭州府工赈之好坏主要缘于人口的压力。明代杭州府人口规
模尚在合理范围之内，西湖及至太湖一带湖泊水系生态环境相对较好。而
至清代，人口剧增，人们围湖造田，大量开垦沼泽荒地，西湖、南湖等湖
泊及其堤塘被破坏得十分严重，经常发生堤塘冲决、大水淹没田地与人家
的事故，因此修筑堤塘也就成为了当地的重要任务之一。以工代赈正好将
修复堤塘、疏浚湖泊河道等水利工程与赈济结合起来，既惠民又缓解水利
隐患，因此为清政府所青睐。

（二）蠲免

蠲，本意为祛除，免除，在荒政语境中引申为减免租税。蠲免租税是
当政者在严重自然灾害发生之后通常都会采用的一种措施。这是因为灾后
农业生产遭到破坏，百姓衣食难以自给，遑论交纳田租赋税，若是官府强
制性征收租税，只会逼迫百姓逃亡乃至揭竿而起。因此，绝大多数当政者
都会在灾后蠲免一定额度的租税和徭役，一方面可以缓和朝廷与百姓的矛
盾，避免动乱的发生；另一方面，也有利于百姓休养生息，促进农业生产
的恢复和发展。

明初于蠲免方面尚无特别规定，蠲免对象比较模糊，一般情况下不论
灾害的程度如何，只要发生灾害，必然要蠲免赋税，称为灾蠲，而且蠲免
力度颇大，民田租税全免，且常常是大面积减免，覆盖区域也大到整个省
区。史载："至若赋税蠲免，有恩蠲，有灾蠲。太祖之训，凡四方水旱，
辄免税，丰岁无灾伤，亦择地瘠民贫者优免之。凡岁灾，尽蠲二税，且贷

---

① 民国《杭州府志》卷七一《恤政二》。
② 民国《杭州府志》卷七二《恤政三》。

以米。"① 明初至成化朝基本沿袭这一政策。与其他地区一样，杭州府也一直在受用政府所给予的蠲免政策。洪武四年（1371 年），免浙江秋粮；洪武十五年（1382 年），杭州府因灾民田租赋全免。此后历朝皆有蠲免。整个明代对杭州府的灾蠲有史记载的 50 余次。如永乐十二年（1415 年），蠲苏、松、嘉、湖、杭五郡水灾田租 479700 余石，正统九年（1444 年）免浙江被灾粮 146000 余石，成化十四年（1478 年）杭州等府免粮 330000 余石（见表 5 - 17）②。

表 5 - 17　　　　　　　明代各朝杭州府蠲免情况统计

朝代	蠲免（次）	资料来源
洪武（含建文帝时期）	4	
永乐	4	
洪熙	1	
宣德	4	
正统	5	
景泰	3	
天顺	2	
成化	7	民国《杭州府志》卷七〇《恤政一》
弘治	3	
正德	4	
嘉靖	7	
隆庆	1	
万历	9	
天启	0	
崇祯	1	
总计	55	

洪武至成化朝杭州府有记载的共计 30 次蠲免，基本都是全额免租免粮。成化后期至弘治年间，这一全额蠲免的政策开始有所改变。成化十九年（1483 年），凭借凤阳府等地灾害蠲免的契机，初定勘实为全灾的灾区

① 《明史》卷七八《食货二》。
② 民国《杭州府志》卷七〇《恤政一》。

蠲免租税十分之三，大大压缩蠲免的额度。弘治三年（1490年），明朝政府颁布《灾伤应免粮草条例》，规定：

> 全灾者免七分，九分者免六分，八分者免五分，七分者免四分，六分者免三分，五分者免二分，四分者免一分，止于存留内除豁，不许将起运之数一概混免。若起运不足，通融拨补。①

这一条例相对成化十九年（1483年）的蠲免标准而言，无疑是进步的。首先是将成灾程度分为不同的等级，官府针对不同等级灾民蠲免相应比例的租税，一方面可以有效地缓解灾情；另一方面也可为朝廷节省大量开支。其次是成灾程度细化到四分，分为七个等级，比之前代笼统的只论成灾与否或只规定全灾与否不同，它是一种从定性到定量的细化，而且划分成灾等级相当细致。但是，这种蠲免政策并不是固定不变的，在非常时期也会变通以便行事，不过若是遇到特别严重的自然灾害，导致农业颗粒无收，这时明政府还是会蠲免全额的租税，因此不能一概而论。

自弘治朝起至明末，杭州府蠲免的额度及地域广度比之前代均有收缩，基本按照《灾伤应免粮草条例》执行。如弘治十七年（1504年）"免杭州等五府宏治十六年粮籽粒有差"②，正德十年（1515年）"免杭州府八县夏税有差"③，嘉靖三十八年（1559年）"免杭嘉湖金等府税粮有差"④等，都是根据灾区受灾程度的轻重分别蠲免不同等级的田租赋税。这一点在万历二十六年（1598年）对杭州府的蠲免中体现得最为明显：

> 海宁、临安被灾十分，准免七分；仁和、钱塘、富阳、新城被灾九分，准免六分；余杭、于潜、昌化被灾八分，准免五分。俱于本年存留粮内照数豁免。其免过银数，仍令各府州县议处无碍。官银抵补二十一年以前未完米折盐钞等银。⑤

---

① （明）申时行等修，（明）赵用贤等纂：《大明会典》卷一七《灾伤》，明万历内府刻本。
② 民国《杭州府志》卷七〇《恤政一》。
③ 民国《杭州府志》卷七〇《恤政一》。
④ 光绪《桐乡县志》卷七《蠲恤》。
⑤ 民国《杭州府志》卷七〇《恤政一》。

有些年份收成不佳，百姓欠交的租赋拖欠多年，已至无法偿还的地步，这时官府通常会蠲免以往未征收完全的租赋以解民困，如嘉靖四十五年（1566 年），"蠲（嘉靖）二十一年至四十三年逋欠"，崇祯十五年（1642 年）"免（崇祯）十二年以前逋赋"①。清代官府对杭州府的蠲免次数远超明代。据统计，清代杭州府总计蠲免多达 130 次②，是明代蠲免次数的两倍多。就整个清代而言，蠲免次数最多的是康熙、乾隆及光绪朝；蠲免最频繁的是雍正朝，几乎每年都对杭州府施行蠲免（见表 5 - 18）。

表 5 - 18　　　　　　　清代各朝杭州府蠲免情况统计

朝代	蠲免次数	资料来源
顺治	11	
康熙	32	
雍正	10	
乾隆	30	
嘉庆	9	民国《杭州府志》卷七一《恤政二》至卷七二《恤政三》
道光	9	
咸丰	3	
同治	8	
光绪	16	
宣统	2	
总计	130	

清初如明初一样，新政权刚刚建立，各项制度、政策尚不完备。顺治统治前期，蠲免政策是受灾区无论受灾程度怎样，一律蠲免所有租税，对于江浙百姓所欠缴的租税也一并蠲免。这是因为江浙地区反清斗争激烈，清政府控制江浙的时间相对较迟。因此如果在新征服的地区补征未征服时期的租税，显然是不切实际且会激起百姓反抗的，故而顺治五年（1648 年）将杭州府民间自顺治元年（1644 年）至三年（1646 年）拖欠的赋税全部免除，顺治七年（1650 年）又把顺治四年（1647 年）拖欠的赋税全

---

① 民国《杭州府志》卷七〇《恤政一》。
② 民国《杭州府志》卷七一《恤政二》、卷七二《恤政三》。

额免除。

顺治中后期，清政府的统治已经比较稳固，各项政策基本都是借鉴前代的做法制定出来。顺治十年（1653 年），朝廷规定："浙江各属旱被灾八、九、十分者免十分之三，五、六、七分者免二，四分者免一，有漕粮州县卫所准令改折。"① 这一蠲免政策与明代弘治三年的《灾伤应免粮草条例》比较，首先是成灾率细分到四分，与明代相同；其次是成灾率划分的区间不如明代那么具体而细致，将成灾率八分、九分、十分归为一类，将成灾率五分、六分、七分归为一类，这种划分做法太过宽泛而缺乏针对性，在这一点上，明显不如明代做得好；此外，在蠲免的额度方面，成灾八分至全灾区蠲免十分之三，五分至七分的灾区蠲免十分之二，这种蠲免比例是比较低的，真正实施起来，对百姓来说，效果并不是太显著。

顺治十二年（1655 年），杭州府发生灾害，清政府下达蠲免诏令："钱、仁等十州县被灾十分、九分者免本年额赋十分之三，八分、七分者免十分之二，五分、六分者免十分之一。"② 从中我们可以看出这时的蠲免政策比之两年前又有所不同，可以说是降低了蠲免标准。成灾率八分的灾区，其蠲免率被降到了十分之二；成灾率五分六分的灾区，蠲免率也下降到十分之一。直接取消成灾率四分的蠲免额度，也就是说自此成灾率四分及其以下不算成灾。这种缩减趋势一直延续到雍正年间。

康熙十七年（1678 年），蠲免标准进一步降低，又规定成灾率五分者不再属于成灾，不在蠲免之列，其余蠲免标准如顺治十二年（1655 年）保持不变，"增定灾地除五分以下不成灾外，六分者免十之一，七、八分者免二，九分、十分者免三"③。

雍正六年（1728 年），清政府重新制定蠲免标准，"改免被灾十分者七，九分者六，八分者四，七分者二，六分者一"④，大大提高蠲免的额度，同时，成灾等级也更细化，更有利于有针对性地实施。虽然如此，无论是成灾率范围还是蠲免额度，仍不如明代。乾隆元年（1736 年），重新

---

① 民国《杭州府志》卷七一《恤政二》。
② 民国《杭州府志》卷七一《恤政二》。
③ 民国《杭州府志》卷七一《恤政二》。
④ 民国《杭州府志》卷七一《恤政二》。

将成灾率五分纳入蠲免的范围，并且规定永不变更，"复定被灾五分者亦免十之一，永着为例"①。此后这一蠲免标准便固定下来，再没作改变。如嘉庆六年（1801年），浙江所有成灾五分的灾区及成灾八、九、十分不等的清场牧地的课税都予以不同程度的蠲免，"应征本年地漕等项银米牧租灶课，俱着加恩按分蠲免"②。然而，清中后期清朝的蠲免次数略有减少，一段时间内多是缓征租税，而不再是蠲免，或者是蠲免与缓征并举，只有在无法征收拖欠的租税时，才不得不蠲免之前某段年份的逋欠。如光绪七年（1881年），便是将蠲免部分租税与缓征结合起来以减轻百姓的沉重负担。《杭州府志》载：

> 十分者着蠲免十分之七，八分者着蠲免十分之四，蠲剩银米分作三年带征；七分者着蠲免十分之二，六分者着蠲免十分之一，蠲剩银米分作二年带征，歉收者缓至来年麦熟起限一年征完。③

表5-19　　　　　　　　　明清各朝杭州府蠲免标准

朝代	年份	成灾率（%）	蠲免率（%）	资料来源
明代	洪武四年	未定	100	民国《杭州府志·恤政一》
	成化十九年	100	30	《明史·食货志》《大明会典》
	弘治三年	100	70	
		90	60	
		80	50	
		70	40	
		60	30	
		50	20	
		40	10	
	万历二十六年	100	70	民国《杭州府志·恤政一》
		90	60	
		80	50	

---

① 民国《杭州府志》卷七一《恤政二》。
② 民国《杭州府志》卷七一《恤政二》。
③ 民国《杭州府志》卷七二《恤政三》。

续表

朝代	年份	成灾率（%）	蠲免率（%）	资料来源
清代	顺治五年	未定	100	民国《杭州府志·恤政二》
	顺治十年	80—100	30	《续文献通考·灾蠲》民国《杭州府志·恤政二》
		50—70	20	
		40	10	
	顺治十二年	90—100	30	民国《杭州府志·恤政二》
		70—80	20	
		50—60	10	
	康熙十七年	90—100	30	《续文献通考·灾蠲》民国《杭州府志·恤政二》
		70—80	20	
		60	10	
	雍正六年	100	70	
		90	60	
		80	40	
		70	20	
		60	10	
	乾隆元年	100	70	民国《杭州府志·恤政二》
		90	60	
		80	40	
		70	20	
		60	10	
		50	10	
	光绪七年	100	70	民国《杭州府志·恤政三》
		80	40	
		70	20	
		60	10	

　　如表 5-19 所示，清代蠲免标准的更改次数比明代稍多，而且终清一代，其蠲免标准的细致程度及力度都不及明代。但是，清代蠲免的次数很多，反而在蠲免总量上为明代所远远不及。在不同时期，由于政治、经济、社会等各方面形势的变化，清政府也会采取特殊的蠲免政策。顺治至

乾隆朝，是清朝国力最强盛的时期，这一时期对于杭州府的蠲免多是按既定蠲免标准执行与蠲免历年逋欠相结合的方式。据统计，顺、康、雍、乾四朝共下令蠲免涉及杭州府的往年逋欠达 30 余次。如顺治十七年（1660年）下令"顺治十五年以前直省拖欠钱粮，俱与豁免"①。康熙四年（1665 年），"天下逋赋在顺治十六、十七、十八等年者，悉除之"②。雍正二年（1724 年），"免浙江康熙六十年以前逋赋"③。乾隆十六年（1751年）旱灾，诏令"十五年以前民欠尽行蠲免"④ 等，蠲免逋欠的例子不胜枚举。而之后自嘉庆至宣统朝，诏令蠲免杭州府往年逋欠只有 10 余次。

顺治至乾隆时期，在杭州府等地区特大自然灾害发生时，清政府往往会适时变通，加大蠲免的力度。顺治十四年（1657 年），免浙江成灾田租。康熙十年（1671 年），因虫灾、旱灾，免杭州等地成灾区秋粮十分之三。康熙十八年（1679 年）、三十二年（1693 年），免成灾区该年田租。雍正六年（1728 年），免浙江未征完的漕粮，"江浙二省尚有未完漕项银米豆麦，向不在豁免之例，今既蠲除各项，着将漕项一并免征"⑤。雍正七年（1729 年），又将浙江省该年额征地丁屯饷钱粮蠲免十分之二，共计银600000 两。乾隆九年（1744 年），蠲免浙江三十二州县二卫三所八场各赋银米，乾隆二十年（1755 年），又免除仁和等州、县、场、所的额赋银米。特别是在乾隆三十五年（1770 年）及乾隆五十五年（1790 年），蠲免的范围可谓达到了历史之最，全国各地所有田租赋税均得蠲免，"各直省应征钱粮通行蠲免"⑥。

乾隆朝是有清一代灾政措施种类较多的王朝。乾隆年间，除了加大重灾区的蠲免额度，还注意免除一些赋税种类，如乾隆七年（1742 年），"除浙江钱塘县沙压荒田赋"⑦。嘉庆时期，清政府对涉及杭州府的蠲免方式开始发生变化，呈现出一些新的特点。首先是全额蠲免次数缩减，只在

①　民国《杭州府志》卷七一《恤政二》。
②　民国《杭州府志》卷七一《恤政二》。
③　民国《杭州府志》卷七一《恤政二》。
④　民国《杭州府志》卷七一《恤政二》。
⑤　民国《杭州府志》卷七一《恤政二》。
⑥　民国《杭州府志》卷七一《恤政二》。
⑦　民国《杭州府志》卷七一《恤政二》。

嘉庆元年（1796年）、嘉庆四年（1799年）以及嘉庆二十三年（1818年）进行过全额蠲免，对于往年的逋欠，渐渐转为缓征，不再进行蠲免。其次是蠲缓并举，缓征租税的方式逐渐变作常例而作为主要的灾后补救措施。嘉庆九年（1804年），因为水灾对杭州府属部分州县进行蠲缓，"仁和、钱塘等十五州县一卫被水田地之应征地丁漕项、截屯饷钱粮南漕等项银米，按照成灾分数分别蠲缓，并将旧欠银米一律缓征"[①]。嘉庆十年（1805年），水灾依旧，杭州府地区粮食歉收，养蚕亦被灾减产，因此清政府下令缓征粮税并蠲缓蚕丝。道光、咸丰时期基本延续嘉庆朝的蠲缓政策。道光时期清政府对杭州府的缓征有16次，特别是从道光二十二年（1842年）至三十年（1850年），杭州府灾害频仍，清政府年年缓征，却极少施行全额蠲免的举措。这也反映出清朝国力的下降和蠲免方式的转变。为了解当时朝廷对灾民的蠲缓状况，特制道光二十一年至道光三十年（1841—1850年）蠲缓一览（见表5-20）。

表5-20　　　　　道光二十一年至三十年杭州府蠲缓情况一览

年份	蠲缓举措	资料来源
道光二十一年	缓征地漕钱粮漕南等米	民国《杭州府志》卷七一《恤政二》
道光二十二年	蠲缓浙江海宁等九州岛县卫被水灾新旧额赋，展缓浙江海宁等八州县灾歉通赋	
道光二十三年	展缓浙江海宁等十二州县卫灾歉通赋	
道光二十四年	缓征浙江海宁等十七州县水旱灾额赋	
道光二十五年	缓征浙江富阳等十五县被灾正杂额赋；免道光二十年以前民欠正耗钱粮及因灾缓征带征民谷并借给籽种口粮牛具及漕项芦课学租杂税等项	
道光二十六年	展缓浙江富阳等十二县水灾、风灾通赋；赈蠲缓浙江余杭等四十四县卫被灾新旧额赋	
道光二十七年	展缓浙江富阳等十二县水旱灾通赋；缓征浙江仁和等十五县新旧额赋	
道光二十八年	展缓浙江仁和等十三县被灾新旧正杂额赋；仁和等县卫被水被风歉收田地应征银米分别缓征；仁和等州县漕粮缓带；缓征浙江仁和等三十一县卫被灾新旧正杂额赋	

① 民国《杭州府志》卷七一《恤政二》。

续表

年份	蠲缓举措	资料来源
道光二十九年	缓征浙江仁和等十三县逋赋；仁和等十六县歉收田地……分别定限缓征；杭严嘉湖二卫歉收成熟田地……蠲免二年；仁和县水冲坍没牧地应征租钱豁免，所有灾歉各户未完旧欠及原缓带征缓征银米并递缓三年	民国《杭州府志》卷七一《恤政二》
道光三十年	仁和等县灾歉田地新漕分别蠲缓；仁和等州县灾歉地方应行带征漕粮及漕项银两分别酌带递缓	

及至咸丰元年（1851 年），才将这些累年拖欠难以偿还的逋赋一并全额蠲免。《杭州府志》载："道光三十年以前各省民欠正耗钱粮及因灾缓征带征银谷，并借给籽种口粮牛具及漕项芦课学租杂税等项，实欠在民者全行豁免。"[1]

19 世纪五六十年代，太平天国运动席卷江浙地区，导致这些地区大量人口丧失，大片土地荒芜，民生凋敝，社会动荡不安。太平天国运动被镇压之后，也就是同治、光绪时期，为了促进杭州等江南地区生产的恢复，朝廷颁布多项措施，其中在灾政方面，值得一提的是针对田地类型及受灾程度分为四个标准实施不同的蠲缓方式，并一直被沿袭下来，几成定式。

同治四年（1865 年），对杭州府灾后的处理对策是：杭州府九州岛县额征米应为 178189 石，朝廷拟减米 25735 石，并按科则重轻分为上中下三则，一律永远免减。总体来看就是荒废的田地及未上报的田地全额蠲免租赋，受灾较轻的地区半蠲半征。同治五年（1866 年），又加入未获丰收地区缓征一年这一项政策。同治七年（1868 年），开始施行新开垦之田地本年全蠲，来年半蠲的政策，最终演变成涉及杭州府的四项措施，即荒废未报之田地全额蠲免；歉收各县未完各年旧欠暨原缓应带地漕各银米，缓征一年；新垦民屯田地山荡，酌征五成，蠲免五成；新开垦之田地本年全蠲，来年半蠲。同治至光绪年间基本都是这四项措施一起搭配施行应对灾害，只是这四项举措偶有损益，具体的对象稍有变动罢了。宣统统治时间只有三年，前两年都对杭州府实施了相应的蠲缓[2]。

综上所述，清朝的蠲免标准经历了一个由低到高、由粗放到细致的过

---

① 民国《杭州府志》卷七一《恤政二》。
② 民国《杭州府志》卷七一《恤政二》至卷七二《恤政三》。

程。顺治至乾隆时期，对杭州府的蠲免力度大，频率高；嘉庆至咸丰时期，蠲免收缩，改为以缓征和蠲缓并举为主；同治至清末，通常是四项措施相互配合实施。

（三）缓征

缓征是指延缓征收租税，即把该年的租税延迟到之后的某个时间段征收。缓征的好处是可以暂时减轻灾年时民众的赋税重担，使得百姓既可以保留口粮为食，也得以存留种子播种以确保来年的农业收成，对稳定社会和恢复农业生产意义重大。但它也有缺点，一是发生特大灾害时不适宜用缓征，因为这时百姓已经缺衣少食，无法承受租税，更需要赈济；二是连年灾害，不宜实行缓征，因为连年缓征的结果必然是百姓根本无力偿还，最后政府也只能是将历年累计的缓征逋欠一并蠲免。因此，缓征只适合歉收并不是很严重的灾区。

缓征的出现要晚于粮赈、银赈和蠲免，大抵在唐代才出现。清代杨景仁《筹济编》中对缓征究竟起源于唐抑或宋发出了疑问："自汉以来，屡有蠲除。不闻有缓。唐韩昌黎有遇旱停征之请，而未尝着功令也。缓征之令，其起于宋之倚阁乎？"[①] 但根据韩愈《御史台上论天旱人饥状》中关于停征税钱草粟的议论，以及《册府元龟》提及的开元三年诏令将山东租税延至春季再征的记载来看，缓征的思想至少在唐代已经产生。

宋元时期已将缓征思想落实到灾政中，明朝政府虽然继承了缓征这一灾政措施，却并不常用，杭州府在明代没有因灾缓征的记录。即使是整个浙江省，关于缓征的记述也是少有。

清代是官府对杭州府发生灾害采取缓征措施最多的朝代。清初至乾隆时期，缓征措施使用的并不多，嘉庆之后至清末，缓征已经成为主要的灾政措施之一。康熙四十七年（1708 年），杭嘉湖一带水灾甚重，当年无法征收全额租税，因此清政府下令该年征收一半，剩下的一半待来年再征收。《杭州府志》载：

---

① （清）杨景仁《筹济编》，转引自李文海等《中国荒政全书》第二辑第四卷，北京古籍出版社 2004 年版，第 220 页。

　　杭州、湖州两府属被灾八州县，各户漕粮实难输纳，请准今年征收一半，明年带征一半，似属可行，计八州县应纳漕粮共三十六万八千九百三十四石零，应行令今岁征收一十八万四千四百六十七石零起运，其一半俟明年带征完纳。①

　　康熙四十八年（1709 年），又下令"缓征漕米，勿收责"②。康熙六十年（1721 年），因旱灾令于潜等十一州县并杭湖卫所等成灾地方的该年应征钱粮缓至六十一年（1722 年）麦熟后征收。雍正元年（1723 年）、三年（1725 年）及四年（1726 年）都因灾对杭州府成灾地区实行了缓征政策，雍正后期又一度实行蠲免措施，暂时取消了缓征。乾隆时期各种灾政措施并举，缓征鲜有用武之地。只有在乾隆五十年（1785 年）、五十一年（1786 年）时，官府才对杭州府实行了一次缓征。嘉庆时期，朝廷对杭州府属州县缓征过 6 次左右，道光年间对杭州府属州县缓征约 19 次，尤其是道光二十一年至三十年，连续十年缓征，实属罕见。前文已述及，这里不再赘述。咸丰至宣统年间，缓征继续充当灾政的主要角色，并逐渐成为晚清政府对杭州府灾政的措施之一，一直延续到清王朝灭亡的前一年。

（四）平粜

　　我国的先民在很久之前就已经懂得供需与物价的关系，所谓"谷贱伤农，谷贵伤民"，就是古人对这种关系的理解。如何稳定物价尤其是粮价，一直是历代政府所重视的问题。而稳定粮价最为有效的方式便是籴粜。籴为买米，粜为卖米，通常是政府在丰收之际、粮价便宜之时买入米谷，而等民间缺粮、粮价上涨之时，再将存储的米谷卖出，以此平衡粮价。民间囤货居奇以图待价而沽大赚歉荒之财的做法一直为政府所严厉禁止。《商子》言道："使商无得籴，农无得粜。"③《史记·平准书》也提道："约法省禁。而不轨逐利之民，蓄积余业以稽市物，物踊腾粜。"④ 早在周代，就

----

　① 民国《杭州府志》卷七一《恤政二》。
　② 民国《杭州府志》卷七一《恤政二》。
　③ （清）孙诒让撰：《商子校本》卷一《垦令第二》。
　④ 《史记》卷三〇《平准书第八》。

已经形成相当成熟的籴粜思想并付诸实践。《左传·庄公二十八年》提道
"臧孙辰告籴于齐"①。《管子·治国》中详细论述了籴粜的利害："秋籴以
五，春粜以束，是又倍贷也。"② 籴粜的政策一直为历朝历代所袭用。

明代杭州府因灾平粜的记录并不多。正统六年（1441 年），杭州府大
饥荒，官府"发官廪三十五万杭湖二州平粜"③。万历十六年（1588 年），
杭州雨灾、旱灾相继，官府"诏平粜，禁遏籴"④。清代杭州府因灾平粜的
事例见表 5－21。

表 5－21 清代杭州府因灾平粜一览

年份	平粜记载	资料来源
康熙四十七年	杭嘉湖三府本年漕粮督抚酌量截留八万石预备平粜	
康熙五十六年	户部覆准浙江新城等县被灾田亩……被水被旱成灾不成灾地方均行平粜	
雍正二年	湖广买米十万石，江南买米十万石，江西买米六万石，送交浙江巡抚平粜	
雍正十一年	浙江杭、嘉、湖三府各截留本年漕米五万石存贮平粜，以济民食	
乾隆三十一年	仁和等县所场贫乏之户，请于来春借粜兼行……仍多留米谷以备将来减价粜济	
乾隆五十年	以浙江杭嘉湖三属粮价增昂，命发仓谷平粜	民国《杭州府志》卷七一《恤政二》至卷七二《恤政三》
嘉庆十年	以江苏、浙江水灾，命截留四川运京米三十万石备粜；恩赐米五万石来浙，于被水地方一律平粜	
道光三年	拨浙江盐库银三十万两买平粜；浙江暂弛海禁，招商赴台贩米，壬申命浙江平粜仓谷	
道光十一年	以浙江米价增昂，准暂弛海禁，贩运台米	
道光二十九年	（浙江）各属仓谷动碾三十五万石平粜	
光绪十五年	浙江杭州、嘉兴、湖州等府属雨水过多，田禾被淹灾情甚重，饥民困苦艰难，深堪悯恻，现经崧骏酌拨银谷动放仓米，并派员运粮平粜，分别赈抚	

① （汉）何休：《春秋公羊传注疏》卷九《闵公》。
② （春秋）管子著，（唐）房玄龄注：《管子》卷一五《治国》，上海古籍出版社 2015 年版，第 324 页。
③ 民国《杭州府志》卷七〇《恤政一》。
④ 民国《杭州府志》卷七〇《恤政一》。

（五）借贷

借贷是指政府在灾荒之年将钱粮、耕牛等生产资料借给百姓以使之可以继续耕作，避免农业生产因灾荒而无法继续。借贷思想如籴粜一样，都可从《管子》一书中找到它的发轫之处。《管子》认为，百姓没有粮食，应给予陈谷让他们充饥；百姓没有种子，应借给新谷让他们耕种，如此可稳定市场和社会秩序，"无食者予之陈，无种者贷之新，故无什倍之贾，无倍称之民"①。借贷作为一种灾政举措一直为后世所沿用。

借贷是一种有效的救灾措施，与赈济类似，一般都是发给百姓钱粮。但是二者的差别还是十分明显的，最主要的差别是偿还与否。赈济是无偿的，借贷则是有偿的，从这一点可以看出，借贷的救助力度是次于赈济的。还有一点差别就是二者针对的对象不同。赈济的对象是受灾严重无法生存的灾民，借贷的对象是受灾较轻、尚未达到需要赈济程度的灾民，抑或是已经接受过赈济，但赈济过后仍然缺少粮食种子难以维系生产生活的灾民②。

洪武年间费震守汉中，后遇饥荒，百姓困顿，聚众扰乱，费震未及请示朝廷擅自打开府仓赈济百姓，百姓感激费震活命之恩，待丰收之年又将粮食送还给费震。明太祖听说后非但没有降罪于费震，反而嘉奖了他，并颁下谕令"天下有司凡遇荒，先发仓廪贷民，然后奏闻，着为令"③。明宪宗成化七年（1471年），杭州府等地水灾，明朝政府一边实施赈饥，一边"贷以牛、种"以帮助百姓恢复农业生产。

清代继续执行借贷政策，杭州府因灾借贷事例主要是发生在乾隆和道光年间。乾隆十六年（1751年），因灾给杭州府属受灾州县种子，乾隆十八年（1753年）因灾给临安县灾民种子，但这两次均未言明是否需要偿还。而乾隆三十年（1765年），"贷给仁和、钱塘等六县籽种"④的记载则

① （春秋）管仲著，（唐）房玄龄注：《管子》卷二三《揆度》，上海古籍出版社2015年版，第449页。
② 王毓玳、吕瑾：《浙江灾政史》，杭州出版社2013年版，第243页。
③ （明）尹守衡撰：《皇明史窃》卷九九《守令列传循吏》，明崇祯刻本。
④ 民国《杭州府志》卷七一《恤政二》。

说得十分清楚，是借贷性质，需要偿还。同年又下令蠲免往年借贷没有还清的钱粮：

> 二十四、六、七、八等年因灾缓带积欠未完南米及借给各场灶户仓米一万八千九百余石，二十六、八两年钱塘、诸暨、玉环等厅县借给农民缓征谷及因灾缓征租谷一万六千九百余石，概行蠲免。[①]

又乾隆三十六年（1771年），"歉收田地贫民有愿借仓谷籽本者，并酌量借给，于秋成免息还仓"[②]。由此可以佐证上文提及的借贷对象为受灾较轻之灾民的说法。嘉庆年间杭州府也有一次借贷，即嘉庆十四年（1809年），因灾借仁和等十二县歉收农户籽种每亩三升、六升不等。道光八年（1828年）、道光十四年（1834年）以及道光十五年（1835年），均有因灾对杭州府州县的借贷。

第二节　民间的自救与救济

一　民间救济主体

在中国历史上，民间社会救济曾在救灾过程中发生过重要作用，尤其是到了明清时期，甚或成为主导性力量。这种民间救济与国家救济互为补充，构成了中国传统社会行之有效的救济体系。

民间救济主体主要由宗族、救济性组织和士绅个人等三类组成。

在中国的传统社会，其社会关系是以差序方式建构起来的。这种差序格局表明，家族制度在人际关系上的重要性，它的作用要比地方其他基层组织大得多。而宗族则是一般意义上放大的家族，其效用与家庭相当。宗族是由数个乃至数十上百个家庭在宗法观念的支配下组成的一种社会群

---

① 民国《杭州府志》卷七一《恤政二》。
② 民国《杭州府志》卷七一《恤政二》。

体，这些家庭必须具有共同的父系血缘关系。

明初鉴于乡村社会血缘伦理的崩坏，同宗同族之人际关系冷漠乃至于自相迫害的情形，浙江的文人士大夫纷纷倡议在乡村社会重新建立宗族制度，认为通过敬宗收族，和睦同族关系可以稳定地方社会的秩序，巩固封建统治。如方孝孺曾提出重建宗族制度的三条措施，归纳起来就是修家谱、建宗祠、置族田。在这些思想文化的导向下，浙江地区的宗族制度逐渐得到恢复并于明代中后期在乡村社会普遍发展起来。

明代浙江地区的宗族发展在地域上表现并不平衡，杭嘉湖地区由于城镇相对发达，地势低平开阔，宗族观念反而不如浙南地区强烈，宗族势力相对较弱。明中期及其后，百姓修建宗祠祭祀祖先的限制逐渐弱化、瓦解，宗族内人员数量开始剧增，出现了不少蔚为大观的大宗族，有些乡村即是一族之人的共居之地。杭州地区最为典型的要数临安县，"俗重迁徙，数十世不忍折箸，故著姓较他邑独蕃"①。这些宗族在内部修族谱、建祠堂、置族田、办义庄、定族规、兴教育、施救济，加强宗族对成员的控制力度，成为地方社会维持社会秩序的一种带有自治性质的民间组织②。

延至清代，杭州地区宗族活动开始出现新的变化与发展，主要是西北部的诸县由外省迁入的宗族数量增多，即为棚民。而省内宗族的主要迁移流向之一便是杭州，可以说，杭州的宗族真正得到较大的发展是在清代。如顺治七年（1650 年）至道光二十九年（1849 年），诸暨钟氏迁入杭州的宗族便有 10 支之多。清代宗族广泛修建宗祠，修撰族谱，设立族约族规，统一同宗同族之人，宗族势力相当强大。

明清两代统治者都将部分权力转让给宗族，赋予宗族族长及其他宗族内领导层以特权，使他们在族内具有绝对的权威，实行有限的宗族自治。但政府从未放松对宗族的监督和管理。通过这种有限的权力转让、交换得到的是地方上的稳定和安宁。宗族领导层有责任有义务维护本宗族的生产、生计、生活，既要管好治安，又要妥善处理好族内教育、救济等

---

① 民国《杭州府志》卷七四《风俗一》。
② 陈剩勇：《浙江通史·明代卷》，浙江人民出版社 2005 年版，第 96 页。

问题。

在明代，杭州府境内救济性的民间组织只有同善会。清代是杭州乃至全国救济性民间组织井喷式发展的时期，特别是在太平天国运动之后的晚清，各类民间组织不断涌现，为防灾赈灾做出了重大贡献。太平天国运动之前，杭州的民间组织主要有悲智社、济仁堂、存仁场、普济堂等。太平天国运动造成杭州地区人口骤减，也使民间救济组织遭到毁灭性破坏。同治三年（1864 年）清政府收复杭州后，地方官员如左宗棠等提倡重建杭州的慈善组织，这一主张得到杭州士绅和商人的积极响应，于是二者通力合作，使得杭州府境内的众多善会、善堂得以迅速恢复和重建。日本学者夫马进创造"杭州善举联合体"这个新名称用以称呼管理这些善会、善堂的统辖机构。在杭州绅商的努力经营下，杭州善举联合体的规模日益壮大，组织制度越加完备。

民间个人救济是地方上的庶民地主、缙绅、商人等殷富阶层人士在灾害发生时对贫穷灾民展开的救助。民间个人救济的施予者以地方士绅居多，其中乡绅又占相当大的比例。其原因主要有以下几个方面。

一是这些士绅拥有的田地少则成百上千亩，多则逾万亩，积累大量的财富和充足的粮食作为储备，即使在灾害之年，仍可衣食无忧，故士绅阶层具有较高的抵御自然灾害风险的能力。同时，雄厚的物质基础也是士绅向贫苦灾民伸出援手的资本条件。灾害发生时，受到伤害的是社会最底层贫困的农民和城市小生产者等这些没有能力抵御灾害风险的阶层。《杭州府志》载："按杭城仰籴而入，自宋至今未之或改。咸丰辛酉冬，粤匪之乱，围城不及一月而粮罄，饿死者万亿，常平积谷可不亟讲哉？"[1]

二是士绅本身也有一种贡献宗族、兼济乡里、忧民怀众的情怀及责任担当。这些士绅获得过良好的教育，深受儒家文化影响，他们虽然不在官位或已经致仕，但作为地方的精英阶层，实际上依旧是一方领袖，扮演着地方社会的监控者与维护者的角色。而杭州地区的士绅还有一个特点就是重视名节，追求声誉，热衷于树立自己良好的形象。不仅杭州府城士绅如此，"省城士大夫皆爱惜名检，不敢以贵势凌人，乡人以争竞事，来质者

---

[1]　民国《杭州府志》卷七五《风俗二》。

多闭门谢之，无敢武断。凡置买田宅，皆平价贸易，若度越疆界、公行占据者，辄为清议所摈"①。杭州府各县士绅也多注重名誉，如临安县"士大夫颇任名节，不事苞苴，缙绅在林下，里人呼其名不为怪"②。在官府赈济不足时，士绅通过义赈的方式将有形的物质资源（钱粮）换来无形的精神财产（美誉），或者说是将其经济资源转化成社会资源。而这对于一直标榜礼义的他们而言，是拔一毛而得民心的利益交换，可谓是收益大于支出。他们甚至在这种交换中还能得到美誉之外的回报，如社会地位的提高与参与政治的机会等。因此，有识之士往往对于义赈乐此不疲。

三是明清政府劝赈政策的导向作用。政府通过奖励义赈的方式将民间士绅救灾的成效转移到自身，为自己贴上善政的标签，弱化因灾害和政府救灾不力而导致的民众的哀怨愤恨，进而降低社会动乱的可能性。尤其是授冠带的奖励方式，把实施义赈的地方精英纳入整个官僚系统中来，在政治上变被动为主动的目的更加凸显，争取的是民间社会对其政治合法性的认同。

二　民间赈济方式

明代杭州等地宗族通过族田、义田、学田的方式，照顾宗族内弱势群体，在灾荒年份，赈济族内贫穷之家。如海宁县，地主董慧出于备荒考虑，置义田200亩赡养三族，劝节田60亩给族人中的孤寡者周急，又出田50亩防备里社凶荒，每月给贫困者生病者1斗米③。又如余杭士绅李阳春，"置义田，诸宗党各以亲疏受田"④。钱塘人士方杰，"尝置义田，赡亲族"⑤。这在一定程度上保证了族人应对自然灾害的能力，进而缓和社会矛盾，维持乡村社会的稳定。因此这种做法得到朝廷的许可和鼓励，从明太祖朱元璋开始，对地方上的部分宗族族田、义田等田产印制册籍、登记备案，并给予优先免除多种徭役的特殊待遇。

---

① 民国《杭州府志》卷七四《风俗一》。
② 民国《杭州府志》卷七四《风俗一》。
③ 民国《杭州府志》卷一四一《义行一》。
④ 民国《杭州府志》卷一四一《义行一》。
⑤ 民国《杭州府志》卷一四一《义行一》。

宗族在社会救济方面的作用也是比较突出的。清初,于潜县人士何尔彬在大旱之年,赈济族人,"有侄十余辈,教育如己子,亲族待以举火者数十家,邑中重构学宫独建两庑"①。海宁陈世效,按科别分配财产给同族之人,"虑族人不给,以祭产分上中下三科,计口而授"②。清末仁和县李聪照,购仁和、钱塘、余杭三县田及祠墓基地,共 500 余亩,用银 15000余两,以所收租息为祭祀先祖及赡养族人之资,并建立义庄③。一些地方士绅在功成名就之后必须要做的就是恢复宗族建设,如钱塘士绅丁丙,其父拟建宗祠未果,丁丙与其兄发迹后重新修缮族谱,又将杭州、绍兴等地的祖籍墓地整修,葬亲族棺木以数十计,族业走向兴旺。

民间基层组织在防灾救灾方面也发挥着积极作用。明清时期杭州府民间组织有同善会、济仁堂、普济堂、育婴堂等,这些组织机构的性质、功能各有不同,彼此相互补充。这些组织的功能主要是体现在平时对贫民、病人等弱势群体的接济照顾上,具有一定的防灾效果。当然,明清杭州府也不乏专门针对自然灾害的救济组织。

同善会 明末,文人士绅掀起讲学结社的风气,纷纷组织成立同善会。在同善会之风席卷整个江南的浪潮下,杭州地区于崇祯十四年(1641年)设立同善会。同善会一般是由地方士绅创建,其成员经常举行集会,劝说众人行善事,他们自己则积极捐款捐物救助贫困、受灾之人。

悲智社 清代顺治年间,由杭州府境内邑人好义者创立悲智社。悲智社施药给病人,买置棺木给死者,建置义冢、骨塔,埋葬无主枢骸。

济仁堂 杭州济仁堂位于吴山之阴,嘉庆九年(1804 年)由民间捐资创办。济仁堂主要负责赠衣、施药、送茶、给汤、埋尸、放生等善事。《杭州府志》载:"俾寒为之衣,暑为之茶,疾为之药,冬为之汤,以暨施槽、捐葬、掩骼、放生、惜字诸事,靡不毕举,诚盛心也。"④

存仁场 存仁场与义冢相类似,主要负责掩埋城邑中未能安葬的尸骸。据统计,存仁场曾施舍数万具棺木并安葬十几万副棺骸。其运作方式

① 雍正《浙江通志》卷一八七《义行》。
② 民国《杭州府志》卷一四二《义行二》。
③ 民国《杭州府志》卷一四二《义行二》。
④ 民国《杭州府志》卷九《祠祀一》。

是以 5 副棺材作为 1 个冢，每个冢都要注明字号，登记备案以便于识别。又置有 100 余间房屋用以停放棺骸。《杭州府志》载："令来者随厝随葬，限之以期，无令久淹，一洗从前弊俗，人以其存心恻隐，而仁及枯骨，故名其地为存仁场。"①

普济堂　普济堂是救济贫民和病人的组织。嘉庆元年（1796 年），高宗元在武林门中正桥购买地产，嘉庆七年（1802 年），捐款建造房屋。浙江官员及士绅纷纷捐助集资。嘉庆十七年（1812 年），普济堂终于建成，开始收养民间老人、贫民及病人，可收容 300 余人。普济堂负责施发医药、施给棺木、掩埋尸骨等事务，又将救助弃婴、救济寡妇等诸多善行义举兼收并蓄，虽后来其功能多由其他民间组织代替，但它仍是清代中后期杭州地区救济百姓的主要组织机构之一②。

指困集　咸丰年间，杭州士绅张鸿煦、张倬等创办了指困集，主要是为寒门旧族中的贫苦之人捐助米石。指困集的救助范围比较狭窄，但它却为后来的给米所的诞生提供启示和借鉴。

给米所　给米所是发放粮食的机构，其对象一般是未被普济堂收容的老人。给米所起初接济 500 户贫困人家，后来扩充到 1000 户左右③。不啻给米所，施舍粮食的民间组织还包括三仓与粥厂。三仓在前文已经论及，这里不再赘述。而粥厂是由清政府收复杭州后设立的难民局演变而来，主要负责在冬季时煮粥并施舍给贫穷无食之人。

丐厂　丐厂是收容乞丐的机构，创立于光绪四年（1878 年）。其设立之初是为了收容救济因战争、自然灾害导致的流离失所的饥民，杭州丐厂分别位于东、西、南、北四所粥厂周围。各个丐厂之中都有丐头来管理这些乞丐，其经费每月钱 1000 文上下，由同善堂提供。光绪十五年（1889 年），浙江爆发特大灾荒，官府又增设草厂四所④。

恤灾所　恤灾所由杭州士绅于光绪元年（1875 年）捐资创建。《杭州府志》载：

---

① 民国《杭州府志》卷七三《恤政四》。
② 民国《杭州府志》卷七三《恤政四》。
③ （民国）丁丙：《乐善录》卷一《给米所》，杭州市图书馆藏。
④ （民国）丁丙：《乐善录》卷一《丐厂》，杭州市图书馆藏。

> 杭俗忌火……光绪元年，经绅众捐赀，就普济、育婴两堂隙地造房屋十六间，约可容五六十人，器具悉备。平时由堂董经理，一遇火警即标贴招单，准被火之家约诚实邻右，上城向育婴堂，下城向普济堂，开具姓氏人口，举报留所半月，每日粥一饭二，由堂支给；夏帐冬棉，由绅捐备，准其借用，俾得早谋生计。倘穷无所归，展限半月，筹赀酌给，以善其后。①

恤灾所是收容火灾灾民的机构，收容时间一般是半个月，灾民每天可以领到食物和衣物，若是因穷困而无法谋生，还可以延长留在恤灾所的时间至一个月。恤灾所是根据杭州府城及周边地区多火灾的环境特点而设置的，具有针对性和实用性。

钱江救生局　钱江救生局初创于雍正时期，重建于太平天国运动后。史载：

> （同治）七年五月暴雨连旬……仍饬绅董丁丙等清理田亩，广为劝募，赶紧兴复，与官船相辅而行。当经同善堂绅董雇船派司事赴六和塔上游迎流截救，并传知渔户，凡救生人一口，赏钱一千六百文；捞尸一躯，赏钱六百文；棺一具，赏钱一千文。自后水发，即由同善堂掩埋，董事会同义渡局暨胡绅光墉捐置救生船合力拯救，就近在天池寺栖止办理。②

当发生风潮、大水时，钱江救生局便会派出救生船沿着钱塘江巡逻，捞救溺水者，同时悬赏以鼓励渔户协助救人，并与其他民间救济组织机构如义渡局、救生船等相配合，提高救灾效率。

协济局　协济局附设于同善堂，主要是负责对省外的救济工作，具有省际间的互助性质。史载：

> 光绪三年后，山西、河南、直隶、陕西、连岁大祲，浙省绅商于同善堂倡捐募解，汇成巨款，源源接济……光绪三四年间，山西、河

---

① 民国《杭州府志》卷七三《恤政四》。
② 民国《杭州府志》卷七三《恤政四》。

南等省旱灾甚广，经苏州、上海、扬州、杭州各绅士设局接济。两年之间，解交直豫秦晋被灾之区将及百万，该绅等虽不求奖叙，而急公乐善之心，未可听其湮没。①

光绪之初，山西、河南等地发生特大自然灾害，引起全国人民的广泛关注，不少地方的救济组织机构纷纷施以援手，杭州民间救济组织也参与进来，杭州协济局在这场全国人民共同抗灾中表现得比较出色，受到社会的普遍肯定。可见，杭州民间救济组织的救济范围并非囿于本府一隅之地，而是将这种救济工作延伸省外，积极参与区域性特大自然灾害的救济。

明清杭州府民间个人救济的方式多种多样，而明代杭州府最常见的民间救济方式是粮赈。正统六年（1441年）饥荒，余杭人吴思敬发谷1500石赈济饥民②。成化十九年（1483年），浙西被灾，新城尤甚。新城人罗善首倡捐赈300石③。崇祯十三年（1640年）大饥，钱塘人吴光溟出囊金往江右籴米500斛，全部散赈于亲友，因此被授光禄丞之职。④煮粥赈济是一种直接有效的赈济方式，为不少士绅所青睐。嘉靖年间，连年闹饥荒，钱塘生员钱科捐赈最多，朝廷依据已授冠带者升其级之例，授他正六品职，不发俸禄。而钱科又自己设粥厂振济乡里饥民，救活不少人⑤。又如万历十六年（1588年）饥荒，富阳人周棨煮粥十数缸，摆置在恩波桥以接济饥民，数月不休，至于死在赈所的饥民，则给他们棺敛安葬⑥。

杭州府一些地方官员在灾害发生时不顾灾民死活，隐瞒不报，当地士绅或庶民地主也有据理力争为民请命者。如弘治年间昌化大饥，该县衙吏沈江不登记饥民姓名，致使百姓无以为济，邑人戴鉽上告到参政处，以死上疏弹劾，饥民终于得到实赈⑦。明代中后期，杂役繁重，百姓苦

---

① 民国《杭州府志》卷七三《恤政四》。
② 民国《杭州府志》卷一四一《义行一》。
③ 民国《杭州府志》卷一四一《义行一》。
④ 民国《杭州府志》卷一四一《义行一》。
⑤ 民国《杭州府志》卷一四一《义行一》。
⑥ 民国《杭州府志》卷一四一《义行一》。
⑦ 民国《杭州府志》卷一四一《义行一》。

不堪言，若再逢灾害，更无活路，一些士绅体恤民艰，捐资助民免除徭役之累。如正统间有皇木之役，之前已经有因此役而破家者。时岁大饥荒，百姓因不能完成赋役而入狱者甚众，临安人胡琼捐出自己的五百金以完成其役①。

灾害之年，瘟疫往往伴随而来，官府对施行医赈一向比较消极，导致因疫病而死者颇多。民间一些人士则积极投入救死扶伤队伍之中，施医赠药，帮助疫病患者治疗。崇祯十四年（1641 年），饥荒瘟疫并行，海宁人徐季韶沿塘设置粥厂 15 所，每日施舍费米 30 斛以救济饥民，又开药局救助瘟疫患者，救活很多人②。同样是崇祯年间，杭州府瘟疫肆虐，钱塘人吴志中不惜利用家产以施药于病人，救活万余人③。

纵是官府、民间组织、士绅个人都投入救灾之中，也难免会有很多灾民因灾致死的情况发生。通常来说，遇难者多是贫困庶民，其家人、亲戚无力为之殓葬者不在少数。或是重大自然灾害发生，全家遇难，无人为他们埋葬。而中国传统文化观念特别讲究丧葬之礼，认为死者入土为安，对停棺不葬或实行火葬、水葬等殓葬形式就时常遭到杭州府缙绅们的强烈抨击。另外，尸体长期暴露屋外，容易引发疫病，是瘟疫流行的主要源头之一。因此，妥善地掩埋好尸体是救灾的必要任务之一。杭州士绅在灾害发生之际，救济生者，也不忘给予死者棺木为之殓葬。万历十六年（1588年），发生严重饥荒，导致死者枕藉。临安人郑昙购买棺木为死者殓葬④。崇祯十三年（1640 年），农业无收闹饥荒，饿殍载道，余杭人赵瑞壁虽家贫仍竭力施与棺木以安葬死者，后来力有不继，于是创建义社，倡议同志合力收殓尸骸，第二年死者更多，不能人人给棺入葬，便购置席藁等，使得死者入土以安⑤。部分杭州士绅创办义冢专门用来安葬无主的尸骸或贫困人家的死者。如万历间，于潜人谢承旨捐谷救灾，施济漏泽园，又造义

---

①　民国《杭州府志》卷一四一《义行一》。
②　民国《杭州府志》卷一四一《义行一》。
③　民国《杭州府志》卷一四一《义行一》。
④　民国《杭州府志》卷一四一《义行一》。
⑤　民国《杭州府志》卷一四一《义行一》。

冢为死者掩埋尸体①。

除了以上几种民间义赈方式之外，还有杭州士绅免去当地穷人的债务、帮助灾民赎回妻子、置办义田备荒等赈济方式②。明代官府赈济与民间组织机构救助、民间个人义赈三大救助体系的发展趋势是：政府赈济总体上日益衰落，官方组织机构的救助亦逐渐式微不振，民间组织渐渐兴起，个人义赈活跃。

清代杭州府民间个人义赈较之明代呈现出一些新的特点：一是粥厂成为普遍的赈济方式。设粥厂煮粥赈济的行为显著增多，粥赈成为清代杭州民间个人赈济最常用的方式之一。仅《杭州府志·义行》所载的清代杭州个人粥赈便计有近30次之多，比例远高于明代。如康熙四十七年（1708年），海宁大水引发饥荒，海宁人程士麟捐米1200石，设粥厂5所，帮助赈饥③。乾隆三十一年（1766年），因灾歉收，新城人吴启仁捐米320石，施济同里之人并置粥于门前以救济饥民④。

二是医赈、物赈明显增多。清代杭州士绅、庶民地主在自然灾害发生时常常施赠灾民衣物，给予病患医药，民间个人义赈俨然成为医赈、衣赈的主力军。如富阳人高鸣鹤，曾修文庙制医药施给病疫者，救活1000余人⑤。嘉庆十年（1805年）、道光三年（1823年），浙西大水，仁和人姚湘建议以私贷代替公赈，并亲力亲为。灾后多发疫病流行，他又捐药治疗，花费数千金，救活很多人⑥。又如富阳人周吉临在饥荒之年，煮粥赈济，并置办絮衣散发给灾民，也救活不少人⑦。徽州绩溪人胡雪岩在杭州发生自然灾害之际，给灾民捐赠棉衣，费银50000两⑧。

三是个人创办救济组织盛行。清代杭州民间个人义赈相对于明代而言，尤为重要的一个变化就是个人创办救济性组织十分活跃，尤其是清中

---

① 民国《杭州府志》卷一四一《义行一》。
② 民国《杭州府志》卷一四一《义行一》。
③ 民国《杭州府志》卷一四二《义行二》。
④ 民国《杭州府志》卷一四三《义行三》。
⑤ 民国《杭州府志》卷一四二《义行二》。
⑥ 民国《杭州府志》卷一四三《义行三》。
⑦ 民国《杭州府志》卷一四二《义行二》。
⑧ 民国《杭州府志》卷一四三《义行三》。

后期，绅商实力增强，他们广泛参与慈善救济事业，成为杭州地区慈善救济的重要组成部分，作用不可小视。清初，杭州士绅、庶民地主兴建的慈善救济机构主要是育婴堂。如顺治康熙年间，仁和人张文启与友人设惠民药局救治贫苦病人，创育婴堂抚恤孩童，并建立靖浪亭使渡江者得免风浪之厄①。又如，钱塘人王之策在其家乡也创立育婴社②。康熙时期，钱塘人姚士章建育婴堂，之后又有海宁人查懋、仁和人邵志锟等数人建立过育婴堂③。清中叶以后，杭州士绅、庶民地主以及商人从事的慈善救济事业开始扩大，所创办经营的慈善救济机构也更加多样化。

清代杭州士绅、地主也积极创建义冢、义塔为无主尸骸和贫困家庭之死者殓葬。作为债主，杭州士绅、地主也经常免除穷人的债务，减轻穷苦百姓的负担，在一定程度上缓和了阶级矛盾。灾害动乱之际，百姓或有卖妻鬻女者，或有被掠夺者，杭州士绅、地主见之则尽己所能为他们赎身，让他们与家人团聚。一些士绅、地主也敢于为民请命，重灾之年，或上书乞赈，或请免租赋，或代输科税，甚或减免赋役科目，体现了这些士绅热心公益，关心民瘼的情怀。

三　官民互动

明清两朝都形成了一套劝赈的奖励机制。明代杭州府主要有敕旌表、赐称号与授冠带等三种奖励方式。如海宁人周益，永乐二十二年（1424年）饥荒，输粟600石助赈，官府任命他为登仕郎。其子周敬在成化年间前后输粟1000石，被朝廷旌表为义士，并赐冠带，嘉表其宅④。又如富阳人孙显宗在成化十年（1474年）歉荒之际，捐粟2000石以赈济灾民，还帮助鬻卖子女者赎回孩子，免去其债务人所欠之债，因此而得以存活者甚众。此事为朝廷闻知，准备授官与他，孙显宗坚辞不授，于是便赐他在光禄寺宴饮，授他正七品冠带，遣还回故地。后来朝廷又命地方官送其孙景

---

① 民国《杭州府志》卷一四二《义行二》。
② 民国《杭州府志》卷一四二《义行二》。
③ 民国《杭州府志》卷一四三《义行三》。
④ 民国《杭州府志》卷一四一《义行一》。

南以生员的资格入鸿词选，孙显宗希望子孙以自己的勤劳谋取富贵，率其孙景南力辞不就，朝廷改降敕旌表为尚义之门，为他树立牌坊①。清代杭州府劝赈嘉奖机制主要有奖给匾额、旌表其门、入祀乡贤祠等。如顺治八年（1651 年），杭州饥荒，仁和人陆文锐设粥救济饥民，巡道熊光裕赐牌匾褒奖他②。康熙十二年（1673 年），大饥荒，仓米不足，漕运不济，临安生员高宏璧往苏、常等地买米补交缓征的钱粮，至次年蚕麦丰收后才开始征收应偿还的钱粮，解了百姓的燃眉之急，府县因此送给他尚义匾③。又如诸暨生员方熙载、方轸与国子生方垣三兄弟三人捐资为宗族创立义庄，救济族人，光绪初获得题旌建坊的嘉奖④。因义赈而入乡贤祠者也比比皆是。于潜生员谢赓明在顺治十八年（1661 年），捐米赈济灾民。康熙十年（1671 年），又捐粟 500 石赈荒。雍正六年（1728 年），因义行祀入乡贤祠⑤。钱塘人许承基在乾隆十六年（1751 年）、二十一年（1756 年）饥荒之时，捐粟用以平粜，使得许多灾民得以存活下来。又有修郡学宫等诸多义举，死后入祀乡贤祠⑥。值得一提的是，清代比较重视乡饮酒礼，能在乡饮酒礼中担当介宾之人一般都是德高望重之辈，是一种莫大的殊荣。为了激励士绅踊跃救灾，朝廷让救灾贡献突出之人担任介宾以示表彰。清初余杭人邵士俊每至岁荒辄施钱粮救济饥民。又曾捐钱赎回被掠的民众并捐修桥梁，后被选举为乡饮介宾⑦。昌化人章日焰在康熙六十年（1721 年）大旱之时，与其弟章日耀设粥厂振饥。乾隆元年（1736 年），大水，捐谷百石贮藏于社仓，因此知县罗朝彦在举行乡饮酒礼时选举章日耀为介宾⑧。

　　而在基层组织建设方面，明清时期包括杭州府在内的江南地区，其官民共建的基层组织主要有社学、乡约、社仓与义仓等。现根据相关文献制"明

---

① 光绪《富阳县志》卷一八《人物志上》。
② 民国《杭州府志》卷一四二《义行二》。
③ 民国《杭州府志》卷一四二《义行二》。
④ 民国《杭州府志》卷一四三《义行三》。
⑤ 民国《杭州府志》卷一四二《义行二》。
⑥ 民国《杭州府志》卷一四三《义行三》。
⑦ 民国《杭州府志》卷一四二《义行二》。
⑧ 民国《杭州府志》卷一四二《义行二》。

清时期江南暨杭州府地方官民共建基层组织简况"（见表 5 - 22）。

表 5 - 22　　　　　　　明清江南暨杭州府官民共建基层组织简况

组织性质	组织名称	划分依据	职能	存在时间	备注
官民共建的 基层组织	乡约	地域	劝善教化，宣传并贯彻统治者理念	明中叶至清代	实为地缘性组织，其作用在清末衰微，名存实亡
	社学	地域	教化、教人识字断句	明清	社学重在教化蒙童，较之乡约更为实用、持久
	社仓	地域	民间捐助以赈灾济贫	明中叶至清代	嘉庆之后，社仓渐趋衰落
	义仓	地域	民间捐助以赈灾济贫	明清	清末，社仓衰落，义仓取而代之，士绅借此以控制地方基层社会

资料来源：根据王卫平主编《明清时期江南社会史研究》（群言出版社 2006 年版，第 231—246 页）一书相关内容整理而成。

　　官民共建的基层组织是官方和民间共同参与建设和管理的组织。杭州府官民共建的基层组织主要有乡约、社仓与义仓等，它们作为官方基层组织的一种补充，在赈济和维护地方治安方面发挥着一定的作用。

　　义仓、社仓的创设初衷是由官府倡导和引导，而百姓自愿捐纳粮食以备灾荒。明代的乡约组织重在宣扬统治者的统治理念，培养百姓互助友爱的意识，"劝善惩恶，兴礼恤患，以厚风俗"。如万历年间，钱塘县令姜召立乡约，置义仓，增强地方抵御自然灾害的能力。清代乡约更多的时候是官方强制施行，宣读圣谕之类的官方条文，以加强对百姓的思想控制，可以说是一种软控制方式。而社仓到了清代前中期，尚能发挥较大作用。嘉庆以后，杭州府境内的社仓基本荒废，其功能也大为削弱。《杭州府志》载：

　　　　（清代）许三礼立社仓约，财粟赢余之家，量其多寡，各输谷若干斗石，登之簿籍。每里推一二有德行乡者，收掌之。一面择一空所置立社仓，逐一收贮。一遇凶荒，按其本里户口穷民乏食者若干名，另登一簿，计口授食。即以本里之义举，济本里之贫难庶民，其有瘳乎？本县虽冰蘖自矢，亦量行捐倡为积谷先资，知闻风好义之良，必踊跃乐输矣。[①]

由此可见，此时社仓的运行基本上仍由民间士绅或平民地主阶层所主持，官府主要起着倡导和监督作用。

清代中后期，随着绅商阶层的壮大，在杭州府境内，义仓逐渐成为主要的官民共建基层组织。《杭州府志》载："义仓，在（临安）县署大堂西，光绪二十四年，知县张介禄建屋五间，左右置仓四座。二十八年，邑人胡仁寿建里进五间，左右置仓四座。"[②] 又载："光绪二十四年，就（于潜县）本仓旧址建义仓，廒十六间，存谷二千二百六十石。"[③] 由此可见，官府与民间士绅共同出力，合力营办了义仓。

在救灾方面，官府与民间的合作在清末得到较大的发展，前文所述"杭州善举联合体"、钱江救生局等，莫不是官府与绅商通力合作的产物，这里不再重述。

第三节　成效及存在的问题

一　成效

（一）官方救济成效

首先，官府救济是整个自然灾害救济系统的主体，主要负责备荒救灾。官府救济的优点是救济的范围大，救济的力度强。在防灾方面，明清政府在杭州修建了大量的水利工程，如疏浚河道和湖地，修筑堤坝，都在一定程度上改善了当地的水文境况，有利于防洪抗旱，促进农业生产的发展。而修筑的杭海段海塘，更是一项泽被后世的千古壮举，大大降低了海

---

① 民国《杭州府志》卷六九《仓储》。
② 民国《杭州府志》卷六九《仓储》。
③ 民国《杭州府志》卷六九《仓储》。

溢发生的频率，减少了海溢海潮对沿海地区乡村的侵害。在救灾方面，明清两代的前中叶，国力相对都比较强盛，救灾物资比较充足，在自然灾害发生之际，可以调用大量的钱粮赈济灾民。如道光三年（1823 年）为应对杭州等地的水灾，官府拨发 30 万两库银用于赈济。支出如此大数额的银两，只有官府才能做得到，而不是民间组织和个人士绅所能承担的。蠲缓、平粜、借贷等政策的实施，也使得灾后的百姓减轻了赋役负担，从而可以快速地恢复农业生产，重建家园。但官府救灾的不足也很明显，主要是从报灾到开始赈灾的过程比较长，响应较慢。自然灾害发生后，多数时候，杭州官府首先要做的是勘灾和上报灾情，待收到皇帝的指令后才能调动仓粮和库银等物资来赈济灾民。这是一个相对较长的时间，在这段时间里，不少灾民还未等到赈济的钱粮，就已经饿死了。虽然明清政府的救灾政策已经臻于完善，但在其王朝后期，由于国力的衰弱，这些政策也就无法再得到有效的施行。

（二）民间救济成效

宗族救济、民间组织救济和民间个人救济是官方救济的有效补充，民间组织为官府分担赈恤、收养孤弱病残者等工作，民间个人救济在急赈方面作用比较突出。无论是民间组织还是民间个人，都能够对灾害迅速做出反应，立即投入救济工作中，从而弥补了官府救济在反应速度上的不足。

具体来说，宗族救济可以快速地对本宗族内的灾民实行救济措施，而且这是一个一体化的防灾救灾体系，族田、义田等都为本宗族的灾民提供了防灾救灾的物资保障。但是这种救济方式讲究血缘关系，对宗族之外的灾民，则不予顾及，体现了它的封闭性。而民间组织开展的社会救济与宗族救济相比，其施济对象的范围更加广泛，可以覆盖整个杭州地区乃至府外、省外地区，赈济的效果也比较明显。特别是清代后叶杭州善举联合体的成立，其社会保障与社会救济的功能兼而有之，从而拯救了大量的贫苦人家和灾民，堪为当时社会救济的典范。民间个人士绅救济的反应速度也同样比官府救济和民间组织救济来得快。自然灾害发生后，杭州当地的士绅可以根据灾情及时地开展赈济活动，从而挽救大量嗷嗷待哺的灾民，因此史书上常有"活人无算"的记录。其赈济范围，近者可以覆盖乡里，远者甚至可以兼济其他地区。其施济方式也更加多样，粥赈、医赈、物赈等，莫不有之。

总之，民间组织救济与官府救济、民间个人救济三者配合，相辅相成，共同构成一个相对完整的救助体系。清代杭州民间组织救济及个人义赈较之明代有了长足的进步和发展。但从另一个角度来看，民间组织救济及个人义赈的兴盛往往意味着官方救济的衰落。明清两代杭州官府赈济与民间组织救济、民间个人义赈都基本维持了一种此消彼长的态势，即官府赈济的日益衰落与民间组织救济和民间个人义赈的日益崛起是同步进行的。

二　存在问题及成因

（一）存在问题

在明清两代的中前叶，官府对于防灾、救灾比较积极，成效也较为明显，但是在中后期，防灾、救灾工作逐渐走向消极，问题重重。这些问题主要体现在以下几个方面。

1. 隐灾不报，强征赋役

杭州府一些官吏隐瞒灾情，不加救济，而对于赋役则强加征取。如明仁宗洪熙元年（1425 年），广西右布政使周干巡视苏、常、嘉、湖、杭等府归来后向宣宗如是说："……又如杭之仁和、海宁……自永乐十二年以来，海水沦陷官民田一千九百三十余顷，逮今十有余年，犹征其租。田没于海，租从何出？"①

2. 贪污肥私，拖欠蠲缓

当自然灾害发生之后，一些官吏利用职权与地方豪强大户相勾结，侵吞救灾应急物资，拖欠蠲缓赋税。《明经世文编》云：

> 催征甚急，小民无势，欲拖欠而不能；良民惜身，畏拖欠而不

---

① 《明宣宗实录》卷六"洪熙元年闰七月"条。

敢，其拖欠者类多豪强大户。今若赦免之，是奸顽偏蒙实惠，贫民徒受虚名，起不均之怨，长效尤之风。其蠹治尤甚者，经收之人，乘此作弊，将已征捏称拖欠任意侵欺，而贪污官吏又或交通为奸，剥生灵之膏脂……①

平民百姓为了身家性命，自然安分守己，不敢拖欠赋税。而豪强大户则敢恣意拖欠，故拖欠赋役者以豪强大户居多。这些豪强大户与官吏相勾结，狼狈为奸，篡改赋役记录，侵夺百姓钱粮，蠲免政策下达，正好给贪官污吏和豪强提供了玩奸使诈、中饱私囊的良机。据明代官吏周干所说，仁、宣时期，常、镇、苏、松、湖、杭等府的无籍之徒"营充粮长"，专门盘剥百姓，以肥私己。如果遇到朝廷的恩赦和蠲赈，赈济的物资也落入到粮长的手里，百姓根本领不到朝廷的救济物资②。赈济之时，官吏私吞赈灾物资者亦殆为常事，正如研究者所说："历代赈谷、赈银，成就所以不大，病根就在这里。"③ 尽管中央政府对于贪冒赈灾钱粮的行径严厉打击，但还是挡不住违法官员的人欲横流，故而古人就常常将"天灾"与"人祸"并称。

3. 救灾不力，防灾技术落后

嘉靖二年（1523 年）杭州府钱塘县闹饥荒，官吏赈济不力，导致饥民大量饿死。"有司赈济，稻穀人六斗，乡民赴审枵肠，候二三日饥死仓侧及涂间者甚众"④。另外，官吏尸位素餐，不懂救灾防灾知识，缺乏防灾工程技术，防护工程建设的效果不理想。清代，杭州府地方官员在修筑防潮工程时中饱私囊，致使兴修的一些"豆腐渣"工程无法抵御海潮。雍正元年（1723 年），雍正帝针对海宁塘堤修筑存在的问题曾说道："数年来，督抚等所修塘堤，俱虚冒钱粮，于不当修筑处修筑，以至随修随坏。"⑤ 光绪十一年（1885 年），户部上奏总结灾政的弊端：

---

① （明）陈子龙辑：《明经世文编》卷一五一《应诏陈言时政以裨修省疏时政利弊》，明崇祯平露堂刻本。

② 《明宣宗实录》卷六"洪熙元年闰七月"条。

③ 邓拓：《邓拓文集》第二卷，北京出版社 1986 年版，第 214 页。

④ 万历《钱塘县志》卷八《纪事·灾祥》。

⑤ 《清世宗实录》卷一一"雍正元年九月癸巳"条。

报荒不实，报灾不确，捏完作欠，征存不解，交代延宕。以上五弊，屡经奏陈通行，乃各省锢习成风，因循怠玩，钱粮弊窦，愈积愈深。若不严申禁令，痛除宿弊，年复一年，伊于胡底？①

这一言论揭露出官府救灾过程中的诸多弊端，这些弊端不仅存在于光绪时期，也贯穿于其他朝代。

（二）问题成因

在防灾救灾过程中存在的诸多问题，其成因主要有以下几个方面。

一是官僚政治导致防灾救灾工作缺乏必要的监督。明清时期整个社会的组织结构为金字塔形，金字塔的顶端是最高权力的拥有者即皇帝。皇帝下面是各部门的官员，逐级负责，由上而下层层控制。当时的每一个社会个体和社会群体也都处在这样一种层级控制网络中。而这又是一种单向的权力传递方式，官僚集团对百姓拥有绝对的权力，在赋税、征役、田产等各方面欺压盘剥普通民众，导致百姓生活困苦甚至破产，使其减弱甚至丧失抵御灾害的能力。但百姓却没有任何权力来监督、揭露官员在防灾、救灾中的不力、不法行为。当对官员缺乏来自社会的监督或者说来自国家体制之外的监督的状况下，或许只有"良知"或道德的力量能够促使他们行使社会职责。

二是制度建设滞后。明清时期杭州府地方官员诸如巡抚、布政使、知县、典史等都有报灾、救灾之职责，然而却未设立专门的防灾、勘灾、报灾以及救灾机构，也没有颁布与救灾相关的法令法规。这就导致防灾工作的成效如何完全取决于地方官员防灾意识的强与弱，因而也就难以保证防灾救灾的成效。在自然灾害发生时也无章可循，对自然灾害的反应速度较慢，且无法有效地评估自然灾害造成的影响及救灾效果，救灾责任难以落实。总之，制度缺失，使防灾救灾的成效难以保证。

三是行政效率低下。由于行政体制自身存在的弊端，致使救灾动作迟缓，往往延误最佳的救灾时机。明政府在杭州府设布政司、按察司、都指

---

① （清）刘锦藻撰：《清续文献通考》卷七〇《会计》，影印民国商务印书馆十通本。

挥使司等三司以分管民政财政、司法刑狱和军事防务。省或布政司为地方第一级行政机关，其下一级行政机关即为府。府之长官，正职为知府，副职为同知、通判，又有诸多机构分管诸事。县是地方第三级行政机关，县之长官，正职为知县，副职为县承、主簿，其下尚有各类机构辅助管理县务。清政府基本承袭了明代地方行政体制而有所损益。如图5-1所示，其中比较明显的变化是地方防卫力量的增强。清政府认为杭州是"江海重地，不可无重兵驻防，以资弹压"①，因此驻浙清兵多集结于杭州。驻浙清兵又分为两类，一类是绿营兵，一类是八旗兵。而八旗兵独立于行政衙门之外，具有很大的权势。这种重兵威慑、层层严控的政治态势使得平民百姓被牢牢地控制在本地，以至百姓在灾害发生时不敢轻易逃荒、暴动，甚至使他们在自然灾害面前无法自救，只能坐以待毙。

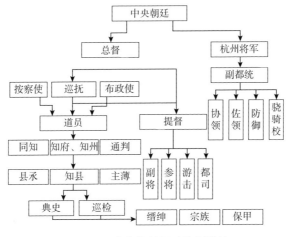

图5-1　清代杭州行政体制结构

资料来源：本图根据叶建华所著《浙江通史·清代卷上》（浙江人民出版社2005年版，第31—34页）一书相关论述绘制而成。

四是社会救助与社会控制的监控环节和反馈环节的缺失。杭州府的胥吏欺上瞒下，致使救灾政策难以落实。如前揭所示，清代中后叶的蠲缓是很频繁的，但实际上杭州百姓并未减轻多少负担，因为这些蠲缓政策的执行情况十分糟糕，地方胥吏刻意隐瞒蠲缓诏令，灾民经常毫不知情。光

---

① 康熙《仁和县志》卷二七《纪事》。

绪、宣统时期，清政府在对杭州府实行蠲缓政策时，一再强调要使百姓都了解朝廷的蠲缓政策。如光绪十年（1884 年）的蠲缓诏令中提及："并着先将此旨刊刻誊黄，遍行晓谕城乡村镇，咸使闻知。毋任官吏役胥影射侵渔，以期膏泽下逮，用副朕延厘锡羡子惠元元至意，该部即遵谕行。"① 宣统元年（1909 年）的蠲缓诏令也说道："该抚即按照单开各厅州县卫所田地塘顷亩分数、应蠲应缓银钱米石各细数刊刻誊黄，遍行晓谕，务使实惠均沾，毋使吏胥舞弊，用副朝廷轸念民艰至意。"② 但是，在封建社会，百姓对于官吏的监督是无力的，也注定不会有好的结果。

① 民国《杭州府志》卷七二《恤政三》。
② 民国《杭州府志》卷七二《恤政三》。

第六章 灾害与民间信仰

——以皖南广德州为例

关于自然灾害与民间信仰的问题，近年来学界曾进行过较为广泛的讨论，并有许多研究成果问世①。这些研究或从宏观上分析自然灾害与民间信仰的关系，或以一些地区为研究对象进行探讨。本章采用个案研究的方法，通过对明清时期皖南地区广德州的深入考察来揭示自然灾害与民间信仰的关系。

第一节 灾情及其成因

一 时空分布

广德州位于皖省东南部边陲地区，紧邻江浙，素有"三省通衢"之

---

① 这类成果主要分为两类：一类是总论性的，如有康沛竹的《灾荒与晚清政治》，北京大学出版社 2002 年版；刘仰东的《近代中国社会灾荒中的神崇拜现象》，《世界宗教文化》1997 年第 4 期；邓拓的《中国救荒史》，高等教育出版社 1991 年版；郭春梅、张庆捷的《世俗迷信与中国社会》，宗教文化出版社 2001 年版；张崇旺的《明清时期江淮地区的自然灾害与社会经济》，福建人民出版社 2006 年版等。以上著述均通篇或部分地论及灾害与信仰问题。另一类是基于区域研究的成果，如有王振忠的《历史自然灾害与民间信仰——以近 600 年来福州瘟神"五帝"信仰为例》，《复旦学报》（社会科学版）1996 年第 2 期；徐心希的《明清时期闽南地区自然灾害与民间信仰的特点》，《闽南文化研究》2004 年第 2 期；高茂兵、刘色燕的《略论晚清时期桂东南地区自然灾害与民间信仰》，《广西民族研究》2010 年第 1 期；董传岭的《晚清山东的自然灾害与社会信仰》，《内蒙古农业大学学报》2009 年第 3 期等。

称。广德州在明清时期隶属于皖南道，下辖建平（今郎溪）县。该州地处长江下游的青弋江水阳江水系，自然灾害频发，其中以水旱灾害最为突出。

有关明清时期广德州自然灾害的发生情况，详见表6-1。

表6-1　　　　　　　　　　明清广德州历年自然灾害统计

朝代	年号	公元	灾别	史料记载
明	洪武元年	1368	旱	闰七月，免广德被灾田租二年
	永乐十八年	1420	旱	旱
	正统四年	1439	旱	亢旱，人缺食者甚多
	天顺三年	1459	旱	五月至六月，不雨，禾稼枯槁
	成化十六年	1480	水	夏，直隶徽州等五府、广德等三十五州县水灾
	弘治十四年	1501	水	六月，水溢州城
	弘治十八年	1505	震	秋九月，地震
	正德三年	1508	旱	大旱，籽粒无收，草根树皮采食殆尽，环应天、宁国、广德之境数千里大旱，四月不雨至十一月，野无青草，民屋如悬，殍死相望
	正德四年	1509	水	春饥，人相食。夏大疫，死者万计，遗骸载道。秋大水灌城。冬冰坚地坼，禽兽草木皆死
	嘉靖三年	1524	疫	疫疠大作
	嘉靖四年	1525	蝗	春三月，陨霜杀草，秋八月，蝗虫害稼
	嘉靖五年	1526	水	淫雨害稼
	嘉靖六年	1527	雹	雨雹大如拳，禾稼及鸟兽触者皆死
	嘉靖八年	1529	蝗	六月，飞蝗蔽天
	嘉靖十四年	1535	旱、蝗	夏秋不雨，九月蝗虫大作
	嘉靖十五年	1536	蝗	春三月，蝗虫食麦兼害禾苗，后连日雾霾三日始退
	嘉靖十八年	1539	水	十一月，以水灾免直隶太平、徽州、池州、宁国、广德田粮如例
	万历二年	1574	水	八月县东四十里，山出蛟蜃，洪水暴至，漂没甚众，三日始退
	万历十五年	1587	水	春淫雨不绝，建平水浸民居，斗米值二钱（银）
	万历十六年	1588	旱	建平大旱
	万历十七年	1589	旱	建平大旱

续表

朝代	年号	公元	灾别	史料记载
明	万历二十三年	1595	水	五月十七日，大雨三昼夜，建平水大涌，溢破圩七十余所
	万历二十七年	1599	旱	二月至五月，畿辅内外半年不雨，旱
	万历三十六年	1608	水	建平大水，圩堤尽没
	万历四十四年	1616	蝗	九月蝗虫大起。禾秫竹树俱尽
	万历四十五年	1617	旱、蝗	建平大旱，飞蝗蔽天
	万历四十八年	1620	震	地震
	天启三年	1623	震	冬，建平地震
	天启四年	1624	震、水	七月地震，建平大水
	天启六年	1626	水	大水
	崇祯五年	1632	水	冬，建平雨水冰
	崇祯十一年	1638	旱、蝗	建平大旱，蝗；州亦然
	崇祯十二年	1639	旱	旱
	崇祯十四年	1641	旱、蝗	大旱，蝗，斗米千钱，遗骸载道
清	顺治十二年	1655	旱	旱灾
	顺治十六年	1659	水	大水
	顺治十八年	1661	旱	建平旱
	康熙四年	1665	水	建平水
	康熙八年	1669	水	水
	康熙十年	1671	旱、蝗	旱、蝗
	康熙十一年	1672	水	建平水，停征九年以前钱粮
	康熙十八年	1679	旱	三月至五月不雨
	康熙十九年	1680	旱	建平旱，有虎伤人，免征
	康熙二十三年	1684	水	建平水，蠲免
	康熙二十九年	1690	雪	冬大雪
	康熙三十二年	1693	旱	州县均旱，免征三分之一
	康熙三十五年	1696	水	建平水
	康熙四十七年	1708	水	是年秋，建平水。免征、煮赈四月
	康熙五十三年	1714	旱	免征银 4530 两，煮赈三月
	康熙五十五年	1716	旱	州属旱

续表

朝代	年号	公元	灾别	史料记载
清	雍正元年	1723	蝗	飞蝗蔽天，自北向西，禾稼无损
	雍正四年	1726	水	秋，建平水。煮赈五月
	雍正五年	1727	水	建平水
	雍正八年	1730	水	建平西乡水，免征银6190两，赈恤
	乾隆三年	1738	旱	旱
	乾隆九年	1744	水	上江所属徽、宁、池、太数郡，亦于七月初间连日大雨，或因山水骤涨，或因起蛟发水。据歙县、休宁……繁昌暨广德州属之建平共十四县，具报近山傍河之处，一时发水宣泄不及，田舍人口间有冲淹
	乾隆十年	1745	水	通省各府州自五月二十八、九、六月初三、四、十五、六等日先后得雨深透。……内有和州、含山、建平、宣城、泾县等州县，间有山水冲损圩埝，淹及禾苗处所
	乾隆十五年	1750	水	查，安徽所属之繁昌、休宁……含山、来安等州县被水。……伏查，此次被水情形，轻重各所不同，如先报之休宁、祁门……及续报之……南陵、建平，水势一过，并不为灾
	乾隆十六年	1751	旱	大旱荒，蠲免，发帑银75600两，赈之
	乾隆十七年	1752	旱	夏，旱
	乾隆二十年	1755	蝗	秋，蝝（蝗）害稼
	乾隆二十一年	1756	水	春，大饥，斗米钱四百文
	乾隆二十四年	1759	水	五月二十三、二十五、二十六及六月初三、初十等日，江宁省城俱节次得有大雨……而江以南，据婺源、南陵、贵池、青阳、建平等县禀报，最注之圩，因雨骤宣泄不及，亦微有积水
	乾隆二十八年	1763	震	秋，地震
	乾隆三十四年	1769	水	本年春夏阴雨连绵，上游诸水汇发，江潮盛涨，以致安庆、池州、宁国、庐州五府，滁、和、广德三州所属州县卫低洼田地多被淹浸
	乾隆三十七年	1772	水	梅雨大作，忽夜震雷，有蛟自山出，溪水暴涨，漂没庐舍，多溺死者
	乾隆四十年	1775	旱	夏，旱荒，冬十二月大雪有雷，赈银七千两
	乾隆四十一年	1776	水	夏四月大水
	乾隆四十三年	1778	旱	夏，旱，免征

续表

朝代	年号	公元	灾别	史料记载
清	乾隆五十年	1785	旱、蝗	自夏至秋不雨，斗米值百文，民食草根树皮几近。溧阳交界山有土，青白色，取和麦粉，藉以救饥，俗称观音粉，食者或致闷死。建平蝗，所过寸草无遗
	乾隆五十三年	1788	水	自五六月以来雨水过多，江淮盛涨，怀宁……建平等州县，低洼处所间被淹浸
	乾隆六十年	1795	旱	夏，旱饥
	嘉庆五年	1800	水	皖省入夏后，雨水本属调匀，惟因六月十八九等日雨势猛骤，嗣又节次大雨倾盆，或因淮河水涨，或因山洪陡发，间有低区受淹。……查有南路安庆府属之怀宁、桐城、潜山……广德属之建平共十七州县，除各该属高阜田地俱属一律有收外，惟其中沿江濒河极低之区，积水淹漫，一时宣泄不及，现在竭力疏消，次第涸出
	嘉庆十三年	1808	旱	五月至七月不雨。斗米值五千
	嘉庆十九年	1814	旱	自三月至十一月不雨，大旱饥，接济口粮，借捻种子
	嘉庆二十三年	1818	风	七月朔，大风雨雷电，隐约有金龙起，自东南向西去。州属前鼓角楼圮，拔木坏民房
	道光三年	1823	水	淫雨自四月至五月不止，山水暴发。伏查，安徽省夏秋被水、被旱，……滁州、合肥、舒城、建平、太湖、泾县等十五州县，分别请缓新旧钱漕
	道光九年	1829	水	安庆属之怀宁、潜山、太湖……滁州属之全椒及广德州等州县，或因雨水过多，低洼田地被淹，或因雨泽愆期，高冈田禾被旱……
	道光十年	1830	水	安庆府属之怀宁、潜山、太湖……广德州属之建平等州县卫，先后禀报雨水过多，江潮山洪陡涨，沿河田亩间有淹漫
	道光十二年	1832	旱	夏，旱
	道光十五年	1835	水、旱	本年江、安所属之江宁、淮安、安庆……广德等府州间有高田被旱，低田被淹
	道光十九年	1839	水	惟勘得望江、东流、铜陵……建平、阜阳、合肥等三十五州县，均因夏秋雨水过多，江淮湖河并涨，加以狂风屡作，波浪汹涌，以致圩坝冲溃，田地漫淹，庐舍坍塌
	道光二十年	1840	水	建平水灾，缓征

朝代	年号	公元	灾别	史料记载
清	道光二十一年	1841	水、雪	伏查，本年安庆、池州、太平等府州属，前因春夏连雨，江潮泛涨，上游诸水汇注田庐淹浸。其宁国、广德、滁州等属，亦因山洪陡发，间被漫淹；十一月大雪，深丈余，道路不通月余，山兽入人家厨房
	道光二十五年	1845	水	五月久雨，水势骤长，溪田多冲没
	道光二十八年	1848	水	除勘不成灾之潜山、太湖、宣城……建平等十八州县被水各保及成灾之宿松、望江……三县勘不成灾各保业经……分别缓征，民力已纾
	道光二十九年	1849	水	淫雨自四月至六月不止，大水溢城，田禾淹没，大饥，斗米钱六百文
	道光三十年	1850	水	大雨积潦
	咸丰三年	1853	震	三月，地震连日月余，始定
	咸丰五年	1855	风	五月十三日夜，州北乡东川村张真君庙为暴风卷去，无片瓦存，后得真君像于逃牛岭
	咸丰六年	1856	旱、蝗	夏，五月至六月不雨大旱，九月蝗，大饥，斗米钱六百文
	咸丰七年	1857	旱、蝗	夏，旱蝗
	咸丰十年	1860	风、水	水，四月大风拔木，田地荒芜，斗米钱二千，人相食，野无青草
	咸丰十一年	1861	雪	12月27日大雪至除夕止，积深数尺
	同治元年	1862	疫	大疫，五月至八月，积尸满野，伤亡殆尽
	同治十年	1871	风	建平大风，拔木坏民房
	同治十五年	1873	旱	旱，大风
	光绪三年	1877	蝗	夏，飞蝗入境
	光绪五年	1879	旱	夏，旱，东北乡歉收
	光绪二十七年	1901	水	建平大水
	光绪三十年	1904	水	大水
	宣统元年	1909	水	建平大水

资料来源：（1）光绪《广德州志》卷五八《杂志·祥异志》。（2）水利电力部水管司、水利水电科学研究院编《清代长江流域西南国际河流洪涝档案史料》，中华书局1991年版。（3）温克刚主编《中国气象灾害大典·安徽卷》，气象出版社2007年版。

注：本表广德州包括广德、建平两地。

表6-1中选取的内容，只是在文献中明确标注有广德及辖县建平字样的部分，而实际情况则是，长江下游水灾一次往往会同时影响多个地区，因广德州地域狭小，有时会被忽略不计，因此明清广德州的自然灾害发生次数实际上远远不止表中反映的这么多。此外，此时期广德州除水旱灾害外，蝗灾、地震等灾害也给广德州造成不同程度的损害。

二 灾害成因

造成广德州自然灾害频发的原因有很多，但大体上来说不外乎自然原因和人为原因，而人为原因更为重要。

自然原因。广德州境内地形起伏较大，总的地势是南北高、东西低，上游地区河道坡降比较大，降雨汇流迅速，洪水具有来势凶猛、峰高量大而集中、水位涨落较快等特点①。这里的气候属于亚热带季风气候，夏季高温多雨，冬季温和少雨。从夏季开始，由海上来的偏南风和西北来的偏北风交汇而成的雨带形成梅雨季节。降雨季节不均，年际变化大，易发生水旱灾害。正所谓"冬春之交，山水不下，溪流如线；春末夏初，山水陡发，往往平堤。五、六月中，大雨时行，万山之水，势若建瓴腾注而下"②。

人为原因。如果说灾害的自然原因人类无法掌控的话，那么人为原因则是加剧灾害发生的催化剂。正是由于人类的一系列非理性活动，才致使生态环境遭到破坏，进而导致水土流失严重，洪涝灾害频频发生。具体到广德州，主要是开挖矿山和过度耕垦导致自然灾害的屡屡发生。

自古以来，广德州煤炭蕴藏就十分丰富，《广德州志》载："石炭即乌金石，俗呼为煤是也。州北境近长兴、荆溪诸山皆有，历来以穿井掘取。"③ 明万历年间，为筹辽饷之费，人们曾开挖矿山，"士民无论贵贱贫

---

① 靳琼凤、王黎：《广德县洪涝灾害成因及对策分析》，《江淮水利科技》2014年第2期。
② （清）贡震：《建平存稿》卷上《水利》，郎溪县地方志编纂委员会办公室翻印，1985年版，第35页。
③ 光绪《广德州志》卷二二《田赋志·物产》。

富，咸思藉税以宽其力，歌舞欢呼群然赴塑事"①。开挖矿山对树木的毁坏十分严重，史载："一乡林墓松柏已芟除略尽。"② 不仅如此，当地乡民为了生存，他们"垦辟渐多，山农莳种麻靛仁草之属"③。没有节制的垦荒，使得广德山区的植被遭受严重的破坏，导致土质疏松，河水带着泥沙流到下游，沉淀在河底。《蓬庐文钞·水利考》记道："溪日益浅，每当春涨秋霖，灌盈不已，骤为泛溢洪波奔泻，而建平为壑矣。或雨泽愆期，向之者至此皆成断潢绝港，旱即枯涸，膏腴悉为草宅。"④ 人类过度的索取，最终酿成灾害频发的恶果。

面对自然灾害的侵袭，当地人民在抗争无果的情况下，便寄托于祖先和神灵的庇佑，祈神祷祖的思想因而十分盛行⑤。

第二节　民间信仰炽盛

中国人的神灵崇拜往往呈泛神化倾向，广德州民间信仰亦然。针对不同的自然灾害，人们所信奉的神灵是不同的，正所谓"官各有事，神各有司"。

一　基于旱灾的龙王信仰与城隍信仰

（一）龙王信仰

龙王信仰由来已久，最早可以追溯到唐宋时期。《宋会要辑稿》载："京城东春明坊五龙祠，太祖建隆三年（962 年）自元武门徙于此，国朝缘唐祭五龙之制，春秋常行其祀，用中祀礼。真宗大中祥符元年（1008年）四月诏修饰神账。哲宗元祐四年七月赐额，先是熙宁十年（1077 年）

---

① 光绪《广德州志》卷五二《艺文志·谕禁》。
② 光绪《广德州志》卷五二《艺文志·谕禁》。
③ （清）周广业：《蓬庐文钞》卷一《水利考》，民国二十九年燕京大学图书馆排印本。
④ （清）周广业：《蓬庐文钞》卷一《水利考》，民国二十九年燕京大学图书馆排印本。
⑤ 茆耕茹：《胥河两岸的跳五猖》，台北财团法人施合郑民俗文化基金会 1995 年版，第45 页。

八月信州有五龙庙祷雨有应，赐额曰'会应'，自是五龙庙皆以此名额云。徽宗大观二年（1108 年）十月诏天下五龙神皆封王爵，青龙神封广仁王，赤龙神封嘉泽王，黄龙神封孚应王，白龙神封义济王，黑龙神封灵泽王。"① 这说明在宋代，龙王受到统治者的推崇，被列入官方祀典。龙王信仰的核心内容是祈雨，每逢久旱不雨，百姓便向龙或龙王求雨，祈求普降甘霖，滋养万物②。

　　广德州的龙王庙共有三处，最早一处建于宋淳熙年间，称显济龙王庙，"在州南七十里，当灵山寺南上有龙潭。宋淳熙中，郡守张广祷雨征应，得请于朝，敕封显济龙王，因潭之上立庙焉。至今一遇亢旱，民虔祷无不雨者"③。可见，当时这里是人们求雨的重要场所。其他两处龙王庙均建于明代，其中始建于明万历年间的龙王庙，香火最盛，修葺次数亦最多。《广德州志·坛庙》载："（龙王庙）在横山巅，庙前有龙池，池上有石碣。万历十二年知州陆长庚建庙，岁五月二十，分龙日及七月处暑日，祀以羊豕，祷雨灵应。庙久圮，乾隆五十四年夏旱，迎神虔祷，雨即沾足。知州胡文铨捐募重修。道光十六年夏旱，知州英禄祷雨有应，是年八月移建于城东北指月庵右。二十八年，知州裕文捐廉重修。"④ 另一处龙王庙"在州治大东乡湖忠都焦子湖，旧名焦子塘。明李征仪居此筑舍，名'闻思庵'。里人每于亢旱时，在湖取水，祈雨辄验。道光二十七年秋旱，知州裕文祷雨到此，取水还城，即雨。里人募捐重建是庵，恭设龙神牌"⑤。从以上记载可以看出，龙王庙的修缮与"祷雨有应"有着密切的关系，反映出龙王信仰的功利取向和实际需要。每年的"春秋二仲月辰日"⑥，广德州知州都要率领僚属，身穿蟒袍补服致祭龙王，并诵读钦定祭文，祈求龙王保佑。

---

① （清）徐松：《宋会要辑稿》礼四之一九，中华书局 1997 年版。
② 焉鹏飞：《从神兽到龙王：试论中国古代的龙王信仰》，《鄂州大学学报》2014 年第 10 期。
③ 光绪《广德州志》卷一三《营建志·坛庙》。
④ 光绪《广德州志》卷一三《营建志·坛庙》。
⑤ 光绪《广德州志》卷一三《营建志·坛庙》。
⑥ 光绪《广德州志》卷二三《典礼志·祭祀》。

（二）城隍信仰

城隍神最早起源于八蜡（详见本章第二节之"八蜡信仰"）中的水墉神。水墉最早是农田中的沟渠，水墉神也即沟渠神①。随着农业生产的进步和城市的发展，水墉神逐渐演变为城隍神，其职能也在不断地扩大，从单一的农田保护神演变为城市的守护神，掌管城市大小事务。

早在三国吴赤乌二年（239 年），芜湖就兴建城隍祠，专奉城隍神。而城隍神最早记载见于《北齐书·慕容俨传》：

> （俨）镇郢城。始入，便为梁大都督侯瑱、任约率水陆军奄至城下。俨随方御备，瑱等不能克。又于上流鹦鹉洲上造荻洪竟数里，以塞船路。人信阻绝，城守孤悬，众情危惧，俨导以忠义，又悦以安之。城中先有神祠一所，俗号城隍神，公私每有祈祷。于是顺士卒之心，乃相率祈请，冀获冥佑。须臾，冲风欻起，惊涛涌激，漂断荻洪。约复以铁锁连治，防御弥切。俨还共祈请，风浪夜惊，复以断绝，如此者再三。城人大喜，以为神助。瑱移军于城北，造栅置营，焚烧坊郭，产业皆尽。约将战士万余人，各持攻具，于城南置营垒，南北合势。俨乃率步骑出城奋击，大破之，擒五百余人。②

在慕容俨打败侯瑱的战斗中，人们将胜利的主要原因归功于城隍神的庇佑。尽管这一说法是荒谬的，但也表明当地人们对于城隍神的崇敬。至唐代，城隍信仰开始逐渐普及，从李阳冰《祭缙云县城隍记》、张说《祭荆州城隍文》和杜牧《祭黄州城隍文》来看，城隍神在唐代已经普遍受到人们的膜拜。宋时，城隍庙遍布天下，城隍神最终被列入官方祀典。明洪武二年（1369 年），明太祖为京城及各地城隍神封爵，洪武三年（1370 年）诏天下府州县立城隍庙。明清时期，城隍信仰进入鼎盛期③。

关于广德州城隍庙的兴建情况，《广德州志·坛庙》记道：

---

① 郑土有、王贤淼：《中国城隍信仰》，上海三联书店 1994 年版，第 21 页。
② 《北齐书》卷二〇《慕容俨传》。
③ 郑土有、王贤淼：《中国城隍信仰》，上海三联书店 1994 年版，第 122 页。

在州治东。永乐九年，知州杨翰建。圮，同知刘杰重建。万历元年加葺焉。二十年，署州事宁国府通判郑子俊、知州任春元、钟庚阳相继加葺。庙左有葆真堂，岁久且坏，二十五年知州假猷显重修，二十六年建献殿五楹，增左右神像四座。顺治七年，同知王令顺重修。后屡修屡圮。康熙六年知州杨苞重加整新正殿、献殿、寝殿、东西十殿及仪门、头门、马房。自为记。康熙三十年知州毛浑复立后殿。又圮。乾隆三年，知州李国相重建。自为记。久之尽圮。乾隆五十六年，州守胡文铨倡捐重建，庙貌焕然。有记。嘉庆十四年，知州徐传一、州判金桂沅捐廉重修。历于道光十七年、二十三年、二十六年州人募捐重修。有碑记。咸丰末毁，同治七年，知州殷润霖捐赀重建大殿三间。有记一，在州东南大宅保存。①

由此可见，这座由知州杨翰于永乐九年（1411 年）建造的城隍庙，在明清两代，竟修葺了十多次。其中乾隆三年（1738 年）知州李国相《重建城隍庙记》记道：

> 王者之于民，设百官以明治之，立百神以幽治之，官各有事，神各有司。惟城隍之神，神之为守令者也。守令亲民之官，城隍亲民之神，义均也。神之有庙宇，犹守令之廨舍。廨舍倾颓，官无楼息；庙宇朽坏，神无凭依。是皆郡邑废坠之最重，大宜修举者焉。广德城隍庙自毛君重修之后，继迹者无人矣。民间一岁之中，奉瞥萧膏证旛幢于庭者甚多，而墙垣既倾，栋楼将摧，神像残毁剥落，卒无有过而问者，是岂祀神之道哉？然此固非略为支持粉饰可毕乃事者。余始固难之，继思予之廨舍，虽敝坏尚可蔽风雨；神之庙宇不张，凭依无地，将何以协幽明分治之义。岁乙卯肇谋重建，丁巳秋余于役滇南。役中辍，今年自滇归，经营倍勤，赖诸士民之力，成功事告。向之既倾者，今则言言仡仡且，涂塈茨矣；向之将摧者，今则实实枚枚，有梴有角矣；向残毁剥落者，今则赫濯之容，俨乎其上，狰狞之状，凛乎

---

①　光绪《广德州志》卷一三《营建志·坛庙》。

其旁。自此神灵妥而民之蒙庥可知矣。余因题其殿曰"周知民隐"。
夫人藏其心不可测也，惟神之聪明正直，始克知之。既克知之，自必
彰厥善良而殃及丑恶，轸念其疾病灾患，调燮其雨旸寒暑。神与刺史
爵位殊，而靖其宁有不同也哉。①

李国相认为城隍神的地位与一城的守令相当，城隍庙则相当于守令的
公廨，"神之庙宇不张，凭依无地，将何以协幽明分治之义"，故要求重建
城隍庙。这也从一个侧面反映当地人们对城隍神的崇敬程度。通过对比材
料中城隍庙修缮时间与表6-1的灾年记录可以发现，城隍庙的修缮总是穿
插在上一个灾年和下一个灾年之间进行，如清道光十五年（1835年）广德
州发大水，十七年重修城隍庙，道光十九年（1839年）、二十年、二十一
年连续三年发生水患，二十三年再次重修城隍庙，二十五年（1845年）又
遭大水侵袭，二十六年再修城隍庙。据此我们可以判断，城隍庙的频繁修
葺与广德州的水患有着紧密的联系。

城隍神的职能有很多，对于广德乡民来说，最重要的莫过于向城隍神
祈雨救旱。如广德州下辖的建平县知县贡震在其修志笔记《建平存稿》中
有《牒城隍之神》一文，记载了他向城隍神求雨时既是祈祷又向城隍讲理
摊牌威胁的话语：

> 建邑自入夏以来，雨泽愆期，人民忧恐。知县身任地方，日夕焦
> 劳，洁诚祈祷。数日之内，风燥日炎，旱气更甚。陂塘既涸，溪河断
> 流，仰水高田，半属板荒。间有已经插莳者，无水灌溉，尽为龟拆。
> 凶荒之象，近在目前，人心皇皇，渐已多事。尊神秉聪明之德，司亿
> 万之命，境内情形谅皆洞悉。夫天灾之流行不可测，而人事之感召有
> 由然。知县迂愚，不谙吏治，不恤民艰，下拂舆情，上干天怒，知县
> 固自知罪之不可逭矣。而或者淳顽不一，强弱异伦，作奸犯科，扰害
> 乡间，民之无良，上天降割，是亦孽由自作无可逃者。知县有罪，知
> 县固不敢辞；百姓有罪，知县也不能辞。冥冥之中，削其籍可也，减

---

① 光绪《广德州志》卷一三《营建志·坛庙》。

其算可也，及身莫赎，贻祸子孙可也，与吾百姓何与？忍使百里之内数十万生灵，尽付之旱魃之手乎。百姓求救于知县，知县仰藉乎尊神。昨晚斋宿尊神台下，即于今日移坛关帝庙，率同文武僚佐及合邑士民，步行恳祷，伏望尊神俯鉴下情，上达天听，降之甘雨，以救穷黎。倘三日之内仍无雨泽，是天意必不可回，民命终不可请，知县与尊神皆当加以缧绁，暴之赤日之中，以纾通邑士民怨咨之情，以谢知县与尊神得罪于百姓之咎。知县为地方人民请命，情辞恳切，纵干谴怒，亦无怨悔。①

通过分析我们发现，地方官贡震和城隍神之间的关系处于一种矛盾的状态，一方面贡震对城隍神恭谨谦逊，因而陈述言辞恳切；另一方面，他又威胁城隍神说，如不降雨，将把其塑像置于烈日下曝晒以谢罪。贡震认为，城隍神作为一方的冥世长官，既然享受人间的烟火，就应该为当方土地的民众排忧解难②。所谓"拿人钱财，替人消灾"，如此这般才不枉受到万民的敬仰。

二　基于蝗灾的八蜡与刘猛将军信仰

（一）八蜡信仰

前文已提及，八蜡是古代人民所祭祀的八种与农业有关的神祇。《礼记·郊特牲》记载："八蜡以记四方。"③"天子大蜡八，所祭有八神也。……先啬一，司啬二，农三，邮表畷四，猫虎五，坊六，水庸七，昆虫八。"④"先啬"指神农，"司啬"指后稷，"祭百种以报啬也"⑤；"农"

---

① （清）贡震：《建平存稿》卷上《牒城隍之神》，郎溪县地方志编纂委员会办公室翻印，1985年印，第13页。
② 郑土有、王贤淼：《中国城隍信仰》，上海三联书店1994年版，第99页。
③ （元）陈澔注：《礼记》卷五《郊特牲》，上海古籍出版社2016年版，第300页。
④ （汉）郑玄注，（唐）孔颖达疏：《礼记正义》卷二六《郊特牲》，上海古籍出版社1990年版。
⑤ （汉）郑玄注，（唐）孔颖达疏：《礼记正义》卷二六《郊特牲》，上海古籍出版社1990年版。

指古代管农事的官，"邮表畷"指田间地头，"飨农及邮表畷禽兽，仁之至，义之尽也"①；"猫"食田鼠，"虎"食野猪，可以保护农作物不被侵害；"坊"就是堤；"水庸"指田间的水沟，"土反其宅，水归其壑，昆虫毋作，草木归其泽"②。在历史的演变中，八蜡的内容逐渐改变，最终成为驱逐害虫之神，特别是要驱逐对农作物侵害最大的蝗虫。因此，八蜡庙也被称为虫王庙，主要的职能是驱逐蝗虫，消除灾害。

从周代开始，历朝历代都会举行蜡祭，并且将蜡祭载入国家祀典之中。但最迟从明朝开始，国家不再举行蜡祭。"明八蜡庙止于府州县，王国则否，畿甸外惟两河间有之相沿，以春秋仲月戌日致祭"③。这说明八蜡逐渐失去了统治者的青睐。清乾隆十年（1745 年），蜡祭正式退出国家祀典，只在民间祭祀。对此，《清史稿》载：

> 八蜡之祭，清初关外举行，庙建南门内，春、秋设坛望祭。世祖入关，犹踵行之。乾隆十年，诏罢蜡祭。时廷臣犹力请行古蜡祭。高宗谕曰："大蜡之礼，昉自伊耆，三代因之，古制夐远，传注参错。八蜡配以昆虫，后儒谓害稼不当祭。月令：'祈年于天宗。'蜡祭也。注云：'日、月、星、辰'，则所主又非八神。至谓合聚万物而索飨之，神多位益难定。蜡与腊冠服各殊，或谓腊即蜡，或谓蜡而后腊。自汉腊而不蜡，魏晋以降，废置无恒。或溺五行家言，甚至天帝、人帝及龙、麟、朱鸟，为座百九十二，议者谓失礼。苏轼曰：'迎猫则为猫尸，迎虎则为虎尸，近俳优所为。'是其迹久类于戏也，是以元、明废止不行。况蜡祭诸神，如先啬、司啬、日、月、星、辰、山、林、川、泽，祀之各坛庙，民间报赛，亦借蜡祭联欢井间。但各随其风尚，初不责以仪文，其悉罢之。"自是无复蜡祭矣。④

---

① （汉）郑玄注，（唐）孔颖达疏：《礼记正义》卷二六《郊特牲》，上海古籍出版社 1990 年版。

② （汉）郑玄注，（唐）孔颖达疏：《礼记正义》卷二六《郊特牲》，上海古籍出版社 1990 年版。

③ （清）阎镇珩：《六典通考》卷一〇三《礼制考》，江苏广陵古籍刻印社 1990 版。

④ 《清史稿》卷八四《志五九·礼三》。

乾隆皇帝认为蜡祭之礼甚为久远，历代祭礼不一，错综复杂，不再适合国家祭典。这固然是乾隆帝罢除蜡祭的原因之一，但笔者认为更为深层的原因是清朝刘猛将军信仰的崛起，使得统治者放弃八蜡，转而选择刘猛将军。

广德州的八蜡庙"在州西社稷坛右，嘉靖八年秋蝗入境伤禾，官民以祷以捕，遂得息。是岁冬，知州乔迁，俯顺民情，改喜雨亭为八蜡庙。岁九月间，祀先啬、司啬、农、邮表畷、猫虎、坊、水庸、昆虫八神，报岁功之成也"①。这则史料与表6-1中嘉靖八年（1529年）的蝗灾是相对应的，通过灾害统计我们发现，旱蝗相继现象在广德州时有发生。旱灾之后又来蝗灾，这对于当地人民而言可以说是雪上加霜。

（二）刘猛将军信仰

对于刘猛将军究竟是何人物，又是如何变成驱蝗神的，历史上一直众说纷纭。清代阮葵生的《茶余客话》卷四《八蜡庙神为刘锜》载：

> 八蜡庙，即将军祠，由来久矣。直省郡邑皆有刘猛将军祠，畿辅齐鲁之间祀之尤谨，究不知为何神。据《畿辅通志》引《灵异录》云：将军姓刘，名承忠，元末指挥，驱蝗保稼，列郡祀之。方问亭制军，大吏中号博雅者，修《坛庙祀典》一书，于此亦承讹"无所考"。予按《怡庵杂录》载：宋景定四年三月八日封扬威侯，并载制勅，则神乃南渡名将刘锜也。生则敌忾效忠，殁而捍灾御患，其世祀也固宜。其敕曰：国以民为本，民实比于干城；民以食为天，食尤重于金玉。是以后稷教之稼穑，周人画之井田，民命之所由生也。自我皇祖神宗，列圣相承，迨兹奕叶，朕嗣鸿基，凤夜惕若。迩年以来，飞蝗犯境，渐食嘉禾。霄旰怀忧，无以为也；黎元咨怨，末如之何，民不能祛，吏不能捕，尔神力扫荡无余。上感其恩，下怀其惠。尔故提举江州太平兴国宫淮南江东浙西制置使刘锜，今特敕封为扬威侯，天曹

---

① 光绪《广德州志》卷一三《营建志·坛庙》。

猛将之神。尔其甸服,血食一方。故勅是:扫荡飞蝗,乃锜之功,祀之宜也。今以刘承忠代之,陋矣。予谓三代盛时,马蚕猫虎之类皆有所报,而除治虫兽龟蝇皆列专官,盖不以物贱而不之教,先王治礼幽明一也。其义甚深,初不必指实某某姓氏而肖像以祭也。①

清代邹弢的《三借庐赘谭》卷九《刘猛将》云:

《如皋县志》载:刘猛将军,宋将刘锜也。旧祀于宋北直,山东诸省常有蝗蝻害,祷之辄止。又《清嘉录》载:刘猛将军能驱蝗,初封扬威侯,加封吉祥王。《怡庵杂录》云:即宋名将刘武穆锜也。弢按史,锜字信叔,甘肃秦州人,绍兴二十七年擢太尉,迁镇江都统制,金人围顺昌,锜大败之。三十三年卒,谥武穆。其与驱蝗事毫无关涉,今俗皆奉为驱蝗神,且舆夫等亦推为香火之主,不知何据。《常熟县志》刘太尉庙祀刘锜,则又不称为猛矣。《苏州府志》及《姑苏志》载:刘猛将军,名锐,即宋将军刘锜弟,尝为先锋,陷敌而死后封为神。然《宋史·刘锜传》但有姪泛,并无弟锐。名刘锐则见《宋史》,但云端平三年,知文州北兵来攻,锐久守无援,乃集家人尽饮以药,皆死,聚尸焚之,己亦自刭。今俗又以猛将作刘锜。弢按《宋史》,福建人,字仲偃。钦宗时以资政殿学士使金营不屈,自经死,皆于驱蝗事无涉也。《柳南随笔》载:刘漫,塘宰,金坛人,殁而为神,掌蝗虫,俗呼为猛将。而《歙县志》又载:刘猛将军,名承忠,吴川人,元末授指挥使。弱冠临戎,兵不血刃。适江淮有蝗灾,承忠挥剑追逐,蝗出境外。后鼎革,自沉于江。是猛将,又为元人,以数人而各兼猛将之名。众说荒诞,殊不足信也。②

清李卫《(雍正)畿辅通志》亦云:

---

① (清)阮葵生:《茶余客话》卷四《八蜡庙神为刘锜》,《明清笔记丛刊》,中华书局1959年版。

② (清)邹弢:《三借庐赘谭》卷九《刘猛将》,清光绪铅印申报馆丛书余集本。

按《降灵录》载：神名承忠，吴川人，元末授指挥，弱冠临戎，兵不血刃，盗皆鼠窜，适江淮千里，飞蝗遍野，挥剑追逐，须臾，蝗飞境外，后因鼎革，自沉于河。有司奏请，遂授猛将军之号。本朝雍正二年奉勅建庙。①

综合以上材料我们可以推断，刘猛将军的身份有几种说法：宋钦宗时资政殿大学士刘仲偃；元末指挥使刘承忠；南宋抗金名将刘锜；刘锜之弟刘锐；南宋江宁尉刘漫塘。就清人笔记小说来看，大部分人倾向于元人刘承忠，而非宋人刘锜，这并非是他们的主观臆测。《清续文献通考》记载："神名承忠，元时官指挥，能驱蝗，元亡自沉于河，世称刘猛将军，雍正二年，饬各直省建庙。道光四年，以灵应昭著，颁给御书扁额，悬挂江南省城。"② 由此可以看出，将刘猛将军的身份定为元人刘承忠，是官方决定的。刘锜作为南宋抗金名将，因抵御外族而受汉人崇拜，而满清王朝正是由少数民族建立对汉人进行统治。刘锜的身份注定不会被清朝统治者所接受，因此，还是选择元人刘承忠最为合适。乾隆十年（1745年），清代停止蜡祭，专祀刘猛将军为驱蝗神。这一举动，有力推进了刘猛将军信仰在全国的传播和庙宇的建立，而原有的八蜡信仰因为信众的丧失而趋于弱化。

广德州的刘猛将军庙"在州西门外朝斗坊，旧在社稷坛西，嘉庆十二年州判金桂沅于旧育婴堂基址募建三间，设位致祭"③。与广德州的八蜡庙相比较，刘猛将军庙的建立要晚很多，前后相差200多年。也许是因为刘猛将军位列祀典，从官方层面考虑，不得不建庙祭祀。由此也反映出八蜡信仰在民间的深厚基础。

从八蜡信仰与刘猛将军信仰的比较中我们可以发现，统治者的认可与支持是各类神灵信仰发展的重要因素，但这并不意味着国家祀典与民间信

① （清）李卫修，（清）陈仪纂：《畿辅通志》卷四九《祠祀》，清文渊阁四库全书本。
② （清）刘锦藻撰：《清朝续文献通考》卷一五七《群祀考一》，浙江古籍出版社2000年版。
③ 光绪《广德州志》卷一三《营建志·坛庙》。

仰之间是同步的。相反，受地域限制和风俗传统等因素的影响，民间信仰有其独特性，如沿海地区的妈祖信仰，山西和浙江地区的禹王信仰等。各级官府在面对民间信仰时，只要不危及统治，一般采取默认的态度，有时甚至会借助民间信仰的力量管理庶民。宗教依附政治，政治利用宗教①。这也正是中国古代社会的一大特点。

三 基于水灾的祠山信仰

祠山大帝，亦称祠山神、广德王、桐川张王、祠山广惠张王，是长江下游地区最具有代表性的治水神。流传地区主要在皖东南、苏南、浙北一带。其大致范围包括皖南的芜湖、宣城、广德，苏南的南京（主要是高淳、溧水一带）、常州、无锡、苏州，浙北的湖州等地②。有关祠山神的来历，明清时期均有记载。明宋讷《西隐集·敕建祠山广惠祠记》云："祠山神载记。所记为龙阳人，姓张名渤，发迹于吴兴，宅灵于广德。西汉以来盖已有之，或谓即张汤之子安世。"③ 清人揆叙《隙光亭杂识》卷三载："祠山神庙，据颜真卿横山庙碑谓神生汉代，即张安世也。庙食兹山久。新室之乱，为野火所堕。建武中复构。唐兴封广惠王。祠在横山，亦呼为祠山。王象之《舆地纪胜》谓：古碑云神姓张讳渤，颜碑谓是张安世，未知孰是。横山则在今江南之广德州也。又《四明图经》有张王庙碑，高闳为文，谓王乃武陵龙阳人，生于西汉之末，东游吴会，居苕霅之白鹤山，而《祠山行状碑》谓神东清河人，曾祖考讳秉，神讳渤，西汉时生于吴兴乌程县之横山，其所载互异如此。"④

由此可见，有关祠山神的来历有两种说法：一种是祠山神姓张名渤，吴兴人或武陵龙阳人，生于西汉末；另一种则认为祠山神即张安世。张安世是西汉"酷吏"张汤之子，《汉书》有记：

---

① 高致华：《明清"淫祠"浅论》，《第九届明史国际学术讨论会暨傅衣凌教授诞辰九十周年纪念论文集》，厦门大学出版社 2003 年版。
② 李鹏：《高淳的祠山大帝信仰与治水活动》，《寻根》2011 年第 1 期。
③ （明）宋讷：《西隐集》卷五《敕建祠山广惠祠记》，文渊阁四库全书本。
④ （清）揆叙：《隙光亭杂识》卷三，清康熙谦牧堂刻本。

安世字子孺，少以父任为郎。用善书给事尚书，精力于职，休沐未尝出。上行幸河东，尝亡书三箧，诏问莫能知，唯安世识之，具作其事。后购求得书，以相校无所遗失。上奇其材，擢为尚书令，迁光禄大夫。……元康四年春，安世病，上疏归侯，乞骸骨。……安世复强起视事，至秋薨。天子赠印绶，送以轻车介士，谥曰敬侯。①

从史料记载的情况看，张安世并没有治水事迹，只是一生为官清廉，谦虚谨慎，因而深受皇帝青睐。他之所以被后世牵强附会为祠山神，可能是由于此人与张渤均生于西汉，同姓张，又得皇帝敬重，后人为抬高祠山神的出身才如此记述。又光绪《广德州志》引《明一统志》载：

神姓张名渤，吴兴人，一云武陵龙阳人，生西汉末，游苕霅之间。久之，欲自长兴之别溪，凿河至广德，以通舟楫。工役将半，遂遁于横山，人立祠祀之。其神最灵，水旱有祷辄应，又有埋藏之异。②

祠山大帝本名张渤，西汉乌程人，因治水通流而受人们敬仰，后隐匿于广德县横山，可以说广德是祠山神张渤的发祥地。早在宋代，时人就有记载其治水故事：

广德军祠山广德王，名渤，姓张，本前汉吴兴郡乌程县横山人。始于本郡长兴县顺灵乡发迹，役阴兵，导通流，欲抵广德县。故东自长兴荆溪，疏凿河渎。先时与夫人李氏密议为期，每饷至，鸣鼓三声，而王即自至，不令夫人至开河之所。厥后，因夫人遗馁于鼓，乃为乌啄，王以为鸣鼓而饷至。洎王诣鼓坛，乃知为乌所误。逡巡，夫人至，鸣其鼓，王以为前所误而不至。夫人遂诣兴工之所，见王为大猪，驱役阴兵，开凿河渎。王见夫人，变形未及，从此耻之，遂不与夫人相见，河渎之功遂息。遁于广德县西五里横山之顶。居民思之，立庙于西南隅。夫人李氏，亦至县东二里而化，时人亦立其庙。由是

① 《汉书》卷五九《张汤传》。
② 光绪《广德州志》卷一三《营建志·坛庙》。

历汉唐五代至本朝，水旱灾沴，祷之无不应。郡人以王故，呼猪而曰乌羊。①

清人赵翼的《陔余丛考·祠山神》有这样的记述：

俗祀祠山神，称为祠山张大帝。王弇州《宛委余编》引《酉阳杂俎》：天帝刘翁者恶张翁，欲杀之。张翁具酒醉刘翁，而乘龙上天代其位。及殷芸《小说》：周兴死。天帝召兴升殿。兴私问左右曰："是古张天帝耶?"答曰："古天帝已仙去，此是曹明帝耳"云云。以为张大帝之证。此特因一张字偶合，故引之以寔其说，殊不知《酉阳杂俎》及殷芸《小说》固荒幻不经，即其所谓张天帝者，亦指昊天上帝言之，而于祠山无涉也。世俗荒怪之说，固无足深考，然其讹谬相仍，亦必有所由始。按程棨《三柳轩杂识》：广德祠山神姓张，避食豨。而引《祠山事要》云：王始自长兴县疏圣渎，欲通津广德，化身为豨。纵使阴兵，为夫人李氏所觇，其工遂辍，是以祀之避豨。宋稗所载更详，谓其神姓张名渤，乌程县人，役阴兵导河，欲通广德。自长兴县疏凿圣渎，先与夫人约，每饷至，鸣鼓三声，王即自至，不令夫人见之。后夫人遗餐于鼓，鸦啄鼓鸣，王以为饷至，至则无有。已而夫人至，鸣鼓，王反不至，夫人遂亲至河所，见王为大豕，驱阴兵开浚。王见夫人自惭，工遂辍，而逃于县西五里横山之顶。居人思之为立庙。夫人亦至县东二里，而化为石人。亦立庙。历汉唐以来，庙祀不废云。詹仁泽、曾樵又编辑广德横山神张王事迹，名《祠山家世编年》，一卷，大略相同《癸辛杂识》。广植守广德日，郡中祠山有埋藏会。植不信，用郡印印之其封。明日发视，无有焉。此祠山神之见于小说者也。《文献通考》：祠山神在广德，土人多以耕牛为献。南唐时，听民租赁，每一牛出绢一疋，供本庙之费。其后绢悉入官。景德二年，知军崔宪请量给绢，以葺庙宇。上曰，此载在祀典，应官为修

---

①　（宋）吴曾：《能改斋漫录》卷一八《神仙鬼怪·广德王开河为猪形》，中华书局1983年版。

葺。《宋史·范师道传》：广德县有张王庙，民岁祀神，杀牛数千。师道至，禁绝之。《黄震传》："……通判广德军。旧有祠山庙，民祷祈者岁数十万，其牲皆用牛，并有自婴桎梏考掠以邀福者，震皆杖禁之。"《明史·周瑛传》："瑛守广德，禁祀祠山。"此祠山神之见于史、志者也。合而观之，则祠山神之祀，本起于广德其所，谓化猪通津，盖本《淮南子》禹化为熊，通辕辕之路，涂山氏见之，惭而化为石之事，移以附会于祠山。然俗所传祠山张大帝，寔本此，而非如夆州所云也。且祠山张大帝之称，乃近代流俗所传，而宋以来尚称张王，并未加以帝号。①

无论是宋人还是清人的笔记小说中，都将张渤描绘成猪的形象。这本是附会了《淮南子》禹化熊的典故，民间却坚信不疑，并规定祠山神诞辰之日禁食猪肉，称为祠山斋，并以耕牛为祭品。众所周知，牛是古代社会重要的农业耕作工具，一直严禁宰杀，广德地区百姓祭祠山神竟用耕牛作为祭品，也可以看出祠山神在当地的威望。

祠山神张渤的封号始于唐玄宗天宝年间，因其治水有功，故封为水部员外郎。后梁太祖开平二年（908 年）加封礼部尚书兼广德侯，宋代封灵济王。《宋史·礼志》载："诸祠庙自开宝皇佑以来，凡天下名在地志，功及生民，宫观陵庙，名山大川，能兴云雨者，并加崇饰，增入祀典。"② 由此可知，在宋代祠山神就已经列入祀典。元代泰定元年（1324 年）二月，加封广德路祠山神为张真君，号普济。但直到明初，祠山神才真正入享国家祀典的礼遇，"南京神庙初称十庙，……祠山广惠张王渤以二月十八日，五显灵顺以四月八日，九月二十八日皆南京太常寺官祭"③。正是由于官方的推崇，"盖神之庙祀几遍江南"④。

广德州的祠山庙位于州西五里的横山麓。明清时期，地方官绅十分注

---

① （清）赵翼：《陔余丛考》卷三五《祠山神》，清乾隆五十五年湛贻堂刻本。
② 《宋史》卷一〇五《礼八》。
③ 《明史》卷五〇《礼四》。
④ 乾隆《广德直隶州志》卷一《典礼志》。

重祠山庙的修缮，其具体的修建情况详见表 6 - 2。

表 6 - 2　　　　　　　　　明清广德州祠山庙修缮一览

创修时间	主持人	事　迹
明成化年间	—	重建正殿，颜其楣曰广惠殿。广惠殿之前为献殿，名"近斗阁"，阁前为凝香亭，亭外有铁神二，共二万斤
明万历十一年	知州陆长庚	修复礼斗台。濮阳涞记
明万历三十九年	知州邵圭	建近斗楼。李得阳记
明万历四十年	李得中	加砖砌焉
清康熙六年	知州杨苞	重修近斗楼并山门、马房
清雍正二年	知州周在建	重修
清乾隆三十三年	知州陈有光	增建后殿，并修正殿、献殿
清乾隆五十七年	知州胡文铨	重修正殿。咸丰末毁
清同治三年	提督刘铭传	重建正殿三间。知州王希会有记
清同治十二年	—	州人募捐重建后殿五间
清光绪五年	候选训导陈芳翰，职员董祥鸣、陈芬、监生王爵仁、陈兰翰，住持汪昌鹏	劝捐重造献殿五间，并砌头门及东西山门。职员赵拱璧重建十王殿，于正殿前之左右并塑诸神像。十一月，奉旨加封真君，曰灵佑。适献殿甫成，遂敬奉神牌于中。郡人前天津府知府张光藻有记

资料来源：光绪《广德州志》卷一三《坛庙》，《中国地方志集成·安徽府县志辑》(42)，江苏古籍出版社 1998 年版。

　　从表 6 - 2 可以看出，明清两代主持修缮祠山庙的绝大部分是广德州当地官员，这说明无论是国家层面还是民间社会，都已承认祠山神的重要地位。祠山信仰盛行的原因，除了广德是祠山信仰的发祥地之外，与该地的风俗民情也有着密不可分的关系。光绪《广德州志》载："人性直而好义俗，信巫而尚鬼。君子业儒术而尚质朴；小人崇节俭而力农桑；妇女少出户阈，富贵不服绮罗；女多溺死，男长出分；其民喜迎神赛会。"[①] 广德地区喜事鬼神的风俗习惯为祠山信仰的发展提供了土壤。自唐代祠山大帝开始流传，至明清变为江南一带最大的治水神，列入国家祀典，祠山信仰也经历许多变化，下面笔者将详细梳理这一变化过程。

---

① 光绪《广德州志》卷二四《典礼志·风俗》。

第三节　祠山信仰的历史演变

一　从治水神到全能神

广德州祠山神的职能在早期只是治水通津，但随着时间的推移，当地对祠山神张渤愈加信奉，香火旺盛，其职能也渐渐扩大，大凡祈雨救旱、科举及第、升官发财，甚至保城护民、破案捕贼等都可以求助于祠山神，在《广德州志》①等文献中我们可以看到很多这样的记载，笔者将其逐条分类，摘录如下：

1. 祈雨救旱

（1）梁天监五年大旱。武帝感蒋山神梦曰："陛下求雨于臣，臣近属土地无能致雨。绥安县横山庙神，灵通天地，祷之必获感应。"帝从之，一祷而雨，是岁大稔。

（2）唐天宝中，本县吏潘晃押钱帛赴京，至华州梦神曰："汝至长安，正值亢旱，但奏请立坛祈雨，吾当降雨泽。"晃至，果旱，遂诣阙奏闻。诏从之。三日而雨沾足。

2. 保城护民

（1）南唐保大十四年，钱塘吴延赏率兵逼宣州。制置使陈令仪诣庙祈祷，乞保宣州城壁。监郡郝元正等设像致奠。是日风雨暴作。后一日钱塘兵至攻城。延赏遥见绿云亭亭，兵骑匝野，以为唐援兵至，遂遁去。

（2）宣和三年，睦寇方腊犯宁国。郡守胡仲修祷于神。贼不犯境。寇兵再犯绩溪。京西将庄永祷于神而御之，贼遂败走。

---

① 　光绪《广德州志》卷五九《杂志·风俗》。

3. 预告科第与当官

（1）宋熙宁二年，汤景仁赴试南省，梦神告曰："汝之试卷良惜一点一抹耳。"汤恳曰："某亲老家贫，奈何且折翼耶！"神曰："无虑，已过矣，虽不高，犹在苏舜举之上。"既寤，语同榻沈君冲。沈曰："苏君，我之执也，释褐章衡榜中。神将假我以告君与？候明，请往讯之。"及讯苏，苏曰："余第四十九人。"未几榜出，汤名列三十九，果符在舜举之上之言。

（2）元丰元年春，有诏取士。胡庶将赴试国学而进止未决。夜梦张王语之曰："汝来年登第矣。"二年春，果如其梦。

（3）知州朱麟未仕时，其父熙斋梦有神曰"张王"，冕笏巍峨，授以鹤，生麟，及长，额有红痣。后麟谒选，宿庆寿寺，时安州缺，例当补，夜梦王告曰"汝选广德。"翼日，果补广德。至州瞻拜，神貌俨若梦中云。

4. 驱邪避祸

（1）安吉施韬生子九岁，不能言，祷于神。神附祝曰："汝生子时，秽触北斗。吾教汝以醮法禳之。"韬命道士庐希超如所，教其子，即夕能言。

（2）明天顺三年，祠山正殿火灾。有祠前陈姓居民至殿，祷曰："窃愿召神避火神，有灵当急下。"神果应声而下。

5. 主持公道

南乡粮长门有戈仲声者，洪武初解粮抵京，以米浮于额，谓必有苛派之弊，并逮其兄仲坚下狱论死。一日仲坚梦祠山神语曰："象以齿焚，翠以羽败。多藏多累，故有此咎。然汝等生平未尝有刻薄残害之行，罪必出觉。"以告仲声，且拜祷曰："罪倘获释，子孙三世勿食豕肉。"仲声言"世世子孙永持此戒"。次日，京城火，将及禁狱。救火官员入狱视囚，仲坚兄弟大声号冤。讯其故，奏请减死。至今仲坚之子孙食豕肉，仲声之子孙则否，非戒食之，实不能食也。生女受他姓聘即能食，聘他姓女为室，是女即不能食。盖神之所为，有莫知其然而然者。

6. 驱蝗保稼

上年（光绪十八年）夏初，所辖之太平府属蝻子萌生，节捕未尽。宁国、广德等属，接壤苏浙两省地方续有发生，窜入该道。督饬官民捕除收买。此灭彼起，深虞贻害农田。夙闻广德州祠山神灵应最著，该道斋戒，具文札行该州，代诣祭祷。嗣后，该府、州属间有蝗飞停落，多集于草木芦苇间，禾稼无伤，秋成告稔。绅民咸推神佑，感戴同深，具呈环请列入祀典，由地方官春秋致祭等情。臣批饬藩司核议详办。兹据布政使德寿详称：祠山神庙坐落广德州城西五里横山，祀汉张渤，水旱有祷辄应。唐天宝中改横山为"祠山"。历代加封。明初列于南京十庙，太常寺官致祭，有《明史·礼志》可稽。国朝祷雨祈晴，卫民御寇，驱逐螟螣，灵异叠彰。前于光绪五年及十六年间先后由司详，奉题准敕加"灵佑"封号，颁赐"保乂垂休"匾额，转行钦遵悬挂各在案。①

祠山神的职能如此之多，俨然成为城隍神的翻版。相较于各地城隍神原型的多元化不同，祠山神的原型只有一个，即张渤。另外对于其历史源流与典故，世人争议较少，认识趋于一致，这些对于祠山信仰的发展是十分有利的。祠山神职能的多样化也有助于提高其地位，扩大影响力。

二 祭祀形式嬗变

祠山神的祭祀形式十分丰富，这里主要谈二月八日祠山圣诞祭典与跳五猖仪式。对于祠山神诞辰那天来说，无论是官府还是民间，都会举行大规模的祭典。相较于官方刻板的祭典，民间所举办的祭典则充满生活和娱

---

① 《光绪十九年五月十八日京报全录》，《申报》光绪十九年五月廿七日（1893 年 7 月 10 日），第 7262 号。

乐气息，场面十分热闹。宋代吴自牧《梦粱录·八日祠山圣诞》记载南宋杭州庆祝张王生辰的盛况：

> 其日，都城内外诣庙献送繁盛，最是府第及内官迎献马社，仪仗整肃，装束华丽。又有七宝行，排列数卓珍异宝器珠玉殿亭，悉皆精巧。后苑诸作，呈献盘龙走凤，精细靴鞋，诸色巾帽，献贡不俗。各以彩旗、鼓吹、妓乐、舞队等社，奇花异果，珍禽水族，精巧面作，诸色镴石，车驾迎引，歌叫卖声，效京师故体，风流锦体，他处所无。台阁巍峨，神鬼威勇，并呈于露台之上。自早至暮，观者纷纷。十一日，庙中有衙前乐，教乐所人员部领诸色乐部，诣殿作乐呈献。命大官排食果二十四盏，各盏呈艺。守臣委佐官代拜。初八日，西湖画舫尽开，苏堤游人来往如蚁。其日，龙舟六只，戏于湖中。其舟俱装十太尉、七圣、二郎神、神鬼、快行、锦体浪子、黄胖，杂以鲜色旗伞、花篮、闹竿、鼓吹之类。其余皆簪大花，卷脚帽子，红绿戏衫，执棹行舟，戏游波中。帅守出城，往一清堂弹压。其龙舟俱呈参州府，令立标竿于湖中，挂其锦彩、银碗、官楮、犒龙舟，快捷者赏之。有一小节级，披黄衫，顶青巾，带大花，插孔雀尾，乘小舟抵湖堂。横节杖，声诺，取指挥，次以舟回。朝诸龙以小彩旗招之，诸舟俱鸣锣击鼓，分两势划棹旋转，而远远排列成行，再以小彩旗引之。龙舟并进者二，又以旗招之。其龙舟远列成行，而先进者得捷取标赏，声喏而退，余者以钱酒支犒也。湖山游人，至暮不绝。大抵杭州胜景，全在西湖，他郡无此，更兼仲春景色明媚，花事方殷，正是公子王孙。五陵年少。赏心乐事之时，讵宜虚度？至如贫者，亦解质借兑，带妻挟子，竟日嬉游，不醉不归。此邦风俗。从古而然，至今亦不改也。①

清代广德州下属的建平县知县贡震在其修志笔记《建平存稿》中，也记有祠山圣诞迎神赛会之情形：

> 其最甚者祠山之庙，城乡数十处。每岁正月，则元宵有会，二月

---

① （宋）吴自牧：《梦粱录》卷一《八日祠山圣诞》，三秦出版社2004年版，第13—14页。

则初八有会。每月之中，各处神会、集场，络绎不绝。张灯演剧，宰牲设祭，靡费钱财，每会数十金，或数百金不等。此外，又有五猖会、龙船会。俱系妖妄之鬼，滥兴淫祀。他如观音会、地藏会，本为清净之教，大开戏场，名目多端，不可枚举，其为浮费，抑又无穷。①

同书卷上《通禀》又载：

即如祠山之神，本非祀典所载，而卑邑城乡立庙数十处。每岁正月则有元宵四十八会，每会演戏四、五台不等，而城西一庙，去年正月买灯四百余盏、宰牛一十三头、其他祭品数十杠，聚集数百人，在庙喧哗，醉饱者三昼夜，计其所费千金有余。多出于公会银谷盘放生息，兼以临时按户科派。其乡间各会，亦或费至百金或数十金不等。至二月八日俗称祠山诞辰，各保例有祭赛，极其繁侈。城中宗氏一姓，排酒至八百余席。定步吕氏一族，宰鹅至二千余双，岁岁传为盛举。再每月中各庙轮设集场，向有定期，彼此不易。至期则会首敛钱演戏，四方游手，远近毕来。匪类乘机阑入，开场赌博，偷鸡剪绺靡所不为，扰害地方，莫此为甚，此犹就祠山一神而言也。此外则又有五猖、有七女、有宴公、有方山、有李王、有蒋太师，名目怪诞不可穷诘。②

直至民国，江南一带对张渤祭典依旧照常举行，《破除迷信全书》卷一〇云：

我国江南人士，多敬张大帝；附近上海的江湾，有张大帝庙，每年阴历二月八日，说是大帝生日，香火是甚盛的。侨寓上海的人，因为久困市廛，届时为涤除俗尘，也要争先恐后的前去赶赶热闹。所以，每逢到了二月八日，总有成千累万的人，化上八个铜元，从上海

---

① （清）贡震：《建平存稿》卷上《禁淫祠》，郎溪县地方志编纂委员会办公室翻印，1985年，第25页。

② （清）贡震：《建平存稿》卷上《禁淫祠》，郎溪县地方志编纂委员会办公室翻印，1985年，第15—16页。

搭火车到江湾去。表面看来是去给张大帝做寿，其实原是两手空空而去的，并未曾捧着什么寿桃。①

广德作为祠山信仰的发祥地，民国初期每年都会举办祠山祭典，此时的祠山祭典已不是单纯的祭祀，更多的是承担了社会职能，形成祠山庙会。20世纪90年代一些健在的老人就曾回忆起当年祠山庙会的景象，详细而生动：

> 由于举行庙会，城内街道也改变了面貌。旧社会的广德街道，本来就很狭窄，行人也很稀少。全县十七八万人口，庙会时几乎半数以上的人都涌到城内，只见满街红男绿女，万头攒动。你要想在人流中迈步前进，确实感到困难。唯有头顶蒸笼、木盘出售点心和烟糖的小贩，在人流中高声喊叫而能见缝插针地挤身通过。庙会时街道显得更狭窄了，也完全改变了过去的冷清凄凉状态。同时，街道两旁各商店在沿街空中搭作遮荫用的布蓬和横杆，也全部撤除了，为的是便于出庙会时"高跷"和"抬阁"通过。因此，街道上空也显得更高更开朗了。庙会期间，全城商店皆停止营业。过去的商店，都是私人经营的，一年到头，除春节停止几天营业外，从来没有休息天。在出庙会的这两天，商店虽也开门，但门板却横在商店门前，下面放几张条凳，搭成了"看台"②。

但20世纪20年代由于时局不稳且农村经济凋敝，此庙会无法进行下去，于是停办。《申报》记载："皖南广德县之祠山殿，每届阴历二月十二日，例出祠山大会三日，该县知事陈赞廷，以近来时局不靖，且该处毗连浙江，防务尤为重要，特会同驻防该县三旅二团张馨吾团长出示严禁，以免匪徒混迹，一面据情电呈芜湖镇道两署鉴核矣。"③

---

① 李干忱编：《破除迷信全书》卷一〇《多神》叁《河海神》，美以美会全国书报部1924年版。
② 政协安徽省广德县委员会文史资料委员会编：《广德文史资料》第一辑，1986年版，第65页。
③ 《芜湖近讯》，《申报》中华民国十三年三月七日（1924年3月11日），第18335号。

　　由于祠山庙会在当时可谓是民众为数不多的娱乐活动，人们争先恐后前去观看，经常会发生意外事故。1924 年无锡下属青城市前州镇为庆祝祠山圣诞，演剧酬神，就因观看人数过多，造成拥挤，致人死亡。据记载："前（初八）日下午，正在开演之时，台前观课，人山人海，拥挤不堪，演至大保国一剧，一阵蜂拥，韵针戏台拥倒，台上假刀假枪，箱笼杂物，纷纷坠落，观客压入台下者，约二十余人，伤势最重者一名，轧去两足，血肉模糊，更有大蒋巷之小孩一名，击破头颅，脑浆迸流，均属惨不忍睹，该孩已于昨（初九）日上午即行气绝身死，殊可惨也。"[①] 笔者认为，人们对祠山庙会如此热衷，未必是人人都信奉祠山神，只是借助祠山祭典达到交流、娱乐的目的。

　　祠山大帝的祭典在经过历代演变之后，逐渐形成庙会。将前揭提到的南宋吴自牧《八日祠山圣诞》与清代贡震《禁淫祠》的内容进行对比，我们不难发现，吴自牧对祠山祭典的举办是持积极肯定的态度，而贡震对此类祭典则表现出明显的深恶痛绝。究其原因，除了所处时代不同（宋代商业繁荣，市镇发达），更重要的是吴自牧是站在一个观赏者的角度去描述祭典的举办情形，而贡震则是作为地方官员去看待此类活动，在贡震看来，祭典的举办必然会吸引大量人员前来观看，从而影响社会稳定，扰乱地方治安。两个人不同的立场导致他们对事情的态度也大相径庭。在祭典逐渐演变成庙会的过程中，它已不仅仅是宗教活动场所，更是兼具经济交流与文化娱乐功能。庙会在促进商品经济发展和丰富民众精神生活的同时，也不可避免地带来一些问题，但不可否认的是，经过历代的发展演变，庙会已经融入民间社会，成为民众生活的一部分。

　　笔者在查阅近代报刊对各种祠山信仰活动记载的过程中，发现了一则十分有趣的新闻报道，刊登在 1928 年 12 月 1 日的《申报》，全文如下：

　　　　本埠关肉面馆同业，因有牛行主费绍金包认牛羊验烙税，月缴税款洋三百七十元，指派每羊一只，征洋一角，广设认税分所，四出勒

────────────

① 《酬神演剧坍台肇祸》，《申报》中华民国十三年三月十二日（1924 年 3 月 14 日），第 18332 号。

收，该业全体一致反对，于昨日下午二时在邑庙祠山大帝公所内开会，议决于二十日即（今日）起全体停宰罢市，一面推举代表，公呈官厅，请求撤消出羊肉验烙税，以□生□，不达目的不止，□毕散会已五时矣。①

这则新闻报道的是 1928 年上海牛羊肉面馆因反对牛行主征收牛羊验烙税，聚集开会，决定罢市，并推举代表向官府控诉。有意思的是，他们聚集的地点选在祠山庙。为何选在祠山庙聚会？笔者推断，原因可能有二：一是庙宇面积较大，可以容纳许多人；二是参加聚会的主要是面馆老板，文化水平不高，他们更倾向于以宗教信仰作为依托，庙宇便成为他们最理想的议事场所，聚集于此能够借助人们对神明的敬畏，维护共同的利益。这一活动与清末广州居民的集庙议事十分相似，不难看出，在近代中国社会转型过程中，传统观念依旧发挥着重要的作用，民间信仰的影响力于此可见一斑。

跳五猖是祠山信仰中的一种祭祀仪式，从其产生到现在已有 1800 多年的历史，至今仍流传在安徽郎溪县定埠乡和江苏高淳、溧阳一带。关于五猖的起源，今广德、郎溪一带仍流传着这样的故事：明太祖朱元璋夺取江山在南京建立政权后，大封有功之臣，五猖生前为明太祖麾下兵卒，也因功在太祖受封之列，以五人为一组享祀，称作五猖。这一说法，在《陔余丛考》等文献中都有类似的记载。《陔余丛考·五圣祠》有云："钮玉樵谓：明太祖既定天下，大封功臣，梦兵卒千万罗拜乞恩。帝曰：'汝固多人，无从稽考，但五人为伍，处处血食可耳。'命江南人各立尺五小庙祀之，俗谓之五圣庙。"② 又据《对山余墨》载："闻五通系明祖定鼎分封后，追赠阵亡毅魄，又由将士而恩及兵卒，因取五人为伍意，封作五通。以其死无所依，今逢寺庙晏神，必设下筵以享。此五通神之所由昉也。"③ 由此可见，五猖又有五通、五圣之谓。不过，根据鲁迅的研究，这里的五

---

① 《关肉面馆业反对验烙税》，《申报》中华民国十七年十二月一日（1928 年 12 月 1 日），第 20012 号。

② （清）赵翼：《陔余丛考》卷三五《五圣祠》，清乾隆五十五年湛贻堂刻本。

③ （清）毛祥麟撰：《对山余墨》，载《笔记小说大观》，台北新兴书局 1984 年版，第 5 编第 5 册，第 3046—3047 页。

通、五圣与五猖并非一回事。他在《朝花夕拾·五猖会》有云：

> 　　要到东关看五猖会去了。这是我儿时所罕逢的一件盛事。因为那会是全县中最盛的会，东关又是离我家很远的地方，出城还有六十多里水路，在那里有两座特别的庙。一是梅姑庙，就是《聊斋志异》所记，室女守节，死后成神，却篡取别人的丈夫的；现在神座上确塑着一对少年男女，眉开眼笑，殊与"礼教"有妨。其一便是五猖庙了，名目就奇特。据有考据癖的人说：这就是五通神。然而也并无确处。神像是五个男人，也不见有什么猖獗之状；后面列坐着五位太太，却并不"分坐"，远不及北京戏园里界限之严谨。其实呢，这也是殊与"礼教"有妨的，——但他们既然是五猖，便也无法可想，而且自然也就"又作别论"了。①

有学者认为，"《跳五猖》全仪共有十三神身。其中东、西、南、北、中央五神是正身，称五猖神或五方神。全仪以古代阴阳五行学说构筑，五正身按五行属性配以五色和占位。五行配以天干，即是东方甲乙，属木。其神面具及服饰等，均施以绿色或青色为主。南方丙丁，属火，施以红色为主。西方庚辛，属金，白色为主。北方壬癸，属水，黑色为主，中央戊己，属土，黄色为主。五神五色、五方，属性分明。道士、和尚、土地、判官是四副身。另有值路、小生各两神脚，统称十三身。除此，尚有叉将、持牌、执旗、抬象征祠山张渤的'神刹'等神脚若干名"②。据研究，跳五猖五位猖神的面具都是威武、勇猛神将型的同一种脸型。究其原因，或与民众的厌胜心理关系密切，因五位猖神的功能只在驱祟禳灾，并非是敬神或歌舞主神。凡驱祟驱灾都需要与鬼怪邪祟相斗，其面具呈现出勇猛、威武之态，自有超大的震慑力量，这样便可增强民众战胜邪魔和灾难的信息③。

---

　①　鲁迅：《朝花夕拾》，中国言实出版社 2016 年版，第 26—27 页。
　②　苪耕茹：《张渤信仰仪式的跳五猖》，《中国民间文化艺术之乡建设与发展初探》，中国民族摄影艺术出版社 2010 年版，第 6—7 页。
　③　苪耕茹：《张渤信仰仪式的跳五猖》，中华书局 2019 年版，第 187 页。

跳五猖仪式中包含着十分丰富的多学科的知识，如天人合一、阴阳五行学说等涉及古代的哲学；所呈现的巫、傩、释的内涵，涉及早期村民的信仰与宗教等方面的问题；其仪式历来由周、倪两姓专供，神只十三身由两姓五房分供，又涉及村民宗亲的凝聚；张渤治水的种种传说，则又涉及神话学、社会学等。近年来，随着祠山文化重新被重视，跳五猖等祭祀仪式也得到了有关部门的关注，相信未来将有越来越多的人投入保护这一传统文化的行列。

从上面所讨论的情况来看，明清广德州灾害多发的自然环境，导致其民间信仰的炽盛。而统治者对它们的敕封和祭祀，对这些信仰的传播和发展起着很大的推动作用。明初城隍封爵与祠山神纳入国家祀典将这些信仰推向顶峰。然而，晚清太平天国运动的兴起，广德作为南京的军事屏障，损失极为惨重，战后瘟疫肆虐，人口急剧减少，这些都阻碍了民间信仰的发展。由此可见，民间信仰的发展受外部影响较大。

广德州对于祠山神张渤的信仰经过长时间的积淀，形成一种具有地方特色的文化——祠山文化。张渤信仰是祠山文化的主体，也是其精髓所在。从张渤信仰衍生出的祠山庙会与跳五猖等祭祀活动，既继承了原有的本质，又丰富了其内涵。但不可否认的是，民间信仰传承到今天，一些问题也逐渐显露，如信仰群体逐渐缩小、以经济利益为导向更明显，等等。特别是高淳与郎溪两地，为争夺文化资源，争相将本地区的跳五猖申报为"非物质文化遗产"，这"背后隐藏的是官方与民间双重叠加的利益动机"①。面对这些问题，只有政府、民间、学者多方沟通调适，寻求利益的共同点，才能更好地解决问题。

因本章只谈到明清时期广德州自然灾害与民间信仰之关系，对民国时期资料掌握不多，涉及近代内容较少，故难以全面把握其历史发展的脉络。特别是在文章最后对跳五猖祭祀仪式的讨论亦不全面，缺乏实地考察的资料，这些都是笔者下一步需要深化和拓展的地方。

---

① 李甜：《跨越边界的巡游——皖苏交界定埠地区民间信仰调查与思考》，《中国人文田野》（第五辑），巴蜀书社2012年版，第213页。

结　　语

　　以上各章已就明清时期长江下游地区自然灾害的概况与成因、自然灾害的一般规律和特点、灾害环境下乡村社会的危机、灾害视域下农民的生活状况、官府与民间应对自然灾害的举措以及灾害与民间信仰等方面的问题进行了探讨，综合各章的论述，同时力求避免仅仅只是对前文所论的简单重复，这里我们就本项目研究中所未及深入讨论的相关问题作进一步的申述，并就本课题未来需要作进一步深入研究的一些问题谈些粗浅的想法。

　　通过对明清长江下游自然灾害与乡村社会问题的考察，我们形成如下认识。

　　第一，应积极探索自然灾害与乡村社会之间的互动关系。自然灾害不仅直接破坏农业生产和乡村古老而传统的生态环境，而且给农民的生活和乡村稳定带来重大影响。在自然灾害的冲击和应对灾害的行为的双重影响下，乡村社会结构和经济形态的变动必然具有特定的区域性特征，这种区域性特征是与自然灾害及其影响力息息相关的。同时，频繁的自然灾害也使长江下游地区的民俗文化诸如民间信仰等呈现地域性特点。如明清时期的广德州，水、旱、蝗等自然灾害十分频繁，从而造就广德地区以水旱神、蝗神、祠山神为主的信仰选择，庙宇的兴废则体现统治者的态度和民间力量的意愿。祠山神作为广德地区最重要的治水神，在广德、郎溪一带极负盛名，直至今天，郎溪还延续着跳五猖的传统仪式。同样由于自然灾害的影响，广德州自古以来就信巫尚鬼、喜事鬼神，这一习俗已深刻影响广德人民的日常生活，甚至官员也不例外。祠山信仰能够发展壮大，与这一风俗习惯密不可分。这方面的例子不胜枚举。这说明自然灾害与乡村社会之间存在着很强的互动关系。自然灾害是制约和影响乡村经济发展、社会稳定、村民生活质量的重要因素。因此，应努力探索自然灾害与乡村社会的互动关系，进而总结应对自然灾害的有效机制。

第二，应建立以政府救灾为主导以民间自救为补充的灾荒应对机制。国家和政府在应对自然灾害方面具有政策性、宏观指导性以及聚合各种有限资源的快速性等优点，但有时也存在决策不及时、财政资源不足、吏治腐败、成效不明显等弊端。而随着明清时期地方政府和民间尤其是代表地方精英的士绅阶层等力量的崛起，民间力量在抗灾救灾中的作用日益凸显。特别是乡绅大户于灾荒之年主动捐献粮食，很大程度上缓解了饥民之困。据《明英宗实录》卷五七记载，正统四年（1439 年）浙江温州府民王廷、军人狄永吉，金华府民钱渊、俞思辟、黄大海、诸葛彦祥等都捐出一千多石粮食赈济饥民。正统五年庚午浙江温州府民周普、柳青、周伯静，绍兴府民高宗哲、周端、吴渊，都捐出一千多石粮食帮助政府赈济灾民①。浙江泰顺旱灾不断，县官林轩开劝积谷之家平价出粜以舒民困②。而研究表明，充分发挥民间自救功用不应仅仅停留在劝诫大户募捐的水平上，更要把大户、穷民以及乡约里甲结合起来，形成一个相互制约与平衡的整体，使得地方秩序得以长治久安。绍兴太守无锡人王孙兰指出，越郡救荒平定动乱必须依靠"三法"，即"坊各赈防、坊各防护、坊各戢坊"。认为各乡村也应同样采取此法。"坊各赈防"指的是各坊富户要赈济本坊之穷民。穷民不得食，归责于本坊之大户。"坊各防护"指的是各坊之穷民，须守护本坊之大户。大户若遭到抢劫，归责于本坊之穷民。"坊各戢坊"指的是各坊总甲管理本坊穷民。穷民出坊抢劫，归责于本坊之里甲。并且要落实到具体的法律层面，制定相应的配套措施③。通过这样的一种区域自救模式，能够发挥民间救助的力量和优势，弥补政府救助的不足。因此，在应对自然灾害方面，应建立以国家和政府救灾为主导，民间自救

---

① 李国祥、杨昶：《明实录类纂·浙江上海卷》，武汉出版社 1995 年版，第 634、635 页。
② 陈瑞赞：《温州文献丛书》，上海社会科学院出版社 2006 年版，第 248 页。
③ 李文海、夏明方、朱浒：《中国荒政书集成》第二册，天津古籍出版社 2010 年版，第 748—749 页。

与赈济为补充的灾荒应对机制。

第三，要加强防灾救灾的制度建设。经过历代王朝的不断发展完善，到明清时期形成多种类型并存、以政府为主导的救灾机制，但很多时候政府救灾的实效并不明显，原因何在？这主要是"天灾"发生后，"人祸"接踵而至，造成灾上加灾，从而降低人们抵御自然灾害的能力。对于"人祸"，方志远先生概括为四个方面：一是政府的决策失误或因大兴土木而导致自然生态的破坏；二是吏治腐败，具体表现在报灾、勘灾、赈灾、安抚、仓储、水利诸环节中；三是灾荒发生时商人的囤积居奇和富户的见利忘义；四是反政府势力趁着灾荒发生时的火中取栗并引发武装暴动与抗争①。而在这四个因素中，最为严重的莫过于官员的腐败和不作为。一些官员在救灾过程中，借机侵吞灾款、灾粮，中饱私囊，鱼肉百姓。由于从报灾、勘验到赈济等救灾的各个环节都有地方官吏参与，这便给地方官吏徇私舞弊提供了机会。他们或分配救灾物资和钱粮给官吏与富商，自己从中贪污受贿，而灾民则得不到任何实惠；或谎报灾情，从中渔利，有时朝廷已蠲免粮税，但地方官吏却仍旧追缴；或在利益的驱使下，在救火过程中瞒报、虚报灾情，从而大大影响政府的救灾效果。在清代嘉庆道光时期，吏治腐败，政府救灾不力，大多数官员对救灾消极应对，平时不注意备荒，灾时又不及时救助，玩忽职守，或借机大肆贪墨，导致政府救灾不力。因为"天灾"与"人祸"这种伴生关系，因而古人常常将"天灾"与"人祸"并称。因此，在抗灾救灾方面，首先要建立相对完善的自下而上的监督制约机制，将治吏与救灾结合起来，一方面加强立法建设，明确救灾机构和官员的职责，并实行问责制度；另一方面要完善对救灾物资和钱款的监管，加强执法力度，惩治救灾中的腐败分子，使救灾工作确实取得实效。

第四，生态环境与自然灾害是一种共生关系。人们长期向水要田、与山争地，致使长江下游地区的农业生态系统处于经常性的失衡状态，各种自然灾害频频发生。这里以长江下游圩田开发为例。圩田的开发十分适合长江下游地区水乡泽国的地理特点，使大量沿江沿湖滩涂变成良田。这种

---

① 赫治清主编：《中国古代灾害史研究》，中国社会科学出版社 2007 年版，第 472 页。

土地利用形式是江南人民在长期实践中的伟大创举，它在抗御旱涝、夺取稳产高产方面，有着诸多的优越性。但是，圩田这种垦殖形态利弊并存，过度地开发势必会带来相应的环境问题。首先，它破坏原有的湖泊河流水文环境，废湖为田，或随意改变河道，致使众多的圩田将水道系统全部打乱，外河水流不畅，圩内排水和引水也增加难度，造成"水不得停蓄，旱不得流注"的严重局面，这便给圩田大大增加防患水灾的压力。其次，地方政府在圩田管理方面也是各自为政，各地区的圩田不能形成一个完整的系统，缺乏相互间的协作，使因破圩而形成的局部水灾年年有之。再次，大量构筑圩田，影响到湖泊的蓄水量。如太湖地区大量利用湖边滩地修筑圩田，使湖面缩小，影响其调节水量的功能，破坏太湖地区的生态条件，致使该地区的灾害频频发生。因此，我们应该总结圩田开发的利弊得失，根据不同的地貌特征和水文情况采取不同的方式进行整治。以防治水患为前提，提高圩田开发水平，同时，要加大治理长江下游河流湖泊的力度，加强湖泊生态工程建设，切实禁止新的围堤筑圩，对过度围筑的田地，要根据条件和可能，有计划地退田还湖，移民建镇，改善生态环境，以保证该地区"生态—经济—社会"三维复合系统的健康运行与可持续发展①。

就在本书撰写即将杀青之际，适逢新冠疫情在全球逐渐蔓延开来，这便引发了我对我国历史上特别是明清长江下游的流行病及其防治问题的关注和思考。我们注意到，进入 21 世纪以来，世界物质文明取得了极大的发展，科技日新月异，经济突飞猛进，但是各种自然灾害，尤其是直接威胁人类生命安全的传染病也此起彼伏，肆虐于世界各地，诸如重症急性呼吸综合征（SARS）、埃博拉病毒病、人感染高致病性禽流感、中东呼吸综合征、甲型 H1N1 流感、寨卡病毒病，以及近期在全球造成大量人员感染和死亡的新型冠状病毒肺炎等，都成为人们心中可怕的梦魇。不久前的世界卫生组织（WHO）报告称："全世界每小时有 1500 人死于传染性疾病。"②可见疫病流行依然是当今人类发展的重大威胁。中国自古就是一个流行病

---

① 庄华峰：《古代江南地区圩田开发及其对生态环境的影响》，《中国历史地理论丛》2005年第 3 期。

② 美联社电讯：《世界卫生组织报告称：六大传染病威胁全人类》，《参考消息》1999 年 6月 19 日，第 7 版。

多发的国家，明清长江下游地区由于气候、人口等因素的影响，疫病流行
更为严重。肆虐的疫情给明清长江下游地区带来了严重的社会影响：首先
是人口大量损耗。各种自然灾害都会造成人员的伤亡，而瘟疫对人口的损
伤无疑是最直接和明显的。据《明史·五行志》载，永乐六年（1408 年）
"正月，江西建昌、抚州……自去年至是月，疫死者七万八千四百余人"①。
又据《大明太宗文皇帝实录》载，永乐十一年（1413 年）五月，"浙江宁
波府鄞、慈溪、奉化、定海、象山五县疫，民男女死者九千一百余口"②。
疫灾导致举家罹难的例子亦复不少。如《大明英宗睿皇帝实录》载，景泰
六年（1455 年），嘉、湖、常、镇地区大疫，"有一家连死至五七口者，
有举家死无一人存者。生民之患，莫重于此"③。这一地区疫病传染性之
大、波及范围之广、对人民生命安全威胁之严重，由此可见一斑。其次是
破坏经济与民生。疫灾发生后，官府和民间为了应对疫情，往往耗费大量
的人力与物力。同时，由于大量人口的伤亡，使田地荒芜，生产停滞，对
传统的农耕经济以及商贸往来也十分不利。而田地的抛荒和经济的凋敝，
往往又会带来物价的飞涨，更使民众生活雪上加霜，嗷嗷待哺的人们只能
靠树皮、草根艰难度日。比如，万历十七年（1589 年），南康"复大饥
疫，斗米一钱二分，死者枕籍于道，有挖树皮草根以苟延者"④。乾隆二十
一年（1756 年），苏州大疫，"米价腾贵，贫民剥榆树皮为食"⑤。无奈之
下，灾民们便成群结队地逃离家乡。如康熙四十八年（1709 年），"无为
州春洊饥，居民采草根树皮为食，又大疫，流离死亡不计其数"⑥。再次是
疫灾导致社会失序。在灾害的大环境中，当自身的生存受到威胁时，一些
灾民往往不择手段，干出一些有悖道德、伦理的勾当，他们或卖儿鬻女，
或恣意劫掠，行为严重失范。据万历《钱塘县志》载，崇祯十七年（1644
年）五、六月，钱塘县大旱，"瘟疫盛行，饿死者满道，白骨遍野，妇女

---

①　《明史》卷二八《五行一》。
②　《明太宗实录》卷一四一"永乐十一年七月戊子"条。
③　《明英宗实录》卷二五三"景泰六年五月乙酉"条。
④　康熙《都昌县志》卷一〇《灾祥》。
⑤　同治《苏州府志》卷一四三《祥异》。
⑥　嘉庆《无为州志》卷三四《禨祥》。

掠买过江者几尽"①。又据光绪《南汇县志》载，道光三年（1823 年）二月至七月，上海市南汇县"大雨为灾，通邑大饥，疫疠并作，民有成群横索者"②。这些违法行为，导致社会运行处于失序和无序状态，给国家治理带来严重挑战。

明清长江下游的疫病所以不断发生，原因有三：首先是与其他灾害紧密相连。从实际情况看，大的灾害发生后，人畜死亡无数，尸体如果不能及时深度掩埋，各种病毒和细菌便会大量繁殖，使人患病。这种情况在长江下游地区屡见不鲜。如据《申报》载：光绪九年（1883 年），"吾浙去岁到处大灾，人死无算，今夏果瘟疫流行，并灾及六畜"③。崇祯十四年（1641 年），杭州府内旱灾、虫灾相继而至，伴随而来的是饥荒与瘟疫，使得杭属钱塘县百姓饿死甚多，"僵尸载道"，"呻吟卧褥者十室而九人尸床下，每郭门出尸，日数百焉"④。其次是因为人口的频繁流动。通过研究发现，在明清长江下游地区，经济较为发达的地区以及一些沿江城市，其疫灾发生和传播的可能性比较大。这是因为这些地区和城市，人口流动量大，因而增加了疫病传播的可能性。如前揭述及，由于人口流动频繁，1902 年和 1909 年苏州都发生过严重的霍乱流行病。1903 年，又爆发登革热，"全家同时患病，以致到了早晨竟无人出来启门。……白喉与猩红热似乎也在增加"⑤。最后与地理环境有关。长江下游地区，温暖湿润，水网密布，十分有利于蚊蝇的生长繁殖。长江下游的疫病多发于夏秋两季，以霍乱、伤寒、痢疾等肠道传染病为主，而水传播和虫媒传播是肠道传染病的主要传播途径。这充分反映了长江下游地区流行病的环境特点。此外，时人的一些不良生活习俗对疫病的流行也起着推波助澜的作用。

由于流行病对社会的影响巨大，明清长江下游地区的官方特别是民间进行了各种预防和控制尝试，具体措施主要有三：第一，注意公共环境卫生。主要表现在以下几个方面：一是将生活居地与公共墓地分隔开，这几

---

① 万历《钱塘县志》，《纪事·灾祥》。
② 光绪《南汇县志》卷二二《祥异》。
③ 《申报》1883 年 7 月 31 日，第 3 版。
④ 民国《杭州府志》卷八四《灾异》。
⑤ 陆允昌编：《苏州洋关史料（1896—1945 年）》，南京大学出版社 1991 年版，第 107 页。

乎成为时人普遍的做法；二是禁止在街道上倾倒生活垃圾。据《梦粱录》记载，至少到南宋，杭州就已出现专门清除垃圾的行业，当时城中有"每日扫街盘垃圾者"①。当然，使公共区域的垃圾清除工作走上经常化和组织化则要到清末。如在杭州，光绪二十三年（1897 年）正月，规定由清道局专门负责垃圾清除。光绪二十九年（1903 年）这一工作改由警察局负责管理。光绪三十一年（1905 年），上虞县警察局设立卫生警一名，"督促临街店、居民清扫门前垃圾"②。在国家力量的介入之下，垃圾清理工作取得了显著成效，正如《苏州洋关史料》云："至于城厢内外之街道，自有巡士稽察，较往年清洁实多。"③ 这也是清末公共卫生治理最成功的地方；三是注意饮用水的卫生。浙江嘉善新港遗址一口良渚文化木筒水井，用剖开的原木挖空做井壁，井底铺有河蚬贝壳，以过滤净化地下水的渗入④。这说明当时人们已具备了相当的饮水卫生常识，为克服"水浊重而洎"找到了有效途径。到明清时期，人们开始用法律手段来保障饮用水的卫生。据乾隆二年（1737 年）颁布的《苏州府永禁虎丘开设染坊污染河道碑》载，当时虎丘山前染坊林立，大量污水注入河中，"各图居民，无不抱愤兴嗟"，官府遂"勒石永禁虎丘开设染坊"，"如敢故违，定行提究"⑤。此外，这一时期，人畜的隔离也被广泛采用，对于地下水的卫生、住宅内外水沟的卫生以及厕所的卫生等，也都予以高度重视。

第二，实施病人隔离。就明清长江下游地区而言，在疾疫流行时，主张隔离病人以防止时疫传播的观念已非常深入人心。根据余新忠先生研究，当时隔离病人的举措主要有三：一是居家隔离。如乾隆《吴江县志》载，康熙四十八年（1709 年），吴江县"大饥、疫，（王氏）亟出储米五百余石，复籴数百石就家设局，日给米五六合，……其患病者，于宅南隙

---

① （宋）吴自牧：《梦粱录》卷一三《诸色杂货》，三秦出版社 2004 年版，第 200 页。
② 《绍兴市卫生志》，上海科学技术出版社 1994 年版，第 2 页。
③ 陆允昌编：《苏州洋关史料（1896—1945 年）》，南京大学出版社 1991 年版，第 197—198 页。
④ 陆耀华、朱瑞明：《浙江嘉善新港发现良渚文化木筒水井》，《文物》1984 年第 2 期。
⑤ 参见苏州博物馆等编《明清苏州工商业碑刻集》，江苏人民出版社 1982 年版，第 71—73 页。

地构草厂数十间处之，延医诊治，全活颇多"①。二是依托慈善机构隔离病人。明清时期长江下游建有众多的慈善机构，这些机构对所收养的疾疫患者也有予以隔离的规定，如嘉道年间的一则育婴堂规条便指出，"倘有疾病疮疡痧麻痘疹，……迅即报明董事，请医调治。若遇痧麻痘疹，必须另置别所，以防传染"②。三是新建医院进行隔离。如到清末，上海先后兴建了防疫医院和中国公立医院，专门接收疾疫患者进行隔离，使病人隔离更加专业化，效果也更好③。

第三，处理尸体。尸体是传播病毒和细菌的主要载体，对于尸气对人类健康的影响，时人多有论述，如张伯行在江苏按察使任上谈到掩埋时说："盖灾裖之后，每当疾疫，皆因饿死人多，疠气熏蒸所致也。一经掩埋，不惟死者得安，而生者亦免灾诊之裖矣。"④当时无论是善堂还是好善之人，都非常注意对尸体的掩埋，这方面的例子俯拾皆是。如民国《宝山县续志》云："迨光绪间，黄如榛等曾创捐劝募，举办掩埋一次。其后，每有风灾，浮尸发现，均由乡董筹资为之埋葬。"⑤

明清长江下游的流行病防治工作之所以取得较大成效，原因有四：一是地方官员的积极应对。如嘉靖三年（1524 年）春，宝应县大疫，"知县刘恩请赈，民赖以全活"⑥。乾隆二十一年（1756 年）夏季，淮扬一带百姓多患流行病，勤政爱民的江苏巡抚庄有恭带头捐俸禄，"令有司察民病者，予药。死者，予櫘"⑦；二是民间力量发挥了举足轻重的作用。在历史上，南宋政权对长江下游疫病的防治最为重视，采取多种应对举措，取得明显成效。到了元明清时期，官方对疫病的防治则每每缺位。不过，由于长江下游经济的发达且注重教化，该地区的民间力量（包括士绅、家族、民间慈善机构等）开始崛起，对于防控疫病发挥着较好作用。如崇祯十三

---

① 乾隆《吴江县志》卷三七《人物·别录》。
② （清）余治：《得一录》卷二《保婴会条规》。
③ 参见余新忠《清代江南的瘟疫与社会》，中国人民大学出版社 2003 年版，第 223—228 页。
④ （清）《荒政辑要》卷八《悯时疫》，清嘉庆十一年苏藩署藏版。
⑤ 民国《宝山县续志》卷一一《恤工》。
⑥ 隆庆《宝应县志》卷一〇《灾祥》。
⑦ 光绪《广州府志》卷一三〇《庄有恭传》。

年（1640年）、十四年，高邮大旱疫，"邑中绅士煮糜设赈，活灾民数万人"①。又如康熙十一年（1672年）、十八年，杭州大旱，生员金振龙施舍粮米，照顾病人，许多人因他得以存活②；三是医学的发达。明清长江下游地区的医疗水平相当发达，在全国居于领先地位，当时针对疫病而兴起的"温病学"的主要代表人物如汪机、程衍道、余霖、周扬俊、戴天章、叶桂、薛雪、杨璇、吴瑭、王士雄等基本上都出自这一地区，其中叶桂、薛雪、吴瑭和王士雄四人被后人称为清代"温病四大家"。这些医家的疫病防治思想和经验对于有效救疗患者发挥了重要作用；四是制度的保障作用。明清长江下游地区积累了丰富的应对疫情的经验，并逐步形成了一套包括传染防控制度、医疗制度、救济制度等在内的较为成熟的防治体系，对疫灾的防控发挥了较好的制度保障作用。

纵观明清时期长江下游流行病的研究状况，下一步需要深入探讨的问题有三：一是结合传染病流行的三要素，即传染源、传播途径和易感人群深入考察疫病暴发的原因；二是从预防、救治的制度和实践层面，构建政府与民间协同应对疫灾的应急机制；三是用中医辨证论治的方法，研究明清长江下游医家的疫病防治思想与经验，为当今社会的传染病防治提供有益的借鉴和启示。

以上我们讨论了明清长江下游的流行病及其应对情况，虽然这些应对举措带有鲜明的阶级性和历史的局限性，而且其中的一些防治措置甚至可以说是失败的，但站在时代的高度，科学地总结历史上防治疫灾的经验教训，无疑对我们今天仍有重要的意义。

那么，本课题下一步将如何拓展和深化呢？我们认为以下两个方面值得关注：

一是在研究方法上要加强多学科的合作。灾害史属于社会科学与自然科学之间的边缘学科，因此对它的研究既需要社会科学的方法，又需要自然科学的参与。恰因如此，本课题研究只有在辩证唯物主义和历史唯物主义的指导下，充分吸收和利用现代灾害学、经济学、社会学、管理学、政

---

① 雍正《扬州府志》卷二七《名宦》。
② 民国《杭州府志》卷一四二《义行二》

治学、统计学、环境科学、人口学等相关学科的理论和方法，进行综合研究，才能本质地、立体地反映明清时期长江下游自然灾害与乡村社会之间的互动关系及其演变规律。

二是在研究内容上，虽然自改革开放以来，特别是 20 世纪 90 年代以来，有关明清时期长江下游自然灾害的研究逐步开展并取得诸多成果。但总的来说，与历史上复杂的灾况，丰富的救荒思想、救灾经验、应对措施相比，已有的研究成果还不够丰富，对许多问题的深入研究还不够。从减轻灾荒危害，完善社会救助体系，健全政府与民间应对灾害的互动机制，提高救灾效率，加快经济恢复的视角，利用跨学科的方法，通过宏观和微观的不同层面对相关问题进行深入探讨，总结经验，把握规律，为当今的抗灾救灾工作提供历史的借鉴，是本课题以后的努力方向。

附　　录

一　明清长江下游分府（直隶州）疫灾年表

（一）明代部分

府（州）别	年份	史料	出处
松江	景泰五年	夏，大疫，死者无算	嘉庆《松江府志》卷八〇《祥异志》
	景泰六年	苏、松大饥大疫，斗米百钱，死者交横于道	（明）郑文康《平桥稿》卷一七《书拙庵卷后》
	景泰七年	九月，巡按直隶监察御史胡宽奏，苏、松、常、镇四府，国家贡赋多赖于此，自景泰五年以来，水旱相仍，瘟疫流行，人民死亡不可胜数	《大明英宗睿皇帝实录》卷二七〇"景泰七年九月"条
	弘治八年	五月，大疫，饥	同治《上海县志》卷三〇《杂记·祥异》
	正德四年	苏、松、常、镇四府七月被水为灾，淹没禾稼，饥民至食草根树皮，伤损成疫，死亡无数	（明）张国维《吴中水利全书》卷一四谢琛《兴修水利书》"正德五年"条
	正德五年	夏五月，雨如己巳。六月，大风破田围，民流离饥疫，死者无算	《古今图书集成·方舆汇编·职方典》卷七〇五《松江府部·纪事》
	正德十五年	王卿，正德甲戌进士，令上海。武宗南巡，时疫流行，捐药饵调治	雍正《山西通志》卷一〇七《人物七·太原府》

续表

府（州）别	年份	史料	出处
松江	嘉靖十八年	闰七月三日，飓风海溢，水涌三丈漂溺人庐无算，大疫，大祲	乾隆《嘉定县志》卷四《赋役志·祥异》
	嘉靖二十四年	大旱疫	光绪《江东志》卷一《祥异》
	嘉靖三十三年	嘉靖三十三、三十四年，连年大疫，民死甚众，六门出槽车，日以百数，棺肆不能给，多以苇席裹尸，至有一家相枕藉无收殓者	《上海卫生志》，上海社会科学出版社1998年版
	嘉靖三十四年	上海大疫，六门出轊车，日以百数，棺肆不能给，多以苇席裹尸，至有一家枕藉，无人收殓者	嘉庆《松江府志》卷八〇《祥异志》
	嘉靖三十六年	大疫	光绪《松江府续志》卷三九《祥异志补遗》
	嘉靖四十一年	大水，疫	光绪《江东志》卷一《祥异》
	万历七年	七月十三日飓风，海溢，溺死无算，又大疫	光绪《江东志》卷一《祥异》
	万历十七年	春大旱，大疫，民死无算	同治《上海县志》卷三〇《杂记·祥异》
	万历十八年	大疫饥	嘉庆《松江府志》卷八〇《祥异志》
	崇祯十五年	春大饥，大疫	光绪《江东志》卷一《祥异》
应天	正德五年	大水，饥疫	乾隆《高淳县志》卷一九《好义》
	嘉靖二年	嘉靖甲申春，南都大疫	（明）薛己《薛氏医案》卷二〇《明医杂著·化痰丸论》
	嘉靖三年	春至夏疫疠大作，死者相枕于道	道光《上元县志》卷一《天文志·庶徵》
	嘉靖四年	夏，江浦大疫，死者相枕于道	《南京卫生志》，方志出版社，1996年版
	嘉靖十四年	五月大雨，自初三至十七日，城中水高数尺，江东门至三山门可行舟。六月，夏旱疫，死者无算	乾隆《上元县志》卷一《庶征》
	嘉靖三十一年	夏五月旱，秋七月疫。旱是祷雨，雨足，至秋，民感暑湿，蒸为疫疠	嘉靖《六合县志》卷二《灾祥》

续表

府（州）别	年份	史料	出处
应天	嘉靖四十五年	冬十二月，大雨二十余日，民有冻死者。是年京师粮荒，又瘟疫	《南京卫生志》，方志出版社，1996 年版
	隆庆六年	春三月，南京旱疫	同治《上江两县志》卷二《大事考下》
	万历八年	大疫	嘉庆《溧阳县志》卷一六《杂类志·瑞异》
	万历十五年	七月，南京礼科给事中朱维藩奏请恢复药局，以救荒疫，报可	《大明神宗显皇帝实录》卷一八八"万历十五年七月"条
	万历十六年	夏旱，疫死者无算	道光《上元县志》卷一《天文志·庶徵》
	万历十七年	大旱，秋大疫	万历《江浦县志》卷一《县纪》
	万历三十一年	秋大疫，死者无算，治四五里，臭味熏人	光绪《江浦稗乘》卷三九《祥异》
	万历三十二年	秋，江浦大疫，死者无算，沿西五里，臭味熏人	《南京卫生志》，方志出版社，1996 年版
	万历四十三年	四十二年甲寅，有鼠数万，入于湖。四十三年乙卯，疫	民国《高淳县志》卷一二《祥异志》
	崇祯十二年	崇祯己卯大疫，江宁人王元标携药囊过贫乏家，诊治周给，全活多人	《南京卫生志》，方志出版社，1996 年版
	崇祯十三年	崇祯十三、十四年间，岁荐饥疫，胡阳生倡捐赈，施医药，收弃婴，给棺椁，所费不赀	乾隆《江南通志》卷一五七《人物志·孝义·胡阳生》
	崇祯十四年	五月大疫，死者数万人	道光《上元县志》卷一《天文志·庶徵》
	崇祯十五年	南京旱疫并作	康熙《江宁府志》卷一八《宦绩》
苏州	宣德六年	大疫，地震	康熙《常熟县志》卷一《祥异》
	正统五年	春正月大雪二旬，厚积丈余。夏大水，秋亢旱，斗米千钱，大疫，饿殍载道	乾隆《吴江县志》卷四〇《灾祥》
	景泰四年	吴中大祲，民饥而疫作，相枕藉死	（明）钱谷《吴中文粹续集》卷一五《祠庙》引吴宽《周孝子庙记》

续表

府（州）别	年份	史料	出处
苏州	景泰五年	春正月大雪，二旬积深丈余，太湖诸港连冰，畜木尽死。夏大水，漂没田庐。秋亢旱，高原苗槁，斗米百钱，大疫，饿殍载道	《古今图书集成·方舆汇编·职方典》卷六八七《苏州府部·纪事》
	景泰六年	苏、松大饥大疫，斗米百钱，死者交横于道	（明）郑文康《平桥稿》卷一七《书拙庵卷后》
	景泰七年	九月，巡按直隶监察御史胡宽奏，苏松常镇四府，国家贡赋多赖于此，自景泰五年以来，水旱相仍，瘟疫流行，人民死亡不可胜数	《大明英宗睿皇帝实录》卷二七〇"景泰七年九月"条
	成化十三年	是年大疫，人畜死者无算	乾隆《吴江县志》卷四〇《灾祥》
	成化十八年	春，吴中疫疠盛行，田野尤甚，长洲县有一家七八人死无孑遗，无人为殓者	民国《吴县志》卷五五《祥异考》
	弘治五年	春复雨，至五月大水，太湖泛溢，田禾尽没，民多流徙，大疫	崇祯《吴县志》卷一一《祥异》
	弘治六年	吴中疫疠大作	（清）魏之琇《续名医类案》卷三《疫》
	正德四年	苏、松、常、镇四府七月被水为灾，淹没禾稼，饥民至食草根树皮，伤损成疫，死亡无数	（明）张国维《吴中水利全书》卷一四谢琛《兴修水利书》"正德五年"
	正德五年	春雨连注，五月淫雨三旬，六月大风决田围，秋大疫	《古今图书集成·方舆汇编·职方典》卷六八七《苏州府部·纪事》
	正德六年	正月大雨雹，夏大水，疫疠横行	《古今图书集成·方舆汇编·职方典》卷六八七《苏州府部·纪事》
	正德十四年	夏秋大水，米价腾涌，民大饥疫	崇祯《吴县志》卷一一《祥异》
	嘉靖十三年	据《疫症集说》，是年春，痘毒流行，死者十有八九。（《疫症集说》晚晴嘉定医家余伯陶撰）	李群伟《瘟疫——流行史及影响流行的因素》，《泰山医学院学报》2004年第25卷第3期
	嘉靖十八年	春夏大旱，井泉竭，秋大疫	康熙《苏州府志》卷二《祥异》

府（州）别	年份	史料	出处
苏州	嘉靖二十三年	春雨淋漓，四月至八月大旱，日色如火，沟洫扬尘，禾苗槁尽。米价腾贵，每石一两八钱，复大疫，民多瘵死	崇祯《吴县志》卷一一《祥异》
	嘉靖二十四年	大旱，太湖水涸，民有得轩辕镜者。大疫，积尸相藉	康熙《苏州府志》卷二《祥异》
	嘉靖三十三年	正月戊辰，倭寇自太仓南沙溃围出海，转掠苏、松各州县。时贼据南沙五月余，官军列舰于海口围之数重，不能破，军中多疾疫，乃佯弃敝舟以遗之，开壁西南陬，贼遂得出	《大明世宗肃皇帝实录》卷四〇六"嘉靖三十三年正月"条
	嘉靖三十四年	倭乱后，疾疫继作，民多死亡	乾隆《昆山新阳合志》卷三七《祥异》
	嘉靖三十八年	夏大旱，七月方雨。岁大旱，八月二十二日巡抚行台疫	民国《吴县志》卷五五《祥异考》
	嘉靖四十年	六月至九月大雨水，高低尽没，城郭公署，倾倒几半，疫疠夭札交并，水至明年二月始退	崇祯《吴县志》卷一一《祥异》
	嘉靖四十一年	大水，疫	乾隆《嘉定县志》卷四《赋役志·祥异》
	万历三年	大水，疫	万历《嘉定县志》卷一七《祥异》
	万历七年	七月飓风，民大疫	乾隆《嘉定县志》卷四《赋役志·祥异》
	万历十一年	正月，民大疫	乾隆《嘉定县志》卷四《赋役志·祥异》
	万历十六年	五月初，连雨半月，田亩泛溢；至二十七日以后大雨经旬，昼夜不绝，高下尽成巨浸，禾苗腐烂，庐舍漂没。复大疫	崇祯《吴县志》卷一一《祥异》
	万历十七年	水荒继以旱荒，米价腾贵，自夏至秋，寺观中饥民聚居，染疫死者万人	光绪《重修常昭合志》卷四七《祥异志》
	万历三十七年	五月大疫	光绪《太仓直隶州志》卷一九《蠲赈》
	万历四十年	夏无暑，大疫	《吴郡甫里志》卷三《祥异》

续表

府（州）别	年份	史料	出处
苏州	崇祯十年	苏、杭大饥成疫，遍处成瘟，死者甚众	康熙《新修东阳县志》卷四《灾祥》
	崇祯十三年	六月大旱，是年大疫	道光《昆新两县志》卷三九《祥异》
	崇祯十四年	属县大旱，蝗，疫	乾隆《江南通志》卷一九七《杂类志·祈祥》
	崇祯十五年	春大饥，民流亡窜徙，老稚抛弃道旁，城乡房舍半空倾倒，死尸枕藉。五月大疫	崇祯《吴县志》卷一一《祥异》
	崇祯十六年	旱蝗、春夏大疫	康熙《具区志》卷一四《灾异》
	崇祯十七年	春，疫疠大作，有无病而口喷血即毙者，或全家，或一巷，士民枕藉而死。传染甚烈，触尸气必死，无敢窥门者	《古今图书集成·历象汇编·庶征典》卷一一四《疫灾部》引《吴江县志》
常州	景泰六年	嘉、湖、常、镇亦然，有一家连死至五七口者，有举家死无一存者，生民之患莫重于此	《大明英宗睿皇帝实录》卷二五三"景泰六年五月"条
	景泰七年	九月，巡按直隶监察御史胡宽奏，苏松常镇四府，国家贡赋多赖于此，自景泰五年以来，水旱相仍，瘟疫流行，人民死亡不可胜数	《大明英宗睿皇帝实录》卷二七〇"景泰七年九月"条
	正德三年	旱，春夏疫	光绪《武进阳湖县志》卷二九《杂事·祥异》
	正德四年	苏、松、常、镇四府七月被水为灾，淹没禾稼，饥民至食草根树皮，伤损成疫，死亡无数	（明）张国维《吴中水利全书》卷一四谢琛《兴修水利书》"正德五年"条
	正德六年	春夏疫，民有灭门者	康熙《常州府志》卷三《星野·祥异》
	正德十四年	水，民饥，大疫	万历《宜兴县志》卷一〇《灾祥》
	嘉靖二十三年	自六月至九月不雨，民饥疫死	万历《无锡县志》卷二四《灾祥》
	嘉靖四十一年	大疫	光绪《武进阳湖县志》卷二九《杂事·祥异》
	万历十五年	大旱，疫	《武进县志》，上海人民出版社1988年版
	万历十七年	大旱，疫死者载道	道光《江阴县志》卷八《祥异》

府（州）别	年份	史料	出处
常州	万历二十四年	小孩无论男女，皆出痘。痘多厄杀人，存者十不得四	（明）徐允禄《思勉斋集·诗集》卷九《痘记》，转引自浅川《万历年间华北地区鼠疫流行存疑》，《学海》2003年第4期
	泰昌元年	庚申辛酉（泰昌元年、天启元年）两年大疫。（曹）秉铉不避危险治之，不取其值，所到之处赖以全活	《古今图书集成·博物汇编·艺术典》卷五一一《医部·医术名流列传·曹秉铉传》
	天启元年	大疫	《古今图书集成·博物汇编·艺术典》卷五一一《医部·医术名流列传·曹秉铉传》
	崇祯十四年	旱，蝗，疫	康熙《武进县志》卷三《灾祥》
	崇祯十五年	正月朔大雪，以客岁无年，民饥，多疫死	康熙《江阴县志》卷二《灾祥》
镇江	正统五年	正统中，丹阳大疫	《古今图书集成·历象汇编·庶征典》卷一一四《疫灾部·纪事》
	景泰六年	嘉、湖、常、镇亦然，有一家连死至五七口者，有举家死无一人存者，生民之患莫重于此	《大明英宗睿皇帝实录》卷二五三"景泰六年五月"条
	景泰七年	九月，巡按直隶监察御史胡宽奏，苏松常镇四府，国家贡赋多赖于此，自景泰五年以来，水旱相仍，瘟疫流行，人民死亡不可胜数	《大明英宗睿皇帝实录》卷二七〇"景泰七年九月"条
	正德四年	苏、松、常、镇四府七月被水为灾，淹没禾稼，饥民至食草根树皮，伤损成疫，死亡无数	（明）张国维《吴中水利全书》卷一四谢琛《兴修水利书》"正德五年"条
	万历十六年	万历十六至十八年（1588—1590）瘟疫流行，死亡者众	《丹阳县卫生志》，南京出版社2004年版
	万历十八年	万历十六至十八年（1588—1590）瘟疫流行，死亡者众	《丹阳县卫生志》，南京出版社2004年版
	崇祯十三年	是年旱蝗，民多疫，人相食	康熙《镇江府志》卷三四《祥异》
	崇祯十四年	春疫甚大旱	乾隆《镇江府志》卷四三《祥异》

续表

府（州）别	年份	史料	出处
镇江	崇祯十七年	春民间有羊毛瘟疫，染者多死	乾隆《镇江府志》卷四三《祥异》
扬州	宣德九年	夏秋，泰州、仪真、宝应大旱，民饥疫疠，死亡相继	《大明宣宗章皇帝实录》卷一一五"宣德九年十二月"条
	弘治十四年	十四年春至十六年秋，扬州大旱且疫	康熙《扬州府志》卷二二《灾异纪》
	弘治十五年	十四年春至十六年秋，扬州大旱且疫	康熙《扬州府志》卷二二《灾异纪》
	弘治十六年	十四年春至十六年秋，扬州大旱且疫	康熙《扬州府志》卷二二《灾异纪》
	正德十三年	五月大水，民多疫殍	万历《如皋县志》卷二《五行》
	正德十五年	甲．宸濠反帝，帝亲征，驾旋，里河丁夫数十万，久俟水次，饥疫死者相藉。乙．水路自仪真北至张家湾，伺候人夫不下数十万，所在官司拘留聚处，妨废农务，因饥成疫，死亡者众	甲．雍正《广东通志》卷四五《人物志·粮储》乙．《大明武宗毅皇帝实录》卷一八六"正德十五年五月"条
	嘉靖元年	大饥疫，死者相藉	乾隆《江南通志》卷一一五《职官志·名宦·刘恩》
	嘉靖二年	扬州大水，引起大饥、大疫，人相食	《扬州卫生志》（上册），中国工商出版社 2005 年版
	嘉靖三年	春夏大疫，民枕藉死者，道途相属	隆庆《仪真县志》卷一三《祥异考》
	嘉靖四年	仪真县大疫	康熙《扬州府志》卷二二《灾异纪》
	嘉靖十四年	驻兵御倭，军中大疫，赖荣治得起者无算	乾隆《江南通志》卷一七〇《人物志·艺术·张荣》
	嘉靖三十三年	大旱，仍大疫	嘉庆《如皋县志》卷二三《祥祲》
	嘉靖三十八年	三月菊有花，大旱疫	隆庆《高邮州志》卷一二《灾祥》
	嘉靖三十九年	大饥，民食草木，仍大疫	嘉靖《重修如皋县志》卷六《灾祥》
	万历十一年	大疫，至比间阖门不起	乾隆《江南通志》卷一七〇《人物志·艺术·殷榘》

续表

府（州）别	年份	史料	出处
	万历十五年	十五年十六年，通州、宝应、如皋大疫	康熙《扬州府志》卷二二《灾异纪》
	万历十六年	十五年十六年，通州、宝应、如皋大疫	康熙《扬州府志》卷二二《灾异纪》
	万历三十一年	稔。夏秋大疫	崇祯《泰州志》卷七《灾祥》
	万历三十二年	万历癸卯、甲辰（三十一、三十至年）间，疫气传染，人多不保其生	《古今图书集成·博物汇编·艺术典》卷五一一《医部·医术名流列传·姜宷传》
扬州	崇祯六年	黄河在苏家觜、新沟口决堤，河水从决口南下灌山、盐、高、宝、兴、泰数州县，其中兴化、盐城二县地势低洼，被灾最重。自去年七月以来，如江如海，一望茫茫，直到今年六月，二麦未种，三春不耕，欲采樵而无路，欲煮海而无盐，欲卖女而无受买之家，欲鬻田而无交易之主，衣裳无典质之具，富室绝称贷之门，身衣鹑结之衣，人食犬彘之食，以故老弱僵卧，道殣相望，少壮转徙，飞鸿满路，乘桴流丐于江、仪、通、泰之境，而其力不能移、饥不能支者，或夫妻引颈雉经树梢，或子母投河葬身鱼腹。新任教官王明佐因无俸可支，欲归无计，忍饿经旬，自缢衙署。怨号之声，上震天地，水热交蒸，结为疠疫，而死亡者又不可以数计	（清）傅泽洪《行水金鉴》卷四五《河水》
	崇祯九年	岁大旱疫	乾隆《江南通志》卷一一五《职官志·名宦·李含》
	崇祯十年	扬州大疫，民多死	康熙《扬州府志》卷二二《灾异纪》
	崇祯十一年	大旱，饥，疫	嘉庆《如皋县志》卷二三《祥祲》
	崇祯十二年	大饥疫	《如皋县卫生志》，新华出版社1998年版
	崇祯十三年	旱，疫气盛行	雍正《高邮州志》卷五《祥异》
	崇祯十四年	大疫，蝗	崇祯《泰州志》卷七《灾祥》

续表

府（州）别	年份	史料	出处
扬州	崇祯十七年	三月，大疫	《如皋县卫生志》，新华出版社1998年版
庐州	弘治十七年	大旱且疫	万历《合肥县志·祥异》
	嘉靖三年	春，大疫，巢县死者枕籍，庐江饥	光绪《庐州府志》卷九三《祥异》
	嘉靖十八年	舒城大疫，死者枕籍于道	光绪《庐州府志》卷九三《祥异》
	万历七年	疫者载道，康德威置棺埋葬，不可枚举	乾隆《无为州志》卷一六《人物·孝义·康德威》
	万历十年	夏大疫，施药，全活无算	嘉庆《无为州志》卷二一《人物》
	万历十七年	大旱，米价一两一钱，疫大行	康熙《巢县志》卷四《祥异》
	万历十八年	春疫	光绪《庐州府志》卷九三《祥异》
	万历四十一年	方应庚，万历四十一年调庐州合肥，有疠疫，请以身代，飞蝗不入境	（明）俞汝楫《礼部志稿》卷四三《历官表》
	崇祯十三年	大疫	民国《合肥县志》卷二四《耆寿传·吴嘉善》
	崇祯十四年	大疫	光绪《庐州府志》卷九三《祥异》
安庆	建文四年	兵、疫相继，死者7000余人	《桐城县志》，黄山书社1995年版
	成化十二年	春潜山，夏桐城、当涂各大疫	光绪《重修安徽通志》卷三四七《杂类志·祥异》
	弘治六年	春夏大雨、大水、大雹，四序皆灾，伤稼，民多殍疫，孳畜俱损	顺治《新修望江县志》卷九《灾异》
	弘治十一年	十一年，戊午，大疫	康熙《安庆府志》卷六《祥异》
	正德二年	杨梅疮流行，淮北饿殍拥众南来，致染杨梅疮，其疮类杨梅	正德《安庆府志》卷一七《祥异志》
	嘉靖二年	嘉靖二年，癸未，大旱，疫	康熙《安庆府志》卷六《祥异》
	嘉靖十六年	大旱疫	康熙《安庆府志》卷六《祥异》
	嘉靖十七年	大饥疫，道殣相望	《古今图书集成·方舆汇编·职方典》卷七八六《安庆府部·纪事》

府（州）别	年份	史料	出处
安庆	万历十五年	六月异风杀禾，秋两月不雨，民病疫	顺治《新修望江县志》卷九《灾异》
	万历十六年	十六年，戊子，大旱，疫	康熙《安庆府志》卷六《祥异》
	万历十七年	十七年，己丑，大饥，疫	康熙《安庆府志》卷六《祥异》
	崇祯十年	春夏大饥，民食观音土，食者病闭，旋多疫死	康熙《安庆府宿松县志》卷三《祥异》
	崇祯十四年	十四年，辛巳，大旱，虫，疫	康熙《安庆府志》卷六《祥异》
	崇祯十五年	十五年，壬午，大饥，疫	康熙《安庆府志》卷六《祥异》
徽州	正德二年	秋大疫	康熙《婺源县志》卷一二《机祥》
	正德八年	秋大疫	道光《徽州府志》卷一六《难记·祥异》
	嘉靖三年	大疫	道光《徽州府志》卷一六《难记·祥异》
	嘉靖九年	痘灾流行，而死者过半	（明）汪机《痘治理辨·序》，转引自浅川《万历年间华北地区鼠疫流行存疑》，《学海》2003 年第 4 期
	万历十六年	戊子（十六年）、己丑（十七年）六邑饥，斗米一钱八分。又大疫，僵死载道	康熙《徽州府志》卷一八《杂志下·祥异》
	崇祯十四年	山寇披猖，官兵驻巢，多婴疠疫	《古今图书集成·博物汇编·艺术典》卷五一一《医部·医术名流列传·金有奇传》
	崇祯十五年	大疫	道光《徽州府志》卷一六《难记·祥异》
太平	宣德九年	民无粒食，剥榆皮啖之，又疫痢并与道馑相望	乾隆《太平府志》卷三二《祥异志》
	成化十二年	春潜山，夏桐城、当涂各大疫	光绪《重修安徽通志》卷三四七《杂类志·祥异》
	弘治元年	弘治改元，迁直隶太平府知府（驻当涂县），时郡中大疫	《大明武宗毅皇帝实录》卷一四〇“正德十一年八月”条

续表

府（州）别	年份	史料	出处
太平	正德五年	洪水泛涨，漂没民居，鱼穿树梢，舟入市中，流离播迁，哭声载道，饥疫相仍，死者不可胜数。自夏之秋水方退	康熙《太平府志》卷三《星野志·灾祥》
	正德十四年	夏秋水溢，江湖汹涌，麦稻皆不登，饥民以榆皮蒸食。疫痢，大饿，死者载道	嘉靖《太平府志》卷一二《灾祥》
	正德十五年	春夏，疫痢大作，秋颇稔	乾隆《太平府志》卷三二《祥异志》
	万历十六年	米价翔贵，人民饥馁，疾疫大作，乡城死者相枕	康熙《太平府志》卷三《星野志·灾祥》
	万历二十四年	岁祲，疫死者载道	光绪《当涂县乡土志》卷一《政迹》
	崇祯十一年	大疫义患，羊毛疹其病，先类伤寒身热三日，瘤疹胀甚，投以药皆死，有妪得挑法针刺中指节间出紫血少许去，羊毛一茎，随俞未几，老妪死	乾隆《太平府志》卷三二《祥异志》
	崇祯十四年	旱蝗大饥，兼以疫道馑相望	乾隆《太平府志》卷三二《祥异志》
	崇祯十五年	旱，疫，大饥	康熙《当涂县志》卷三《祥异》
宁国	万历十七年	饥，斗米一百三十文，大疫	嘉庆《民国宁国县志·绩溪县志》卷一二《祥异·一》
	正德三年	旱，荒，民多病疫	乾隆《旌德县志》卷一〇《祥异》
	正德八年	旱魃，饥，疫	乾隆《旌德县志》卷六《政迹》
	崇祯六年	疫甚，刘贵柄施药疗病，施粥赈饥，活人无数	《古今图书集成·博物汇编·艺术典》卷五一一《医部·医术名流列传·刘贵柄传》
	崇祯十三年	郡大旱，蝗起，寻大疫	嘉庆《南陵县志》卷一六《祥异》
	崇祯十四年	春夏间斗米千钱，寻大疫，死者十三四，道殣相望	顺治《泾县志》卷一二《灾祥》
池州	弘治七年	七年，雨，黑豆。秋大疫	光绪《贵池县志》卷四二《杂类志·灾异》

府（州）别	年份	史料	出处
池州	嘉靖三年	嘉靖三年春夏，大饥，疫	光绪《贵池县志》卷四二《杂类志·灾异》
	万历十七年	十七年，旱，大疫	光绪《贵池县志》卷四二《杂类志·灾异》
	万历二十九年	夏六月大寒，人尽衣棉絮，深山积雪不消，至七月始热，八月大热。时吴越及大江南北无不病者	康熙《石棣县志》卷二《风土·祥异》
	万历四十年	夏寒，民有疾，六邑（贵池、建德、东流、铜陵、青阳、石埭）几遍。民间接观音会甚盛	万历《池州府志》卷七《祥异》
	崇祯十四年	十四年，春大饥，夏大疫，人相食	乾隆《池州府志》卷二〇《祥异志》
	崇祯十五年	夏大水，秋旱蝗，米价腾贵，饥疾殍路者无算	顺治《铜陵县志》卷七《祥异》
广德	正德四年	夏，大疫，死者万计，遗骸载道	光绪《广德州志》卷五八《祥异·五》
	嘉靖三年	疫疠大作	光绪《广德州志》卷五八《祥异·五》
和州	嘉靖三年	大疫	光绪《直棣和州志》卷三七《祥异·四》
杭州	永乐十一年	仁和县夏五月大风潮，其十九都、二十都被海水漂没，朝廷发杭州、嘉兴、湖州、衢州、严州、苏州、松江等府军民十余万人修筑海堤，役民"屡经寒暑，疫疠大作，死者载道"	康熙《仁和县志》卷二五《祥异》
	嘉靖二十四年	杭州大饥，饥寒所迫，人有食草者，时疫大行，俄殍遍野	康熙《杭州府志》卷一《祥异》
	嘉靖四十年	秋七月至冬十月大水，饥馑，百姓饥疫，辛苦万状，死者相望	康熙《仁和县志》卷二五《祥异》
	万历十六年	（春）余杭大疫，大祲，死者相藉。五月，浙西旱疫	民国《杭州府志》卷八四《祥异三》
	万历十七年	六月，杭州旱疫	民国《杭州府志》卷八四《祥异三》
	万历十八年	昌化县疫疠	民国《杭州府志》卷八四《祥异三》

续表

府（州）别	年份	史料	出处
杭州	万历二十九年	六月辛丑寒气逼，富阳山中飞雪成堆，杭州深山亦然。至七月始热，八九月仍热如故，人多裸浴，里无不病之家，家无不病之人	乾隆《杭州府志》卷五六《祥异》
	万历三十七年	夏大疫，秋大水	光绪《江东志》卷一《祥异》
	崇祯十年	苏、杭大饥成疫，遍处成瘟，死者甚众	康熙《新修东阳县志》卷四《灾祥》
	崇祯十三年	六月大疫，十室而九。八月旱大饥，禾稻尽枯，民采榆屑木以食，又病疫	民国《杭州府志》卷八四《祥异三》
	崇祯十四年	六月杭州大旱，飞蝗蔽天，食草根几尽，人饥且疫	民国《杭州府志》卷八四《祥异三》
	崇祯十五年	秋大饥，民多疫，死者枕藉，杭城尤甚	民国《杭州府志》卷八四《祥异三》
	崇祯十七年	钱塘、仁和两县大疫	民国《杭州府志》卷一五〇《人物志·艺术》
嘉兴	洪武十三年	嘉禾（兴）大疫	康熙《嘉兴府志》卷二《星野·祥异》
	景泰五年	春二月大雪四十日不止，平地数尺，民间房屋俱压坏。六月大疫，死者相枕藉	乾隆十年《平湖县志》卷一〇《外志·灾祥》
	景泰六年	大疫，死者相枕藉	万历《秀水县志·杂谈》卷一〇《祥异·一》
	弘治五年	五月，大水，民多流徙，大疫	光绪《嘉兴府志》卷三五《祥异》
	正德五年	五月大水，石米二两，大疫疠	康熙《桐乡县志》卷二《人民部·灾祥》
	正德六年	夏，五月，大疫，死者相枕藉	万历《秀水县志·杂谈》卷一〇《祥异·二》
	正德七年	甲.浙江岁歉，海溢，疫疠死亡亦不减。乙.查是年浙江水灾及饥荒地方，十月，以水旱免绍兴、宁波、嘉兴、金华等府所属税粮，赈济海潮淹溺地方。是岁，嘉兴、金华、温州、台州、绍兴、宁波六府乏食	甲.《大明武宗毅皇帝实录》卷九二"正德七年九月"条乙.《中国历代自然灾害及历代盛世农业政策资料》，农业出版社1988年版
	嘉靖二十四年	夏大疫，饿殍盈野塞河，鱼族腥秽不可食	光绪《平湖县志》卷二五《外志·祥异》

府（州）别	年份	史料	出处
嘉兴	嘉靖二十五年	夏大疫，尸浮河者不可胜计。先年旱，道殣相望	乾隆《浙江通志》卷一○九《祥异下》
	万历三十一年	秋，虐疫盛行	康熙《秀水县志·杂谈》卷之七《祥异》
	万历四十年	夏，大疫	康熙《秀水县志·杂谈》卷之七《祥异》
	万历十七年	蝗疫流行，死者殆半	康熙《嘉兴府志》卷二《星野·祥异》
	万历三十一年	秋，疟疾盛行，腹肿则死	《古今图书集成·历象汇编·庶征典》卷一一四《疫灾部》引《浙江通志》
	万历四十年	夏大疫	《古今图书集成·历象汇编·庶征典》卷一一四《疫灾部》引《浙江通志》
	崇祯三年	夏秋大疫	嘉庆《石门县志》卷二三《祥异》
	崇祯十三年	疫疠大作，陈国纪捐田十一亩做义冢	乾隆《濮院琐志》卷四《孝义》
	崇祯十五年	春，米贵，民饥。夏大疫，人多暴死	嘉庆《重修嘉善县志》卷二○《祥眚》
	崇祯十六年	夏旱，民饥，死者不减于十四、十五年。秋，疫疠流行	崇祯《嘉兴县纂修启祯两朝实录·灾伤》
温州	永乐元年	永乐初，乐清大疫	《古今图书集成·博物汇编·艺术典》卷五一一《医部·医术名流列传·虞君平传》
	成化二十年	瘟疫流行，死者十三四	民国《浙江续通志》卷七《大事记》
	成化二十三年	瘟疫流行，死者十之四	雍正《泰顺县志》卷九《杂志·祥异》
	正德七年	甲.浙江岁歉，海溢，疫疠死亡亦不减。乙.查是年浙江水灾及饥荒地方，十月，以水旱免绍兴、宁波、嘉兴、金华等府所属税粮，赈济海潮淹溺地方。是岁，嘉兴、金华、温州、台州、绍兴、宁波六府乏食	甲.《大明武宗毅皇帝实录》卷九二"正德七年九月"条乙.《中国历代自然灾害及历代盛世农业政策资料》，农业出版社1988年版

续表

府（州）别	年份	史料	出处
温州	正德八年	四月，县前街疫气大行，死者相枕	雍正《泰顺县志》卷九《杂志·祥异》
	正德十年	大疫	光绪《永嘉县志》卷三六《杂志·祥异》
	万历十五年	是年疫	康熙《瑞安县志》卷一〇《灾变》
	崇祯三年	崇祯庚午（三年）疫，（梅光宗）施棺	康熙《温州府志》卷二一《孝义·梅光宗》
衢州	嘉靖十八年	民疫	民国《衢县志》卷一《象维志·五行》
	万历十六年	龙游、江山夏大旱，秋疫，民饥	康熙《衢州府志》卷三〇《五行志》
	万历二十六年	大旱，疫	《龙游县卫生志》，上海社会科学出版社1992年版
	万历三十二年	秋，日中飞絮，时疫大发，俗名羊毛瘟，市乡死者甚众	康熙《衢州府志》卷三〇《五行志》
	万历三十四年	（万历三十三年）次年民疫	民国《衢县志》卷一《象维志·五行》
台州	正统九年	冬，瘟疫大作	民国《台州府志》卷一三四《大事略三》
	正统十年	久旱民遭疾疫	民国《台州府志》卷一三四《大事略三》
	正统九年	正统九年冬，绍兴、宁波、台州瘟疫大作，及明年，死者三万余人	《明史》卷二八《五行志·疾疫》
	正统十年	六月，以绍兴、宁波、台州诸府大疫，遣祭于南镇之神，为民祈福，死者蠲其租，病者赈恤之	乾隆《浙江通志》卷五七《蠲恤》
	成化十四年	宁波、绍兴、台州等府灾异流行，盗贼滋蔓	《大明宪宗纯皇帝实录》卷一七六"成化十四年三月"条
	正德七年	甲.浙江岁歉，海溢，疫疠死亡亦不减。乙.查是年浙江水灾及饥荒地方，十月，以水旱免绍兴、宁波、嘉兴、金华等府所属税粮，赈济海潮淹溺地方。是岁，嘉兴、金华、温州、台州、绍兴、宁波六府乏食	甲.《大明武宗毅皇帝实录》卷九二"正德七年九月"条乙.《中国历代自然灾害及历代盛世农业政策资料》，农业出版社1988年版

续表

府（州）别	年份	史料	出处
台州	正德十四年	春大疫	《古今图书集成·历象汇编·庶征典》卷一一四《疫灾部》引《浙江通志》
	正德十六年	夏，大疫	民国《台州府志》卷一三四《大事略三》
	嘉靖十三年	春，大疫	民国《台州府志》卷一三四《大事略三》
	嘉靖二十五年	秋七月大疫	民国《台州府志》卷一三四《杂志·祥异》
	嘉靖二十五年	秋七月，大疫	民国《台州府志》卷一三四《大事略三》
	嘉靖四十四年	台州大疫	《古今图书集成·历象汇编·庶征典》卷一一四《疫灾部》引《浙江通志》
	嘉靖四十五年	秋，大疫，民多死	民国《台州府志》卷一三四《大事略三》
	隆庆五年	秋大疫，民多死	民国《临海县志稿》卷四一《大事志》
	万历五年	春，痘疫	民国《台州府志》卷一三四《大事略三》
	万历十五年	七月中旬大风雨，拔木伤禾，民以树皮草根充食，大疫	康熙《天台县志》卷一五《杂志·灾祥》
	万历十六年	大疫	民国《台州府志》卷一三四《大事略三》
	崇祯十五年	复大疫	民国《台州府志》卷一三四《大事略三》
绍兴	正统九年	冬，绍兴宁波台州瘟疫大作，及明年，死者三万余人，	乾隆《绍兴府志一》卷八〇《祥异志》
	正统十年	六月，以绍兴、宁波、台州诸府大疫，遣祭于南镇之神，为民祈福，死者蠲其租，病者赈恤之	乾隆《浙江通志》卷五七《蠲恤》
	成化十四年	宁波、绍兴、台州等府灾异流行，盗贼滋蔓	《大明宪宗纯皇帝实录》卷一七六"成化十四年三月"条

续表

府（州）别	年份	史料	出处
绍兴	正德七年	甲.浙江岁歉，海溢，疫疠死亡亦不减。乙.查是年浙江水灾及饥荒地方，十月，以水旱免绍兴、宁波、嘉兴、金华等府所属税粮，赈济海潮淹溺地方。是岁，嘉兴、金华、温州、台州、绍兴、宁波六府乏食	甲.《大明武宗毅皇帝实录》卷九二“正德七年九月”条 乙.《中国历代自然灾害及历代盛世农业政策资料》，农业出版社1988年版
	正德十六年	秋，邑内大疫	嘉靖《余姚县志》卷一六《烈女传》
	嘉靖四年	余姚旱疫	乾隆《绍兴府志一》卷八〇《祥异志》
	嘉靖二十四年	大旱，斗米一钱六分，民多疾疫，死者盈路	万历《萧山县志》卷六《祥异》
	嘉靖二十九年	疫	乾隆《余姚志》卷一一《灾祥》
	万历十五年	夏，疫，民死益多	《嵊县卫生志》，1987年
	万历十六年	又淫雨疫疠交作，余姚旱，通郡大饥，斗米银三钱，殍死载道	乾隆《绍兴府志一》卷八〇《祥异志》
	万历四十年	五月，诸暨有黑雾障天，行人昌之即疫茹腥者必死	乾隆《绍兴府志一》卷八〇《祥异志》
	崇祯十四年	连旱。民大困，萧山淫雨塘坏，诸暨蝗遍野，斗米价千钱。邑令钱世贵令民以火照水蝗，赴水者死之三，余姚上虞皆蝗，萧山大疫	乾隆《绍兴府志一》卷八〇《祥异志》
	崇祯十五年	连旱。民大困，萧山淫雨塘坏，诸暨蝗遍野，斗米价千钱。邑令钱世贵令民以火照水蝗，赴水者死之三，余姚上虞皆蝗，萧山大疫	乾隆《绍兴府志一》卷八〇《祥异志》
处州	万历八年	大疫，难得药饵。包喜往衢购药，施赠平民	《遂昌县卫生志》，浙江古籍出版1997年版
	万历十年	乡民痘疫流行。包志学购参普济，贫者多赖以生	《遂昌县卫生志》，浙江古籍出版1997年版
	万历十一年	城郊唐弄发生疫疠，病亡沓继	《景宁畲族自治县卫生志》，1994年
	万历十六年	丽水大旱疫	光绪《处州府志》卷二五《祥异》

府（州）别	年份	史料	出处
处州	泰昌元年	万历末年，痘疹流行	《遂昌县卫生志》，浙江古籍出版 1997 年版
	崇祯五年	旱，自七月至次年二月不雨，蔬不熟，多病疫	雍正《处州府志》卷一六《杂事志》
金华	正德七年	甲.浙江岁歉，海溢，疫疠死亡亦不减。乙.查是年浙江水灾及饥荒地方，十月，以水旱免绍兴、宁波、嘉兴、金华等府所属税粮，赈济海潮淹溺地方。是岁，嘉兴、金华、温州、台州、绍兴、宁波六府乏食	甲.《大明武宗毅皇帝实录》卷九二"正德七年九月"条 乙.《中国历代自然灾害及历代盛世农业政策资料》，农业出版社 1988 年版
	嘉靖十八年	五六月大雨连绵，城中水涨丈余，居民皆乘屋泛舟，湮溺者甚众，寻大疫，存者多死于疫	康熙《兰溪县志》卷七《祥异》
	万历十五年	十五、十六、十七年连旱，米斗银二钱，流殍满道，又加以疫	康熙《续修武义县志》卷一〇《征若》
	万历十六年	十五、十六、十七年连旱，米斗银二钱，流殍满道，又加以疫	康熙《续修武义县志》卷一〇《征若》
	万历十七年	十五、十六、十七年连旱，米斗银二钱，流殍满道，又加以疫	康熙《续修武义县志》卷一〇《征若》
严州	万历十六年	大饥且疫，民食草根	民国《建德县志》卷一《天文·灾异》
	万历十七年	严州大饥且疫，死者载道	万历《续修严州府志》卷一九《外志二·祥异》
	崇祯十三年	继而大疫	民国《建德县志》卷一《天文·灾异》
	崇祯十四年	夏又大疫	民国《建德县志》卷一《天文·灾异》
湖州	永乐九年	七月，湖州属县霪雨，没田万三千三百八十顷，乌程县疫	同治《湖州府志》卷四四《前事略·祥异》
	永乐十一年	湖州三县疫	同治《湖州府志》卷四四《前事略·祥异》
	正统五年	春正月大雪二旬，积丈余。夏大水。秋亢旱，斗米千钱，大疫，饿殍载道	光绪《乌程县志》卷二七《祥异》
	景泰五年	秋亢旱，大饥疫，民相食	同治《湖州府志》卷四四《前事略·祥异》

续表

府（州）别	年份	史料	出处
湖州	景泰六年	嘉、湖、常、镇亦然，有一家连死至五七口者，有举家死无一人存者，生民之患莫重于此	《大明英宗睿皇帝实录》卷二五三"景泰六年五月"条
	弘治十六年	安吉旱疫	同治《湖州府志》卷四四《前事略·祥异》
	正德四年	大水民疫	同治《湖州府志》卷四四《前事略·祥异》
	正德五年	复大水，疫甚	同治《湖州府志》卷四四《前事略·祥异》
	嘉靖二十四年	浙江旱，太湖涸……人食草根树皮，大疫	同治《湖州府志》卷四四《前事略·祥异》
	嘉靖四十年	正月雪，雷，大水，无禾，民饥，疫	崇祯《乌程县志》卷四《灾异》
	嘉靖四十一年	大水，民饥疫	同治《湖州府志》卷四四《前事略·祥异》
	嘉靖四十五年	是年，发生七次水灾，一次旱灾，继之而有饥疫	《湖州市卫生志》，香港大时代出版社1993年版
	万历元年	饥疫	同治《湖州府志》卷四四《前事略·祥异》
	万历十五年	秋大风雨拔木，太湖溢，平地水深丈余，饥疫死者弃户满道，河水皆腥	同治《湖州府志》卷四四《前事略·祥异》
	万历十六年	三月浙江大饥疫	同治《湖州府志》卷四四《前事略·祥异》
	万历十七年	六月至八月不雨无禾，浙江大旱，太湖水涸，饿殍疫死无算	同治《湖州府志》卷四四《前事略·祥异》
	万历二十九年	自春及夏淫雨不止，二麦浸烂，江湖水溢。秋禾不能栽种，六月飞雪成堆，七月始热，八月九月仍热如故，里无不病之家，家无不病之人	《湖州市卫生志》，香港大时代出版社1993年版
	万历三十二年	疫	同治《湖州府志》卷四四《前事略·祥异》
	崇祯十三年	十三、十四、十五、十六等年迭遇灾荒，兼以疫疠盛行，人民死亡过半，室庐荡析，田野榛芜，几同废县	嘉庆《新市镇续志》卷五《艺文》

府（州）别	年份	史料	出处
湖州	崇祯十四年	饥疫大饥	同治《湖州府志》卷四四《前事略·祥异》
	崇祯十五年	十三、十四、十五、十六等年迭遇灾荒，兼以疫疠盛行，人民死亡过半，室庐荡析，田野榛芜，几同废县	嘉庆《新市镇续志》卷五《艺文》
	崇祯十六年	十三、十四、十五、十六等年迭遇灾荒，兼以疫疠盛行，人民死亡过半，室庐荡析，田野榛芜，几同废县	嘉庆《新市镇续志》卷五《艺文》
	崇祯十七年	春大疫	同治《湖州府志》卷四四《前事略·祥异》
宁波	永乐十一年	鄞县、慈溪、奉化、定海、象山五县疫，七月报告死亡9100余人。按：《明实录类纂·自然灾害卷》引作"九千五百余口"	《大明太宗文皇帝实录》卷一四一"永乐十一年五月"条
	宣德九年	大疫，人畜死伤甚众	嘉靖《象山县志》卷一三《杂志纪·灾祥》
	正统九年	正统九年冬，绍兴、宁波、台州瘟疫大作，及明年，死者三万余人	《明史》卷二八《五行志·疾疫》
	正统十年	六月，以绍兴、宁波、台州诸府大疫，遣祭于南镇之神，为民祈福，死者蠲其租，病者赈恤之	乾隆《浙江通志》卷五七《蠲恤》
	正统十一年	十一月疫，次年六月免象山县疫死人户田租百八十四石	《大明英宗睿皇帝实录》卷一五五"正统十二年六月"条
	成化十四年	宁波、绍兴、台州等府灾异流行，盗贼滋蔓	《大明宪宗纯皇帝实录》卷一七六"成化十四年三月"条
	成化十五年	大疫，死亡过半。明年又大疫	嘉靖《象山县志》卷一三《杂志纪·灾祥》
	成化十六年	如上	嘉靖《象山县志》卷一三《杂志纪·灾祥》
	正德七年	甲.浙江岁歉，海溢，疫疠死亡亦不减。乙.查是年浙江水灾及饥荒地方，十月，以水旱免绍兴、宁波、嘉兴、金华等府所属税粮，赈济海潮淹溺地方。是岁，嘉兴、金华、温州、台州、绍兴、宁波六府乏食	甲.《大明武宗毅皇帝实录》卷九二"正德七年九月"条乙.《中国历代自然灾害及历代盛世农业政策资料》，农业出版社1988年版

续表

府（州）别	年份	史料	出处
宁波	嘉靖五年	嘉靖丙戌夏大疫，郑余庆捐俸市药，多所全活	嘉靖《定海县志》卷一一《列传·名宦·郑余庆》
	嘉靖十三年	七月大疫，大风拔木，水涌山泽，荡田地庐舍，漂溺男女不可计数，又大饥	乾隆《奉化县志》卷一四《杂志·机祥》
	嘉靖二十四年	大荒，谷价腾涌，道殣相望。是年，天下十荒八九，浙江大饥，时疫大行，饿殍横积	光绪《慈溪县志》卷五五《祥异》
	嘉靖二十九年	时疫流行	《慈溪卫生志》，宁波出版社1994年版
	隆庆二年	夏大疫	光绪《慈溪县志》卷五五《祥异》
	隆庆六年	大疫	光绪《奉化县志》卷三九《祥异》
	万历十六年	瘟疫继之	雍正《宁波府志》卷三六《逸事》附《祥异》
	万历四十四年	正月三日昼惨黯，雪坠空如倾，封垛可一二尺许或三尺许，山中坎陷平填七八尺，摧拉竹木无算。时入春十日，岁里雷早发，而阴冻连旬不解，人共瘴瘃，檐冰长短，垂如银栅排户	光绪《慈溪县志》卷五五《祥异》
	万历四十七年	万历末年，邑大疫	乾隆《浙江通志》卷二八〇《杂记》
	泰昌元年	邑大疫	乾隆《浙江通志》卷二八〇《杂记》
	崇祯九年	大旱，秋，瘟疫大作	光绪《慈溪县志》卷五五《祥异》
	崇祯十年	大旱，秋，瘟疫大作，二禾减收	光绪《慈溪县志》卷五五《祥异》
	崇祯十三年	大旱，县中饥民食观音粉，食者多病腹胀	乾隆《鄞县志》卷二六《祥异》
	崇祯十五年	大旱饥，春夏之间，疾疫大兴，死者相枕	同治《鄞县志》卷六九《祥异》
广信	万历十六年	贵溪、永丰、兴安饥疫	同治《广信府志》卷一《祥异》

续表

府（州）别	年份	史料	出处
广信	万历十七年	贵溪大疫，死殍枕籍于路	同治《广信府志》卷一《祥异》
	万历十九年	自戊子至今饥疫四年	同治《广信府志》卷一《祥异》
	崇祯五年	弋阳两月不雨，疫疠大作	同治《广信府志》卷一《祥异》
南康	洪武五年	六月，大庾、上犹、南康三县大疫	《大明太祖高皇帝实录》卷七四"洪武五年六月条"条
	成化二十一年	弘治年间，罗圭峰撰《纪异文》云："成化甲辰，先是关中大饥，冬予应入粟往赈，例明年三月还。至谢埠，舟人大疫，亦及予。四月，至青泥湾势转炽，予以锥刺手无血，自度必死，遂与弟经诀。诀已，正冠瞑目，果奄奄若入深泥中，臭腐不可当，自卯及巳矣。"后至未时，"臭汗如雨，衣席皆濡，渐觉少苏，由是得全残喘"	雍正《江西通志》卷一六一
	正德七年	旱，民大饥疫，米价腾甚	同治《都昌县志》卷一六《祥异》
	嘉靖二十三年	秋螟，冬大疫	乾隆《南康县志》卷一《星野志·祥异志》
	嘉靖四十二年	夏，饥疫	同治《都昌县志》卷一六《祥异》
	万历十六年	大旱疫，米价腾甚	同治《都昌县志》卷一六《祥异》
	万历十七年	复大饥疫，斗米一钱二分，死者枕籍于道，有挖树皮草根以苟延者	同治《都昌县志》卷一六《祥异》
	万历十八年	四县大旱疫	康熙《南康府志》卷一一《杂志·咎征》
	崇祯十四年	疾疫流染，甚者灭门	同治《都昌县志》卷一六《祥异》
饶州	永乐六年	赵潆恭永乐中知德兴县，会大疫，民多死亡，田畴荒芜，赵潆恭计口授田，令一夫兼二夫之业	雍正《江西通志》卷六三《赵潆恭》
	嘉靖二年	浮梁、余干等县六月大疫	《大明世宗肃皇帝实录》卷二八"嘉靖二年六月"条

续表

府（州）别	年份	史料	出处
饶州	嘉靖二十七年	大疫	道光《浮梁县志》卷一二《祥异》
	万历十五年	旱饥疫相继，死者载道，米价腾贵	同治《鄱阳县志》卷二一《灾祥》
	万历十六年	旱饥疫相继，死者载道，米价腾贵	同治《鄱阳县志》卷二一《灾祥》
	万历十七年	旱饥疫相继，死者载道，米价腾贵	同治《鄱阳县志》卷二一《灾祥》
九江	成化十七年	大疫，民死甚众	同治《彭泽县志》卷一八《祥异》
	嘉靖十三年	岁大饥疫，道殣相望	雍正《江西通志》卷九二《时邦晓》
	万历十六年	大旱，又大疫	同治《彭泽县志》卷一八《祥异》
	万历十八年	大疫	康熙《九江府志》卷一《星野·祥异》
	崇祯十年	张懋谦……崇祯间知九江府……时流贼张献忠陷蕲、黄，蹂躏梅、广，分掠九江界，懋谦多方防御，民得安堵，无何，饥馑荐臻，崇疫作厉，懋谦发粟赈救，施药疗病	雍正《江西通志》卷六四《张懋谦》
	崇祯十四年	疫疾流染，甚者灭门	康熙《湖口县志》卷八《外志·祥异》
	崇祯十五年	大疫	康熙《湖口县志》卷八《外志·祥异》

（二）清代部分

府别	年份	史料	出处
松江	顺治六年	大疫，至冬不已	同治《上海县志》卷二〇《人物志三》
	康熙元年	八月、九月间痢疾流行，十家九病，祭神送鬼者满路	（清）姚廷遴《历年记》，见《清代日记汇抄》
	康熙二年	是岁大疫	光绪《松江府续志》卷三九《祥异志补遗》

续表

府别	年份	史料	出处
松江	康熙十六年	六月，疫疠大作	嘉庆《松江府志》卷八〇《祥异志》
	康熙十七年	华、娄二邑大疫	嘉庆《松江府志》卷八〇《祥异志》
	康熙十八年	秋七月地震，八月海滨获异鱼，是年民多疫，而蝗不为灾	乾隆《华亭县志》卷一六《祥异》
	康熙十九年	秋八月，大疫	嘉庆《松江府志》卷八〇《祥异志》
	康熙二十六年	六月、七月，疫痢盛行，遍地患病	（清）姚廷遴《历年记》，见《清代日记汇抄》，上海人民出版社 1982 年版
	康熙三十五年	岁大祲，冬疫	光绪《江东志》卷一《祥异》
	康熙三十六年	夏疫	嘉庆《松江府志》卷八〇《祥异志》
	康熙四十八年	春夏疫	嘉庆《松江府志》卷八〇《祥异志》
	雍正元年	夏，大旱疫	嘉庆《松江府志》卷八〇《祥异志》
	雍正四年	八月淫雨，疫	光绪《江东志》卷一《祥异》
	雍正六年	夏四月大疫，乡人谓之"虾蟆瘟"	光绪《松江府续志》卷三九《祥异志补遗》
	雍正十一年	雍正十一年七月上谕：上年秋月，江南沿海地方海潮泛溢，苏、松、常州近水居民偶值水患，其本地方绅衿士庶中，有雇觅船只救济者，有捐输银米煮赈者，今年夏间时疫偶作，绅衿等又复捐施方药，资助米粮，似此拯灾扶困之心，不愧古人	《世宗宪皇帝朱批谕旨》卷一三三，《清世宗实录》卷一三三，"雍正十一年癸丑秋七月"条
	乾隆十四年	夏大疫	嘉庆《松江府志》卷八〇《祥异志》
	乾隆二十一年	夏大疫	嘉庆《松江府志》卷八〇《祥异志》
	乾隆三十一年	大疫	（清）诸晦香《明斋小识》卷二，见《笔记小说大观》第 28 册

续表

府别	年份	史料	出处
松江	乾隆三十四年	疹症大行	（清）怀抱奇《医彻》卷一，上海卫生出版社 1957 年版
	乾隆三十七年	疹症大行，延至明年	（清）怀抱奇《医彻》卷一，上海卫生出版社 1957 年版
	乾隆三十八年	疹症流行	（清）怀抱奇《医彻》卷一，上海卫生出版社 1957 年版
	乾隆四十二年	六月、七月两月淫雨，秋冬疫疠流行，九月、十月两月尤甚	光绪《江东志》卷一《祥异》
	乾隆四十九年	夏霪雨，秋大疫	光绪《松江府续志》卷三九《祥异志补遗》
	乾隆五十年	冬大疫	《清史稿》卷四〇《灾异志一》
	乾隆五十一年	夏大疫，时米价翔贵，每斗至五百六十文	嘉庆《松江府志》卷八〇《祥异志》
	嘉庆十三年	八月痢疾流行，多不治	同治《上海县志》卷三〇《杂记·祥异》
	嘉庆二十五年	秋大疫，须臾不救，有一家伤数口者	光绪《松江府续志》卷三九《祥异志》
	道光元年	夏大疫	光绪《松江府续志》卷三九《祥异志》
	道光六年	霍乱流行	《上海卫生志》，上海社会科学院出版社 1998 年版
	道光三年	二月至七月大雨为灾，通邑大饥，疫疠并作，民有成群横索者	光绪《南汇县志》卷二二《杂志·祥异》
	道光二十年	上海霍乱流行	《上海卫生志》，上海社会科学院出版社 1998 年版
	道光二十九年	秋冬疫	光绪《松江府续志》卷三九《祥异志》
	道光三十年	五月、六月、七月间，伤寒广泛流行，许多人死亡，几乎所有居民都戴孝	《上海卫生志》，上海社会科学院出版社 1998 年版
	咸丰五年	秋大疫	光绪《松江府续志》卷三九《祥异志》
	咸丰九年	暑疫流行	同治《上海县志》卷二《建置》

府别	年份	史料	出处
松江	咸丰十一年	夏秋，吊脚痧流行	"疫疠时行"，《申报》1876 年 2 月 26 日，第 2 版
	同治元年	夏五月大疫	光绪《松江府续志》卷三九《祥异志》
	同治二年	春二月……大疫	光绪《松江府续志》卷三九《祥异志》
	同治三年	多瘟疫	"西门内武圣宫乡约局施医缘起"，《申报》1873 年 7 月 3 日，第 2 版
	同治十一年	夏六月，霍乱流行。7 月 19 日（六月十四日）报道：（上海）疫疠盛行，逐日毙命者，不一而足。沪城内多染暑症，以此致毙者，日二十余人之多	"请印辟疫解痧良方来札"，《申报》1872 年 7 月 19 日，第 1 版
	光绪元年	冬，大疫。11 月 18 日（十月廿一日）报道：（浦东）北蔡有家祖孙三代共二十余人，自九月初句以后，不到一个月的时间，死亡十四人，其仆辈亦死亡二人；川沙东一家五口，同日毙其三；鹤沙有一家十五人，六日内连死五人；新场有一家九人，死剩仅余一人；其余之死一二人者，尚难悉数	"病殁奇闻"，《申报》1875 年 11 月 18 日，第 3 版
	光绪二年	上年已有霍乱发生，在上海的外国人发病 18 例，死亡 11 人	伍连德《上海之霍乱》，载《中华医学杂志》1937 年第 7 期
	光绪三年	春喉症流行，医多不治	王宗寿《重录增补经验喉科紫珍集序》，转引自李庆坪《我国白喉考略》，载《医学史与保健组织》1957 年第 2 期
	光绪四年	秋九月，城内及南市均有传染时症	"时症流行"，《申报》1878 年 10 月 8 日，第 3 版
	光绪五年	秋霍乱流行。七月十三日报道：近日来，（沪城）时症极盛，患者每及一周时，便成不起	"时疫可畏"，《万国公报》1879 年第 553 期

续表

府别	年份	史料	出处
松江	光绪六年	春，白喉流行。3月9日（二月初十日）报道：入春后，上海喉症稍稍有之，至二月，患白喉者颇多，小儿尤甚，且易传染，误治不救	"喉症时行"，《申报》1880年3月9日，第3版
	光绪七年	是岁疫且饥	民国《青浦县续志》卷二三《杂记上·祥异》
	光绪八年	秋七月大疫	民国《青浦县续志》卷二三《杂记上·祥异》
	光绪九年	秋八月，霍乱流行。9月15日（八月十五日）报道：观于今年时疫之盛，直将书不胜书矣。松江一郡各城乡，前因风潮为患，畸寒畸暖，居民调摄偶疏身受时邪，遂于丹桂香中一齐发觉。故日来霍乱、吐泻、疟痢等症流行，沾染无不病体奄然，其体气康强，不困于驱瘟小便者十仅二三	"时疫流行"，《益闻录》1883年第290期
	光绪十年	夏六月，上海时疫甚多，往往起病至死，不及一时	"医院冗烦"，《申报》1884年7月10日，第3版
	光绪十一年	是岁大疫	民国《青浦县续志》卷二三《杂记上·祥异》
	光绪十二年	夏六月，天时炎热，瘟疫易兴，城厢各店铺，于十五日始延请羽士建醮禳瘟	"峰泖鸿鳞"，《申报》1886年9月22日，第2版
	光绪十三年	五茸人士往往惑于巫觋，夏六月，疫气流行，遂请于恩诗农太守，择期十五日起，延羽士在城隍庙建醮祈禳，并禁止屠宰五天	"九峰晴翠"，《申报》1887年8月2日，第2版
	光绪十四年	秋七月，松郡时疫盛行，有名缩螺痧者，最为危险，患此者，或立时而毙，或半日而亡。西门外仓桥滩一段，七月廿四日死者十三人	"茸城多疫"，《申报》1888年9月10日，第2版
	光绪十五年	秋七月大疫	民国《青浦县续志》卷二三《杂记上·祥异》
	光绪十六年	秋七月，瘟疫流行，日甚一日，有一家而叠毙两命者，有一街而连丧数人者，幸存者皆期不保暮，愁锁双眉	"松江新语"，《申报》1890年9月1日，第3版

续表

府别	年份	史料	出处
松江	光绪十七年	夏六月，亢旱已久，河流枯涸，水浊难饮，以故霍乱流行，较往年为早	"圆泖渔讴"，《申报》1891年7月1日，第2版
	光绪十八年	秋七月，亢旱已久，疫疠丛生	"峰泖延凉"，《申报》1892年8月15日，第3版
	光绪十九年	春正月，幼孩因出天花而殇夭者，指不胜屈	"保赤倩殷"，《申报》1893年2月25日，第3版
	光绪二十年	秋，气候酷热，城厢内外，疫疠大作，死亡者日有数人，其症大都吐泻、发斑	"五茸佚史"，《申报》1894年9月15日，第2版
	光绪二十一年	秋大疫	民国《青浦县续志》卷二三《杂记上·祥异》
	光绪二十二年	冬十一月，时疫盛行，毙者不能悉数	"神水斸瘟"，《申报》1896年12月28日，第2版
	光绪二十五年	春，天花盛行，染之者生死参半，入夏以后仍不稍杀	"九峰滴翠"，《申报》1899年6月15日，第2版
	光绪二十六年	冬十二月，居民疾病丛生，小孩更患天花之症	"茸城雪景"，《申报》1901年2月2日，第2版
	光绪二十七年	冬，喉痧流行，多至不救	民国《上海县续志》卷二八《杂记一·祥异》
	光绪二十八年	八月大疫，棺槽为空	民国《青浦县续志》卷二三《杂记上·祥异》
	光绪三十年	冬十一月，沪北天花盛行，竟成痘疫	"痘症加味三痘饮"，《申报》1904年12月31日，第3版
	光绪三十三年	是年，霍乱、天花大流行，霍乱死亡655人，天花死亡884人	《上海卫生志》，上海社会科学院出版社1998年版
	光绪三十四年	鼠疫约冬末发现于租界，英、美两国工部局为防范鼠疫，"特制铁笼挨户分给"令居民捕鼠，每日获鼠有四百余只之多	"认真防疫"，《申报》1909年1月3日，第20版
	宣统元年	三月，上海再次发现鼠疫	"论我国卫生机关之缺乏，今本埠又有鼠疫发见矣"，《申报》1909年4月6日，第2版
	宣统二年	冬，租界鼠疫流行	民国《上海县续志》卷二八《杂记一·祥异》

续表

府别	年份	史料	出处
松江	宣统三年	工部局报告6人患疫而毙	"工部局卫生医官防疫报告",《申报》1911年2月19日,第26版
江宁	康熙十九年	水,疫,虎患	《溧水县志》,江苏人民出版社1990年版
	康熙二十四年	大疫	嘉庆《新修江宁府志》卷三六《敦行·杜宏》
	康熙四十七年	水灾,大江南北大疫	雍正《江浦县志》卷五《蠲赈》
	康熙四十八年	四月,大疫	民国《高淳县志》卷一二《祥异志》
	雍正四年	四月,疫	《清史稿》卷四〇《灾异志一》
	雍正七年	秋稔,疫疠流行。(注:此时溧阳仍属江宁,次年方归镇江管辖。)	乾隆《镇江府志》卷四三《祥异》
	乾隆二年	大江南北疫盛行	(清)戴天章《瘟疫明辨》卷首《吴文序》
	乾隆十三年	大江南北疫盛行	《南京卫生志》,方志出版社,1996年版
	乾隆十四年	秋七月,大风,稻半脱。是岁,民多疫疬	民国《高淳县志》卷一二《祥异志》
	乾隆二十年	乾隆乙亥、丙子、丁丑、戊寅(二十年至二十三年)连岁饥馑,杂气遍野,温病盛行	(清)杨璿《伤寒瘟疫条辨》卷一《两感辨》
	乾隆二十一年	乾隆乙亥、丙子、丁丑、戊寅(二十年至二十三年)连岁饥馑,杂气遍野,温病盛行	(清)杨璿《伤寒瘟疫条辨》卷一《两感辨》
	乾隆二十二年	江、苏大疫,沿门阖户,热症固多,寒症亦有	(清)李炳《辨疫琐言》,见裘庆元辑《珍本医书集成》第二册,中国中医药出版社1999年版
	乾隆二十三年	乾隆乙亥、丙子、丁丑、戊寅(二十年至二十三年)连岁饥馑,杂气遍野,温病盛行	(清)杨璿《伤寒瘟疫条辨》卷一《两感辨》

续表

府别	年份	史料	出处
江宁	乾隆二十四年	病疫	民国《高淳县志》卷二〇《列传·好义》
	乾隆三十年	民疫	同治《上江两县志》卷二五《方伎》
	乾隆三十四年	民疫	同治《上江两县志》卷二五《方伎》
	乾隆三十五年	夏疫	光绪《溧水县志》卷一《天文志·庶征》
	乾隆三十六年	夏，羊毛瘟流行	（清）隋霖《羊毛瘟论》，见《中国医学大成》第4册
	乾隆四十九年	疫	（清）杨璿《伤寒瘟疫条辨》
	乾隆五十一年	春大疫	《句容市卫生志》，江苏人民出版社2009年版
	乾隆五十八年	羊毛瘟流行	同治《上江两县志》卷二五《方伎》
	嘉庆元年	温症大行	（清）周杓元《温证指归》，见《中国医学大成》第4册
	嘉庆三年	江宁自春至夏疫病大作，死者相枕于道	《南京卫生志》，方志出版社，1996年版
	嘉庆十九年	旱疫	光绪《续纂句容县志》卷一〇《人物·义行》
	嘉庆二十年	夏旱，大疫	道光《上元县志》卷一《天文志·庶征》
	道光元年	秋大疫	民国《首都志》卷一六《历代大事表》，台北成文出版社1983年版
	道光三年	二至五月，七月至九月，恒雨，大水，疫疠	《句容市卫生志》，江苏人民出版社2009年版
	道光四年	秋，溧水疫	同治《续纂江宁府志》卷一〇《大事表》

续表

府别	年份	史料	出处
江宁	道光十二年	自三月起，疫气流行，互相传染，死亡甚众。其症大略相同，发热内烧，谵语发狂，发斑发狂。南京城因为上年水灾，下关东边的水闸堵塞半年，本年春夏之交，满河之水变成绿色，腥秽四闻，时疫大作，死亡不可胜计	（清）甘熙《白下琐言》卷七
	道光十三年	秋，溧水疫	同治《续纂江宁府志》卷一〇《大事表》
	道光十四年	春三月，疫疠大作	民国《高淳县志》卷一二《祥异志》
	道光十五年	秋疫	《溧水县志》，江苏人民出版社1990年版
	道光二十二年	九月，城中大疫，时自乡回者，十室九病	民国《首都志》卷一六《历代大事表》
	道光二十九年	六月大水，街道行舟，秋大疫，乡试时间被迫推迟到十月进行	《南京卫生志》，方志出版社，1996年版
	咸丰三年	六月、七月间，苏南大旱，太平军与清军鏖战南京，尸横遍野，以致疫气流行，城内太平军和城外官兵，均多死者	毛隆保《见闻杂记》，见《太平天国史料丛编简辑》第2册，转引自《近代中国灾荒纪年》
	同治元年	秋八月，江南大疫，南京军中尤甚，土卒病者半，死者山积，营哨官无不病者，惟统帅曾国荃日夜拊循，独无恙	同治《续纂江宁府志》卷一〇《大事表》
	同治三年	七月，南京军营疾疫又作	（清）曾国藩《曾国藩全集·家书（二）》，岳麓书社1985年版
	光绪二年	天花流行	《句容市卫生志》，江苏人民出版社2009年版
	光绪六年	冬十月，南乡瘟疫盛行	"神降谰语"，《申报》1880年11月1日，第2版
	光绪七年	金陵自交伏后，天时炎凉不一，故民间病痛较多，连日中暑、发痧、霍乱吐泻者，不一而足，且有急痧陡发，猝然毕命，不及救治者	"金陵多疫"，《申报》1881年9月3日，第1版

府别	年份	史料	出处
江宁	光绪八年	秋, 霍乱流行。10 月 21 日 (九月初十日) 报道: 金陵多患病之人, 而急症尤多, 往往吐泻交作, 或鼻中出血, 立时踣晕, 不及延医。城北唱经楼地方, 一日抬棺二十余具	"金陵多疫", 《申报》1882 年 10 月 21 日, 第 2 版
	光绪九年	秋七月, 秣陵天气寒燠不常, 时疫流行, 有全家六人一时俱病, 未及两日, 竟死其半者	"秣陵遘疫", 《申报》1883 年 8 月 20 日, 第 2 版
	光绪十年	夏五月, 天花盛行, 蔓延甚广, 各善堂所施之小盒, 为之一空, 啼哭之声, 稠密处所在多有	"白门近事", 《申报》1884 年 6 月 2 日, 第 2 版
	光绪十一年	春正月, 秣陵天久旱干, 阳气不能潜藏, 致酿为喉蛾等症, 操岐黄术者, 应接不暇	"秣陵喉症", 《申报》1885 年 2 月 8 日, 第 2 版
	光绪十二年	春三月, 居人忽传染喉症, 幸医者能知症之所由来, 清解得宜, 人人转危为安	"白门柳色", 《申报》1886 年 4 月 6 日, 第 2 版
	光绪十三年	夏六月至秋八月, 疟疾、痢疾、霍乱流行。7 月 25 日 (六月初五日) 报道: 金陵多疟、多痢、多疮疥, 似疫非疫, 呻吟之声, 比户多有	"金陵有疫", 《申报》1887 年 7 月 25 日, 第 2 版
	光绪十四年	旱, 地生草如毛, 夏秋疫疠	光绪《溧阳县续志》卷一六《杂志类·瑞异》
	光绪十六年	喉症盛行, 患者顷刻间至不省人事, 时医皆指为喉痹	"竞渡先声", 《申报》1890 年 6 月 28 日, 第 2 版
	光绪十七年	夏四月, 天花流行。5 月 15 日 (四月初八日) 报道: (金陵) 天花盛行, 西舍东邻, 传染殆遍	"市中鹤语", 《申报》1891 年 5 月 15 日, 第 2 版
	光绪十九年	秋疫	民国《首都志》卷一六《历代大事表》
	光绪二十年	夏, 天气炎热, 患疫者颇多, 大半上作呕吐, 下患泄泻, 其尤重者, 手足冰冷, 不久即恹恹气绝	"金陵患疫", 《申报》1894 年 9 月 1 日, 第 2 版
	光绪二十一年	夏秋大疫, 死丧者比户	民国《首都志》卷一六《历代大事表》
	光绪二十二年	秋七月, 霍乱吐泻之症, 时有所闻。势之猛者, 只半日即药石难施	"白门患疫", 《申报》1896 年 8 月 5 日, 第 2 版

续表

府别	年份	史料	出处
江宁	光绪二十三年	秋八月，天气骤寒，患疟疾者甚众	"钟阜秋云"，《申报》1897年9月26日，第3版
	光绪二十四年	春二月，淫雨无度，寒暖失常，酿成疫症，死者甚众	"桃渡柔波"，《申报》1898年6月12日，第2版
	光绪二十五年	春，寒暖不时，亢疠之气，酿成疫疠，自三月上浣以来，省垣城厢内外，患疫者死者迄今不可以数计	"钟山揽秀"，《申报》1899年6月12日，第2版
	光绪二十六年	秋七月，大热，疟痢、霍乱等症，到处丛生	"白门望雨"，《申报》1900年8月22日，第2版
	光绪二十七年	夏，六月，城厢内外，霍乱绞肠诸症纷然而起	"衷阜晴云"，《申报》1901年8月5日，第3版
	光绪二十八年	六月，久未得雨，河流枯涸，疠疫丛兴	"白门祈雨"，《申报》1902年7月10日，第3版
	光绪二十九年	春雨水过多，寒暖失时，迨三月中旬，人多患疫	"白门选胜"，《申报》1903年4月20日，第2版
	光绪三十二年	夏五月，淫雨连绵，城中积水，阖城大疫	光绪《金陵通纪》卷四
	光绪三十三年	江宁知府称：东南卑湿之地，今年春夏多雨，时疠所发，江海盛行，有称瘪螺痧者，朝感夕死	（清）许星壁《付阴论序》，见《中国医学大成》第4册，中国中医药出版社1997年版
	光绪三十四年	宁垣入伏以来，炎热逾常，外间患时疫者颇众，闻者顷刻生变，多有医治不及者。考其原因，无非溽暑之下，巷间间污秽熏蒸所致	"时疫流行"，《盛京日报》1908年8月16日（农历七月二十日），第3版
	宣统三年	宁垣函云：近因天气冷暖不一，省之南北均患烂喉痧，而于小孩尤居多数。今日宁垣喉疫之盛行，闻现在传染死者共有数十人之多	"金陵喉疫之病民"，《大公报》1911年3月2日（农历二月初二日），第3张，第1版
苏州	康熙八年	夏，甫里疫疠大作	道光《昆新两县志》卷二九《人物·好义》
	康熙十一年	疟疾流行	（清）张璐《张氏医通》卷三
	康熙十六年	张家港大疫，人不敢扣门	民国《吴县志》卷七〇《列传·孝义二》
	康熙十七年	是年三吴奇旱，兼大疫	康熙《吴县志》卷四〇《宦绩》

续表

府别	年份	史料	出处
苏州	康熙十九年	夏，大疫	同治《苏州府志》卷一四三《祥异》
	康熙三十五年	六月朔飓风，海滨平地水一丈四五尺，漂没庐舍，淹死一万七千余人。七月大雨。十月，梅、海棠华，大疫，岁大祲。（注：时太仓州尚未直隶，嘉定仍属苏州府。）	乾隆《嘉定县志》卷四《赋役志·祥异》
	康熙三十六年	春夏大疫，死者枕藉	《清史稿》卷四〇《灾异志一》
	康熙四十六年	秋，淞南镇疫痢大作	雍正《淞南志》卷二《灾祥》
	康熙四十七年	大疫	《清史稿》卷二七七《列传·陈鹏年》
	康熙四十八年	夏，大荒疫。其疫一曰"链条瘟"，一家有疾，家家缠染；一曰"癫团瘟"，病者腹胀如铁而死	（清）顾公燮《丹午笔记》，见苏州博物馆编《丹午笔记·吴城日记·五石脂》，江苏古籍出版社1985年版
	雍正五年	十一月，痘症大行，民间童稚死者无算。苏俗忌痘，殇者焚尸，以毁其形，日有千数	乾隆《吴县志》卷二六《祥异》
	雍正十一年	雍正十一年七月上谕：上年秋月，江南沿海地方海潮泛溢，苏、松、常州近水居民偶值水患，其本地方绅衿士庶中，有雇觅船只救济者，有捐输银米煮赈者，今年夏间时疫偶作，绅衿等又复捐施方药，资助米粮，似此拯灾扶困之心，不愧古人	《世宗宪皇帝朱批谕旨》卷一三三，《清世宗实录》卷一三三，"雍正十一年癸丑秋七月"条
	乾隆十三年	大疫	同治《苏州府志》卷一〇一《艺术》
	乾隆二十一年	大疫，米价腾贵，贫民剥榆树皮为食	同治《苏州府志》卷一四三《祥异》
	乾隆二十二年	江、苏大疫，沿门阖户，热症固多，寒症亦有	（清）李炳《辨疫琐言》，见裘庆元辑《珍本医书集成》第二册，中国中医药出版社1999年版

续表

府别	年份	史料	出处
苏州	乾隆四十五年	淞南夏多疫症	嘉庆《二续淞南志》卷上《耆硕》
	乾隆五十年	春疫	道光《苏州府志》卷一四四《祥异》
	乾隆五十一年	大疫	同治《苏州府志》卷一四三《祥异》
	乾隆五十九年	富安乡大疫流行	民国《富安乡志》卷一一《义行》
	乾隆六十年	大旱之后大涝，蒸为疾疹，大疫	《苏州市志》第四编《卫生分志》，1988年
	嘉庆三年	时疫盛行	（清）周扬俊《温热暑疫全书》卷首《自序》
	嘉庆六年	烂喉痧流行	《吴中医集·温病类》
	嘉庆二十年	吴中大疫	（清）顾震涛《吴门表隐》卷一九
	嘉庆二十五年	秋，民疫	道光《昆新两县志》卷三九《祥异》
	道光元年	大疫	同治《苏州府志》卷一四三《祥异》
	道光二年	夏疫又作，水中见红色，人饮之辄病	光绪《重修常昭合志》卷四七《祥异志》
	道光四年	六月，时疫盛行。长洲、元和、吴县各拨银一千两，于苏州城适中之地设医药局救疫	（清）石韫玉《独学庐诗文稿四稿》卷二
	道光六年	吴下烂喉痧大盛	（清）金德嘉《烂喉丹痧辑要》，见《陈修园医学七十二种》
	道光十四年	疾疫流行	（清）郑光祖《一斑录·杂述三》
	道光二十九年	吴下烂喉痧大盛	（清）金德嘉《烂喉丹痧辑要》，见《陈修园医学七十二种》
	道光三十年	春夏疫疠盛行	光绪《昆新两县续修合志》卷五一《祥异》

府别	年份	史料	出处
苏州	咸丰五年	秋疫	（清）龚又村《自怡日记》卷二一，见《太平天国史料丛编简辑》第 4 册
	咸丰六年	横金镇夏大旱，秋大疫，死者甚众	民国《横金镇》卷二〇《杂缀·祥异》
	咸丰十年	五月、六月、七月间，时疫大兴，死亡相继	（清）龚又村《自怡日记》卷一三，见《太平天国史料丛编简辑》第 4 册
	同治元年	夏秋之交，大瘟疫	（清）蓼村遁客《虎窟纪略》，见《太平天国史料专辑》，上海古籍出版社 1979 年版
	同治二年	六月、七月间，瘟疫大作，病者半日即告不治，死亡甚多，至有全家无一生者	（清）佚名《庚申避难日记》，见《太平天国史料丛编简辑》第 4 册
	同治三年	四月，自太平军离开后，遍处起病，医者忙极，西南尤甚，死者亦多，直至六月中旬，疫病稍止	（清）佚名《庚申避难日记》，见《太平天国史料丛编简辑》第 4 册
	同治十三年	11 月 27 日（十月十九日）报道：省城内外，人民半染时疫，其重者约一周时，轻者二三日便不治矣，盘门外蠡市镇棺木几致卖空，匠人日夕赶造，尚形不及，若药肆则通宵不闭	"苏垣近有急症"，《申报》1874 年 11 月 27 日，第 2 版
	光绪元年	夏四月，苏城疫气间作，患者初起之时觉异常烦闷欲呕不能，头眩发晕，历数时而亡。又有伤寒之症，病者或红眼，或咳嗽，十有二三	"苏垣杂述"，《申报》1875 年 5 月 7 日，第 2 版
	光绪二年	2 月 26 日（二月初二日）报道：苏城西北乡杨山头疬疫盛行，周方十里，死者无数，有村一时而死两人者，有一家数日而死数人者	"疬疫时行"，《申报》1876 年 2 月 26 日，第 2 版
	光绪三年	9 月 27 日（八月廿一日）报道：自交八月以来，城乡各处多感痢疾之症，于小孩为尤甚	"痢疾盛行"，《申报》1877 年 9 月 27 日，第 3 版

续表

府别	年份	史料	出处
苏州	光绪四年	春三月，淫雨淋漓，阴霉潮湿，人多酿成疾病，或类伤寒，或同疟疾，且势甚淹滞，间有沉闷不起者	"阴霾酿疫"，《申报》1878年4月25日，第2版
	光绪五年	春三月，乍寒乍暖，酿成疾疫，染者若患伤寒，至两三日即发狂，七日即死	"疫气流行"，《申报》1879年4月3日，第2版
	光绪六年	入秋以来，痢疫甚众，患此者始不甚介意，以致日甚一日，医药难施，患者颇多，愈者绝少	"痢疾为患"，《申报》1880年10月15日，第2版
	光绪七年	秋，江、靖、常、昭一带，风潮为灾，冲决沙洲圩岸不少，潮灾之后，疫疠盛行	"放赈近闻"，《申报》1881年9月20日，第2版
	光绪八年	秋，霍乱、疟疾流行。8月31日（七月十八日）报道：吴中时疫极盛，大都疟疾居多，而急痧亦时有闻见，仓促间患痧气闭，逾刻即死，目瞑口噤，多不及救，疟痢则淹缠尤多，医生著名者皆日诊数十家，乘轩而出，舁金而归，顿觉利市三倍	"苏垣时疫"，《申报》1882年8月31日，第2版
	光绪九年	春正月疫。3月3日（正月廿四日）报道：比来苏省丧葬之家日必数见，其致死之病概系急痧，仓促不及治，岐黄家徒手，不知所从，棺衾店中极形拥挤	"吴中多疫"，《益闻录》1883年第234期
	光绪十年	入夏以来，省城雨泽甚稀，芒种过后，农民望泽甚殷，且城河水势渐落，城内河水尤极臭恶，居民患目疾喉症者，所在多有	"旱象已显"，《申报》1884年6月15日，第2版
	光绪十一年	秋九月，疫气流行，病发即毙，死者手爪均发黑，间有服胡庆余辟瘟丹得以救活者	"麋台凉信"，《申报》1885年9月23日，第2版
	光绪十二年	新春忽暖忽寒，气候不正，所有残年抱病，相继死亡者，西城一带不下数十人，染子午痧者亦偶有之	"疹疬未除"，《申报》1886年3月3日，第1版
	光绪十三年	夏六月，姑苏疫气流行，城乡皆有，朝发夕死者有之，随发随死，不及一二时者亦有之，而以娄、齐二门为尤甚	"时疫盛行"，《申报》1887年7月25日，第2版

府别	年份	史料	出处
苏州	光绪十四年	秋七月，苏城急痧盛行，名曰瘪螺痧，初起时指螺纹陷下一孔，人则四肢作冷，不及一刻即已毙命	"吴苑蝉声"，《申报》1888年8月29日，第2版
	光绪十五年	（光绪十六年）报道：去年苏地盛行时疫，俗呼瘪螺痧，今岁中元节后，此证又复传染	"时疫盛行"，《益闻录》1890年第1001期
	光绪十六年	（光绪十六年）报道：去年苏地盛行时疫，俗呼瘪螺痧，今岁中元节后，此证又复传染	"时疫盛行"，《益闻录》1890年第1001期
	光绪十七年	夏六月至秋七八月，霍乱流行。8月2日（六月廿八日）报道：小暑以来，瘟疫大作，有子起而午殁者，有起病至死不及一时者，有正在谈笑而忽然倒毙者	"吴谚"，《申报》1891年8月2日，第2版
	光绪十八年	秋七月，气候炎热，患疫疡者时有所闻	"茂苑新秋"，《申报》1892年8月9日，第2版
	光绪二十一年	秋，疫症盛行，死亡枕藉	"苏台杂录"，《申报》1895年9月14日，第2版
	光绪二十四年	夏五月，霍乱流行。7月2日（五月十四日）报道：苏垣内外，寒暖酝酿，渐成疫势，医药颇忙	"苏疫甫起"，《益闻录》1898年第1788期
	光绪二十六年	夏，入伏以来，多患急痧之症，其病初起，即口噤不能言，阅四五点钟时，溘然长逝，人呼之为闭口痧。又有一种，自起病至死，只半日许，肤革顿形消瘦，人呼之为削肉痧	"麋台销夏"，《申报》1900年8月5日，第3版
	光绪二十八年	（春）苏州阊胥一带，喉症盛行，恩中丞特饬营勇大开城河，以除积秽	"开河治疫"，《浙江新政交儆报》，1902年
	光绪二十九年	苏垣近来天气不正，寒热不匀，致居民之因病倒卧者颇形众多，始仅城东一隅，近则通城皆是，甚至市上铺户合东伙同时卧病不能开门者有之，实因一人被疫，延及一家。是症始起，遍体麻木，继而遍体皆热，及四五日后，皮肤间发出红点，若痧子形，传染之速，直为从来所未有云	"苏垣患疫"，《大公报》1903年9月8日（农历七月十七日）

续表

府别	年份	史料	出处
苏州	光绪三十一年	夏六月，天气酷热，苏城瘟疫盛行，名曰寒痧，患者多不及医治而毙	"苏州"，《申报》1905年7月31日，第10版
	光绪三十三年	秋八月，省垣疫气盛行	"札饬派员开浚城河"，《申报》1907年9月12日，第11版
	宣统元年	入秋以来，急痧盛行，初起时手足寒冷，上吐下泻，救治稍缓，即行毙命	"时疫流行"，《申报》1909年9月5日，第12版
	宣统二年	六月浒浦、间村一带时疫流行，患吐泻而死者20余人	《常熟市卫生志》，1990年
常州	顺治八年	水疫	康熙《常州府志》卷三《星野·祥异》
	顺治九年	旱，疫	嘉庆《增修宜兴县旧志》卷末《祥异》
	顺治十八年	旱疫，大饥	康熙《常州府志》卷三《星野·祥异》
	康熙二年	大疫	光绪《江阴县志》卷一八《人物》
	康熙十八年	旱疫大饥	康熙《常州府志》卷三《星野·祥异》
	康熙十九年	旱涝之后，病疫大作，家家闭门，人们相枕而死，村落为空	《无锡县卫生志》，江苏人民出版社2001年版
	康熙二十年	大疫	光绪《江阴县志》卷八《祥异》
	康熙三十七年	旱，疫	《无锡县卫生志》，江苏人民出版社2001年版
	康熙三十八年	疫	嘉庆《无锡金匮县志》卷三一《祥异》
	雍正六年	三月大疫	光绪《武进阳湖县志》卷二九《杂事·祥异》
	雍正十一年	雍正十一年七月上谕：上年秋月，江南沿海地方海潮泛溢，苏、松、常州近水居民偶值水患，其本地方绅衿士庶中，有雇觅船只救济者，有捐输银米煮赈者，今年夏间时疫偶作，绅衿等又复捐施方药，资助米粮，似此拯灾扶困之心，不愧古人	《世宗宪皇帝朱批谕旨》卷一三三，《清世宗实录》卷一三三，"雍正十一年癸丑秋七月"条

府别	年份	史料	出处
常州	乾隆十四年	大疫	光绪《武进阳湖县志》卷二九《杂事·祥异》
	乾隆二十年	夏秋霪雨，疫，麦尽死。民食糠秕、草根、树皮、石粉，病疫者众。夏秋久雨，大荒，病者甚众	光绪《靖江县志》卷八《祲祥志》
	乾隆二十一年	春夏大疫	光绪《武进阳湖县志》卷二九《杂事·祥异》
	乾隆五十一年	春大饥疫	康熙《常州府志》卷三《星野·祥异》
	乾隆六十年	大饥，病者相枕于道	光绪《武进阳湖县志》卷二六《艺术》
	嘉庆七年	大疫，症曰出麻。幼儿病十之七，尼庵内塑醮于邑庙，数日以麻神送之江中，疫遂止	光绪《靖江县志》卷八《祲祥志》
	嘉庆二十年	开化乡春夏瘟疫流行	民国《无锡开化乡志》卷下《灾祥》
	嘉庆二十五年	大疫流行	光绪《无锡金匮县志》卷二五《义行》
	道光元年	秋疫	康熙《常州府志》卷三《星野·祥异》
	道光二年	嘉庆末年至道光四年及光绪七年至八年，均有霍乱流行	《靖江县志》，江苏人民出版社1992年版
	道光三年	嘉庆末年至道光四年及光绪七年至八年，均有霍乱流行	《靖江县志》，江苏人民出版社1992年版
	道光四年	嘉庆末年至道光四年及光绪七年至八年，均有霍乱流行	《靖江县志》，江苏人民出版社1992年版
	道光七年	秋七月升西乡疫	康熙《常州府志》卷三《星野·祥异》
	道光十六年	大疫	光绪《宜兴荆溪县志》卷八《义行》
	咸丰五年	大疫	民国《江阴县续志》卷一《大事表》
	咸丰六年	岁饥，城中施赈，饥民环集，疫疠旋作	民国《光宣宜荆续志》卷九《义行》

续表

府别	年份	史料	出处
常州	咸丰十年	六月、七月、八月，疫气盛行，死亡相藉	（清）佚名《平寇纪略》，见《太平天国史料丛编简辑》第1册，中华书局1963年版
	同治二年	清军将士因为"冒暑征战，疫病甚多"	《清穆宗实录》卷七二，"同治二年七月"条
	同治三年	粤寇初平，疫疠迭起	民国《光宣宜荆续志》卷九《义行》
	光绪元年	夏淫雨，秋疫，岁大祲	光绪《靖江县志》卷八《祲祥志》
	光绪四年	秋八月，苏城疫气传染，自城及乡，传及金匮、无锡两县之境，有一家而亡数人者，有一村而亡数十人者	"苏垣琐事"，《申报》1878年9月17日，第2版
	光绪七年	嘉庆末年至道光四年及光绪七年至八年，均有霍乱流行	《靖江县志》，江苏人民出版社1992年版
	光绪八年	嘉庆末年至道光四年及光绪七年至八年，均有霍乱流行	《靖江县志》，江苏人民出版社1992年版
	光绪十二年	霍乱流行	《无锡地方志·卫生卷》，1987年
	光绪十三年	夏四月大疫	"乡间时疫"，《益闻录》1887年第660期
	光绪十六年	秋八月，霍乱流行。9月27日（八月十四日）报道：江阴入秋后，各乡禾稻日形畅茂，早稻现已登场，较去年大为起色。闻老农云：此后天日晴明，绝无风雨之患，则今岁可为大有年。惟民间时疫流行，求医觅药者，相接于道。然城中稍有传染尚无大害，至南门外东宝村一带，则不幸而有斯疾者，多有朝不及夕，即为二竖子病入膏肓，名登鬼箓，良可悲矣。据此症俗呼为罗门痧云	"福祸相倚"，《益闻录》1890年第1002期
	光绪十七年	秋旱，大疫	民国《光宣宜荆续志》卷一二《征祥》
	光绪十八年	江阴县地方时疫流行，寒热病症猝然发动，率不能生，并有斑点痧疹各患，岐黄家奔走道路，席不暇暖，药铺中如漕粮投柜，拥挤不开	"江阴时疫"，《益闻录》1892年1196期

府别	年份	史料	出处
常州	光绪十九年	秋旱，大疫	民国《光宣宜荆续志》卷一二《征祥》
	光绪二十年	秋八月，霍乱、疟疾、痢疾合并流行。9月1日（八月初二日）报道：常州四境，疫疠流行，已列前报。慈闻东北两乡，寒热、霍乱疟症、痢疾诸病，势颇猖獗，岐黄家开方给药，甚难见效，而十室九病，以致田中青草压庇禾棉。陆桥一带雇人拔草薙芜，每日工饭钱须四百文之谱，而尪瘦无力尚鲜应命，其富户田多者，不及兼顾，着人认锄一亩，异日登场，认者收成，田主只需取白米二斗，而认者亦罕，此可见疫情之重矣	"姑幕疫重"，《益闻录》1894年第1400期
	光绪二十一年	夏六月，霍乱流行，死者甚众。8月7日（六月十七日）报道：（江阴）瘟螺痧疫症及摇头痧、痢疾等随处作恶，茅庐鸳瓦中呻吟之声诸衢路，死者累累不绝，静夜招魂及长途腰绖之徒，目间不可计数	"疫势猖狂"，《益闻录》1895年第1494期
	光绪二十八年	夏旱，大疫	民国《光宣宜荆续志》卷一二《征祥》
	宣统元年	疫气厉行	民国《富安乡志》卷二八《杂著》
	宣统三年	春二月，喉疫流行，毙命者多	"常郡发见喉疫"，《申报》1911年3月27日，第12版
镇江	雍正八年	夏秋疫疬流行，冬杪方安，岁稔	乾隆《镇江府志》卷四三《祥异》
	乾隆十三年	秋大熟，疫	光绪《丹阳县志》卷三〇《祥异》
	乾隆二十一年	岁饥，继以大疫	光绪《丹徒县志》卷三六《人物志》
	乾隆五十年	大旱，疫疬大作	光绪《丹徒县志》卷三六《人物志》
	乾隆五十一年	先旱后疫，荒疫相因	光绪《丹徒县志》卷三六《人物志》

续表

府别	年份	史料	出处
镇江	嘉庆十九年	岁大旱，大疫	光绪《丹徒县志》卷三六《人物志》
	道光元年	疫，山田旱	光绪《丹阳县志》卷三〇《祥异》
	道光十二年	大行瘟疫，得病即壮热非常，神糊妄语，甚则发狂，稍服燥药，立见致命，服犀角地黄汤则愈，此瘟症也，阳毒也	（清）甘熙《白下琐言》卷九
	同治三年	大疫，尸骸枕野	民国《丹阳县志续志》卷一七《义举》
	光绪三年	天花盛行，贫家为尤甚	"镇江近闻"，《申报》1876年4月11日，第2版
	光绪九年	昭关下地方有栖留所一处，入惬中者，大抵老者、病者耳，统计入春以来，死者已有八十余人	"京口琐闻"，《申报》1883年3月19日，第2版
	光绪十年	夏，大疫。6月17日（五月廿四日）报道：今岁时症，黄梅乍届，各处已函报纷纷。闻京口各处，亦疫疠盛行，死亡相继，小儿痧痘，尤觉遍地皆然，岐黄家奔走匆忙，药材槽具之家，生意繁兴，不遑日晷	"京口多疫"，《益闻录》1884年第375期
	光绪十六年	京口地方，自秋徂冬，雨泽愆期，冬十月，城厢内外，疫气流行，或患疟疾，或患伤寒，或吐泻交作，虽经医士诊治，然十中仅愈三四，大小街巷，卧病呻吟，达旦不绝，各业生意无不清淡，惟医士及棺材店大获厚利	"铁瓮江声"，《申报》1890年11月23日，第3版
	光绪十七年	秋七月，时疫间作，新沙、金山一带，病者尤多，几于死亡相继	"京江秋色"，《申报》1891年8月27日，第2版
	光绪十八年	秋，疫气流行，农民男妇老弱，多染邪疟	"润州寒信"，《申报》1893年1月23日，第2版
	光绪十九年	夏六月，气候炎蒸，居民患疫症者，时有所闻	"北顾看山"，《申报》1893年7月8日，第2版

续表

府别	年份	史料	出处
镇江	光绪二十年	夏秋大疫，疟疾、痢疾流行。9月29日（九月初一日）报道：丹阳县境内入夏以来，旱干盛热，天气炎蒸，郁成疫气，四方传染，触处皆是。凡寒热、泻痢、疟疾之症，得之则死，生全甚少。计自患疫至今，屈指已难数记，八口之家死亡五六，十室之邑存仅二三，载道麻衣，哭声遍巷，诚有耳不忍闻，目不忍睹者	"坤城疫势"，《益闻录》1894年第1408期
	光绪二十二年	夏六月，疫疠流行	"北固山延凉"，《申报》1896年7月15日，第2版
	光绪二十三年	夏，南乡不雨，疫疠盛行，呻吟之声，相接于耳	"京口纪闻"，《申报》1897年7月14日，第3版
	光绪二十四年	夏六月，疫疠流行，甚者朝染病而暮已毙	"南徐揽胜"，《申报》1898年7月5日，第3版
	光绪二十五年	夏五月，瘟疫流行	"焦仙遗迹"，《申报》1899年6月29日，第9版
	光绪二十六年	时届荷夏，疫疾易兴	"铁瓮江声"，《申报》1900年7月24日，第3版
	光绪二十七年	夏，五月，自五月上浣以来，寒暖不常，阴晴无定，以致疟利伤寒瘰痘等症，日有所闻，其有患霍乱者，朝发夕毙，势更可危	"京江患疫"，《申报》1901年7月15日，第2版
	光绪二十九年	春三月，七豪一带喉疫盛行，往往有一家数口相继殒命者	"润州近事"，《申报》1903年4月21日，第2版
	光绪三十年	夏六月，疫气盛行，死亡相继	"瘗鹤留铭"，《申报》1904年7月21日，第9版
	光绪三十一年	入冬以来，天气亢旱，城厢内外，疫疠频生，高资镇旬日之内因此而毙命者，多至数十人	"内廷奏事述闻"，《申报》1905年1月30日，第3版
	光绪三十二年	瘟疫流行，死亡甚众，王仰贤、王树勋遂创施材局以施予之	《丹徒县卫生志》，江苏古籍出版社2001年版
	光绪三十四年	镇郡近来时疫盛行，朝发夕死者，不计其数	"预防时疫传染之警章"，《广益丛报》1908年第184期

续表

府别	年份	史料	出处
镇江	宣统元年	夏六月，镇江一带，酷热异常，触发暑疫，食力者流，不及医治者，日必十余起	"水患疫疬之侵寻"，《申报》1909年8月8日，第19版
	宣统二年	镇郡自入秋以来，晴多雨少，天气异常亢热，因之瘰螺痧等症，传染甚多，撄此疾者，不逾二三点钟辄即毙命	"疫疬流行可虑"，《申报》1910年9月16日，第12版
扬州	顺治四年	大旱，饥疫，死者甚众。（注：时通州尚未直隶）	乾隆《直隶通州志》卷二二《杂志·祥祲》
	顺治九年	四月大旱，饥，疫，死者甚众	乾隆《直隶通州志》卷二二《杂志·祥祲》
	顺治十年	大旱，大疫	康熙《扬州府志》卷二《祥异》
	康熙十年	夏酷热，疫大作，人多暴死	道光《重修仪征县志》卷四六《祥异》
	康熙十八年	境内旱灾、蝗灾、瘟疫并发	《高邮市卫生志》，中国工商出版社2006年版
	康熙三十年	六月大风雨雹，秋疫	康熙《仪真县志》卷七《祥异》
	康熙五十九年	扬州大疫	《扬州卫生志》，中国工商出版社2006年版
	乾隆六年	夏，广陵各盐场，天行时疫，人多湿热，病若伤寒，头痛发热，不恶寒，身体痛，舌红昏睡，不食，思凉饮，肌黄，大便结，小便红，病势数日如故，前后胸背渐长数十瘤，如核桃大，其皮甚薄，以针挑破，每瘤出虱数千，遍抓四处，人人寒禁，莫敢近视。瘤破虱出，调服，后人仿此俱愈	（清）魏之琇《续名医类案》卷五五《时毒》
	乾隆七年	境内水灾，流民多病，死者甚众	《高邮市卫生志》，中国工商出版社2006年版
	乾隆二十一年	大水大疫	嘉庆重修《扬州府志一》卷七〇《事略六·附祥异》
	乾隆三十三年	大旱，自春徂夏，河井俱竭，大疫	咸丰《重修兴化县志》卷一《舆地志·祥异》
	乾隆四十八年	夏疫	嘉庆《仪征县续志》卷六《祥祲》

续表

府别	年份	史料	出处
扬州	乾隆五十一年	大饥，人相食，春大疫	咸丰《重修兴化县志》卷一《舆地志·祥异》
	嘉庆十一年	春民饥，夏旱疫	道光《泰州志》卷一《祥异》
	嘉庆十五年	秋，境内水灾，大疫	《高邮市卫生志》，中国工商出版社 2006 年版
	嘉庆二十年	春疫	《清史稿》卷四○《灾异志一》
	道光元年	夏秋大疫，甚多暴死者	道光《重修仪征县志》卷四六《祥异》
	道光三年	春，大疫	《清史稿》卷四○《灾异志一》
	道光十一年	三月筑瓜洲纤道，五月大雨，江溢，洲民疫	光绪《江都县续志》卷二《大事记二》
	道光十二年	夏大疫	民国《宝应县志》卷五《食货志·水旱》
	道光十三年	江都境内瘟疫流行，世医朱煌用吴有性治瘟疫法为人治病，活人无数	《扬州卫生志》，中国工商出版社 2006 年版
	道光二十九年	夏秋季大水，江堤溃决，沿江一带到处尸体漂流，疫病流行	《扬州卫生志》，中国工商出版社 2006 年版
	道光三十年	兴化大疫，寓居该县的高邮儒医赵术堂自制"涤饮散""玉露霜"等药剂为人治病，活人无数	《扬州卫生志》，中国工商出版社 2006 年版
	咸丰三年	仪征瘟疫流行，死于天花、麻疹、白喉等传染病者甚多	《扬州卫生志》，中国工商出版社 2006 年版
	咸丰七年	高邮湖西新平滩，"大肚子"病（即血吸虫病）流行，死亡 80 余人	《高邮市卫生志》，中国工商出版社 2006 年版
	咸丰九年	大行瘟疫	"为善最乐"，《申报》1891 年 2 月 5 日，第 4 版
	光绪四年	秋，扬城疫疠流行，日盛一日，有一店一昼夜病死四人者	"瘟疫传染"，《申报》1878 年 9 月 4 日，第 2 版
	光绪五年	夏秋之交，扬城时疫传染，日甚一日，有一家五人而死三人者，有一家八人而死五人者	"时疫传染"，《申报》1879 年 7 月 31 日，第 2 版

续表

府别	年份	史料	出处
扬州	光绪七年	扬州自五月以来，天气极为不正，或热如盛暑，或凉如深秋，六月初旬，早晚人皆御棉，至于七月，炎热如炙，夜不能寐，患时症者多不起，四乡尤甚，仙女镇仅八九两日就死亡六十余人	"时疫盛行"，《申报》1881年8月7日，第2版
	光绪八年	春，白喉流行。3月19日（二月初一日）报道：扬州入春以来，喉症甚多，皆系少壮之人，殊不可解，当病发时，有一日而即毙者，有数时而即毙者，诚防不能防，救不及救也	"喉症大行"，《申报》1882年3月19日，第1版
	光绪九年	夏六月，扬州以雨水太多，城中患疫者甚多	"扬州多疫"，《申报》1883年7月23日，第2版
	光绪十年	入春以来，扬州人多咳嗽、哮喘等症，旋觉浑身疼痛，肤起紫黑点，少壮者尚可支持十余日，老弱不过五日即死。泰州、东台各场，患此病者尤甚，医家往往束手。小孩之患天花、喉疹者尤不一而足	"扬州多疫"，《申报》1884年3月8日，第2版
	光绪十一年	自春徂夏，疫疬盛行，皆先患斑疹，继流鼻血，竟有朝得疾而夕死者，岐黄家流，终日飞舆奔走，忙迫异常	"竹西杂说"，《申报》1885年5月29日，第2版
	光绪十二年	夏五月，天时冷暖不常，邗上患时邪病者，不知凡几，各处医生飞舆奔走，甚为忙迫，然着手成春者不过十分之二三	"邗水杂闻"，《申报》1886年6月21日，第2版
	光绪十三年	春正月，扬城喉症盛行，多有不及医治，仓促间一发而毙者	"邗水纪闻"，《申报》1887年2月23日，第10版
	光绪十四年	夏，暑甚，民多疾疫	民国《三续高邮州志》卷七《杂类志·灾祥》
	光绪十五年	春，天花盛行，无分老幼，几于传染殆遍	"保赤情殷"，《申报》1889年3月27日，第3版
	光绪十六年	春三月，喉风及痧疹甚多，而喉症为尤险，竟有不趋医药即赴泉台者	"时症盛行"，《申报》1890年3月21日，第2版
	光绪十七年	秋七月，气候不正，患急痧暴毙者时有所闻	"扬城多疫"，《申报》1891年8月24日，第2版
	光绪十九年	秋八月，晴雨不时，凉暖不一，患疟痢者较前愈多，药肆医生，无不利市三倍。城外北乡一带时疫流行	"不知肉味"，《申报》1893年9月3日，第9版

续表

府别	年份	史料	出处
扬州	光绪二十年	夏六月，人疫猪瘟。7月25日（六月廿三日）报道：扬州自交六月以来，酷热异常，蒸秽酿毒，吹布流行，渐成疫疠。城乡各处，栏中之豕，多遭瘟毙，而民人疾苦，如疮疖、瘰疬、疟疾等症，亦复不少。城门间出葬之棺，日形络绎，死者难屈指数	"维扬酿疫"，《益闻录》1894年第1389期
	光绪二十一年	闰五月，疫。7月9日（闰五月十七日）报道：寒暖不时，酿成疫疠	"蜀冈云气"，《申报》1895年7月9日，第2版
	光绪二十三年	秋七月，天久不雨，蒸热异常，时疫倏起，患者皆类斑疹居多，初起时似乎感冒，医药偶一不慎，即致毙命，速者数时，至迟者不过二三日	"时疫流行"，《申报》1897年8月1日，第2版
	光绪二十四年	秋，城内外疫，各乡尤甚，西北乡入秋后，患疫者无村无之，类皆先由急痧呕泻，继转疟痢，有不及延医者，有无力延医缠绵床笫者，一家死三四口者不胜枚举	"□江患疫"，《申报》1898年10月5日，第9版
	光绪二十五年	夏至节后，炎热异常，酿成时疫，因急症而不起者，时有所闻	"红桥凉笛"，《申报》1899年7月9日，第2版
	光绪二十七年	秋冬疫喉流行，患斯症者沿街比户，长幼相同，互相传染，夭折颇多	"疫喉刍言"，《申报》1902年3月25日，第3版
	光绪二十八年	夏六月，邗上疫疠盛行，死亡载道	"芜城凉意"，《申报》1902年7月29日，第9版
	光绪二十九年	秋七月，天气骤凉，疫症遽起	"萤苑秋痕"，《申报》1903年9月17日，第3版
	光绪三十年	秋八月，本郡时疫渐兴	"邗上客谈"，《申报》1904年9月12日，第3版
	光绪三十二年	夏间淫雨为灾，街衢积潦，居民深受水湿之气，致冬十月多有患疫症者，传染既众，死亡相继，秦邮、邵埭一带，患此尤甚	"邗江流疫"，《申报》1906年11月4日，第9版
	光绪三十四年	扬州时疫大作	"征兵无避疫之权利"，《申报》1908年9月4日，第11版

府别	年份	史料	出处
庐州	顺治九年	旱，疫	民国《合肥县志》卷二四《耆寿传·吴嘉善》
	康熙二十六年	无为大疫	光绪《庐州府志》卷九三《祥异》
	康熙二十七年	疫甚	雍正《巢县志》卷二一《祥异》
	康熙四十七年	冬疫	光绪《庐州府志》卷九三《祥异》
	康熙四十八年	春，无为洊饥，居民采草根树皮以为食，大疫	光绪《庐州府志》卷九三《祥异》
	雍正六年	夏，无为、巢县疫	光绪《庐州府志》卷九三《祥异》
	乾隆七年	民多疫	光绪《庐州府志》卷九三《祥异》
	乾隆十六年	六月大疫	嘉庆《无为州志》卷三四《集览志·礼祥》
	乾隆十九年	岁稔而疫	嘉庆《无为州志》卷三四《集览志·礼祥》
	乾隆二十一年	春饥疫，秋有年	嘉庆《庐江县志》卷二《祥异》
	乾隆三十年	春大饥，死者无算，夏初大疫	嘉庆《无为州志》卷三四《集览志·礼祥》
	乾隆三十三年	春大疫，死者无算	嘉庆《无为州志》卷三四《集览志·礼祥》
	乾隆五十年	大旱，秋冬疫	嘉庆《合肥县志》卷一三《祥异志》
	乾隆五十一年	安庆、庐州、凤阳、颖州等府属之十六州县，春夏雨水稍多，灾后疫气交作	《清高宗实录》卷一二七二，"乾隆五十二年丁未春正月"条
	嘉庆十九年	大旱，饥，疫，民多流亡	光绪《庐江县志》卷一六《杂类·祥异》
	道光元年	合肥大疫	光绪《庐州府志》卷九三《祥异》

府别	年份	史料	出处
庐州	道光二年	自从道光登龙位，无为州中有难星。道光元年行瘟疫，道光二年麻脚瘟	（清）胡玉珊《饥荒记》卷一，见李文海等主编《中国荒政书集成》第十一册，天津古籍出版社 2010 年版
	道光四年	到了四月行瘟疫，不知害死多少人	（清）胡玉珊《饥荒记》卷一，见李文海等主编《中国荒政书集成》第十一册，天津古籍出版社 2010 年版
	道光十二年	五月，大疫	（清）胡玉珊《饥荒记》卷一，见李文海等主编《中国荒政书集成》第十一册，天津古籍出版社 2010 年版
	咸丰七年	夏旱，蝗疫	光绪《庐江县志》卷一六《杂类·祥异》
	道光二十一年	大水，民饥，瘟疫遍行，至次年仲春乃止	光绪《庐江县志》卷一六《杂类·祥异》
	道光三十年	巢县大疫	光绪《庐州府志》卷九三《祥异》
	咸丰七年	夏旱，蝗疫	光绪《庐江县志》卷一六《杂类·祥异》
	咸丰十一年	冬大雪，平地数尺，雨冰雹，严冬斗米千钱，饥疫，野兽食人	光绪《庐江县志》卷一六《杂类·祥异》
	同治元年	春饥疫，米如珠贵，道殣相望	光绪《庐江县志》卷一六《杂类·祥异》
	同治八年	民权乡 7 个自然村血吸虫病流行，求诊无医	《无为县志》，社会科学文献出版社 1993 年版
安庆	康熙二十年	正月雷电雨雹，五月疫。秋，旱疫，人牛多死	民国《宿松县志》卷五三《杂志·祥异》
	康熙四十八年	四十八年己丑，春夏大疫	康熙《安庆府志》卷六《祥异》
	乾隆二十一年	春饥，夏秋大疫	乾隆《望江县志》卷三《民事志·祥异》
	乾隆二十九年	岁甲申，桐邑中人，大率病疫	（清）余霖《疫疹一得》卷首《蔡曾源序》

续表

府别	年份	史料	出处
安庆	乾隆三十三年	疫疹流行,一人得病,传染一家,轻者十生八九,重者十存一二。阖境之内,大率如斯	(清)余霖《疫疹一得》卷上《论疫疹因乎气运》
	乾隆五十一年	安庆、庐州、凤阳、颖州等府属之十六州县,春夏雨水稍多,灾后疫气交作	《清高宗实录》卷一二七二,"乾隆五十二年丁未春正月"条
	道光元年	大疫	光绪《太湖备考续编》卷二《灾异》
	道光十二年	春大疫	光绪《重修安徽通志》卷三四七《祥异》
	道光十三年	秋,疫疠	同治《桐城县志》卷九《祥异》
	道光二十二年	春夏疫	同治《桐城县志》卷九《祥异》
	道光二十三年	大疫	民国《太湖县志》卷四〇《杂类志·祥异》
	道光二十五年	春大疫,秋有年	民国《潜山县志》卷二九《杂志·祥异》
	咸丰六年	夏大旱,秋大疫	民国《潜山县志》卷二九《杂志·祥异》
	咸丰七年	秋大疫	光绪《重修安徽通志》卷三四七《祥异》
	咸丰十一年	七月,瘟疫大作,死者十有八九	(清)赵雨村《被虏纪略》,《太平天国资料》。李文海等编《近代中国灾荒纪年》
	光绪七年	春二月,皖垣北关外萧家坑等乡村时疫流行,患者不过二三日,口吐白沫而卒	"皖垣杂闻",《申报》1881年3月15日,第3版
	光绪八年	大水,遭难者数万户,积潦之处,水气熏蒸,酿成瘟疫,死者十之三四	"录皖省陈蕴轩明经致镇江电报局书",《申报》1882年8月22日,第3版
	光绪十年	闰五月初,皖垣西门外大新桥、大王庙等处居民忽患天花,红男绿女,毙命者不计其数	"天花盛行",《申报》1884年7月25日,第2版

府别	年份	史料	出处
安庆	光绪十一年	春二月，皖省春瘟大作，无论铺户居民及肩挑人等，患之顷刻立死，不及施救，有饮食未毕而即毙者，有行路不及回家而倒毙者	"皖省春瘟"，《申报》1885年3月25日，第2版
	光绪十二年	皖垣自七月杪起，城乡内外，时疫盛行，其症以红白痢及伤寒为多，死亡相继，医士为之束手	"皖省时疫"，《申报》1886年9月22日，第2版
	光绪十三年	皖省自夏徂秋，瘟疫大作，患者先疟疾，次腹痛，次痢疾，或三四日，或七八日，医药无效，即赴泉途。遥望城隅榛莽间，累累者皆新厝棺木。某日西门内升出之柩，多至四十余具，北门亦三十余具	"皖公山赏秋纪"，《申报》1887年10月17日，第2版
	光绪十四年	春，城厢内外小儿多出天花，医者昼夜奔驰，不遑启处	"皖垣近事"，《申报》1888年2月7日，第2版
	光绪十五年	夏六月，皖中时疫丛生，无论老幼男女，患咳嗽着甚多，食饭吐饭，饮水吐水，甚者痰中带血，医家为之束手	"皖中纪事"，《申报》1889年7月24日，第2版
	光绪十八年	秋七月，皖垣疫气流行，淹缠床褥者，呻吟之声通宵达旦	"皖公山色"，《申报》1892年8月2日，第2版
	光绪十九年	秋八月，城厢内外，疫气流行，始以疟疾伤寒，继而红白痢症，病者十之八九，速则三五日，迟则六七日，死亡相继。乡间疫气尤甚	"疫气盛行"，《申报》1893年9月6日，第2版
	光绪二十年	距省三十里之广村，近忽有疫气流行，卧病七八天即奄然化去	"皖中人语"，《申报》1894年11月6日，第2日
	光绪二十三年	皖省三伏之时，不甚炎热，自交秋后，暑气熏蒸，多染时症，朝生夕死，薤露频歌，操青囊之术者，无不求诊盈门，大有应接不暇之势。药肆及棺材铺，无不利市三倍	"皖江时疫"，《申报》1897年8月28日，第1版
	光绪二十四年	春二月，自去冬以来，天花盛行，比户传染，无论已种、未种之童稚，莫不斑犀满面，天与妆花	"皖江春浪"，《申报》1898年3月24日，第9版

续表

府别	年份	史料	出处
安庆	光绪二十五年	省垣自入夏后，天气寒热不匀，居民多染泻利之症，操岐黄术者踵门求诊，几于户限为穿	"皖水鱼笺"，《申报》1899年8月5日，第3版
	光绪二十八年	秋七月，天时不正，疾疫盛行	"皖公山色"，《申报》1902年8月9日，第2版
	光绪三十三年	夏五月，灾异流行	"详请添拨营并药资"，《申报》1907年8月3日，第11版
	光绪三十四年	皖属自五月以来，天降淫雨，昼夜不息，江淮河湖，同时涨溢，各处堤岸溃决成灾，人畜淹毙者，不计其数。被灾之区，安属以潜、太为最，毗连之怀、桐次之，徽属以屯溪一带为最重，竟有全村冲没者，此外，沿江各州县及皖北濒临淮湖各处，无圩不破，无堤不决，综计全皖灾区多则二三百里，少则百余里、数十里，一望皆成泽国。灾发之后，适值酷暑，蒸为疫疠，流亡载途，各处报告，惨不忍睹	"皖绅筹赈安徽水灾"，《申报》1908年8月14日，第12版
徽州	顺治五年	疫	道光《徽州府志》卷一六《难记·祥异》
	顺治七年	大疫	道光《徽州府志》卷一六《难记·祥异》
	康熙四十七年	秋冬疫	道光《徽州府志》卷一六《难记·祥异》
	康熙四十八年	大疫，死者无数，且多举家疫死者	道光《徽州府志》卷一六《难记·祥异》
	康熙五十年	秋冬疫	道光《徽州府志》卷一六《难记·祥异》
	乾隆五十年	夏旱，秋冬疫	嘉庆《绩溪县志》卷一二《杂志·祥异》
	咸丰十一年	五月，疫病流行。胡在渭《徽难哀音》称先年"徽人之见贼遇害者才十之二三耳"，而本年五月"贼退之后，以疾疫亡者十之六七"	曹树基《中国移民史》第六卷，福建人民出版社1997年版

府别	年份	史料	出处
徽州	同治元年	大疫，全县人口益减	民国《歙县志》卷一六《难记·祥异》
	同治八年	兵灾、瘟疫后，县境人烟稀疏，田地荒废	《绩溪县志》，黄山书社 1998 年版
	光绪五年	秋冬大疫	光绪《婺源县志》卷六四《通考五·祥异》
	光绪十三年	徽宁处万山之中，六月以来疫疠盛行，死亡接踵，往往得病仅二三时，或子发午死，午发子死，苟能迁延至一二日，则或可起死回。至于秋八月，疫气更盛，各处呻吟啼哭，惨不忍闻	"鸠江碎锦"，《申报》1887 年 9 月 29 日，第 2 版
	光绪三十四年	皖属自五月以来，天降淫雨，昼夜不息，江准河湖，同时涨溢，各处堤岸溃决成灾，人畜淹毙者，不计其数。被灾之区，安属以潜、太为最，毗连之怀、桐次之，徽属以屯溪一带为最重，竟有全村冲没者，此外，沿江各州县及皖北濒临淮湖各处，无圩不破，无堤不决，综计全皖灾区多则二三百里，少则百余里、数十里，一望皆成泽国。灾发之后，适值酷暑，蒸为疫疠，流亡载途，各处报告，惨不忍睹	"皖绅筹赈安徽水灾"，《申报》1908 年 8 月 14 日，第 12 版
太平	康熙四十八年	夏，芜湖大疫，死者枕藉于路	乾隆《太平府志》卷三二《祥异志》
	乾隆三十三年	瘟疫流行，居民死者无算	道光《繁昌县志》卷一八《杂类志·祥异》
	道光十二年	大疫	民国《当涂县志二》卷之《志余·大事记》
	光绪五年	夏秋之交，省中天时久晴，炎暑过甚，致染瘟疫而死者，每日总有几人	"皖事杂录"，《申报》1879 年 8 月 2 日，第 2 版
	光绪十年	秋九月，寒燠不常，居民饥疫甚多，操岐黄者，颇有应接不暇之势	"芜湖近事"，《申报》1884 年 10 月 23 日，第 2 版
	光绪十一年	夏六月，天时寒暖靡定，疫疠又复盛行，操和缓术者，恒有应接不暇之势	"鸠江近事"，《申报》1885 年 6 月 30 日，第 2 版
	光绪十二年	春旱料峭，麻疹瘟疫，比户皆然，药肆医生，无不利市三倍	"芜市春声"，《申报》1886 年 3 月 24 日，第 2 版

续表

府别	年份	史料	出处
太平	光绪十四年	夏六月，天时不正，疾疫丛生，市上所货猪肉，大半系瘟猪	"襄垣杂缀"，《申报》1888年7月20日，第2版
	光绪十五年	春三月，春寒料峭，冷暖不均，疾疫因之丛生，喉症为盛，死者比户，贫苦及道路倒毙乞丐之流，积善堂施棺收殓，目不暇给	"芜湖琐记"，《申报》1889年4月27日，第2版
	光绪十六年	三秋亢旱，疫疠大作，至十月下旬，犹不少减，城厢一带，天花盛行，人家小儿女，多有因是夭折者	"鸠江冬景"，《申报》1890年11月24日，第2版
	光绪十七年	秋七月，炎威更炽，贫民奔走烈日中，患急痧倒毙者相望于途	"芜水秋光"，《申报》1891年8月24日，第2版
	光绪十九年	秋七月，疟痢丛兴，间阎之中，比户呻吟，重则伤寒瘟疫，魂游墟墓	"芜湖气候"，《申报》1893年8月25日，第2版
	光绪二十年	夏六月，火铁高涨，轻则疟痢，重则伤寒，稍一淹缠，辄撒手红尘，老弱皆所不免，年富力强者尤多	"芜湖患疫"，《申报》1894年7月24日，第2版
	光绪二十一年	6月23日（闰五月初一日）报道：霍乱吐泻等急症盛行，街头巷尾，比户呻吟	"神山随笔"，《申报》1895年6月23日，第2版
	光绪二十二年	夏，五月，城厢内外，疾疫丛生，大抵头风喉痛为最盛，医生药肆，应接不暇	"赭山题壁"，《申报》1896年6月1日，第2版
	光绪二十五年	秋七月，疫疠繁兴	"蟂矶垂钓"，《申报》1899年8月24日，第2版
	光绪二十六年	春，居人感受时邪，往往郁为春温之症，寒热交作，谵语昏狂，时有因而致死者，幼童尤多患天花，用药稍乖，即难救治	"鸠兹客述"，《申报》1900年4月25日，第3版
	光绪二十八年	夏，疫痢流行	民国《当涂县志二》卷之《志余·大事记》
	光绪二十九年	闰五月，芜地天花盛行	"牛渚寻诗"，《申报》1903年7月19日，第3版
	光绪三十三年	八月，瘟疫流行，朝病午死，死一千多人	《芜湖市志》，方志出版社2009年版
宁国	康熙四十六年	大疫	雍正《南陵县志》卷二《祥异》

府别	年份	史料	出处
宁国	康熙四十七年	大雨水，秋冬疫	嘉庆《民国宁国县志·绩溪县志》卷一二《祥异·二》
	康熙四十八年	大旱，饥，大疫，死者无数，且多举家疫死者	嘉庆《民国宁国县志·绩溪县志》卷一二《祥异·二》
	康熙四十九年	时疫流行	民国《宁国县志》卷一四《杂志·灾异》
	乾隆二十四年	疫	嘉庆《宣城县志》卷二八《祥异》
	乾隆三十四年	岁祲，大疫	光绪《宣城县志》卷一六《人物志·懿行·阮维修》
	乾隆三十五年	大疫，死者甚众	光绪《宣城县志》卷三六《祥异》
	乾隆四十一年	岁歉，大疫	光绪《宣城县志》卷一六《人物志·懿行》
	乾隆五十年	秋冬疫	嘉庆《民国宁国县志·绩溪县志》卷一二《祥异·三》
	嘉庆二十年	七月，疫	《清史稿》卷四〇《灾异志一》
	道光二十二年	瘟疫流行	民国《南陵县志》卷四八《杂志·祥异》
	咸丰二年	时疫流行	民国《南陵县志》卷四八《杂志·祥异》
	咸丰五年	时疫流行	民国《南陵县志》卷四八《杂志·祥异》
	咸丰十一年	是年，湘军将领张运兰攻克休宁县，收复黟县，然后统领五千人驻徽州，不久又移防宁国，值大疫	《清史稿》卷四三二《张运兰传》
	同治元年	五月瘟疫流行，全境死亡枕藉，至无人掩埋。程子山《劫后余生录》云："据乡老言，宁民死于锋镝者十之三，死于瘟疫者十之七，散于四方来归者不及十之一。"	民国《宁国县志》卷一四《杂志·灾异》
	同治二年	春荒，菜麦无收，人民病疫	民国《南陵县志》卷四八《杂志·祥异》
	光绪十九年	秋，建平、南陵、宣城诸县城闉乡曲，疫疠为灾，乡民死亡枕藉	"神山秋眺"，《申报》1893年9月28日，第3版

续表

府别	年份	史料	出处
宁国	光绪二十八年	四、五两月时疫流行	民国《南陵县志》卷四八《杂志·祥异》
池州	康熙四十七年	四十七年、四十八年间，遇饥疫，赈粟施药，存活无算	乾隆《贵池县志续编》卷六《人物》
	康熙四十八年	四十七年、四十八年间，遇饥疫，赈粟施药，存活无算	乾隆《贵池县志续编》卷六《人物》
	乾隆四年	铜陵县，疫	乾隆《池州府志》卷二〇《祥异志》
	乾隆三十三年	三十三年，夏疫	光绪《贵池县志》卷四二《杂类志·灾异》
	道光十二年	十二年春，米价腾贵，大疫	光绪《贵池县志》卷四二《杂类志·灾异》
	道光二十五年	二十五年，疫	光绪《贵池县志》卷四二《杂类志·灾异》
	咸丰十年	瘟疫流行，北乡一带病死者甚多，不少村庄屋空田荒	《青阳县志》，黄山书社 1992 年版
	咸丰十一年	十一年，疫	光绪《贵池县志》卷四二《杂类志·灾异》
	同治元年	闰八月，疫疾盛行，死亡枕藉	民国《石棣备志汇编》卷一《大事记稿》
	同治二年	九月，进攻石、太等县的江忠义、席宝田各军疾疫流行	《清穆宗实录》卷七九，"同治二年九月"
广德	乾隆十七年	春，饥疫	乾隆《广德直隶州志》卷三六《义行》
	乾隆三十一年	疫作	乾隆《广德直隶州志》卷三六《义行》
	同治元年	大疫，先是州民在贼中困苦流离，死者过半，至是又病疫	光绪《广德州志》卷五八《祥异·十五》
	光绪十六年	秋旱，大疫。12 月 6 日（十月廿五日）报道：广德州去岁被水成灾，各处穷民半为饿殍，今年雨旸时若，五谷丰登，不意入秋以来，炎帝司权，雨师敛迹，炎热之余，时疫流行，为病魔所缠者无家无之	"广德时疫"，《益闻录》1890 年 1022 期

府别	年份	史料	出处
广德	宣统三年	广德自交春以来，天时不正，奇冷异常，时疫盛行。近日婴孩发生一种麻疹症者不知凡几，被医误诊殒命者日有所闻	"时疫治误之惨剧"，《神州医药学报》1911年第28期
和州	康熙二十二年	春大疫	光绪《重修安徽通志》卷三四七《祥异》
	康熙四十八年	旱，大疫	光绪《直棣和州志》卷三七《祥异·五》
	雍正九年	大疫	光绪《直棣和州志》卷三七《祥异·五》
	乾隆三十五年	春饥，夏大疫	光绪《直棣和州志》卷三七《祥异·六》
	乾隆五十一年	春，大疫	光绪《直棣和州志》卷三七《祥异·六》
	同治元年	大疫	光绪《直棣和州志》卷三七《祥异·七》
	同治二年	春大疫	光绪《重修安徽通志》卷三四七《祥异》
	光绪十三年	秋八月大疫。9月28日（八月十二日）报道：皖乡和州某乡阖村人畜尽患疯癫，想亦疫疠相侵，独钟一处耳	"时疫迭更"，《益闻录》1887年第700期
太仓州	雍正六年	三月九日午刻有黑气如匹布，从东南至西北，良久方散。是年疫	《清史稿》卷四〇《灾异志一》
	雍正八年	大疫	光绪《嘉定县志》卷五《赋役志下·机祥》
	雍正十一年	夏五月大疫，死者无算，州县令地方每日册报死者之数，一日至有一百数十口之多……立秋后乃已	嘉庆《直隶太仓州志》卷五八《杂缀一·祥异》
	乾隆七年	城乡疫痧交相飞染	（清）萧霆《疫疹一得·凡例》，见《吴中医集·温病类》
	乾隆十四年	夏秋大疫	光绪《嘉定县志》卷五《赋役志下·机祥》
	乾隆十五年	棉大稔，疫	光绪《宝山县志》卷一四《祥异》

续表

府别	年份	史料	出处
太仓州	乾隆二十年	大水，虫败禾稼几尽，岁大饥，冬疫	光绪《太仓直隶州志》卷三《祥异》
	乾隆二十一年	春疫	嘉庆《直隶太仓州志》卷五八《杂缀一·祥异》
	乾隆三十六年	茜泾夏疫	同治《茜泾记略·祥异》
	乾隆四十二年	夏霪雨，秋冬大疫，九月、十月尤甚	光绪《宝山县志》卷一四《祥异》
	乾隆四十六年	春疫	《太仓市卫生志》，1998 年
	乾隆四十九年	春疫，夏秋多风雨海潮，岁祲	光绪《宝山县志》卷一四《祥异》
	乾隆五十年	双凤里大旱，秋疫	道光《双凤里志》卷六《祥异》
	乾隆五十八年	双凤里秋大水，冬疫	道光《双凤里志》卷六《祥异》
	乾隆五十九年	禾棉俱歉，岁大疫	嘉庆《石冈广福合志》卷四《祥异》
	乾隆六十年	春大饥，大疫	光绪《嘉定县志》卷五《赋役志下·机祥》
	嘉庆元年	秋大疫	民国《崇明县志》卷一七《灾异》
	嘉庆十一年	春疫	光绪《嘉定县志》卷五《赋役志下·机祥》
	嘉庆二十一年	大疫，有全家殁者	光绪《嘉定县志》卷五《赋役志下·机祥》
	嘉庆二十五年	九月疫，患者手足蜷挛，俗名"蛤蜊瘟"	光绪《太仓直隶州志》卷三《祥异》
	道光元年	六月大疫，至九月始已	光绪《太仓直隶州志》卷三《祥异》
	道光二年	秋疫，至十月始止	道光《璜泾志稿》卷七《琐缀志·灾祥》
	道光七年	八月疫，岁饥	光绪《太仓直隶州志》卷三《祥异》

府别	年份	史料	出处
太仓州	咸丰五年	秋大疫	光绪《嘉定县志》卷五《赋役志下·机祥》
	咸丰六年	夏大旱，秋蝗伤禾，大疫	光绪《太仓直隶州志》卷三《祥异》
	同治元年	五月大疫	光绪《嘉定县志》卷五《赋役志下·机祥》
	同治二年	大疫	光绪《嘉定县志》卷五《赋役志下·机祥》
	同治三年	大疫	光绪《宝山县志》卷一〇《人物志·游寓》
	同治七年	夏，浏河何家桥、六里桥霍乱病发	《太仓市卫生志》，1998 年
	光绪三年	蚕蛾状虫食尽棉花及豆叶入河死，居民饮水受毒，多患疫痢而毙者	"嘉宝虫灾"，《申报》1877 年 11 月 10 日，第 2 版
	光绪七年	是岁疫且饥	民国《嘉定县续志》卷三《赋役志·灾异》
	光绪八年	七月大疫	民国《嘉定县续志》卷三《赋役志·灾异》
	光绪九年	四月，淫雨，大疫	光绪《月浦志》卷一〇《祥异》
	光绪十年	七月疫症流行	民国《嘉定县续志》卷三《赋役志·灾异》
	光绪十一年	疫证流行	民国《嘉定县续志》卷三《赋役志·灾异》
	光绪十二年	秋，霍乱流行。10 月 20 日（九月廿三日）报道：（嘉定）城乡各处，近来瘟疫流行，死亡相继，起病之后，不及行医，随即宛转而毙	"嘦城多疫"，《益闻录》1886 年第 605 期
	光绪十三年	夏，猩红热流行。5 月 2 日（四月初十日）报道：吴淞、江湾、大场一带，近日时疫流行，而喉症尤为充斥，十中五六，悉被其灾。初起时由痒而痛，粒米不能沾牙，继则颈项一围红而且肿，有左重右轻者，有左轻右重者，病后身热如炙，当六七日后，遍身发出痧珠，晶红圆绽，闭不发出，则性命必亡	"时疫可虑"，《益闻录》1887 年第 666 期

续表

府别	年份	史料	出处
太仓州	光绪十四年	秋大疫	民国《嘉定县续志》卷三《赋役志·灾异》
	光绪十五年	七月大疫	民国《嘉定县续志》卷三《赋役志·灾异》
	光绪十六年	夏霍乱证流行	民国《嘉定县续志》卷三《赋役志·灾异》
	光绪二十一年	秋大疫	民国《嘉定县续志》卷三《赋役志·灾异》
	光绪二十二年	浏河疫病大作	《太仓市卫生志》，1998 年
	光绪二十三年	霍乱，浏河黄顺昌家全家 13 人均遭灾死亡	《太仓市卫生志》，1998 年
	光绪二十七年	冬喉痧证流行	民国《嘉定县续志》卷三《赋役志·灾异》
	光绪二十八年	秋大疫	民国《嘉定县续志》卷三《赋役志·灾异》
	光绪二十九年	夏大疫，红痧证流行	民国《嘉定县续志》卷三《赋役志·灾异》
	宣统二年	县境南部地区鼠疫	《宝山县志》，上海人民出版社 1992 年版
	宣统三年	六月红痧证流行	民国《嘉定县续志》卷三《赋役志·灾异》
通州	乾隆四年	夏，大旱疫	光绪《通州直隶州志》卷末《杂纪·祥异》
	乾隆十五年	夏大疫	光绪《通州直隶州志》卷末《杂纪·祥异》
	乾隆二十一年	夏大疫，比户无免者	光绪《通州直隶州志》卷末《杂纪·祥异》
	乾隆五十年	夏大疫	光绪《通州直隶州志》卷末《杂纪·祥异》
	乾隆五十一年	饥疫	光绪《通州直隶州志》卷末《杂纪·祥异》
	嘉庆十年	五月、九月民病疫	同治《两淮通州金沙场志·灾祲》

府别	年份	史料	出处
通州	嘉庆十九年	春寒，人病疫	同治《两淮通州金沙场志·灾祲》
	嘉庆二十五年	九月，痧疫大流行	《如皋县卫生志》，新华出版社1998年版
	道光元年	夏秋大疫，村里有一日连毙数十人者，有一家数口尽殁者	光绪《通州直隶州志》卷末《杂纪·祥异》
	道光二年	痧疫流行	《如皋县卫生志》，新华出版社1998年版
	同治六年	夏疫	光绪《通州直隶州志》卷末《杂纪·祥异》
	光绪九年	秋七月，通邑天气苦热，城乡霍乱之症甚多，往往不救，疫疠流行	"通州琐闻"，《申报》1883年9月6日，第2版
	光绪十年	夏五月，瘟疫流行，杂症亦复不少，医生昼夜奔忙，取药人来往不绝，甚至有因病而亡者，层现迭出	"通州近闻"，《申报》1884年6月28日，第2版
	光绪十一年	入冬奇暖，瘟疫盛行，张家湾某某姓幼童忽患喉症，延医诊治，误投药剂，服后登时殒命	"通州琐纪"，《申报》1886年1月25日，第2版
	光绪十二年	去冬雨雪稀少，是年冬，瘟疫流行	"通州近闻"，《申报》1886年3月6日，第2版
	光绪二十九年	秋旱，大疫流行，染者多毙	《如皋县卫生志》，新华出版社1998年版
杭州	顺治十六年	大祲，且疫	嘉庆《余杭县志》卷二八《义行传》
	顺治十七年	疠气流行缠染	民国《昌化县志》卷一二《孝友》
	康熙十年	大旱，城中大疫，总督刘某择名医设药局于城中佑圣观，自八月至九月，活人无算	民国《杭州府志》卷七三《恤政》
	康熙二十一年	是年疫疠，多虎暴	民国《杭州府志》卷八五《祥异四》
	康熙二十二年	夏秋大疫	康熙《余杭县新志》卷七《灾祥》
	雍正十一年	虾蟆瘟大作	（清）袁枚《子不语》，岳麓书社1985年版

续表

府别	年份	史料	出处
杭州	乾隆十一年	秋大疫	光绪《分水县志》卷一○《杂志·祥祲》
	乾隆十二年	五月十八日昌化大水，牛疫	民国《杭州府志》卷八五《祥异四》
	乾隆十三年	昌化县牛疫，殆尽	民国《杭州府志》卷八五《祥异四》
	乾隆五十年	居民疫疠	（清）张应昌《清诗铎》卷二四，中华书局1960年版，第890页
	嘉庆三年	杭郡四五月间流行喉疹之疾	嘉庆《新市镇续志》卷四《杂记》
	道光元年	大疫	民国《杭州府志》卷八五《祥异四》
	道光三年	多疫	民国《杭州府志》卷一四三《义行三》
	道光十四年	大旱，疫	民国《杭州府志》卷八五《祥异四》
	道光十五年	城中大疫，死者甚众，市中棺椁为之一空	《右台仙馆笔记》卷七
	道光十七年	八月、九月间，杭州盛行霍乱转筋之证	（清）王士雄《随息居重订霍乱论》卷下《医案篇》，见《中国医学大成》第4册
	道光二十三年	八月、九月间，天花流行，十不救五，小儿之殉于是者，日以百计	《王氏医案》卷二，见《中国古代重大自然灾害和异常年表总集》
	道光二十四年	五月，霍乱流行	（清）王士雄《随息居重订霍乱论》卷下《医案篇》，见《中国医学大成》第4册
	道光二十六年	暑风甚剧，时疫大作，俱兼喉症，亡者接踵	（清）陆以恬《冷庐医话考注》卷三
	道光二十九年	疫	光绪《昌化县志》卷一○《杂志·灾异》
	咸丰元年	夏秋之间，浙中时疫，俗名吊脚痧	（清）上浣觉因《急救异痧奇方》，见《陈修园医书七十二种》第3册

府别	年份	史料	出处
杭州	咸丰六年	夏秋之交，流行"吊脚痧"，吐泻腹痛，足筋拘急，死亡甚速	（清）陆以恬《冷庐医话考注》卷三
	咸丰十一年	冬十二月大雪，居民避寇山中，无处觅食，饿毙无算，大疫	民国《杭州府志》卷八五《祥异四》
	同治元年	夏秋疫，时大兵之后，继以大疫，死亡枕藉，邑民几无孑遗	民国《杭州府志》卷八五《祥异四》
	同治二年	大疫	民国《杭州府志》卷八五《祥异四》
	同治十二年	秋七月，杭城时症流行，起势与霍乱转筋相似，而又加剧焉。犯此症者，每多不治，盖近乎疫气之流行矣，惟闻其症尚不十分传染，故病殁之家，尚有亲戚看视收殓之者。又闻此症不能过一周日，午时起者不能过子时，故俗又谓之子午症云。又闻此症系由萧山过江传来者，疫气竟能飞波，亦属奇事	"杭州现行时症"，《申报》1873年8月5日，第2版
	光绪元年	夏秋之，干旱异常，城厢内外，时症甚多，传染殆遍。起病之初，概由邪热蕴结，渐至头腹疼痛，饮食不进，身必发热，体必作肿，既非疟症，亦非伤寒，总名之曰秋瘟而已	"时症盛传"，《申报》1875年8月21日，第2版
	光绪二年	省城疫疠为灾，地方绅耆请温元帅令旗神牌出巡	"禁止赛会"，《申报》1877年6月26日，第2版
	光绪三年	冬，婴孩之患痘症者，纷纷传染，到处皆是，夭亡者不少	"天花流行"，《申报》1877年2月3日，第2版
	光绪五年	秋七月，杭省时症极盛，患者约及一周时，便成不起，且多少壮之人，而老者罕闻焉。闻病此者，头有红发一绺，故名曰红毛痧，十无一救	"时疫可畏"，《申报》1879年8月19日，第1版
	光绪七年	入夏后，寒燠不定，城厢内外，病症甚多，竟有未及一周而病故者	"杭垣多疫"，《申报》1881年7月9日，第3版
	光绪八年	正月，杭垣盛传天花，凡有孩稚之家，虽十分防护，而卒难免，即有早经种过者，亦多重出之患，兼有中年男妇及四五旬之老媪，亦皆满面斑斓，卧床发热	"天花盛行"，《申报》1882年2月7日，第2版

续表

府别	年份	史料	出处
杭州	光绪十年	入秋以后，盛行疫症，起时仅腹痛气塞，并无大害，不及一昼夜即已气绝，历访名医，皆莫名其症	"虎林琐志"，《申报》1884年10月23日，第3版
	光绪十一年	杭垣自仲春后，雨多晴少，寒燠不时，至三月，感冒甚多，患春瘟者指不胜屈，其中得占勿药之喜者，仅十见二三，且城厢上下，天花盛行	"寒燠失时"，《申报》1885年4月19日，第2版
	光绪十二年	杭垣自新正以后，染病者日有所闻，大约病起越时即已不可投药	"武林多疫"，《申报》1886年3月18日，第2版
	光绪十三年	春正月，城内患喉症者甚多	"临安琐录"，《申报》1888年2月20日，第3版
	光绪十四年	春三月，疫气流行，初起时心中胀闷，昏昏思睡，及卧床后忽发燥热，口不能言，延医诊视，两脉已沉，连日因此毙命者，已有十余起，有一家男女老小共七口，自黎明至午，半日之间，连毙六命，所保全者仅一老妇而已	"杭事杂书"，《申报》1888年4月20日，第2版
	光绪十五年	夏四月，城中小孩出天花者甚夥，又有喉症流行，往往因之殒命，有阖家死者	"杭事述新"，《申报》1889年5月19日，第2版
	光绪十六年	去冬久雨，至腊杪始开霁，春正月，天气晴和，居民多患喉症、头疯、牙痈、耳疗	"杭垣新语"，《申报》1890年1月29日，第2版
	光绪十七年	秋八月，时症仍不稍减，朝发暮死，多有不及医治	"鸳湖近讯"，《申报》1891年9月11日，第3版
	光绪十九年	夏，时疫大作，或瘄或疹，一经传染，医治良难	"平湖秋月"，《申报》1893年8月12日，第2版
	光绪二十年	春三月，又多瘟疫，城东尤甚	"西泠烟水"，《申报》1894年4月20日，第3版
	光绪二十一年	浙省自六月以来，晴多雨少，不特田禾枯槁，兼且民多疫疠	"喜雨亭记"，《申报》1895年9月8日，第2版
	光绪二十二年	夏五月，民多疟疾及咳嗽等症，医家颇形忙碌	"西湖棹歌"，《申报》1896年6月11日，第2版
	光绪二十三年	夏六月，民人患疫者甚多，几至死亡相继，小孩更多发瘄者，惟病势尚轻，医家多易于为力	"西湖波谷"，《申报》1897年7月5日，第2版

府别	年份	史料	出处
杭州	光绪二十四年	夏五月，时疫丛兴，往往不及延医，即行毙命	"杭垣杂录"，《申报》1898年6月15日，第9版
	光绪二十五年	夏六月，天时寒暖不齐，民间疾疫丛兴，死亡相继	"武林患疫"，《申报》1899年4月14日，第9版
	光绪二十六年	入冬以后，雨泽过稀，阳不潜藏，民多疾疫	"武林苦雨"，《申报》1901年1月31日，第2版
	光绪二十七年	夏四月，自交夏令，久少甘霖，天气炎蒸，居民多患喉症，兼之天花传染，小孩多有因此夭殇者	"武林喜雨"，《申报》1901年6月12日，第2版
	光绪二十八年	疫疠流行，死亡相继	"杭疫未已"，《申报》1902年7月10日，第3版
	光绪二十九年	喉症颇多，天花流行，业岐黄者，利市三倍	"西湖挹爽"，《申报》1903年2月26日，第3版
	光绪三十一年	杭州省自六月望以来，天气酷热，几有流金烂石之概，如二十一二日，寒暑表之悬于室中者，亦升至一百零五六度，因之酿成疫气，朝发午毙，或有行道猝倒即殒者，且皆贫民力食之流，谅因饮食起居不节所致。街头臭秽熏蒸，不知粪除，而好事者咸嚷异瘟元帅偶像出巡逐祟	"酷热酿疫"，《大公报》1905年8月4日（七月初四），附张
	光绪三十四年	杭垣自入夏以来，雨多晴少，天气阴寒，致时症发生，初起头痛发烧，二三日即已不起，如上城鼓楼外、中城丰乐桥下、城东街等处，死者踵接	"时疫流行"，《申报》1908年7月3日，第12版
	宣统二年	秋，下城喉症盛行，往往一家数口，传染殆遍，死亡相继	"杭垣喉疫之病毙者"，《申报》1910年11月16日，第12版
	宣统三年	夏阴雨，秋大疫	《富阳县志》，浙江人民出版社1993年版
嘉兴	康熙十二年	城乡流行痧疫	（清）郭志邃《痧胀玉衡》卷上
	康熙十六年	三月民疫	光绪《重修嘉善县志》卷三四《祥眚》
	康熙十七年	夏，大旱，有疫	康熙《秀水县志·杂谈》卷之七《祥异》

续表

府别	年份	史料	出处
嘉兴	康熙二十三年	是秋，人多河鱼之疾	乾隆《平湖县志》卷一〇《外志·灾祥》
	康熙二十五年	疫症盛行，哄传五圣作祟，日日做戏宴待，酧献者每日数十家	（清）姚廷遴《历年记》，见《清代日记汇抄》，上海人民出版社1982年版
	康熙三十三年	夏，青镇、濮镇大疫	《清史稿》卷四〇《灾异志一》
	康熙四十八年	四月，禾中荐饥，多疾疫	嘉庆《嘉兴府志》卷三五《祥异》
	康熙六十一年	七月，旱疫，大饥	《清史稿》卷四〇《灾异志一》
	雍正九年	民多疫	雍正《续修嘉善县志》卷一二《杂志·祥异》
	乾隆十三年	夏五月旱，米价腾贵，秋大疫。谚曰："过得戊辰年，便是活神仙。"	光绪《平湖县志》卷二五《外志·祥异》
	乾隆二十一年	春夏大饥，米价腾涌，疫气盛行	光绪《嘉兴府志》卷三五《祥异》
	乾隆二十二年	疫疠盛行，濮院镇尤甚	嘉庆《濮川所闻记》卷二《杂志》
	乾隆二十三年	春大饥，米价涌贵，疫气盛行	嘉庆《嘉兴府志》卷三五《祥异》
	乾隆二十五年	春大熟，夏六月大疫，至冬始定	《清史稿》卷四〇《灾异志一》
	乾隆三十一年	是年冬至次年春大疫，食油菜者多死	嘉庆《重修嘉善县志》卷二〇《祥眚》
	乾隆三十二年	春大疫，八月又大疫	《清史稿》卷四〇《灾异志一》
	乾隆三十六年	武原、当湖"滞下病"流行	光绪《嘉兴县志》卷二七《艺术》
	乾隆五十一年	青镇春大疫	民国《乌青镇志》卷一《祥异》
	乾隆五十四年	三月，城中多疫	光绪《桐乡县志》卷二〇《杂志类·祥异》
	乾隆五十八年	正月至四月恒雨，秋冬大疫	《清史稿》卷四〇《灾异志一》

府别	年份	史料	出处
嘉兴	嘉庆八年	夏秋疫，民间粘符于门以禳疫	光绪《平湖县志》卷二五《外志·祥异》
	嘉庆十六年	大疫	民国《重修嘉善县志》卷三四《杂志·祥眚》
	嘉庆十九年	夏大旱，疫疠猖，饿殍载道	《海盐县志》卷二五《卫生体育》第二章《卫生保健》，浙江人民出版社1992年版
	嘉庆二十五年	冬，时疫流行	光绪《嘉兴府志》卷三五《祥异》
	道光元年	古无吊脚痧之名，自道光辛巳夏秋间，忽起此病。其症……或夕发且死，旦发夕死。甚至行路之人忽然跌倒，或侍疾问病人，传染先死	（清）徐子默《吊脚痧方论》之《总论》
	道光十六年	疫	光绪《重修嘉善县志》卷三四《祥眚》
	道光十七年	秋疫	光绪《平湖县志》卷二五《外志·祥异》
	咸丰八年	秋疫	光绪《平湖县志》卷二五《外志·祥异》
	咸丰十年	濮院镇九月瘟疫盛行，死者日必四五十人，棺木贵不可言。是时新塍亦瘟疫流行，死者无数。自九月初六开始，霖雨涔涔，阴惨之气逼人。瘟疫大作，死者日以五六十人，而染病者都是寒疾之状，多则二日，少则一周时许，亦有半日即死者，直至廿三、廿四雨止，疫稍稀	《太平天国史料丛编简辑》第4册，第27、46、47页
	咸丰十一年	秋，濮院镇盛行霍乱转筋之症	（清）王士雄《随息居重订霍乱论》卷下《医案篇》，见《中国医学大成》第4册，第679页
	同治元年	四月、五月间，嘉兴府城数万饥民汇聚，有吐泻等病，不及一昼夜即死，病重之区，十死八九，十室之中，仅一二家得免，甚至有家连丧三四口者	（清）沈梓《避寇日记》卷二，《太平天国史料丛编简辑》第4册，中华书局1963年版

续表

府别	年份	史料	出处
嘉兴	同治二年	至今年春季，濮院水即带咸，然时咸时淡，尚无害于田禾。至七月则竟咸矣，饮之者肚腹率作胀痛，遂有吐泻霍乱之病。八月为盛，不过周时便殒命。统濮院镇乡，每日辄毙数十人，他镇食咸水者，其致病亦与濮镇相若	（清）沈梓《避寇日记》卷四，《太平天国史料丛编简辑》第4册，中华书局1963年版
	同治十年	秋疫	光绪《平湖县志》卷二五《外志·祥异》
	光绪九年	夏旱，疫	光绪《重修嘉善县志》卷三四《祥眚》
	光绪十年	秋七月，嘉兴瘟疫盛行，或半日即毙命，十三日，城内外共毙十三人，抑亦甚矣	"禾城近事"，《申报》1884年8月9日，第3版
	光绪十一年	夏六月，霖雨不辍，时疫盛行，有不出三四日而即毙者，业医者无不利市三倍	"禾事零拾"，《申报》1885年7月7日，第2版
	光绪十二年	秋七月天气酷热，疫疠滋多，甚有顷刻毙命者，医家为之束手	"禾城纪事"，《申报》1886年8月2日，第2版
	光绪十四年	秋疫，田禾歉收	光绪《重修嘉善县志》卷三四《祥眚》
	光绪十五年	秋七月，北门外民人时疫流行，死亡屡见	"南湖菱唱"，《申报》1889年8月26日，第2版
	光绪十六年	秋八月，时疫盛行，犯者辄难救治，秀水县令制就三圣丹专治霍乱、吐泻、急痧等症，大张晓谕，施给病人	"嘉兴近事"，《申报》1890年9月14日，第9版
	光绪十七年	秋八月，时疫盛行，死亡相继	"佞神三志"，《申报》1891年9月28日，第3版
	光绪二十一年	秋七月，时疫未减，患此者皆不及施治	"湖楼烟雨"，《申报》1895年8月25日，第2版
	光绪二十八年	近闻嘉、湖一带时疫盛行，其症一发，既烈且速，猝不及治，毙于疫者甚多	"疫症甚烈"，《大公报》1902年7月14日（六月初十），第4版
	光绪二十九年	新塍里大疫，疫多喉症	民国《新塍镇志》卷四《祥异》
	宣统元年	境内霍乱流行	《桐乡县志》，上海书店出版社1996年版

府别	年份	史料	出处
温州	顺治十三年	疫，城乡男妇死者数百	民国《平阳县志》卷五八《杂事志一》
	顺治十六年	夏，大疫，死亡甚众	康熙《永嘉县志》卷一四《祥异》
	乾隆二十九年	春旱，夏雨，岁大饥，人多饿死，继又大疫	民国《平阳县志》卷五八《杂事志一》
	乾隆四十八年	夏六月大疫	《清史稿》卷四〇《灾异志一》
	乾隆六十年	十二月大疫	《清史稿》卷四〇《灾异志一》
	嘉庆二年	春夏大疫	光绪《永嘉县志》卷三六《杂志·祥异》
	嘉庆三年	春夏大疫	光绪《永嘉县志》卷三六《杂志·祥异》
	嘉庆十年	痘疫	光绪《永嘉县志》卷三六《杂志·祥异》
	嘉庆十五年	春夏瘟疫	民国《金乡镇志·祥异》
	嘉庆十六年	大饥，自正月至五月，全赖闽商运台米救饥，饥而死者亦多，又大疫	民国《金乡镇志·祥异》
	嘉庆二十四年	冬，温州府、台州府等地沙疫流行，死亡甚多	道光《瓯乘补》卷九《祥异》
	嘉庆二十五年	七月二十七日大风潮溢，秋八月，合府郡邑大疫，痧疫流染，朝发夕死，遭此厄者十室七八，得生者十之一二，一门数日间有舆榇三四口者，哭之声遍于里巷。道光元年二年尤甚	道光《瓯乘补》卷九《祥异》
	道光元年	疫	光绪《永嘉县志》卷三六《杂志·祥异》
	道光二年	又疫	光绪《永嘉县志》卷三六《杂志·祥异》
	道光十一年	夏秋瘟疫	光绪《永嘉县志》卷三六《杂志·祥异》
	道光十三年	春夏，大疫	光绪《永嘉县志》卷三六《杂志·祥异》
	道光十四年	春夏大疫	光绪《永嘉县志》卷三六《杂志·祥异》

府别	年份	史料	出处
温州	道光十六年	夏，大疫	光绪《永嘉县志》卷三六《杂志·祥异》
	道光二十六年	秋冬，疟痢流行	光绪《永嘉县志》卷三六《杂志·祥异》
	道光二十七年	秋，飓风为灾，大疫	光绪《永嘉县志》卷三六《杂志·祥异》
	道光二十八年	春，大疫	《清史稿》卷四〇《灾异志一》
	道光三十年	痘疫，童稚多伤	光绪《永嘉县志》卷三六《杂志·祥异》
	咸丰四年	三月疫气到处传染，大荒之岁，加以疾病，死丧累累，饿殍处处有之，亦日日有之。死者无人殓，任犬噬食，朝见全尸，夕止半体。上半年瘟疫流行，近海村落为甚。钱桥、梅头二村，各失丁二千；上戴一村百七十丁，失去一百；鲍田、海安，失皆不少	《过来语》，转引自《近代中国灾荒纪年》，《近代史资料》总41号
	光绪三年	秋八月，疫气流行，每日患霍乱吐泻之症而毙者，约计在三十五人左右	"温州病疫"，《申报》1877年9月27日，第1版
	光绪四年	温州霍乱流行	李文海等《近代中国灾荒纪年》，湖南教育出版社1990年版
	光绪八年	夏六月，温郡瘟疫盛行	"愚俗可悯"，《申报》1882年7月4日，第2版
	光绪九年	夏四月，瘟疫盛行，小南门外患者尤众	"温州琐录"，《申报》1883年5月15日，第2版
	光绪十年	夏五月，温郡天花盛行，而瘟疫之症，亦逐渐而起	"天花盛行"，《申报》1884年6月18日，第2版
	光绪十一年	入夏以来，瘟疫甚盛，夜间送船，不绝于道	"东瓯琐记"，《申报》1885年8月4日，第2版
	光绪十二年	秋八月，时疫盛行，居民之感痢疾者，竟至十有八九，而以上河乡为尤甚	"瓯水鱼函"，《申报》1886年9月18日，第2版
	光绪十三年	八月、九月间痧疫流行	光绪《瑞安杂事·编年录》

府别	年份	史料	出处
温州	光绪十四年	秋七月，时疫盛行，十室九病，一二业黄岐者，名心未死，相与逐队观场，因此患病之家，无由请医诊治，愈见死亡之多矣	"东瓯凉籁"，《申报》1888 年 9 月 4 日，第 3 版
	光绪十六年	瑞安城白喉病流染	《温州卫生志》，华东师范大学出版社 1998 年版
	光绪十七年	时疫流行，日甚一日，朝发夕死	"括苍山色"，《申报》1891 年 9 月 6 日，第 2 版
	光绪十八年	秋七月，亢旱已久，天气炎蒸，疫鬼为崇，城厢内外，比户呻吟	"瓯东喜雨"，《申报》1892 年 8 月 27 日，第 1 版
	光绪二十一年	秋七月，疫疠流行，朝发夕亡，莫可救药	"瓯东零拾"，《申报》1895 年 8 月 23 日，第 2 版
	光绪二十四年	秋九月，时疫盛行	"瓯江帆影"，《申报》1898 年 10 月 12 日，第 3 版
	光绪二十五年	春夏间瘟病大作，传染甚多，有死者。又有小儿出麻众多，误服他药，亦有不治者	光绪《瑞安杂事·编年录》
	光绪二十八年	秋七月，温郡天气酷热，疫疠盛行	"瓯海风帆"《申报》1902 年 8 月 9 日，第 2 版
	光绪二十九年	秋七月，天时不正，疾疫繁兴	"蜃江秋汛"，《申报》1903 年 9 月 20 日，第 3 版
	光绪三十二年	七月，疫疾甚多，每有死者	光绪《瑞安杂事·编年录》
衢州	康熙十年	衢、婺疫病大作，守道梁公万（示冀）设局治疫，择良医张友英主其事，后沿袭至三十九年废	《衢州市卫生志》，上海交通大学出版社 1997 年版
	康熙十五年	秋，衢州、遂安、开化等地战乱后，疫疠盛行	《清史稿》卷四七六《崔华传》
	康熙十六年	夏秋之交，西安、龙游疫病大作，死者日以百计	《衢州市卫生志》，上海交通大学出版社 1997 年版
	康熙五十三年	大疫	雍正《常山县志》卷一二《拾遗志·灾祥》
	雍正六年	三月疫	《清史稿》卷四〇《灾异志一》
	嘉庆二十年	大疫	民国《龙游县志》卷一《通纪》

续表

府别	年份	史料	出处
衢州	道光二十三年	八月，大疫	《清史稿》卷四〇《灾异志一》
	同治元年	秋大疫	民国《衢县志》卷一《象维志·五行》
	同治二年	六月，大疫饥	《清史稿》卷四〇《灾异志一》
	同治三年	夏大疫	同治《江山县志》卷一二《拾遗志·祥异》
台州	康熙五十六年	饥且疫	民国《台州府志》卷一三五《大事略四》
	乾隆十三年	夏五月，大疫	民国《台州府志》卷一三五《大事略四》
	乾隆十七年	大疫	民国《台州府志》卷一三五《大事略四》
	乾隆十八年	秋，复大疫	民国《台州府志》卷一三五《大事略四》
	嘉庆二十五年	夏，疫	民国《台州府志》卷一三五《大事略四》
	咸丰八年	秋，疫	民国《台州府志》卷一三六《大事略五》
	光绪九年	秋，霍乱、疟疾流行。10月17日（九月十七日）报道：今岁时疫流行，各处投报纷纷，几于无处不有，罄南山之竹，殊觉书不胜书。兹又得台州来雁谓：该处入秋以来，城乡数十里始而痢泻，继而阴疟，或朝得病而暮已亡，或一人病而众人染，虽熟通灵素之术，按脉开方，每苦无从下手，况穷乡僻壤，和缓稀逢，一二庸医，误人不少云	"疫症蔓延"，《益闻录》1883年第299期
	光绪十三年	大疫	民国《台州府志》卷一三六《大事略五》
	光绪十五年	大疫	民国《台州府志》卷一三六《大事略五》
	光绪十九年	大疫	民国《台州府志》卷一三六《大事略五》
	嘉庆二十四年	冬，温州府、台州府等地沙疫流行，死亡甚多	道光《瓯乘补》卷九《祥异》

续表

府别	年份	史料	出处
台州	道光六年	七月大风折木拔屋，饥疫	民国《台州府志》卷一三五《大事略四》
	咸丰四年	水灾，灾后未几，遽发大疫"吊脚痧"。朝发夕死，不可救药，甚有阖门递染，后先骈死	光绪《黄岩县志》卷三八《变异》
	光绪十三年	阖郡大疫	光绪《仙居县志》卷二四《杂志·灾变》
	光绪十四年	夏秋，瘟疫流行，沿染者几无完人，药饵无灵，奄奄待毙	"光绪十四年十二月初九日京报录全"，《申报》1889 年 1 月 26 日，第 11 版
	光绪十八年	秋，霍乱大流行，县城及郊区死者无数	《黄岩县卫生志》，上海人民出版社 1990 年版
	光绪十五年	夏旱，秋七月大水，禾稼不登，民大疫	光绪《仙居县志》卷二四《杂志·灾变》
	光绪十九年	夏旱，大疫	光绪《仙居县志》卷二四《杂志·灾变》
绍兴	康熙元年	五月大疫	《清史稿》卷四〇《灾异志》
	康熙六年	旱，六月大水，秋大疫	康熙《嵊县志》卷三《灾祥志》
	康熙二十年	痘疫盛行	（清）黄百家《学箕初稿》卷二，见《四库存目丛书》集部第 257 册
	康熙二十一年	岁大祲，疫疠	民国《萧山县志稿》卷一六《人物列传三》
	康熙二十二年	春雨连绵至八十日，小麦全枯。夏，瘟疫盛行	道光《会稽县志》卷之九《灾异志》
	康熙三十九年	山阴岁荒加时疫，副使郑谊奉命设立药局，延孙燮和主之，全活无数	《绍兴市卫生志》，上海科学技术出版社 1994 年版
	康熙五十一年	萧山瘟疫大作	《萧山卫生志》，浙江大学出版社 1989 年版
	乾隆元年	九月大疫，六仓沿海一带疫疠盛行，棺价腾涌，僧道接踵于衢，粗识药性者，亦乘舆往来，门庭若市，送丧号哭，不绝于耳	民国《余姚六仓志》卷一九《灾异》

续表

府别	年份	史料	出处
绍兴	乾隆十七年	大疫	民国《嵊县志》卷一六《义行》
	乾隆二十二年	春夏，疫疠大作，死者枕藉	《萧山县志稿》卷一四《历年祥灾》
	道光元年	夏，疫	道光《会稽县志》卷之九《灾异志》
	道光九年	瘟疫盛行	（清）王端履《重论文斋笔录》卷一
	道光十三年	癸巳，清明雪，久旱大疫，斗米银六钱，道馑相望	光绪《诸暨县志》卷一八《灾异志》
	道光十六年	大疫	民国《余姚六仓志》卷一九《灾异》
	道光二十一年	三月，东乡瘟疫盛行	民国《萧山县志稿》卷五《田赋中·水旱祥异》
	道光二十九年	三月、四月间，城乡瘟邪盛行	（清）张畹香《张氏温暑医旨》，见《中国医学大成》第4册
	咸丰十一年	绍兴疫病流行	《绍兴县卫生志》，浙江古籍出版社1997年版
	同治元年	七月疫大作，加以穷饿，民死者益多	邹身城《太平天国史事拾零》，见李文海等编《近代中国灾荒纪年》
	同治二年	二月，霪雨丧麦稻秧俱伤。夏旱大疫，冬除夕雷	光绪《诸暨县志》卷一八《灾异志》
	同治六年	夏六月大疫	宣统《续纂山阴县志》卷一五《杂记·祥祲》
	光绪十三年	夏秋之交，霍乱盛行	（清）高汝贤《随息居霍乱论跋》，见《中国医学大成》第4册，中国中医药出版社1997年版
	光绪十四年	府城喉疫大行	（清）吴锡璜《新订奇验喉证明辨》卷三，见李庆坪《我国白喉考略》，《医学史与保健组织》1957年第2期

府别	年份	史料	出处
绍兴	光绪二十年	秋七月，城厢内外疫疠盛行，变幻百出，初似霍乱，吐泻交作，既而身热口渴，郁闷烦躁，有变成伤寒者，有变成噤口痢者，有发红疹者，有遍身风癫者	"越郡行疫"，《申报》1894 年 8 月 21 日，第 3 版
	光绪二十一年	夏六月，瘰螺痧时疫盛行	宣统《续纂山阴县志》卷一五《杂记·祥祲》
	光绪二十二年	秋，疫气盛行，传遍各处，医治或稍迟缓，即魂赴冥途。秋九月，城厢内外，居民患瘰螺痧者，十有六七，或似疟非疟，寒热缠绵	"鉴湖秋月"，《申报》1896 年 10 月 3 日，第 2 版
	光绪二十八年	夏五月，端午以来，寒暖不时，民多患疫，岐黄家相顾束手，苦于无法可施，甚有朝发夕毙，及无端倒卧道中，立即气绝者	"蕺山患疫"，《申报》1902 年 6 月 30 日，第 2 版
	光绪二十九年	夏四月，越郡天花盛行，时疫亦多，甚至十室九病	"禹穴探奇"，《申报》1903 年 5 月 23 日，第 3 版
	光绪三十年	秋，八月，自入新秋，时疫大作，其甚者往往朝发夕毙，未及延医，东乡各村竟有全家殒命者，其中尤以贫民为多，大约因平日饮食起居不能谨慎所致也	"稽山秋黛"《申报》1904 年 9 月 16 日，第 9 版
	宣统三年	绍郡时疫盛行	《绍兴县卫生志》，浙江古籍出版社 1997 年版
处州	康熙十四年	丽水县疫	光绪《处州府志》卷二五《祥异》
	嘉庆五年	五月宣平疫痢，死者众	光绪《处州府志》卷二五《祥异》
	道光十三年	大水，岁饥，大疫，死者无算	《景宁畲族自治县卫生志》，1994 年
	道光十四年	宣平大疫，有合家死者，古庙及路亭死者尤多，东卫安凤为甚；缙云是年春大疫，死者万余人	光绪《处州府志》卷二五《祥异》
	道光十五年	大旱成灾，民大饥，秋疫作，道路积尸无算	同治《云和县志》卷一五《杂志·祥异》
	道光二十九年	丽水大疫	光绪《处州府志》卷二五《祥异》

续表

府别	年份	史料	出处
处州	咸丰八年	九月，丽水大疫	光绪《处州府志》卷二五《祥异》
	同治元年	丽水八月大疫	光绪《处州府志》卷二五《祥异》
	同治五年	景宁五都……未几被疫	光绪《处州府志》卷二五《祥异》
	光绪十三年	大疫	光绪《处州府志》卷二五《祥异》
	光绪十四年	秋初，疫气流行，间多死之者	民国《浙江续通志》卷七《大事记》
金华	康熙十年	五月不雨至九月乃雨，疫痢大作	康熙《续修武义县志》卷一〇《征苦》
	康熙十五年	五月不雨至九月乃雨，疫疠大作	光绪《武川备考》卷一一《祥异》
	康熙二十三年	大水入城市，七月二日晴，至九月二十三日方雨，疫甚，人多死，鸡瘟	光绪《武川备考》卷一一《祥异》
	乾隆十年	夏虫，秋瘟疫盛行，民饥	光绪《永康县志》卷一一《杂传·祥异》
	嘉庆七年	大疫	光绪《浦江县志》卷一五《杂志·祥异》
	嘉庆八年	嘉庆七年至八年，大旱，继之，又水灾，大疫，灾情奇重，饥民颠沛流离，哀鸿遍野	《浦江县志》，浙江人民出版社1990年版
	道光十三年	春夏潦，虫。秋疫	光绪《永康县志》卷一一《杂传·祥异》
	道光十四年	四月十二日，暴发大疫，延至冬季，病殁者十之三四，尸骸相望于道	《东阳市卫生志》，1992年
	道光十七年	时疫盛行，死亡枕藉	《东阳市卫生志》，1992年
	道光十八年	虫害稼，疫盛行，道殣相望	光绪《武川备考》卷一一《祥异》
	同治二年	夏秋疫，染者多死	光绪《永康县志》卷一一《杂传·祥异》
	光绪五年	五月、六月旱，疫盛行	光绪《武川备考》卷一一《祥异》

府别	年份	史料	出处
严州	顺治四年	夏麦无秋，斗米五钱。是年大疫	乾隆《遂安县志》卷九《杂志·灾异》
	顺治十年	大疫	民国《遂安县志》卷九《杂志·灾异》
	顺治十六年	四月牛大疫	民国《建德县志》卷一《天文·灾异》
	康熙十四年	严州荐疫	康熙《浙江通志》卷二《灾祥》
	康熙十五年	（康熙）十四年、十五年、十六年大疫，绵延三载，棺具涌贵，多蒿葬	康熙《遂安县志》卷九《灾异》
	康熙十六年	（康熙）十四年、十五年、十六年大疫，绵延三载，棺具涌贵，多蒿葬	康熙《遂安县志》卷九《灾异》
	乾隆五十一年	夏大疫	民国《建德县志》卷一《天文·灾异》
	道光八年	冬牛大疫	民国《建德县志》卷一《天文·灾异》
	道光十三年	春疫	光绪《寿昌县志》卷一一《祥异》
	同治三年	春大疫，日毙百人，城内彻夜有声如人相聚而啼	民国《建德县志》卷一《天文·灾异》
	光绪二十年	十二月疫，小儿殇于痘者无算	民国《建德县志》卷一《天文·灾异》
	同治二年	夏大旱，复大疫，死亡枕藉	光绪《寿昌县志》卷一一《祥异》
	同治三年	春大疫，人死日计百余，城内彻夜有声，如人相聚而啼	民国《建德县志》卷一《天文·灾异》
	光绪十七年	春，天花流行。3月14日（二月初五日）报道：冬旱以来，瘟疫流行，几于无地不然。建德友人云：邑之东南乡山内多疫死，或出天花而夭，或牛瘟、猪瘟而染身以死	"建德疫盛"，《益闻录》1891年1047期
	光绪二十七年	十二月，小儿殇于痘者无算	民国《建德县志》卷一《天文·灾异》
湖州	顺治五年	大疫……四月二十七日暴风，至九月大疫，死者无算	同治《湖州府志》卷四四《前事略·祥异》

续表

府别	年份	史料	出处
湖州	康熙二年	五月雪，秋大疫	同治《湖州府志》卷四四《前事略·祥异》
	康熙十年	五月至七月大旱，蝗，异常大燠，草木枯槁，人喝死者众	光绪《乌程县志》卷二七《祥异》
	康熙三十三年	大疫	同治《湖州府志》卷四四《前事略·祥异》
	康熙四十八年	小暑至处暑无雨，禾枯，瘟疫	同治《湖州府志》卷四四《前事略·祥异》
	康熙四十九年	秋亢旱，疫疠	《清史稿》卷四〇《灾异志一》
	乾隆十四年	夏疫	同治《湖州府志》卷四四《前事略·祥异》
	乾隆二十一年	春大疫，饥	同治《湖州府志》卷四四《前事略·祥异》
	乾隆五十一年	春大疫，饥	同治《湖州府志》卷四四《前事略·祥异》
	嘉庆三年	新市镇四五月间流行喉疹之疾，比户传染，死者十三，竟有灭门者	嘉庆《新市镇续志》卷四《杂记》
	嘉庆二十五年	（乌青镇）冬，时疫流行	民国《乌青镇志》卷一《祥异》
	道光元年	夏大疫	同治《湖州府志》卷四四《前事略·祥异》
	道光十九年	湖州城霍乱流行	《湖州市卫生志》，香港大时代出版社1993年版
	咸丰十年	乌镇七月大疫，每十家必有死者二	（清）沈梓《避寇日记》卷一，《太平天国史料丛编简辑》第4册，中华书局1963年版
	同治元年	安吉、孝丰两县夏荒，民食树皮青草，六月、七月间瘟疫，饿病死者甚多	《安吉县志》，浙江人民出版社1994年版
	同治二年	疫疠盛行	民国《孝丰志稿》卷首《大事记》

府别	年份	史料	出处
湖州	同治三年	六月，天炎疫作，每日死者动以百计，经理善后者设施粥局于南栅，食粥者以千计，死者每日以五六十人为率，而食者日死日增，盖以逃难者多，粮绝放也。由此观之，湖属今年之劫实较往年更甚重，奇灾也	（清）沈梓《避寇日记》卷五，《太平天国史料丛编简辑》第4册，中华书局1963年版
	同治十三年	秋八月，霍乱流行。10月6日（八月廿六日）报道：该处（湖州）城北各乡，自夏秋以来，疫疠流行，人畜俱为所传染	"记湖州北乡瘟疫"，《申报》1874年10月6日，第3版
	光绪元年	冬，疫痘盛行，鼻苗所种者，十夭三四	"种痘宜慎"，《申报》1876年1月6日，第2版
	光绪十一年	夏秋，"瘰螺痧"盛行，死者日数十人	（清）莫枚士《研经言》卷四，见《中国医学大成》第4册，中国中医药出版社1997年版
	光绪二十八年	近闻嘉、湖一带时疫盛行，其症一发，既烈且速，猝不及治，毙于疫者甚多	"疫症甚烈"，《大公报》1902年7月14日（六月初十），第4版
	宣统元年	七月，大疫	《湖州市卫生志》，香港大时代出版社1993年版
宁波	顺治八年	大饥，八月阴霜杀禾，是年疫	同治《鄞县志》卷六九《祥异》
	顺治十三年	痘疫	光绪《慈溪县志》卷五五《祥异》
	康熙二十二年	夏大疫	光绪《慈溪县志》卷五五《祥异》
	康熙三十六年	乡呑大疫，县令缪燧以俸薪聘良医四人，四处设医局救治，贫者不收药资，历年不辍	《舟山市卫生志》，中华书局2002年版
	康熙四十八年	四月，大疫	《清史稿》卷四○《灾异志一》
	乾隆六年	沿海一带九月时疫流行，棺价腾贵，送丧者络绎于路	《慈溪卫生志》，宁波出版社1994年版
	乾隆二十年	岳头疫	同治《象山县志稿》卷二二《礼祥》

续表

府别	年份	史料	出处
宁波	乾隆四十八年	疫	道光《象山县志》卷一九《机祥》
	乾隆五十年	痘疫	光绪《慈溪县志》卷五五《祥异》
	乾隆五十九年	痘疫	光绪《慈溪县志》卷五五《祥异》
	嘉庆二年	六月大疫	《清史稿》卷四〇《灾异志一》
	嘉庆十一年	五月痘疫	民国《象山县志》卷三〇《志异》
	嘉庆十五年	五月，痘疫	同治《鄞县志》卷六九《祥异》
	嘉庆二十五年	六月寒可御裘，是秋大疫，其病霍乱吐泻，脚筋顿缩，朝发夕毙，名"吊脚痧"，死者无算。讹言鸡翼生爪，食者杀人，鸡杀殆尽	光绪《慈溪县志》卷五五《祥异》
	道光元年	夏又疫，"吊脚痧"流行，且较上年为甚	光绪《慈溪县志》卷五五《祥异》
	道光二年	大疫	（清）黄式三《儆居集》卷五《杂著四·裘氏先姁事实》
	道光四年	大有年，夏秋间疫疾大作	民国《镇海县志》卷四三《祥异》
	道光六年	大疫	《慈溪卫生志》，宁波出版社1994年版
	道光十一年	饥，设厂蠲赈，民多疫死	民国《镇海县志》卷四三《祥异》
	道光十三年	大雨水，禾黍一空，疠疫继之，道殣相望	民国《定海县志》卷一《舆地志·气候·灾异》
	道光十五年	饥，民多疫死	《宁波市北仑区卫生志》，上海辞书出版社2007年版
	道光十六年	大疫	《慈溪卫生志》，宁波出版社1994年版
	道光二十年	大疫，死者枕藉	光绪《慈溪县志》卷三三《列传十》
	咸丰元年	秋疫	民国《象山县志》卷三〇《志异》

府别	年份	史料	出处
宁波	咸丰四年	大有年，秋大疫	光绪《奉化县志》卷一《灾祥》
	咸丰九年	岁稔，秋八月大疫	民国《象山县志》卷三〇《志异》
	同治元年	六月十九日大风雨，覆舟拔木坏庐舍，秋疫	民国《象山县志》卷三〇《志异》
	同治二年	秋疫	民国《镇海县志》卷四三《祥异》
	同治三年	宁波大疫	冼维逊《鼠疫流行史》，1988年
	同治六年	冬痘疫，小儿多殇	民国《象山县志》卷三〇《志异》
	同治十三年	七月大风雨，八、九月大疫，死者甚众	同治《鄞县志》卷六九《祥异》
	光绪元年	春瘟流行。自正月以来，因急病而身亡者不少。患者皆先头痛脘闷，随即昏迷，不省人事，速则周时，迟则二三日便成不救	"宁属疫疠"，《申报》1875年2月20日，第3版
	光绪三年	秋九月，吊脚痧流行，患者不过一昼夜便已魂游墟墓，仓促之间，每不及医治	"宁有灾异"，《申报》1877年10月17日，第1版
	光绪四年	夏五月，宁城瘟气大作	"迎神治疫"，《申报》1878年6月20日，第2版
	光绪五年	春三月，禁犯多患瘟疫，旬日之间，死者十有余人	"禁犯病疫"，《申报》1879年4月25日，第3版
	光绪六年	夏六月，时症流行，风瘟居多，幸医药得当，不数日即可霍然	"宁波病疫"，《申报》1880年7月1日，第2版
	光绪七年	春正月，宁城天花盛行，不唯小儿患此，即中年亦有染及	"天花盛行"，《申报》1881年2月25日，第2版
	光绪八年	秋九月，宁波天气寒暖不定，颇有时症，而疟疾、痢疾为尤多，甚至有一家八九口而俱卧床席者	"宁波病疫"，《申报》1882年10月28日，第1版
	光绪九年	秋八月，宁郡大疫，城厢内外疫毙人口日以数百计，有一家数口而全亡者，有一门而停七八尸者	"甬东纪闻"，《申报》1883年9月5日，第2版

续表

府别	年份	史料	出处
宁波	光绪十年	夏四月，宁郡天时不正，民多病疫，东乡一带尤甚，医、卜、巫、匠四项生意，颇形忙碌	"宁有灾异"，《申报》1884年5月16日，第2版
	光绪十一年	宁波交秋后，天气暴热，痧症日有所闻	"四明琐记"，《申报》1885年9月10日，第12版
	光绪十二年	秋九月，宁波急症甚多，所染皆吐泻转筋，即俗名吊脚痧者，仓促不及延医，往往凶多吉少，竟有朝入市而暮盖棺者	"秋疫繁多"，《申报》1886年9月19日，第2版
	光绪十三年	秋大疫，死者无算	民国《鄞县通志·文献志》丁编《历代灾异表》
	光绪十四年	春三月，南乡姜山一带多霍乱之症，初起觉头重如山，眼花缭乱，继而吐泻交作，晷刻靡宁，一昼夜时便至不起，旬日之间死百余人	"宁波琐录"，《申报》1988年3月29日，第2版
	光绪十五年	夏六月，天气酷热，患急病身亡者，指不胜屈，好事者以瘟疫之多，议奉五都元帅遍巡城厢内外，以期神灵默佑	"甬东琐识"，《申报》1889年7月13日，第2版
	光绪十六年	夏五月，疫疠盛行，操和缓术者，应接不暇	"四明消夏录"，《申报》1890年6月29日，第2版
	光绪十七年	秋八月，寒暖不时，酿成疫疠，患者不过一昼夜便成不起，大都系霍乱吐泻居多，仓促间每不及医治	"宁有秋疫"，《申报》1891年9月20日，第2版
	光绪十九年	夏五月，时疫盛行，西门内虹桥头起至和利桥止，百步之内，旬日之间，共死十八人	"迎神驱疫"，《申报》1893年6月26日，第2版
	光绪二十年	夏五月，瘟疫流行，日有死亡	"宁波患疫"，《申报》1894年6月26日，第2版
	光绪二十一年	夏六月，宁地天气亢旱，患时疫者，日见增多，四福巷某家一日连毙数人，统计巷中患霍乱而死者四十余人。东牌楼一带，自晨至夕，一日之间，计毙二十余人	"乌衣巷语"，《申报》1895年7月1日，第2版
	光绪二十二年	秋疫疠，大都似疟非疟，亦有瘟螺痧者，仓促之间，几致不及医疗	"瀹洲赘语"，《申报》1896年10月1日，第2版
	光绪二十三年	郡中时疫大盛，人心惶惑	"堇江暖翠"，《申报》1897年6月30日，第2版

府别	年份	史料	出处
宁波	光绪二十八年	春二月，宁郡不雨已五月余，喉疫传染，比户呻吟	"四明山色"，《申报》1902年4月2日，第2版
	光绪三十三年	甬郡自入秋以来，时疫盛行	"甬绅创设治疫会"，《申报》1907年10月8日，第12版
	宣统三年	离城十里许南庄一带，秋后时疫流行，死者日以十数计	"象山时疫盛行"，《申报》1911年8月28日，第12版
广信	康熙二十年	铅山疫	同治《广信府志》卷一《祥异》
	雍正十一年	贵溪南乡大疫	同治《广信府志》卷一《祥异》
	道光十五年	春夏疾疫	同治《广信府志》卷一《祥异》
南康	顺治三年	春二月，大雨雹，秋大疫，延至丁亥（次年）春，死者无数	康熙《南康县志》卷一三《祥异》
	顺治四年	（三年）春二月，大雨雹，秋大疫，延至丁亥（次年）春，死者无数	康熙《南康县志》卷一三《祥异》
	康熙十五年	粤贼据郡，农民失业，岁饥，复大疫	康熙《南康县志》卷一三《祥异》
	嘉庆十二年	四月、五月间，郡城大疫，上乡多痢	同治《南康府志》卷二三《杂志类·祥异》
	咸丰十年	五，知县周汝筠率康勇赴广东仁化围攻石达开部；仁化城口之战阵亡塘江、文峰团勇30余名，疫死2000余名	《南康县志》，新华出版社1993年版
饶州	道光二十八年	夏旱，秋大疫，人多死亡	同治《乐平县志》卷一〇《祥异》
	同治二年	七月初旬，贼始退，被贼各村复大疫，死亡相继，所存十无一二	同治《鄱阳县志》卷二一《灾祥》
	光绪九年	春夏寒热不时，自六月初以来，疠症盛行，男妇老少，遭病无救，每日死者甚多，城门为壅，停葬百余具，七月初稍减，八月复盛。乡老云似此瘟疫，为近数十年来所未闻	"疫症盛行"，《申报》1883年9月14日，第11版
	宣统三年	血吸虫病流行	《上饶地区卫生志》，黄山书社1994年版

续表

府别	年份	史料	出处
九江	康熙六年	丁未（康熙六年）春夏间，濒江之民苦于霖潦，往往乏食，而疫厉时亦间作	（清）刘均《九江关建设仓储记》，见雍正《江西通志》卷一三五《艺文记十四·国朝》
	康熙四十八年	疫	嘉庆《湖口县志》卷一七《祥异》
	乾隆三十三年	夏大水，民多瘟疫	嘉庆《湖口县志》卷一七《祥异》
	乾隆五十七年	大水，民多疫	嘉庆《湖口县志》卷一七《祥异》
	乾隆五十八年	大水，民多疫	嘉庆《湖口县志》卷一七《祥异》
	咸丰二年	城乡房屋多被贼燬，杀戮尤甚，兼之瘟疫流行，死者无算	同治《彭泽县志》卷一八《祥异》
	咸丰十一年	以东至安徽东流县之间，由于连年战斗，尸骸腐朽，蒸郁积为瘟气，肿头烂足而死者十有八九，多道毙	康沛竹《灾荒与太平天国革命的失败》，《北方论丛》1995年第6期
	同治二年	城乡房屋多被贼燬，杀戮尤甚，兼之瘟疫流行，死者无算	同治《彭泽县志》卷一八《祥异》
	光绪九年	夏六月，时疫盛行，有不逾时而即毙者，以致医士往来，舟舆杂沓，僧道禳解，铙钹喧阗，而亲友之奔丧，与善堂之施棺，尤日不暇给	"浔阳近事"，《申报》1883年7月30日，第2版
	光绪十年	夏四月，德化县西南乡，如城门沙河十塘铺一带，疫症盛行，初起时或上吐下泻，腹痛头昏，或满身赤点，四肢麻木，服药多半无效	"九江琐事"，《申报》1884年4月29日，第2版
	光绪十一年	春二月，九江天花盛行	"九江碎录"，《申报》1885年3月29日，第2版
	光绪十二年	秋八月，九江久不得雨，四乡望泽甚殷，且天时不正，城厢内外病者接踵而起，转筋霍乱最多，痧疹次之，疟疾喉症又次之，医生获利三倍	"浔阳杂录"，《申报》1886年9月26日，第2版
	光绪十三年	秋七月，旱魃为虐，时疫流行，多有朝发夕死者	"九江凉意"，《申报》1887年8月11日，第2版
	光绪十四年	秋七月，天气炎热，时疫流行，大江南北，疫痢霍乱等症不少	"广种福田"，《申报》1888年8月17日，第2版

续表

府别	年份	史料	出处
九江	光绪十五年	秋，疟疾盛行，比户皆然	"九江近事"，《申报》1889年9月21日，第2版
	光绪十六年	九江自七月来，旱魃为灾，时疫流行	"火厄类志"，《申报》1890年11月18日，第3版
	光绪十八年	夏，浔城疫疠流行	"成就良缘"，《申报》1892年9月7日，第3版
	光绪十九年	秋，疾病繁兴，痢症、疟症及霍乱、吐泻等症，颇丧人口	"浔江秋啸"，《申报》1893年9月19日，第2版
	光绪二十年	夏六月，火伞高张，居人多患疾疫	"庐山真面"，《申报》1894年8月2日，第2版
	光绪二十一年	秋，浔城瘟疫大作	"赛会驱疫"，《申报》1895年9月22日，第2版
	光绪二十四年	春，天花盛行	"滕王蝶影"，《申报》1898年5月1日，第2版
	光绪二十六年	秋七月，亢旱经旬，热如炽炭，人民疫疠丛生	"浔郡官场纪事"，《申报》1900年8月19日，第2版
	光绪二十七年	秋七月，洪水为灾，继以疠疫	"浔郡官场纪事"，《申报》1901年9月1日，第3版
	光绪二十八年	秋七月，浔城瘟疫大作，日毙以百计	"匡卢瀑布"，《申报》1902年8月14日，第3版
	光绪三十二年	入秋以来，疫疠流行，十室九病，常备陆军二标兵丁留浔者，患病者九十余人之多	"九江多疫"，《申报》1906年9月24日，第9版

二　明清长江下游士民绅商个人灾捐、灾赈基本情况表

捐赈年份	捐赈人	捐者身份	捐赈原因	捐赈情况	捐赈所获荣誉情况	资料来源
洪武年间	朱日新		岁歉	出己粟赈饥民	民为刻石颂德	嘉庆《直隶太仓州志》卷三〇《治行一》
永乐年间	顾愚		岁饥	出米300石以赈		同治《苏州府志》卷九一《人物一八》
	徐观	乡绅	岁旱	苦无灌溉，观慷慨捐己田40余亩		民国《杭州府志》卷一四一《义行一》

续表

捐赈年份	捐赈人	捐者身份	捐赈原因	捐赈情况	捐赈所获荣誉情况	资料来源
永乐二十二年	周益		岁饥	输粟 600 石助赈	授登士郎	民国《杭州府志》卷一四一《义行一》
宣德四年	盛濂		大荒	濂出粟 600 石赈济，全活甚众，输金筑黄泥堰，溉田 3000 余亩		民国《杭州府志》卷一四一《义行一》
正统初	夏诚		岁饥	出粟 2000 余斛，赈济一方		民国《杭州府志》卷七《桥梁一》
正统年间	李积惠		岁荒	家积谷 2000 余石，凡邻里贫乏者，尽以赈济	有司闻于朝，赐敕奖谕，劳以羊酒，旌为义士	嘉靖《池州府志》卷七《人物》
	章禧远		岁荒	出粟 2000 石赈济	有司以闻，赐敕奖谕，劳以羊酒，旌表其门，仍免杂役	嘉靖《池州府志》卷七《人物》
	朱燦		岁饥	发米 4400 斛输官备赈	诏旌"尚义之门"	嘉庆《无为州志》卷二〇《义行》
	周祓		岁饥	出粟赈饥	旌为义民	万历《应天府志》卷三〇《义行》
	胡仲德		大饥	守令劝借，富民多吝色，仲德慨然出粟百余石赈济	人甚德之	弘治《徽州府志》卷九《人物三》
			岁饥	民不能完公费系狱者众，琼输己赀 500 金以完其役	里民德之	民国《杭州府志》卷一四一《义行一》
正统二年	周普安		岁饥	输谷千余石	旌之复其家	万历《温州府志》卷一二《人物志二》
正统三年	汪思义		旱潦	输谷 50 石与府赈之	天子下诏建旌义坊，以旌表其行	康熙《安庆府志》卷一八《笃行》

捐赈年份	捐赈人	捐者身份	捐赈原因	捐赈情况	捐赈所获荣誉情况	资料来源
正统三年	徐永元		大饥	出谷 2000 石以济	有司上其事，朝廷遣使赉救旌为义民，劳以羊酒，附其身家	嘉靖《池州府志》卷七《人物》
正统四年	张敏		岁饥	捐谷 2500 石	有司劳以羊酒	光绪《寿州志》卷二四《义行》
正统五年	高翔		岁饥	捐麦 3000 石	旌为尚义之门	光绪《寿州志》卷二四《义行》
	胡瑛		岁歉	六合人，与弟琼珣，出米 1010 石赈饥		嘉庆《重刊江宁府志》卷三六《敦行》
	陈坎、陈良		岁歉	凡称贷不能偿者悉召来，取券焚之，计 3000 余石		嘉庆《直隶太仓州志》卷三四《孝义三》
	许宗荣、许俊		岁歉	出谷 400 石，子俊出谷 1000 石，入百丈仓以备赈济		民国《杭州府志》卷一四一《义行一》
正统六年	陈森		岁歉	捐粟 1000 石	蒙赐玺书旌表为义民	嘉靖《通州府志》卷三《备荒》
	胡彦本		岁歉	捐谷 1025 石赈济		弘治《徽州府志》卷五《邮政》
	吴思敬		岁歉	发谷 1500 石赈济饥民	奉敕旌表	民国《杭州府志》卷一四一《义行一》
正统七年	杨时遇		岁歉	出谷 1500 石赈济	有司以闻，救旌为义民	嘉靖《池州府志》卷七《人物》
	方守仁		岁歉	出谷 2500 石赈济	有司以闻，救旌为义民	嘉靖《池州府志》卷七《人物》
	屈永德		岁歉	出谷 2000 石赈济	有司以闻，救旌为义民	嘉靖《池州府志》卷七《人物》
	毛让、边亨		岁饥	捐谷 2000 石	有司请立碑旌之	光绪《寿州志》卷二四《义行》
正统九年	吴义等五人		岁饥	共输粟 6000 石赈济	旌为义民	嘉庆《高邮州志》卷一〇下《笃行》

续表

捐赈年份	捐赈人	捐者身份	捐赈原因	捐赈情况	捐赈所获荣誉情况	资料来源
正统九年	张得常		岁饥	输粟 400 石赈济	立石书名	嘉庆《高邮州志》卷一〇下《笃行》
正统十四年	高翔等 4 人		岁饥	捐谷 7500 石	旌为尚义之门	光绪《寿州志》卷二四《义行》
天顺四年	陈本忠		岁饥	输米 9200 斛，子志高 2000 斛，志达输谷 8080 斛，以备赈		嘉庆《无为州志》卷二〇《义行》
天顺、嘉靖年间	许芳	徽商	岁饥	会庐州民大饥馑，即命伯子滋发廪赈贷		《明清徽商资料选编》，黄山书社，1985年，第 382 页
景泰间	王丞		岁饥	丞出米 500 斛，全活无算	朝命赐冠带	嘉庆《直隶太仓州志》卷三二《孝义一》
景泰五年	铭首		大饥且疫	输粟 500 石，一乡赖以生	诏赐七品服	同治《苏州府志》卷九二《人物一九》
	诸乐耕		大饥且疫	输粟 700 斛	有司以闻，授冠带为义官	同治《苏州府志》卷九二《人物一九》
景泰五年、成化九年、成化十三年	董慧		岁饥	先后输谷至 5000 石，又输千石为备赈荒计	有司例授承事郎，强之冠带	民国《杭州府志》卷一四一《义行一》
成化、弘治年间	凌胜			屡出粟助赈	抚按义之，题授七品散官	乾隆《盐城县志》卷一三《义行》
	卢珪		岁饥	出粟助有司赈济	授承事郎	同治《苏州府志》卷八六《人物一三》
成化年间	雷翀		大水	发粟赈饥，全活甚多		同治《苏州府志》卷一一二《流寓》
	丁浩	乡绅	岁饥	出粟 3200 斛之，又施粥以食无告者	上闻，遣行人旌表，任复其家	嘉庆《无为州志》卷二〇《义行》
	胡纲		岁饥	纲辄捐私廪以助乡邻，活者甚众		嘉靖《池州府志》卷七《人物》

捐赈年份	捐赈人	捐者身份	捐赈原因	捐赈情况	捐赈所获荣誉情况	资料来源
成化年间	王倬		大饥	以米给赈饥民		嘉庆《直隶太仓州志》卷二六《列传二》
	周敬		岁饥	前后输粟千石	旌义士,此冠带	民国《杭州府志》卷一四一《义行一》
成化二年	石松	乡绅	大饥	与弟棠各出粟500供赈	赐七品冠服	康熙《安庆府志》卷一八《笃行》
	胡浩源		大饥	铜陵尤甚,浩源倾廪以济,不求知于上官	人感其惠,以事闻于郡,时守因以例授七品散官兼礼之羊酒,	嘉靖《池州府志》卷七《人物》
	孙俊		岁歉	纳米500石赈济	例授七品冠带	嘉靖《池州府志》卷七《人物》
成化十年	孙显宗		岁歉	饿夫塞途,捐粟2000石以赈,鬻子者赎之,称贷者赠之,赖以存活者不可指数	赐宴光禄寺授正七品冠带降敕旌表为尚义之门,树坊当道	民国《杭州府志》卷一四一《义行一》
成化十一年	夏智等11人		岁饥	共输粟4000石赈济		嘉庆《高邮州志》卷一〇下《笃行》
成化十三年	徐谊		岁祲	死徙载路,谊为作糜哺之,日给数百人,全活不可胜计		民国《杭州府志》卷一四一《义行一》
成化十八年	张敞		郡饥	出粟赈济		同治《苏州府志》卷八六《人物一三》
成化十九年	罗善		被灾	浙西被灾,新邑尤甚,善首倡捐赈300石	敕赐义门,知县何善为立石,礼部尚书邹斡作记	民国《杭州府志》卷一四一《义行一》
成化二十一年	顾能		岁歉	输粟400石以助赈		嘉靖《通州志》卷三《备荒》
成化二十二年	吕斌		岁饥	出粟赈饥	弘治辛酉,诏旌其门	万历《温州府志》卷一二《人物志二》

续表

捐赈年份	捐赈人	捐者身份	捐赈原因	捐赈情况	捐赈所获荣誉情况	资料来源
弘治三年	席福贵		岁饥	输粟500石助赈，全活甚众	撰碑以彰其义	民国《杭州府志》卷一四一《义行一》
	林天爵		岁歉	设粥于门，以济饥者晚年输粟赈济	授散官	万历《温州府志》卷一二《人物志二》
弘治六年	王贵等11人		岁饥	共输粟2000石赈济		嘉庆《高邮州志》卷一〇下《笃行》
正德年间	濮阳铭		岁荒	助济出粟千余斛		嘉靖《广德州志》卷八《人物志》
	陈道昌		民饥	发粟赈贷	巡抚陈详给善人匾	嘉庆《直隶太仓州志》卷三四《孝义三》
正德二年	连尹钧		岁饥	罄家赈济贫窭	人咸称连老佛	万历《温州府志》卷二《人物二》
正德三年	宫贵	乡绅	岁歉	入粟1500石		道光《泰州志》卷二五《笃行》
	濮阳钜		大饥	出粟1000余石赈济乡民		嘉靖《广德州志》卷八《人物志》
正德七年	雷信等7人		岁饥	出粟赈济	旌为义民	道光《泰州志》卷二五《笃行》
正德九年	张睦		岁荒	蠲谷赈济，多所全活		民国《杭州府志》卷一四一《义行一》
正德十四年	沈璋		大祲	璋煮粥饲饥民越两月，全活无算	乡人咸义之	民国《杭州府志》卷一四一《义行一》
嘉靖年间	钱泮		岁饥	尝发粟赈饥，全活甚众		同治《苏州府志》卷九九《人物二六》
	谭照		水旱	照散米赈饥，全活无算		同治《苏州府志》卷九九《人物二六》
	钱科		岁饥	科已出贡捐赈独多科又自设粥场赈济里民	巡抚舒汀提学孔天允特请照景泰例已冠带者升其级，授正六品职	民国《杭州府志》卷一四一《义行一》

续表

捐赈年份	捐赈人	捐者身份	捐赈原因	捐赈情况	捐赈所获荣誉情况	资料来源
嘉靖时	吴邦棐		大祲	邦棐出粟赈之		同治《苏州府志》卷一四〇《人物三一》
嘉靖初年	张铣		大饥	捐粟2000斛助赈	郡守疏上其事，诏旌厥门	隆庆《仪真县志》卷五《官师考》
	俞鉽		岁荒	输粟200石济荒，又助濬西湖银500两	赠承事郎	民国《杭州府志》卷一四一《义行一》
	俞鉽		岁祲	输谷200石赈饥	台使给旌义匾	民国《杭州府志》卷一四一《义行一》
嘉靖二年	杨春等5人		岁饥	共输粟1000石赈济		嘉庆《高邮州志》卷一〇下《笃行》
嘉靖十四年	施仁伯		水灾	仁伯请己粟贷民	署州判唐朝宗申请给善人匾	嘉庆《直隶太仓州志》卷三四《孝义三》
嘉靖十八年	缪泮		潮灾	输粟1000石，多所全活	台使表其门	嘉庆《东台县志》卷二七《尚义》
嘉靖二十年	陈立		潮灾	出粟数百石赈之	盐院奏闻，赐立六品职衔	咸丰《海安县志》卷三《义举》
嘉靖二十一年	刘凤		大饥	捐米赈济	州守雷梦麟申详旌表	嘉庆《无为州志》卷二〇《义行》
嘉靖二十三年	施大纲		岁荒	大纲为粥以赈		嘉庆《直隶太仓州志》卷三四《孝义三》
嘉靖四十年	周伯		大水	输粟千钟	御史旌其门曰忠义	同治《苏州府志》卷九九《人物二六》
嘉靖四十一年、万历间	谢栋、谢橘		岁荒	出粟200石助赈、又输粟有差	知县陈佐、丁诚、汪一鹏皆匾奖之	民国《杭州府志》卷一四一《义行一》
隆庆间	倪可近		岁饥	捐资济贫，不遗余赀		嘉庆《直隶太仓州志》卷三四《孝义三》
	李阳春		岁祲	赈谷施粥，殍者予槥，冻者予衣		民国《杭州府志》卷一四一《义行一》

续表

捐赈年份	捐赈人	捐者身份	捐赈原因	捐赈情况	捐赈所获荣誉情况	资料来源
隆庆间	骆鼎		岁荒	输粟 200 石赈荒	抚按优奖赐冠带	民国《杭州府志》卷一四一《义行一》
隆庆元年	张基		大祲	有米数百斛，悉以赈饥		同治《苏州府志》卷一五〇《人物三二》
隆庆三年	李轲等 7 人		岁饥	共输粟 1100 石赈济		嘉庆《高邮州志》卷一〇下《笃行》
	傅本淳		潮灾	捐粮 100 石赈之	台使给以冠带	嘉庆《东台县志》卷二七《尚义》
	陈滋		大水	输粟赈荒，存活甚众		乾隆《盐城县志》卷一三《义行》
隆庆四年	顾楷		岁饥	赈粟	给冠带	道光《泰州志》卷二五《笃行》
万历时期	姜恭等 15 人		岁饥	输粟赈饥	官司给以冠带	嘉庆《东台县志》卷二七《尚义》
	曹可教		凶岁	捐百金于乡，而不责其偿		嘉庆《东台县志》卷二七《尚义》
	陆经		大荒	积谷备赈		同治《苏州府志》卷八七《人物一四》
万历中	陈大诰	乡绅	大祲	出粟赈济		咸丰《重修兴化县志》卷八《尚义》
万历年间	丁泽		岁饥	捐粮赈饥	有司给以冠带	嘉庆《东台县志》卷二七《尚义》
	蒋以化		岁祲	躬为糜粥餔之		同治《苏州府志》卷九九《人物二六》
	谢承旨		岁饥	捐谷赈饥		民国《杭州府志》卷一四一《义行一》
	王锡衮		大祲	出谷百余石赈济里中，赖以存活者甚众		民国《杭州府志》卷一四一《义行一》
万历九年	谢时惠		岁荒	输米 500 石，全活无算	当事赐匾旌之	民国《杭州府志》卷一四一《义行一》
万历十二年	杜端		大荒	输米 250 石赈粥，活人甚众		光绪《直隶和州志》卷二六《义行》

捐赈年份	捐赈人	捐者身份	捐赈原因	捐赈情况	捐赈所获荣誉情况	资料来源
万历十五年	陈锐		岁祲	出谷600斛备赈	敕旌尚义	嘉靖《无为州志》卷二〇《义行》
万历十五六年间	董钦		岁祲	先后发米各3000石以赈之，全活甚众	三院题旌立尚义坊于县治东南	民国《杭州府志》卷一四一《义行一》
万历十六年	周天才		岁饥	捐粮赈济	有司旌表其门	嘉庆《东台县志》卷二七《尚义》
	周棨		岁祲	煮粥十数缸陈于恩波桥以食饿者，数月不倦，或毙于赈所，即为棺敛		民国《杭州府志》卷一四一《义行一》
	郑昌		大饥	饿死者枕藉，昌施棺为敛，出谷税百石赈济，全活甚众		民国《杭州府志》卷一四一《义行一》
	俞子新		大荒	捐谷赈饥，邻邑来告籴者，减价以售，仍给谷以济之	得旌尚义之门	民国《杭州府志》卷一四一《义行一》
	张可久		岁祲	可久出己赀远者，施谷近者，施粥活饥民无数	知县高某上其义行	民国《杭州府志》卷一四一《义行一》
万历十七年	杨梓		岁凶	灶户饥，杨梓捐粮助赈	有司给以冠带	嘉庆《东台县志》卷二七《尚义》
	汪沼	商人	岁荒	施粥数月，以槥椟埋死者，存殁尤赖		康熙《安庆府志》卷一八《笃行》
万历十八年	崔行夫		岁饥	捐粟赈饥	有司给榜旌之	嘉庆《东台县志》卷二七《尚义》
万历三十八年	王宗武		大祲	出粟千石减价发粜，贫民闻风充填里巷	藩臬道过拥节不得行，叹赏旌其间	民国《杭州府志》卷一四一《义行一》
万历三十九年	邓森楷		大饥	贮谷数百石，尽散诸田里		康熙《安庆府志》卷一八《笃行》

续表

捐赈年份	捐赈人	捐者身份	捐赈原因	捐赈情况	捐赈所获荣誉情况	资料来源
万历末年	沈绍亭		岁饥	谷不登，捐赀千金告籴，他境杭人藉以不死者数百家		民国《杭州府志》卷一四一《义行一》
天启四年	齐钦		水灾	捐赀设粥赈饥	乡里称长者	嘉靖《无为州志》卷二〇《义行》
天启七年	王宗武		水灾	宗武输500金修塘，妻陈脱簪珥输金如其数佐之，又捐千金修丰乐太平诸桥		民国《杭州府志》卷一四一《义行一》
崇祯时	王泰际		岁饥	赈粟	为一邑倡	嘉庆《直隶太仓州志》卷四〇《隐逸》
崇祯间	童金焰		岁饥	输粟500石		民国《杭州府志》卷一三九《孝友一》
崇祯三四年	吴继志		岁饥	出积谷，全活无算	为郡县倡	民国《杭州府志》卷一四一《义行一》
崇祯十二年	胡三兼		大水	流尸遍野，（兼）买舟运槥材自昌化抵桐江，收掩无算		民国《杭州府志》卷一四一《义行一》
崇祯十三年、十四年	胡长澄	举人	饥疫	与明经孙宗彝及诸生秦凤至、杜凤征募赈20000石，身至被灾之家，计口授食，五日一给，所全活甚众		嘉庆《高邮州志》卷一〇下《笃行》
崇祯十三年	吴光澬		大饥	出橐金往江右籴米500斛，悉散于亲友	授光禄丞	民国《杭州府志》卷一四一《义行一》
	胡三兼		大祲	饥殍盈道，复捐棺殡，岁以百数，且捐义冢埋焉		民国《杭州府志》卷一四一《义行一》

捐赈年份	捐赈人	捐者身份	捐赈原因	捐赈情况	捐赈所获荣誉情况	资料来源
崇祯十三年	赵瑞壁		大祲	道路捐瘠者相藉，瑞壁家素贫，见而心怆，初为施棺以瘗		民国《杭州府志》卷一四一《义行一》
	李琪	武举	奇荒	捐资籴谷以赈		光绪《续修庐州府志》卷五三《义行传二》
	孙遇选		旱	输粟百余石		光绪《续修庐州府志》卷五三《义行传二》
	汪文德	徽商	岁饥	捐资倡赈，多所存活		乾隆《江都县志》卷二二《尚义》
	周之官		大祲	出家赀赈饥，全活数千		民国《杭州府志》卷一三九《孝友一》
	张恒岳		岁荒	捐谷300石出赈贫民，多全活		民国《杭州府志》卷一四二《义行二》
崇祯十四年	何兰旌		大饥	给糜粥施药饵，全活甚众		民国《杭州府志》卷一三九《孝友一》
	沈起虬		大饥	鬻产市谷以赈，复市槽以施无斁，有复漕而鬻女者，代输漕而还其女		民国《杭州府志》卷一四一《义行一》
	王一奇		大饥	发米300石赈饥，邻家为官债所迫计，鬻妻女将成券矣，一奇代偿300余金，竟不责报		民国《杭州府志》卷一四一《义行一》
	潘慧道		岁饥	里人以妇死，鬻其子，（慧道）输金止之		民国《杭州府志》卷一四一《义行一》
	项大章		岁饥	大章为粥以食饿夫，同里因负课迫鬻其妻者，大章代输官，完妇节		民国《杭州府志》卷一四一《义行一》

续表

捐赈年份	捐赈人	捐者身份	捐赈原因	捐赈情况	捐赈所获荣誉情况	资料来源
崇祯十四年	方都韩	岁贡生	奇荒	值奇荒，韩变产施粥，存活着甚众		康熙《安庆府志》卷一七《孝友》
	孙朝傑		岁祲	计里中贫乏者授之食，众藉以生		嘉庆《无为州志》卷二〇《义行》
	耿大化		岁祲	出谷600斛赈饥		嘉庆《无为州志》卷二〇《义行》
	王应详		岁饥	输粟赈济	巡台表以尚义	嘉庆《无为州志》卷二〇《义行》
	陆振宁		岁饥	蠲米赈饥，全活甚众		嘉庆《直隶太仓州志》卷三三《孝义二》
	杨先发		大饥	设粥场广赈，多全活		嘉庆《直隶太仓州志》卷三四《孝义三》
	徐季韶		大祲	沿塘设粥场十五所，日费米三十斛，又开药局，救瘟疫，存活甚多		民国《杭州府志》卷一四一《义行一》
崇祯十五年	吴善		大祲	与弟无文煮粥赈济，减价粜米，全活多人		嘉庆《直隶太仓州志》卷三三《孝义二》
	施桢		岁饥	桢出粟煮粥，全活甚众	当道皆优奖之	嘉庆《直隶太仓州志》卷三四《孝义三》
	黄志立		岁饥	出粟百斛煮粥，全活甚众	抚按题奖之	嘉庆《直隶太仓州志》卷三四《孝义三》
	王所珍		民饥	所珍具呈当事请剔弊产充剩备赈		嘉庆《直隶太仓州志》卷三四《孝义三》
	陆奇	举人	岁饥	屡输粟，修海塘，独助千金重建镇海楼		民国《杭州府志》卷一四一《义行一》

捐赈年份	捐赈人	捐者身份	捐赈原因	捐赈情况	捐赈所获荣誉情况	资料来源
崇祯末	王师文		大饥	捐米麦数千斛，钱数千缗		咸丰《重修兴化县志》卷八《尚义》
	乔梦斗		大饥	赈粥于宝应北门外之泰山殿，费不下千金		道光《重修宝应县志》卷一八《笃行》
明代	万忠等5人		岁饥	输粟1000石赈饥	奉敕旌表为尚义之门	同治《霍邱县志》卷一〇《人物志》
	陈镛		岁饥	输粟500石	奉旨旌奖，立碑记其事	同治《霍邱县志》卷一〇《人物志》
	施泰然		潮灾	出仓谷万斛以赈，复捐谷充仓，县库失火，又佐银千两	有司旌曰尚义之门	嘉庆《直隶太仓州志》卷三四《孝义三》
	瞿兴嗣		岁歉	兴嗣每晨躬写粥药抚视，多赖以全		嘉庆《直隶太仓州志》卷三二《孝义一》
	周柯		岁歉	捐粟赈饥，有疾疫舍医药棺椁，寒即施衣纩，人有急难，多方周济，有鬻妻质子者，必倾囊赎之。由是邑人无告及称贷者，咸奔走其门	共推为长者	民国《杭州府志》卷一四一《义行一》
	沈达		大饥	捐粟500石，活族千余人		民国《杭州府志》卷一四一《义行一》
	王仁		岁饥	输粟5000石		万历《温州府志》卷一二《人物志二》
	李孟奇		岁饥	前后赈谷万余石，金千余两，置义舍义冢义渡义塾	赍敕并旌其门	万历《温州府志》卷一二《人物志二》
	邹有真		岁饥	输粟赈饥，立义仓义渡	赍敕并旌其门	万历《温州府志》卷一二《人物志二》

续表

捐赈年份	捐赈人	捐者身份	捐赈原因	捐赈情况	捐赈所获荣誉情况	资料来源
清朝时期	张域		岁歉	捐资赈济，全活无算		光绪《严州府志》卷二〇《义行传》
	吴瑜		岁饥	出粟助赈，又自为糜以食同里之饥者		光绪《严州府志》卷二〇《义行传》
	汪懋学		大水	居民无所得食，懋学载稻糜与舟，以铺啜之，又复济以升斗		光绪《严州府志》卷二〇《义行传》
	汪之茂		大疫	以幕金施药，存活甚众		光绪《严州府志》卷二〇《义行传》
	张来廷	国学生	岁歉	出米助赈		光绪《严州府志》卷二〇《义行传》
	章如光		岁祲	急出仓储米谷以赈贫乏	人皆德之	光绪《严州府志》卷二〇《义行传》
	余士博		岁饥	捐资助赈	人皆德之	光绪《严州府志》卷二〇《义行传》
	姜士腾		岁荒	煮粥赈贫		光绪《严州府志》卷二〇《义行传》
	洪畴	庠生	岁荒	捐米煮粥赈饥数月		光绪《严州府志》卷二〇《义行传》
清朝初年	潘欲昇		岁祲	首倡钱五万以赈，继复倾仓糜作粥济，饥民赖以存		民国《昌化县志》卷一二《义行传》
清朝时期	胡禁		岁歉	减价糶谷，兼设粥厂，活人无算		民国《昌化县志》卷一二《义行传》
	章士全	太学生	岁祲	出粟以济		民国《昌化县志》卷一二《义行传》
清朝初年	孙伯玉	庠生	岁饥	发粟赈济穷民，赖以全活者无算		雍正《浙江通志》卷一八七《义行上》
清朝初期	高允中		岁饥	立粥厂于里门，全活甚众，施棺掩骼		雍正《浙江通志》卷一八七《义行上》

捐赈年份	捐赈人	捐者身份	捐赈原因	捐赈情况	捐赈所获荣誉情况	资料来源
清朝时期	童养廉		旱蝗	救济贫人甚众		雍正《浙江通志》卷一八七《义行上》
清朝初年	姚正经		岁歉	独捐租赈，一邑饥民全活无算	邑令顾洽扁旌之	民国《杭州府志》卷一四二《义行二》
	周国鋐		岁饥	为糜粥以赈，并置絮衣散给，存活无算		民国《杭州府志》卷一四二《义行二》
清朝时期	陈元肇	贡生	饥	倡义出谷二千石以周乡间贫者，其叔耆士陈嘉思、从弟国学生陈元英亦各出谷一千石相助赈济	清藩司给匾旌其门	雍正《浙江通志》卷一八八《义行中》
	詹奎元	庠生	岁荒	减价平糶，煮粥赈饥，全活甚众		雍正《浙江通志》卷一八九《义行下》
	方成郊		大饥	斗米五钱，成郊煮粥赈济，全活甚众		雍正《浙江通志》卷一八九《义行下》
清朝初年	邵泰卿	生员	大饥	为粥以济，全活甚众。宗族中有贫不能葬者，为择地葬之		康熙《浙江通志》卷三六《孝义》
清朝时期	项大章		岁饥	捐资为粥，以食饥者		康熙《浙江通志》卷三六《孝义》
	钱钟		岁饥	流民载路，出粟以糶，仅取半价，仓廪既竭，复转籴以继	恩给八品顶戴	光绪《重修奉贤县志》卷一二《人物志三》
	奚慎	监生	岁饥	助赈		光绪《南汇县志》卷一四《人物志二》
	施之烨		岁荒	赈粥，全活其众		民国《崇明县志》卷一二《侠义》
	施震声		岁祲	倾赀助赈		民国《崇明县志》卷一二《侠义》

续表

捐赈年份	捐赈人	捐者身份	捐赈原因	捐赈情况	捐赈所获荣誉情况	资料来源
	施钊	国学生	潮灾	捐米助赈		民国《崇明县志》卷一二《侠义》
	钮昌		岁祲	出粟赈贫，日扶病诣厂治赈，事有妇女僵于道者，厚赒之		民国《崇明县志》卷一二《侠义》
清朝时期	杨世俊	国学生	潮灾	民多漂没，世俊备舟十，往来拯救，生者食之，死者殓之，复捐赈	给额奖之	民国《崇明县志》卷一二《侠义》
	黄上达	商人	岁饥	捐钱一千缗助赈		民国《崇明县志》卷一二《侠义》
	朱承茂		岁饥	助赈一千八百缗		民国《崇明县志》卷一二《侠义》
	龚成	国学生	岁歉	平粜，外复输赈减质		民国《崇明县志》卷一二《侠义》
	施聚文	国学生	岁祲	出千金助赈		民国《崇明县志》卷一二《侠义》
	张至懋	国学生	岁饥	赈米数百石		光绪《宝山县志》卷九《孝友》
	王瑚		旱潦	瑚捐百金，买田疏凿资灌溉，一方赖之		光绪《宝山县志》卷九《孝友》
	陆廷锡	国学生	岁饥	捐粟主赈，减价平粜，遇尤贫者辄隐置钱于米中，尤好完人，婚姻无力者出钱助之		光绪《宝山县志》卷九《孝友》
	潘大铨	国学生	岁饥	捐粟助赈		光绪《宝山县志》卷九《孝友》
清朝前期	孙琪		岁祲	倾赀赈济		光绪《青浦县志》卷二一《人物五》

续表

捐赈年份	捐赈人	捐者身份	捐赈原因	捐赈情况	捐赈所获荣誉情况	资料来源
清朝时期	王之辅		大疫	携药通衢，应手诊视，贫者酬以金必辞	巡抚慕天颜榜其门曰"博古良医"	光绪《青浦县志》卷二二《人物六》
	赵邦本		灾祲	自捐己赀，造草房，置农具，给牛种，令开垦荒田		康熙《嘉定县志》卷一七《孝义》
	乔佳佑		岁祲	输粟以赈，全活多人		民国《上海县志》卷一五《人物传》
清朝时期	张定玺	监生	岁饥	倾囊助赈	议叙从九品	同治《苏州府志》卷一二〇《人物二十九》
	顾镇	生员	岁祲	出粟行糜，活饿人无算		同治《苏州府志》卷一一〇《人物二十八》
	奚慎	国子生	岁饥	助赈族人，不能举丧葬者身任之		嘉庆《松江府志》卷五九《古今人传十一》
顺治初年	洪吉臣			首出俸赀，继以借贷，又劝富民共出粟米，所在赈济十有七次，民赖以活	士民作五仁五清歌以纪其德	民国《杭州府志》卷一三四《人物四仕绩三》
顺治年间	陈球		岁祲	道殣相籍，煮粥以赈穷人，全活甚众		康熙《浙江通志》卷三六《孝义》
	何尔彬		旱灾	蠲谷倡赈，人赖以安		雍正《浙江通志》卷一八七《义行上》
	邱道明		岁祲	捐糜倾赀无吝色		光绪《宝山县志》卷九《孝友》
顺治初年	孙伯玉	生员	饥	竭家资以助		民国《杭州府志》卷一四二《人物七义行二》

续表

捐赈年份	捐赈人	捐者身份	捐赈原因	捐赈情况	捐赈所获荣誉情况	资料来源
顺治年间	董扬荼	生员	大涝	首倡赈粟，全活无算		民国《杭州府志》卷一四二《人物七义行二》
	姜应兼		岁饥	赈粥弥月		光绪《严州府志》卷二〇《义行传》
	虞三省		岁凶	产不及中，省前后设赈5次，出粟千余石，救活饥口无算	上宪旌之，称为"盐渎之义民，淮郡之翘楚"	乾隆《盐城县志》卷一三《义行》
	闵世璋	徽商	水旱	扬邑水旱频仍，捐资赈济，全活饥民无算		康熙《扬州府志》卷二六《人物四》
顺治四年	徐舜、汪承恩、何元澄、李道等	士民	大祲	倡议募粮以济，至秋获，民赖以生	有司给匾旌之	康熙《安庆府志》卷六《恤政》
顺治五年、六年	沈标		大祲	尽焚其券，不责偿，闻人有急难，必竭力排解		民国《杭州府志》卷一四二《义行二》
顺治八年	陆文锐		饥	设粥以待饿者	巡道熊光裕扁奖之	民国《杭州府志》卷一四二《义行二》
	沙裔昌	监生	岁饥	捐米至1700石，输之官仓，在城耆老逐图散给		光绪《续修庐州府志》卷五四《义行传》
	丛秀林	乡绅	岁歉	输米800石	县令题之以"园桥首善"字旌表其门	嘉庆《如皋县志》卷一七《列传二》
顺治八年、九年	朱国靖		岁饥	迭输赈谷		光绪《通州直隶州志》卷一三《义行传》
顺治九年	丁时捷	庠生	大旱	捐米500斛赈粥		光绪《续修庐州府志》卷五四《义行传》

续表

捐赈年份	捐赈人	捐者身份	捐赈原因	捐赈情况	捐赈所获荣誉情况	资料来源
顺治十年、康熙十年、十八年	章蕴	生员	旱	捐粟煮粥助赈。买米散给穷民		民国《杭州府志》卷一四二《人物七义行二》
顺治十一年	乔名岩	生员	大饥	出粟为糜食，饥者日千余人，历冬春不倦		道光《重修宝应县志》卷一八《笃行》
顺治十六年	吴廪	庠生	大祲且疫	鬻产施药		嘉庆《余杭县志》卷二八《义行传》
顺治十七年	蒋廷瑞		饥	捐米八十石助赈		民国《杭州府志》卷一三九《人物六孝友一》
顺治十七年	俞木		岁饥	出资赈济，全活甚众		雍正《浙江通志》卷一八八《义行中》
	吴炌		岁饥	倡捐赈，条议十里置一局		民国《杭州府志》卷一四二《义行二》
顺治十八年	周文光		大旱	出米 500 余石		光绪《直隶和州志》卷二五《孝友》
康熙年间	沙可续	附贡生	大荒	捐谷赈饥		嘉庆《无为州志》卷二〇，《义行》
	孙有威		岁祲	出粟赈饥，免租贷息，取贫者券悉焚之		雍正《浙江通志》卷一八七《义行上》
	高鸣鹤	岁贡生	岁歉	贷穷民谷石，及年丰谷贱，止取原借斗石，不计其价，力不能偿者，即焚券，不复索		雍正《浙江通志》卷一八七《义行上》
	方于泰		岁饥	出粟以赈，全活甚众		雍正《浙江通志》卷一八七《义行上》
	夏文华		饥	捐资三百金，煮糜赈		雍正《浙江通志》卷一八七《义行上》

续表

捐赈年份	捐赈人	捐者身份	捐赈原因	捐赈情况	捐赈所获荣誉情况	资料来源
康熙年间	吴之振		大饥	粜米二千石分区赈济，全活无算		雍正《浙江通志》卷一八七《义行上》
	吴之振		岁祲	捐粟八百余石，多设粥厂，贫民咸受其惠		雍正《浙江通志》卷一八七《义行上》
	汪文桂		旱涝	相继设粥厂，立药局，全活甚众	累封奉值大夫	雍正《浙江通志》卷一八七《义行上》
	汪文桂		水灾	首倡赈济以食饥民	累封奉值大夫	雍正《浙江通志》卷一八七《义行上》
	陆其燧		岁饥	倡捐煮赈，全活无算。老幼不能至者以米遗之		雍正《浙江通志》卷一八七《义行上》
	张峥	庠生	水旱	出米数百石，设糜厂以赈之，复广施丹药以疗疫痢，全活无算		雍正《浙江通志》卷一八七《义行上》
	刘金铎	庠生	岁饥	竭力倡捐四百金以助赈济，民赖以安		光绪《严州府志》卷二〇《义行传》
	朱淇谧	庠生	岁祲	倾家资出粟以赈		光绪《严州府志》卷二〇《义行传》
	傅国佐	庠生	岁旱	出谷数百石以赒里党		光绪《续修庐州府志》卷五三《义行传》
	黄家珮	徽商	潮灾	捐金修范公堤。大水荐饥，多方设赈，全活甚众		乾隆《江都县志》卷二二《尚义》
	张至刚		岁荒	赈谷六百石	以义行称于时	嘉庆《松江府志》卷五七《古今人传九》
	顾梁佐		饥	出粟八百石，平粜以为诸名田倡价逐平		嘉庆《松江府志》卷五九《古今人传十一》
	袁昌裔		岁祲	出米数百石，施粥时有偷儿入室为所觉，予以钱劝之		民国《杭州府志》卷一四二《义行二》

捐赈年份	捐赈人	捐者身份	捐赈原因	捐赈情况	捐赈所获荣誉情况	资料来源
康熙年间	吴琛		岁饥	输米拯济，广设粥厂，多赖其全活		民国《杭州府志》卷一四二《义行二》
乾隆年间	陈世俶		大祲	倡义平糶施赈，存活无算		民国《杭州府志》卷一四二《义行二》
康熙年间	高士英		岁歉	出粟赈饥		民国《杭州府志》卷一四二《义行二》
	凌元芳		岁祲	倡捐千金助赈		光绪《宝山县志》卷九《孝友》
	程侯本		饥	煮粥赈饥	里正颂德	光绪《嘉定县志》卷一六《宦迹》
	章日焰		岁旱	蠲米设粥厂赈活饥民		民国《昌化县志》卷一二《义行传》
	胡希勋		岁饥	出粟赈济		民国《昌化县志》卷一二《义行传》
康熙、雍正年间	夏尚贤		岁饥	捐资赈糶，多所全活		光绪《严州府志》卷二〇《义行传》
康熙元年	史宗修		大饥	集诸生号于大吏，得免其年半租，为粥以食饿者		民国《杭州府志》卷一四二《义行二》
康熙元年、十年、十九年	邵士俊	国学生	岁饥	施粥糜给钱絮，全活无算		嘉庆《余杭县志》卷二八《义行传》
康熙二年	韩烇	生员	饥	出粟煮粥食饥民，全活无算，亲族贫，不克葬者捐金助之，有鬻身者赎归养之		光绪《重修奉贤县志》卷一二《人物志三》
康熙三年	士琦		大饥	发仓以赈，不足出私钱佐之		光绪《嘉定县志》卷一六《宦迹》
	查嗣镆		潮溢	滨海多穷民，煮粥馈送，浃旬勿倦		民国《杭州府志》卷一四二《义行二》

续表

捐赈年份	捐赈人	捐者身份	捐赈原因	捐赈情况	捐赈所获荣誉情况	资料来源
康熙五年	戴朝立		火灾	捐数百金周济		民国《杭州府志》卷一四二《义行二》
康熙八年	张至大		岁饥	捐租五百石赈饥，里人李二鬻女以偿，所贷返其券		嘉庆《松江府志》卷五七《古今人传九》
康熙九年	叶士奇		大祲	出米煮粥及饼饵，以给老稚之不能就食者		嘉庆《松江府志》卷五八《古今人传十》
	丁矿		饥	煮粥以食饥者		雍正《浙江通志》卷一八七《义行上》
康熙九年	张澜	国子生	水灾	倡行平粜之法，全活无算，普施茶汤		雍正《浙江通志》卷一八七《义行上》
康熙九年、十五年	潘志远	生员	大水	溺者具棺葬之，生者周以衣食		道光《泰州志》卷二五《笃行》
康熙十年	王世文	岁贡生	岁饥	诸台宪煮糜以活饥民，世文鬻田助50金，以囊其费		康熙《安庆府志》卷一八《笃行》
	任壋、姚文鳌等	生员	旱	输米助赈		康熙《安庆府志》卷一六《乡贤》
	胡以孝	商人	岁荒	捐米约500石，分赠乡城贫乏	有司旌其门	康熙《安庆府志》卷一八《笃行》
	熊元魁		大旱	出谷300石助赈		康熙《安庆府志》卷一八《笃行》
	谢赓明	生员	荒	捐粟五百石赈荒	奉取"义行"入祠	民国《杭州府志》卷一四二《义行二》
	盛应奎		大饥	应奎怀金往维扬买米五百斛以贷贫乏，不责其偿		民国《杭州府志》卷一四二《义行二》
	姚舜巡	生员	大饥	偶至湖州，遇衰年夫妇因逋欠，为债主所迫而鬻身者，舜巡出金代价		民国《杭州府志》卷一四二《义行二》

捐赈年份	捐赈人	捐者身份	捐赈原因	捐赈情况	捐赈所获荣誉情况	资料来源
康熙十年	谢庚明	生员	荒	捐粟五百石赈荒		民国《杭州府志》卷一四二《义行二》
康熙十年、十八年	章蕴	生员	旱灾	买米散给穷民		民国《杭州府志》卷一四二《义行二》
康熙十一年、十八年	金振龙	生员	大旱	倡施粥给谷，不惮衰耄，躬亲其事，又施药饵婴儿，全活尤多		民国《杭州府志》卷一四二《义行二》
康熙十二年	高宏璧	生员	奇荒	开仓纳漕月余	府县给"尚义"匾	同治《苏州府志》卷九五《人物二十二》
	高宏璧	生员	奇荒	宏璧往苏常买米，应补缓至次年	府县给尚义匾	民国《杭州府志》卷一四二《义行二》
康熙十五年	李友兰	生员	大水	出数千金，同子琮往上江运漕地方购米5000余石，于永宁寺设厂，救活饥民无算		乾隆《盐城县志》卷一三《义行》
康熙十八年	宋之嗣	业农	奇荒	近保居民，每月施米，赖以存活者数千家		同治《霍邱县志》卷一〇《人物志五》
	周宗圣		大荒	赈饭数月，全活数千家		同治《霍邱县志》卷一〇《人物志五》
	宋应第	生员	大饥	鬻产助赈		康熙《安庆府志》卷一八《笃行》
	李玉笈	乡绅	岁饥	变已产买谷300石，以为周济族党		同治《霍邱县志》卷一〇《人物志五》
	方君佑		春饥	捐稻600石以赈	安抚徐褒为"乐输善士"	光绪《续修庐州府志》卷五三《义行传》

续表

捐赈年份	捐赈人	捐者身份	捐赈原因	捐赈情况	捐赈所获荣誉情况	资料来源
康熙十九年	叶士奇		水灾	复倡捐，全活无算		嘉庆《松江府志》卷五八《古今人传十》
	戴文杰		水灾	率先合力，等其高下，区其沟浍，疏泄河道，变污莱为沃土者数百顷		乾隆《娄县志》卷二五《人物传六》
康熙二十二年	蒋鸣梧	进士	大水	民不聊生，捐资籴米赈济		乾隆《娄县志》卷二五《人物传六》
康熙三十年	项鼎玉等人	盐商	水灾	呈捐米 50000 石		嘉庆《江都县续志》卷一一《杂记》
康熙三十五年	陈家振	监生	水荒	出粟助赈		道光《泰州志》卷二五《笃行》
康熙三十五年、四十六年	施尧时	国学生	大祲	皆竭力矕赈，有祖父风		民国《崇明县志》卷一二《侠义》
康熙四十一年	魏应琦		大水	卖产籴谷以给族党		光绪《续修庐州府志》卷五四《义行传》
	沈万祥		岁歉	捐米赈饥，里有贫不能婚葬者，出赀相助，负债不能偿者，焚其券		民国《杭州府志》卷一四二《人物七义行二》
康熙四十五年	顾琪	国学生	岁祲	煮粥赈饥		光绪《宝山县志》卷九《孝友》
康熙四十六年	沈寀		岁祲	出粟煮粥，以食饥者		嘉庆《松江府志》卷五九《古今人传十一》
康熙四十六年、四十七年	陆凤翥		水旱	谋赈济，率家人于里门分给贫民，每口日给米半升，凡三匝月，米赢数千石，全活无数		民国《杭州府志》卷一四二《人物七义行二》

捐赈年份	捐赈人	捐者身份	捐赈原因	捐赈情况	捐赈所获荣誉情况	资料来源
康熙四十六年、四十七年	项日永		岁歉	出粟以赈，自江干边湖墅人人沿途给半升，活者无算		民国《杭州府志》卷一四二《义行二》
康熙四十七年	章钧起		岁祲	不惜重价易米归平减价值以济贫乏		光绪《严州府志》卷二〇《义行传》
	吴牲	太学生	大水	购米赈之，存活多人		光绪《续修庐州府志》卷五三《义行传》
	张钟发		岁祲	即输百金为倡，更劝同游及本邑富室捐资煮粥，饥民赖之		雍正《浙江通志》卷一八七《义行上》
	程士麟	监生	大水	捐米千二百石，设粥厂五所助赈	知县何大祥奖之	民国《杭州府志》卷一四二《人物七义行二》
	张钟发		岁祲	倡输百金，劝同游及本邑富室捐资煮粥，饥民赖之		民国《杭州府志》卷一四二《人物七义行二》
	李士达		饥	助赈		嘉庆《松江府志》卷五九《古今人传十一》
康熙四十八年	黄素	贡生	岁饥	煮粥福泉寺，捐棺槥瘗疫死者	巡抚给额旌之	嘉庆《松江府志》卷五八《古今人传十》
	陆祖彬		水灾	祖彬贷金糴米五百余石		光绪《青浦县志》卷二一《人物五》
康熙四十九年	翟士奇		岁祲	市米三百余石，计近里贫户每口日给一升，凡月余		民国《杭州府志》卷一四二《义行二》
康熙四十九年、六十年	阮六经	生员	岁饥	悉发家所贮谷济之，庚廪一空。六十年岁大无，复输米数百石，全活多人		民国《杭州府志》卷一四二《义行二》

续表

捐赈年份	捐赈人	捐者身份	捐赈原因	捐赈情况	捐赈所获荣誉情况	资料来源
康熙四十九年、五十三年	金芝兰	岁贡生	岁饥	出谷 1000 石赈济	乡人之义	民国《杭州府志》卷一四二《义行二》
康熙五十四年	黄宸	生员	大水	捐米 120 石		道光《泰州志》卷二五《笃行》
康熙五十八年	两淮众商	商人	旱灾	两淮众商，一体捐银买米，于城乡村镇，多设粥厂，煮粥赈济		《李煦奏折》，中华书局 1976 年版，第 210 页
康熙五十八年	伍正都		岁荒	捐谷赈饥		嘉庆《无为州志》卷二〇《义行》
康熙六十年	章日籨		岁旱	与弟日燿设粥厂振饥		民国《杭州府志》卷一四二《义行二》
康熙六十年、雍正二年、三年	方宏清		奇荒大雨洪水	捐米助赈于本乡穷民，又倾廪以济之；煮粥疗饥者数月；出金为之收敛瘗埋	卒祀乡贤	民国《杭州府志》卷一四二《义行二》
雍正初年	桂汉侯		岁歉	捐资助赈		光绪《宝山县志》卷九《孝友》
雍正年间	金集		潮灾	人民漂没，出赀掩埋，复买田作义冢		光绪《宝山县志》卷九《孝友》
雍正年间	陈赍		潮灾	独力捐棺买地置义冢瘗之		光绪《宝山县志》卷九《孝友》
雍正年间	王元会	生员	岁饥	出粟佐有司平糶		嘉庆《松江府志》卷五九《古今人传十一》
雍正年间	顾梁佐		饥且疫	独租助赈，且买地置义冢		嘉庆《松江府志》卷五九《古今人传十一》
雍正年间	何元信		岁饥	倡捐助赈，自雍正五年至乾隆二年独力施棺二百余口		光绪《严州府志》卷二〇《义行传》
雍正、乾隆间	朱钰		水灾	设局煮赈		咸丰《重修兴化县志》卷八《尚义》

捐赈年份	捐赈人	捐者身份	捐赈原因	捐赈情况	捐赈所获荣誉情况	资料来源
雍正元年	徐成龙		海溢	捐谷赈饥	知县钟维楷书"羽义乡国"额奖之	民国《杭州府志》卷一四三《义行三》
雍正二年	祝大中	国学生	潮灾	首捐千金赈粥		民国《崇明县志》卷一二《侠义》
雍正四年	伍大忠		岁荒	捐米 100 石赈饥		民国《杭州府志》卷一四三《人物七义行三》
雍正五年	钱有纲		水灾	乡邻告急,无不应。计钱百余十缗		光绪《光州志》卷七《善行列传》
雍正六年	张乃愿	庠生	岁旱	输谷 300 石,以均食之		同治《霍邱县志》卷一〇《人物志五》
雍正八年	夏兆吉	贡生	水旱	捐米泛舟达邑,助赈本庄,设粥救饥	督抚旌以"义举孔彰"	乾隆《盐城县志》卷一三《义行》
雍正九年	倪育韩		岁歉	赈饥又捐米周穷乏		光绪《严州府志》卷二〇《义行传》
	许澄		饥	首创平糶,设粥厂,躬自料检,全活无算		民国《杭州府志》卷一四三《义行三》
雍正九年、十年、十一年、十二年及乾隆三年、七年	汪应庚	徽商	潮灾水灾	雍正九年,伍祐下仓等场海啸成灾,煮赈 3 个月;十年、十一年扬州江潮泛溢,先出橐金安定之,随运米数千石赈之;十二年,复运谷数万石前往散放,是举存活 9 万余人;乾隆三年扬州水灾,独捐银 47310 两煮赈;乾隆七年秋水灾,又倡捐 60000 金	著加恩议叙	《明清徽商资料选编》,黄山书社 1985 年,第 321—323 页;光绪《增修甘泉县志》卷一三《笃行》

续表

捐赈年份	捐赈人	捐者身份	捐赈原因	捐赈情况	捐赈所获荣誉情况	资料来源
雍正十年	徐复显		潮灾	设厂施粥，活人无算		光绪《宝山县志》卷九《孝友》
	李士达		水溢	捞浮尸敛之		嘉庆《松江府志》卷五九《古今人传十一》
	沈增川		水灾	救生匪朽且收瘗之		嘉庆《松江府志》卷六〇《古今人传十二》
	张国贤		岁饥	赈粥施药，施衣施椁，见善必为		光绪《嘉定县志》卷一六《宦迹》
	金文忠		被灾	宗族戚里贫者出己财赡之，不足则鬻产充之		光绪《重修奉贤县志》卷一二《人物志三》
	侯上林		潮灾	捐置义冢，掩埋无算		光绪《宝山县志》卷九《孝友》
	戴天禄		潮灾	出粟独赈一图		光绪《宝山县志》卷九《孝友》
雍正十三年	孙凤起	国学生	潮灾	漂没民庐无算，凤起施椁掩埋，不足则继以蒲席		光绪《宝山县志》卷九《孝友》
雍正十四年、十五年、二十年	张俊儒		岁饥	平粜助赈，有良家子将鬻人为奴，亟赒之		光绪《嘉定县志》卷一六《宦迹》
乾隆初年	黄江	国学生	岁饥	解囊连赈		民国《崇明县志》卷一二《侠义》
乾隆年间	程九渊	国子生	岁饥	治赈不遗余力		光绪《嘉定县志》卷一六《宦迹》
	陈学诗、陈学礼		岁饥	平粜助赈	州给推仁闾里额	光绪《嘉定县志》卷一六《宦迹》
	赵炯	附贡生	岁歉	捐米数百石，煮粥赈饥		光绪《续修庐州府志》卷五三《义行传二》

捐赈年份	捐赈人	捐者身份	捐赈原因	捐赈情况	捐赈所获荣誉情况	资料来源
乾隆年间	王邦珍	监生	旱歉	捐麦800石、银200两，按户口分给，来年复借籽粮100石，家由此落，终无怨言		光绪《续修庐州府志》卷五三《义行传二》
乾隆初年	赵殿成	贡生	岁饥	为粥以食饿者，捐多金为倡		民国《杭州府志》卷一四三《人物七义行三》
乾隆年间	张懋祖		大饥	出家财千金助赈		同治《苏州府志》卷二四《公署四》
	王祖晋		蝗灾	出私钱捕焚之，复助灾民构屋		嘉庆《松江府志》卷五八《古今人传十》
	侯昌朝	国学生	岁饥	首倡捐米千石，专厂煮粥以济		嘉庆《松江府志》卷六〇《古今人传十二》
	庄四得		岁饥	出藏粟煮糜施赈		嘉庆《松江府志》卷六〇《古今人传十二》
	周士堂	生员	岁饥	仓无储粟，谋煮粥以饲馁者		嘉庆《松江府志》卷六〇《古今人传十二》
	李朝宰	太学生	岁饥	豫储粟以赡饥馁		嘉庆《松江府志》卷六〇《古今人传十二》
	宋来生		岁饥	设赈杜村		嘉庆《松江府志》卷六〇《古今人传十二》
	黄圻		大饥	出所有以周急者，不足则割产以济		光绪《松江府续志》卷二五《古今人传》
	宋来生	农家子	岁饥	设赈杜村		光绪《青浦县志》卷二〇《人物四》
	邹孟邻		岁饥	济贫有阴德		光绪《宝山县志》卷九《孝友》

续表

捐赈年份	捐赈人	捐者身份	捐赈原因	捐赈情况	捐赈所获荣誉情况	资料来源
乾隆年间	金集		岁饥	发廪粟减价平糶，活人无算		光绪《宝山县志》卷九《孝友》
	陈赟		潮灾	捐掩如前事上奉	奖给八品衔	光绪《宝山县志》卷九《孝友》
	李溥	国学生	岁荒	捐米五百石	奖以一邑首善额	光绪《宝山县志》卷九《孝友》
	朱秉成		岁荒	秉成捐赀设厂，人皆德之		光绪《宝山县志》卷九《孝友》
乾隆、嘉庆间	张廷模		岁饥	出重赀，倡首捐赈		道光《如皋县志》卷八《义行》
	张世祺	国学生	岁歉	首先倡捐		光绪《宝山县志》卷九《孝友》
乾隆年间	叶本	监生	岁祲	施粥平糶，收育遗孩	乡党颂之	光绪《青浦县志》卷一八《人物二》
	黄圻		大饥	出所有以周里中急不足则割其亩		光绪《青浦县志》卷二一《人物五》
	程侯本		岁荒	设法赈饥民		光绪《嘉定县志》卷一六《宦迹》
	陈曜	国子生	岁饥	有司议赈，曜先期施粥		光绪《嘉定县志》卷一六《宦迹》
	周士堂	生员	岁饥	士堂仓无储粟，竭谋煮粥，以饲馁者		光绪《重修奉贤县志》卷一二《人物志三》
	陈世儆		大祲	倡义平糶施赈，存活无算		民国《杭州府志》卷一四二《义行二》
	章镗	生员	岁歉	出粟三百石以济贫民		民国《昌化县志》卷一二《义行传》
	章钥		岁歉	捐银三百两以济乡里，又捐银二百两入公		民国《昌化县志》卷一二《义行传》
	余瀚		岁歉	出粟赈饥		民国《昌化县志》卷一二《义行传》
	姚汝愈	国学生	岁祲	倡义蠲米数十石以赈济者，全活颇众		民国《昌化县志》卷一二《义行传》

捐赈年份	捐赈人	捐者身份	捐赈原因	捐赈情况	捐赈所获荣誉情况	资料来源
乾隆年间	姜士戬		岁歉	收贸产易米以赈穷乏，秋旱复捐赀赈恤	表其门曰"急公好义"	光绪《严州府志》卷二〇《义行传》
	余致庆		岁歉	捐百金助赈		光绪《严州府志》卷二〇《义行传》
	余士伊	国学生	岁饥	捐米四百八十石赈饥		光绪《严州府志》卷二〇《义行传》
	余士伊	国学生	岁歉	捐赀三百金运米助赈		光绪《严州府志》卷二〇《义行传》
	翁宏高	庠生	岁荒	倾囊蠲赈		光绪《严州府志》卷二〇《义行传》
	刘泰风	岁贡生	岁饥	倡捐赈族，不藉官米		光绪《严州府志》卷二〇《义行传》
	倪育韩		旱灾	捐赀百金助赈，凡借贷贫不能偿，即焚券	里人咸义之	光绪《严州府志》卷二〇《义行传》
乾隆元年	章日筬		大水	捐谷百石		民国《杭州府志》卷一四二《义行二》
乾隆二年	汪玉球	徽商	岁饥	煮赈江都县城南者三月，活灾民数十万		乾隆《江都县志》卷二二《笃行》
	叶本	监生	水灾	勘赈，积劳成疾		光绪《青浦县志》卷一八《人物二》
乾隆三年	吴登云	庠生	岁饥	近乡多赖周济		同治《霍邱县志》卷一〇《人物志五》
乾隆三年、七年	杨霖	乡绅	大灾	设厂赈粥，前后共赈米3000余石，饥民赖以存活者甚多		乾隆《盐城县志》卷一三《义行》
	薛表	贡生	大灾	前后共赈米4000余石，救活饥民无算		乾隆《盐城县志》卷一三《义行》
	吴家龙	徽商	岁馑	助赈10000余金	铨部题请议叙	乾隆《江都县志》卷二二《笃行》

续表

捐赈年份	捐赈人	捐者身份	捐赈原因	捐赈情况	捐赈所获荣誉情况	资料来源
乾隆四年	胡治		岁饥	助赈米 200 石		嘉庆《东台县志》卷二七《尚义》
乾隆五年	汪应庚	徽商	民饥	独力捐赈，活数十万人		李斗:《扬州画舫录》卷一六《蜀冈录》
乾隆六年、十五年	姚起灏		水灾	捐米 120 石，后次广为劝捐，得银 1569 两，米 4520 石，饥民赖以存活		同治《霍邱县志》卷一〇《人物志五》
乾隆六年、二十一年	彭象晋		大水大饥	赁船援济，捐米 4000 石，捐赈银 2000 两		嘉庆《重刊江宁府志》卷三六《敦行》
乾隆六年	郑仕朝		大水	赁船救济，全活甚众		嘉庆《重刊江宁府志》卷三六《敦行》
乾隆七年	叶禹臣		水灾	倡里人捐米施粥于赵家河，全活甚众		嘉庆《高邮州志》卷一〇下《笃行》
	赵尔仪		水灾	倡里人捐米施粥于赵家河，全活甚众		嘉庆《高邮州志》卷一〇下《笃行》
	王宏德		被灾	出素蓄数十金，命子监生王略捐助	府县俱给匾褒奖	同治《霍邱县志》卷一〇《人物志五》
	陈镐	太学生	岁饥	捐粟赈饥	本府给以"慕义可风"匾额	同治《霍邱县志》卷一〇《人物志五》
乾隆十二年	沈增川		岁饥	振廪赈粥		嘉庆《松江府志》卷六〇《古今人传十二》
	杨以声		大水	漂没无算，妻亦溺死，以声殡殓，更出其余力分别男女收瘗之	邑令贺祥珠给额以旌	光绪《宝山县志》卷九《孝友》

捐赈年份	捐赈人	捐者身份	捐赈原因	捐赈情况	捐赈所获荣誉情况	资料来源
乾隆十三年	魏国檽	例贡生	岁旱	出粟400石助赈	"任恤可风"	光绪《续修庐州府志》卷五三《义行传》
乾隆十四年	王国泰		岁饥	出粟赈恤乡里，全活甚众		嘉庆《重刊江宁府志》卷三六《敦行》
乾隆十六年	余临川		岁荒	慨然捐米一十五石		民国《昌化县志》卷一二《义行传》
乾隆十六年、十七年	金瀚		岁饥	粜米输赈		民国《杭州府志》卷一四三《义行三》
乾隆十六年、二十一年	许承基		岁饥	出粟平粜；后又饥，亦如之，先后全活无算		民国《杭州府志》卷一四三《义行三》
乾隆二十年	马彪		岁祲	首创捐赈		民国《杭州府志》卷一四三《义行三》
乾隆二十、二十一年	朱尔昌		岁歉	散谷以济		嘉庆《东台县志》卷二七《尚义》
乾隆二十年	朱光照		大饥	首输钱300余千为富室倡		光绪《续修庐州府志》卷五三《义行传》
	竺锐		大饥	捐赈银330两		嘉庆《重刊江宁府志》卷三六《敦行》
	陈安仁	国学生	岁饥	率从子遇清文锦出米煮粥，活饥民以千计，又捐田三百余亩为义田，以赡五世族人		嘉庆《松江府志》卷五八《古今人传十》
	胡廷相		岁饥	冻馁者周其衣食，已死者助之殡敛		嘉庆《松江府志》卷五九《古今人传十一》
	徐乾		岁饥	与弟日煦首倡平粜，并捐助粥厂		嘉庆《松江府志》卷五九《古今人传十一》

续表

捐赈年份	捐赈人	捐者身份	捐赈原因	捐赈情况	捐赈所获荣誉情况	资料来源
乾隆二十年	杨永昌		大饥	计口给粮累月费二千余金		嘉庆《松江府志》卷六〇《古今人传十二》
	陈依仁		大祲	力请令感其意，详请赈，民赖以活者数万		光绪《宝山县志》卷九《孝友》
	凌镒		岁荒	当事谕设厂给米，镒以镇多遗漏，日另煮粥以补不足	檄给"乐善不倦"匾	光绪《宝山县志》卷九《孝友》
	陆瑃璋		岁祲	设厂赈饥		光绪《宝山县志》卷九《孝友》
	祝恺		大饥	恺捐米一千三百余石，活万余人	巡抚庄有恭给额旌之	民国《崇明县志》卷一二《侠义》
	陈安仁	监生	岁饥	率从子遇清文锦出米煮粥，活饥民以千计，捐田三百余亩为义田，以赡五世族人	巡抚庄有恭旌之	光绪《重修奉贤县志》卷一二《人物志三》
	祝彭龄	例贡生	岁祲	发粟赈粥以捐		光绪《南汇县志》卷一四《人物志二》
	杨永昌		岁饥	永昌就本乡计口给粮累月	赐八品衔	光绪《南汇县志》卷一四《人物志二》
	旌建坊		岁饥	与弟日煦鬻田以赈饿者		光绪《金山县志》卷二四《义行传》
	钱溥义		岁饥	首倡施粥并助赈米千余石，复号于门，减价平粜		光绪《金山县志》卷二四《义行传》
乾隆二十一年	钱溥义		大疫	施槥以千计，又置田千亩，以赡族亲		光绪《金山县志》卷二四《义行传》
	应金裁		岁饥	捐资拯济		民国《杭州府志》卷一四三《义行三》

续表

捐赈年份	捐赈人	捐者身份	捐赈原因	捐赈情况	捐赈所获荣誉情况	资料来源
乾隆二十一年	张丽生		岁饥	助赈	榜曰"从风乐善"	嘉庆《东台县志》卷二七《尚义》
	符启隽	监生	岁饥	率众捐赈。又捐粮十日，以济饥民		嘉庆《东台县志》卷二七《尚义》
	汤秉忠	太学生	大饥	尽出所储粟助赈		嘉庆《如皋县志》卷一七《列传二》
	张志芳	贡生	岁饥	罄历年所储粟，以救饿夫，全活无算		嘉庆《如皋县志》卷一七《列传二》
	徐旭		大饥	倾困与兄浩福协力救饥，民多所全活		嘉庆《如皋县志》卷一七《列传二》
	应金裁		岁饥	捐资拯济		民国《杭州府志》卷一四三《人物七义行三》
乾隆二十一、四十、五十年	杨扶伦		岁饥	迭次竭力捐赀以赈饥黎，全活者多		民国《杭州府志》卷一四三《人物七义行三》
乾隆二十一年	陈冈	太学生	岁饥	倾囊助赈		民国《杭州府志》卷一四三《人物七义行三》
	洪世授		岁荒	废产捐施，妻乐氏并罄钗珥助之		民国《杭州府志》卷一四三《人物七义行三》
	黄之焕	郡庠生	春荒	捐谷倡赈，活邻里。复捐谷普给族中贫乏，举家食麦而以米赈人		光绪《续修庐州府志》卷五三《义行传》
	姚尚纲		岁饥	与兄尚谦捐米一千三百石		光绪《重修奉贤县志》卷一二《人物志三》
	朱之淇		饥	施米平糶，为郡邑倡；秋大疫，舍椠以千计		嘉庆《松江府志》卷五九《古今人传十一》

续表

捐赈年份	捐赈人	捐者身份	捐赈原因	捐赈情况	捐赈所获荣誉情况	资料来源
乾隆二十九年	李国梓	贡生	水患	三遭水患，皆输粟助赈，全活无算		光绪《续修庐州府志》卷五四《义行传》
乾隆三十一年	吴启仁	生员	岁祲	出米三百二十石施同里，并置粥于门以食饿者		民国《杭州府志》卷一四三《义行三》
乾隆三十三年	张庆曾	徽商	岁饥	捐米100石为众倡，各以百斛助赈		光绪《盐城县志》卷一二《人物》
	蔡天泰		岁旱	赈饥撮镇，人日给米半升，有田邻数十家忍饥待毙，天泰量其家口，各给钱三五千，邻无饥死者		光绪《续修庐州府志》卷五三《义行传》
乾隆四十年	叶濂		旱	捐米100石赈饥		嘉庆《重刊江宁府志》卷三六《敦行》
乾隆四十年、五十年	朱本智		岁饥	家储粟百余石，区分为四，以三遗族党		嘉庆《重刊江宁府志》卷三六《敦行》
乾隆四十六年	两淮众商	盐商	潮灾	共捐银6620两，煮赈、抚恤盐丁灶户		嘉庆《两淮盐法志》卷四二《捐输三》
乾隆五十年	方大山	贡生	大旱	倾仓谷以赈更假麦数百石以济春荒		光绪《续修庐州府志》卷五三《义行传二》
	刘永福		大饥	施谷，掩暴露	邑人颂之	道光《巢县志》卷一三《笃行》
	高龙占	业农	旱蝗	蝗食苗殆尽，龙占田独无恙，遂将所收谷分给邻里，以作谷种		光绪《续修庐州府志》卷五三《义行传二》
	凌厚积	监生	大旱	赈其邻里，人给米3合，家廪匮，又贷以益之	乡人高其义	光绪《续修庐州府志》卷五三《义行传二》

续表

捐赈年份	捐赈人	捐者身份	捐赈原因	捐赈情况	捐赈所获荣誉情况	资料来源
乾隆五十年	李嗣忠	监生	岁饥	捐助赈银	奖以额曰"克广恩施"	同治《霍邱县志》卷一〇《人物志五》
	金廷训		饥	捐粟助赈	赐"七世衍祥"匾	同治《苏州府志》卷八三《人物十》
	陈灏	监生	大饥	捐赈银1000两		嘉庆《重刊江宁府志》卷三六《敦行》
	李霞晃	庠生	大旱岁饥	本里穷困者按户口大小各给米一月		嘉庆《余杭县志》卷二八《义行传》
	陈纲	庠生	大旱	举储麦500余斛赈贫		光绪《阜宁县志》卷一六《笃行》
	白廷俊	贡生	岁饥	捐赈银2000两	督抚具题给匾旌奖	光绪《续修庐州府志》卷五三《义行传》
	陆宗瑛		岁饥	捐金为粥		光绪《续修庐州府志》卷五三《义行传》
	张绪余		大饥	谐兄弟捐银2000两籴米江西,以散饥者		同治《六安州志》卷三七《笃行》
乾隆五十年、嘉庆九年	邹元焕	国学生	蝗灾水灾	举所获谷数百斛,尽给灾民;每晨率属煮粥疗饥,必先尝食,然后手自给散。既饱,各给钱数文,远来无依者结茅屋居之,以就食		嘉庆《高邮州志》卷一〇《笃行》
乾隆五十一年、五十二年	高超	庠生	大饥	与邑人募赈米谷,身至被在之家,计口授食		嘉庆《高邮州志》卷一〇《笃行》

续表

捐赈年份	捐赈人	捐者身份	捐赈原因	捐赈情况	捐赈所获荣誉情况	资料来源
乾隆五十一年	刘大章	太学生	岁饥	旋置粥厂于甘露庵，出赀300余金，赖存活者数百人		嘉庆《如皋县志》卷一七《列传二》
乾隆五十一年、五十二年	贾栋	进士	旱潦	率里人捐赈，全活无算		嘉庆《高邮州志》卷一〇《列传》
乾隆五十一年	陈士学	太学生	大旱	出粟赈饥，并给棺木，里人赖之		咸丰《重修兴化县志》卷八《尚义》
	范毓玑		大饥	捐银400两助赈，更施粥活饥人甚众		嘉庆《如皋县志》卷一七《列传二》
	沈全连	国子生	岁荒	破产赈济，不下千有余金		嘉庆《如皋县志》卷一七《列传二》
	杨绥之	太学生	岁饥	捐资助赈		道光《如皋县志》卷八《义行》
乾隆五十一年、嘉庆十一年、十九年	杨元敬	国学生	岁歉	倡捐出谷100余石，全活无算		道光《如皋县志》卷八《义行》
乾隆五十一年、嘉庆十九年	徐学忠	国学生	岁歉	两次捐输赈饥		道光《如皋县志》卷八《义行》
乾隆五十一年	刘佩馨	武举	岁饥	捐麦500石，赈本境灾民		民国《续纂泰州志》卷二六《笃行》
乾隆五十年	丁绅	廪贡生	大荒	捐银600余两助赈，又出银200两分贷族邻		光绪《续修庐州府志》卷五三《义行传》
	程朝瑷	贡生	奇旱	捐银助赈		光绪《续修庐州府志》卷五三《义行传》

续表

捐赈年份	捐赈人	捐者身份	捐赈原因	捐赈情况	捐赈所获荣誉情况	资料来源
乾隆五十年	许嶙	太学生	旱饥	捐谷助赈		光绪《续修庐州府志》卷五三《义行传》
	陈绍翔		饥	买米平糶，近村赖以全活者无算		民国《杭州府志》卷一四三《义行三》
乾隆五十一年	李上瑚		水灾	出钱谷以赈，全活甚众		民国《续修江都县志》卷二五《列传第七上》
乾隆五十三年	高宗元		岁祲	为粥活饿者		民国《杭州府志》卷一四二《义行二》
乾隆五十三年、嘉庆五年	周濂		大水	捐资备棺以敛瘗；醵钱贮敦仁堂，施棺置田若干亩		民国《杭州府志》卷一四三《义行三》
	许擎	生员	大水	捐资备棺以敛瘗；醵钱贮敦仁堂施棺，置田若干亩以垂永久，施丹药治小儿		民国《杭州府志》卷一四三《义行三》
乾隆五十七年	顾天爵		疫灾	贫者多无棺以瘗，天爵复捐金		民国《杭州府志》卷一四三《义行三》
乾隆五十九年	汤玉澄等	盐商	潮灾	捐米500石，贷给灶丁，已复捐250石		嘉庆《东台县志》卷二七《尚义》
	戴天颜		岁歉	倡捐发赈，并独购粟煮粥以济乡人	邑令详请旌表	光绪《重修奉贤县志》卷一二《人物志三》
	金子安		大饥	积馋豆六十余石，遇饥者辄与之，多赖以存活		光绪《重修奉贤县志》卷一二《人物志三》
乾隆六十年	庄四得		饥	出藏粟，煮糜赈饥		光绪《重修奉贤县志》卷一二《人物志三》

续表

捐赈年份	捐赈人	捐者身份	捐赈原因	捐赈情况	捐赈所获荣誉情况	资料来源
乾隆六十年	戴天禄		潮灾	创捐助赈		光绪《宝山县志》卷九《孝友》
	钟泰		岁荒	泰力陈粥厂之弊，改给米粟，贫者得实惠		光绪《宝山县志》卷九《孝友》
嘉庆年间	何日华	贡生	岁饥	赈济，捐送继善堂田53亩		同治《如皋县续志》卷九《义行传》
	芮日	监生	岁祲	捐谷赈饥		光绪《续修庐州府志》卷五三《义行传》
	屠德修		饥	倾家以济	里人称颂至今	光绪《青浦县志》卷二一《人物五》
	钟鋐鋐	生员	岁歉	议赈，钟条析利弊，谓煮粥不如散钱，总厂不如分厂，设法周至		光绪《嘉定县志》卷一六《宦迹》
	黄鹏飞		岁歉	饿殍载道，斜同志买地掩之，邑中义赈率先捐助		光绪《嘉定县志》卷一六《宦迹》
	黄载青		岁饥	亦出粟赈		民国《崇明县志》卷一二《侠义》
嘉庆、道光间	凌潢	生员	旱潦	给米以赈困饿		光绪《续修庐州府志》卷五三《义行传》
嘉庆元年	马钰		大水	输金为创		民国《杭州府志》卷一四三《义行三》
嘉庆六年	诸自谷	生员	大水	办赈，民赖全活		光绪《青浦县志》卷一八《人物二》
嘉庆八年	苏学	监生	春饥	捐金赈饥		嘉庆《东台县志》卷二七《尚义》
	许擎	生员	大旱	米腾贵，出千金平糶		民国《杭州府志》卷一四三《义行三》

捐赈年份	捐赈人	捐者身份	捐赈原因	捐赈情况	捐赈所获荣誉情况	资料来源
嘉庆九年	孙峻	监生	水灾	愚民多病饿死，峻目击伤之，爰著圩岸图说		光绪《青浦县志》卷一九《人物三》
嘉庆十年	许国宁		水灾	捐赈3个月		光绪《青浦县志》卷一九《人物三》
	王茂公		水灾	其曾孙鹤龄等捐银5000两，即遗产所蓄也	为文勒石奖之	道光《泰州志》卷二五《笃行》
	韩大鹏		水灾	赴城倡捐煮赈。复于本镇施米及棺木		道光《泰州志》卷二五《笃行》
嘉庆十年、十一年	高荣斌		水灾	捐银米助赈		道光《泰州志》卷二五《笃行》
	黄庄	武举	水灾	倡捐助赈	州牧奖之	道光《泰州志》卷二五《笃行》
	钱中怀	生员	水灾	倡捐赈济		道光《泰州志》卷二五《笃行》
	王瑞槐		水灾	捐金助赈	有司扁奖之	道光《泰州志》卷二五《笃行》
嘉庆十年	张日旺	监生	水灾	助赈		道光《泰州志》卷二五《笃行》
嘉庆十年、十八年	吴焯		岁饥	倡捐赈粟，赖以活者无算		道光《如皋县志》卷八《义行》
嘉庆十年、道光六年、十一年	刘福庆	附贡生	大水	皆输巨资拯流亡		民国《续纂泰州志》卷二六《笃行》
嘉庆十年、十一年	曹忠殷	监生	水灾	首输500金助赈	以"惠孚桑梓"	民国《续纂泰州志》卷二六《笃行》
嘉庆十年	汪瑞	徽商	大水	捐办赈抚；后值水旱遍灾，均倡捐助赈		光绪《东台采访见闻录》卷二《流寓》

续表

捐赈年份	捐赈人	捐者身份	捐赈原因	捐赈情况	捐赈所获荣誉情况	资料来源
嘉庆十年	鲍漱芳	徽商	大水	捐米60000石助赈，捐银65000两助河工		《明清徽商资料选编》第324页
	黄作霖	国学生	荒	筑义冢，煮糜食，养济院丐者		民国《崇明县志》卷一二《侠义》
嘉庆十年、道光四年、十一年	沈龙辅		岁饥	俱出粟三百余缗		民国《崇明县志》卷一二《侠义》
嘉庆十年、道光三年	姚湘	生员	大水	湘创议给振，以私贷继公赈，后竝任其劳，灾后多疫，捐药疗之，脱手数千金，全活无算		民国《杭州府志》卷一四三《义行三》
嘉庆十一、十九年、道光十二年	汪为霱		岁饥	捐赀倡赈	恩加记录三次	道光《如皋县志》卷八《义行》
嘉庆十一年、十九年	石润		岁饥	皆捐赀助赈，不遗余力		道光《如皋县志》卷八《义行》
嘉庆十六年、十九年	黄锋	监生	岁旱	各输粟6000斛赈饥		光绪《续修庐州府志》卷五三《义行传》
嘉庆十六年	王维清	庠生	岁祲	好施不吝	赠"惠及一方"匾额	光绪《续修庐州府志》卷五三《义行传》
嘉庆十九年	夏震		旱灾	捐助赈		道光《泰州志》卷二五《笃行》
	沈义		岁饥	出重赀助赈		道光《如皋县志》卷八《义行》
	吴攀龙	曾官福建巡司	岁饥	赈粟		同治《如皋县志》卷九《义行传》

捐赈年份	捐赈人	捐者身份	捐赈原因	捐赈情况	捐赈所获荣誉情况	资料来源
嘉庆十九年	刘人萃		岁歉	倡捐重赀		道光《如皋县志》卷八《义行》
	章灏	国学生	岁饥	捐资赈济	议叙从九品衔	道光《如皋县志》卷八《义行》
	朱清源	国学生	荐饥	独力助赈，捐银1000余两	议叙主簿	道光《如皋县志》卷八《义行》
嘉庆十九年、道光三年	鲍瑚	优庠生	水旱	倡捐赈饥，躬自散放		光绪《续修庐州府志》卷五三《义行传》
嘉庆十九年	王朝选	生员	岁旱	出仓谷1000余石，煮粥赈济		光绪《续修庐州府志》卷五三《义行传》
	张尚耀	监生	旱灾	捐银400两助官赈		光绪《续修庐州府志》卷五三《义行传》
	张廷贵	监生	岁旱	捐银800两助官赈，又赈给族贫者大小口银5两		光绪《续修庐州府志》卷五三《义行传》
	张钧	监生	岁旱	散米数百石，族戚邻里赖全活甚多		光绪《续修庐州府志》卷五三《义行传》
嘉庆十九年、道光三年	王贤鳞	太学生	旱潦	各捐谷100石，倡设粥厂，施给棉衣		光绪《续修庐州府志》卷五三《义行传》
嘉庆十九年	吴邦楹	监生	大旱	捐赀助知县黄设厂赈济		光绪《续修庐州府志》卷五三《义行传》
	张德强		岁饥	慨捐1000金赈济乡里	邑侯给予乐善好施匾额	光绪《续修庐州府志》卷五三《义行传》
	汪本贤		大旱	出资300千以助		光绪《续修庐州府志》卷五三《义行传》

续表

捐赈年份	捐赈人	捐者身份	捐赈原因	捐赈情况	捐赈所获荣誉情况	资料来源
嘉庆十九年	李钲	监生	岁荒	出谷 200 石赈济族邻		光绪《续修庐州府志》卷五四《义行传》
	方以种	监生	旱荒	捐大麦 600 余石，钱 1000 缗，散给村邻		光绪《续修庐州府志》卷五四《义行传》
	黄廷基		旱荒	各图协赈，廷基独赈本图饥民一月	知县张敏求给额旌之	光绪《重修奉贤县志》卷一二《人物志三》
	张廷源	岁贡生	旱灾	民饥，与兄廷照出赀振之		民国《南汇县续志》卷一三《人物志一》
	方新能		岁饥	捐资助赈	议叙主簿衔	光绪《寿州志》卷二四《义行》
	王心		岁饥	命子举人会出谷助赈	得议叙	光绪《寿州志》卷二四《义行》
	宋恪	监生	大旱	散荞麦 100 余石，周济乡里		光绪《寿州志》卷二四《义行》
	张全傅		岁荒	捐资济荒	表其门"轻财好施"	光绪《寿州志》卷二四《义行》
	夏尚忠		岁饥	倡捐以赈之		特色
	罗福履	徽商	旱	平价出所储麦，捐 20000 余金	如皋人至今德之	《明清徽商资料选编》第 326 页
嘉庆二十年	莫逊田		岁祲	设粥厂以赈，远近饥民全活者众		光绪《金山县志》卷二四《义行传》
嘉庆二十五年	张正定		岁祲	出谷 1000 余石	乡邻感德	光绪《续修庐州府志》卷五三《义行传》
嘉庆二十年	许擎	生员	饥	创议就本坊，平糶建时价之半月余		民国《杭州府志》卷一四三《义行三》
道光初年	陈琢	生员	岁祲	倡议分厂拯灾，饥民赖以全活。又议创设善堂，掩埋骸骼		光绪《宝山县志》卷九《孝友》

续表

捐赈年份	捐赈人	捐者身份	捐赈原因	捐赈情况	捐赈所获荣誉情况	资料来源
道光初年	梁元凤	贡生	水灾	倡捐米谷300石，赈济水灾	议叙教职	光绪《续修庐州府志》卷五三《义行传》
	张廷榜	乡绅	大水	捐资20000助赈		光绪《续修庐州府志》卷五三《义行传》
道光年间	杨药坪	增生	岁歉	助粟500石，富者各开仓相救		同治《如皋县志》卷九《义行传》
	汪鼎	监生	大水	以1000金散给饥民，不足，售田产益之		光绪《续修庐州府志》卷五四《义行传》
	周启酆	监生	水灾	赈谷200石		光绪《续修庐州府志》卷五四《义行传》
	刘孝于	庠生	水灾	倡捐助赈		光绪《续修庐州府志》卷五三《义行传》
	王楠		大水	合县助赈捐银归公。散米凡三月，饥民赖之		同治《苏州府志》卷一七〇《人物三十四》
	孙诰祖		水灾	叠赈水灾	授常州督抚粮通判	光绪《寿州志》卷二四《义行》
	周玉路	附贡生	大水	尽出所藏		光绪《寿州志》卷二四《义行》
	钱深培	郡庠生	水灾	屡以修金助赈		光绪《续修庐州府志》卷五三《义行传》
	张锡	锡工	水灾	出累年所积金，市谷数十石食饿者		民国《续修江都县志》卷二五《列传》
	芮疑	乡绅	水灾	捐数百金以助义赈		光绪《续修庐州府志》卷五三《义行传》

续表

捐赈年份	捐赈人	捐者身份	捐赈原因	捐赈情况	捐赈所获荣誉情况	资料来源
道光年间	姚克初	监生	大水	捐银助赈，复以钱米私恤之		光绪《《续修庐州府志 》卷五三《义行传 》
	计世本	候选同知	大水	助赈3次		光绪《《续修庐州府志 》卷五三《义行传 》
	王长祚	附贡生	岁荒	捐资助赈		光绪《《续修庐州府志 》卷五三《义行传 》
	朱大松	例贡生	大水	捐米数百斛协赈		同治《苏州府志》卷九六《人物二十三》
	杨三俊		大饥	煮粥济贫，甚力殁人		光绪《青浦县志》卷二〇《人物四》
	钟鋐鋐	生员	岁歉	钟首输钱二千缗赈之		光绪《嘉定县志》卷一六《宦迹》
	桂汉侯		水灾	偕绅士设厂施粥，复出私赀，在家煮赈以济孤寡废疾者		光绪《宝山县志》卷九《孝友》
	沈志明		岁歉	以数百金捐赈，乡俗多弃婴，复倡捐收养之		光绪《宝山县志》卷九《孝友》
	沈襄	附贡生	水灾	捐赀以赈，倡议煮粥且多设粥厂，以济穷民		光绪《宝山县志》卷九《孝友》
道光、咸丰间	沈沼		岁歉	施赈米，贷钱谷，瘗暴骨		民国《崇明县志》卷一二《侠义》
	夏锦书	生员	大荒	两次大荒皆竭力助赈		民国《嘉定县续志》卷一一《德义》
道光中	张耀宝	监生	岁饥	散财粟赈饥		光绪《盐城县志》卷一二《人物》
道光季年、同治初年	陈永泰	业医	水灾旱灾	出藏谷赈邻里		民国《续修江都县志》卷二五《列传》

捐赈年份	捐赈人	捐者身份	捐赈原因	捐赈情况	捐赈所获荣誉情况	资料来源
道光年间	朱昌杰	生员	水灾	偕张朝佳请糶米		民国《宝山县续志》，卷一四《义德》
	嵩龄任酉	进士	大水	酉与嵩龄皆出粟赈乡里		同治《苏州府志》卷一七〇《人物三十四》
	柳树芳	例贡生	大水	出粟以赈乡里，赖以全活甚众		同治《苏州府志》卷一七〇《人物三十四》
	陈鳞	举人	水灾	襄办义赈，厘奸剔弊，任劳任怨，协修海塘，竭力捐输		光绪《青浦县志》卷二一《人物五》
	刘观光	例贡生	大水	出粟一千石，棉衣千领，赈饥设粥厂至次年麦熟，全活无算		光绪《青浦县志》卷二一《人物五》
	于祐安		水灾	偕同志集资活饥者		光绪《松江府续志》卷二四《古今人传》
	顾延吉	生员	水灾	捐赀甚钜		光绪《松江府续志》卷二四《古今人传》
	钱纯嘏	生员	水灾	捐米平糶，修桥筑路		光绪《嘉定县志》卷一六《宦迹》
	秦溯萱	国子生	岁荒	捐赈皆万计		光绪《嘉定县志》卷一六《宦迹》
	张监	国子生	水灾	筹捐给赈，具有条理		光绪《嘉定县志》卷一六《宦迹》
	张文诠	国子生	水灾	条上赈恤事宜悉见，施行规劝		光绪《嘉定县志》卷一六《宦迹》
	秦暲	国子生	水灾	暲平糶米豆		光绪《嘉定县志》卷一六《宦迹》
	李祥光		大水	邻里乏食，忾粟一斛，又倾赀助赈	议叙八品职衔	光绪《嘉定县志》卷一六《宦迹》
	张家震	生员	水灾	承父志煮粥平糶，全活甚众		光绪《嘉定县志》卷一六《宦迹》

续表

捐赈年份	捐赈人	捐者身份	捐赈原因	捐赈情况	捐赈所获荣誉情况	资料来源
道光年间	葛锡祚	进士	水灾	运米平粜，心力交瘁		光绪《嘉定县志》卷一六《宦迹》
	谢景川		岁荒	散谷以济哀鸿，贫而不能娶者酌给钱谷		民国《昌化县志》卷一二《义行传》
	徐光熊		水灾	发粟三百石赡养其乡		民国《青浦县续志》卷一七《义行传》
	陈镰		岁祲	囊力振务，出粟输财，活人甚众		民国《青浦县续志》卷一七《义行传》
	俞拜言		水灾	均以振助，有功乡里		民国《青浦县续志》卷一七《义行传》
道光三年	侯其伟		大饥	发粟助之		民国《青浦县续志》卷一七《义行传》
	曹德元		大水岁饥	就本乡计口给粮，捐赈累月，活民甚众	里人德之	光绪《南汇县志》卷一四《人物志二》
	张廷源	岁贡生	水潦	复与侄兆熊捐赀振恤	给匾额旌	民国《南汇县续志》卷一三《人物志一》
	鞠秋华	生员	水灾	与陈廷溥、庄曾培等劝捐赈济，全活甚众		光绪《重修奉贤县志》卷一二《人物志三》
	戴思礼	生员	水灾	捐资助赈，家仅温饱，典售衣物，于头桥镇施粥，存活甚众		光绪《重修奉贤县志》卷一二《人物志三》
	唐庆门		水灾	与弟庆辰捐赀协赈		光绪《重修奉贤县志》卷一二《人物志三》
	阮逢逌	生员	岁荒	倡捐助赈，与从弟实连设法平粜		光绪《重修奉贤县志》卷一二《人物志三》
道光三年、十三年	范用和	监生	水灾	道殣相望，出粟计口给粮，全活无算		光绪《重修奉贤县志》卷一二《人物志三》

续表

捐赈年份	捐赈人	捐者身份	捐赈原因	捐赈情况	捐赈所获荣誉情况	资料来源
道光三年	阮逢道	生员	水灾	出粟赈饥		光绪《松江府续志》卷二四《古今人传》
	周尚綑	监生	水灾	出粟数百石，请煮粥施之，全活甚众		光绪《松江府续志》卷二四《古今人传》
	徐学健	国学生	大水	出粟赈饥，收养弃婴，皆为人所难		同治《苏州府志》卷一八〇《人物三十五》
	黄大源妻殷氏		水灾	脱簪珥救济，饥民全活甚众		同治《苏州府志》卷一三一《列女十九》
	王炳照		大水	同黄汝玉、杨壎办西乡抚赈尽心		光绪《青浦县志》卷二一《人物五》
	胡维德	国学生	岁祲	邑中议赈，倾囊相助		光绪《宝山县志》卷九《孝友》
	朱丙	国学生	水灾	与从弟输钱八千贯赈饥		光绪《宝山县志》卷九《孝友》
	沈樏	国学生	水灾	率同堂弟侄捐钱一万贯		光绪《宝山县志》卷九《孝友》
	严恭	庠生	岁荒	以捐赈	授州判衔	光绪《宝山县志》卷九《孝友》
	许家麟	例贡生	大水	携白金万余，偕其友李阳春往察民之尤困者赈之		光绪《续修庐州府志》卷五三《义行传》
	朱光裕	乡饮宾	大水	输粟于官，以赈之		光绪《续修庐州府志》卷五三《义行传》
道光三年、四年	姜敏	捕鱼为业	岁饥	两次捐款助赈		民国《怀宁县志》卷二〇《笃行》
道光三年、二十九年	俞大贞		水灾	捐数百金赈饥；首先捐资以劝乡里		光绪《南汇县志》卷一五《人物志三》
	陈均	生员	大水	捐赀赈饥，全活甚众；出米施粥，乡里德之		光绪《松江府续志》卷二四《古今人传》

续表

捐赈年份	捐赈人	捐者身份	捐赈原因	捐赈情况	捐赈所获荣誉情况	资料来源
道光六年、二十八年	丁如茯		水灾	煮赈济，全活甚众		光绪《阜宁县志》卷一五《笃行》
道光九年、十三年	顾文炳	廪贡生	水灾	与侄星衢捐万缗拯济	"乐善好施"旌其门	光绪《寿州志》卷二四《义行》
道光十年	戴继光	太学生	水灾	出赀给散下河饥民		光绪《增修甘泉县志》卷一三《笃行》
道光十一年	崔楹	监生	水灾	捐钱谷以万计		光绪《盐城县志》卷一二《人物》
	问长泰		堤决	倾产赈济		民国《宝应县志》卷一四《孝友》
道光十一年	范邦直	监生	水灾	出粟赈济	"乐善劝公"	光绪《续修庐州府志》卷五三《义行传》
道光十一年、二十九年	虞衡	附贡生	水灾	输钱3600千		光绪《续修庐州府志》卷五三《义行传》
道光十一年	羊其怀		水荒	出家赀，济困乏		光绪《阜宁县志》卷一六《笃行》
道光十一年、十二年	张湵	廪贡生	岁荒	捐赈米粥		光绪《续修庐州府志》卷五三《义行传》
道光十一年	韦兆兰	监生	水荒	助资数千金济赈	旌以"乐善好施"	光绪《再续高邮州志》卷四《义行》
道光十一年、二十二年、二十九年	王步瀛		水溢	尽出仓庾积粟散之		光绪《江都县志》卷二六《列传第六》

捐赈年份	捐赈人	捐者身份	捐赈原因	捐赈情况	捐赈所获荣誉情况	资料来源
道光十一年	王瑶桢	增贡生	大水	醵金逾千		民国《宝应县志》卷一五《笃行》
	谢天来	监生	水灾	捐通足制钱200千文		佚名《江都县劝捐示》
	徐万和、周隆兴、袁玉成、谢德丰等	乡绅	水灾	每日先备面饼10余石，约计饼2万有余个，每口面饼4枚，让"各庄老成同志者面交携回，秉公按口分散"		佚名《江都县劝捐示》
	任华	监生	水灾	助捐赈济	赠以"惠周闾里"额	光绪《续修庐州府志》卷五四《义行传》
	徐亮	乡绅	江溢	以舟载饼饵分饷饥民，输1500缗助赈		光绪《江都县续志》卷二六《列传第六》
	刘绍义		水灾	散麦于乡里，以赈饿者		光绪《江都县续志》卷二六《列传第六》
	谢元礼		水灾	市饼若干食被灾者，捐千金为倡		民国《续修江都县志》卷二五《列传第七下》
道光十一年、十二年、十三年	孙可仿	监生	水灾	叠赈水灾		光绪《寿州志》卷二四《义行》
道光十一年	孙绍祖	监生	大水	捐数千金赈饥	议叙监知事衔	光绪《寿州志》卷二四《义行》
道光十一年、十二年、十三年	孙崇祖	廪贡生	大水	倡捐赈灾	署池州司训	光绪《寿州志》卷二四《义行》
道光十一年、十二年、十三年	柏节	监生	水灾	捐资佐知州高庆瑞赈饥民	大吏屡奖以匾额	光绪《寿州志》卷二四《义行》

续表

捐赈年份	捐赈人	捐者身份	捐赈原因	捐赈情况	捐赈所获荣誉情况	资料来源
道光十一年	谢夔			捐米济荒		光绪《续修庐州府志》卷五四《义行传》
	吴嘉祥		水灾	赈米400石		光绪《续修庐州府志》卷五四《义行传》
	汤平凤		水灾	捐赀百金，劝复同人乐输		光绪《续修庐州府志》卷五三《义行传》
道光十二年、十四年、二十八年	徐长清	武科	岁饥	劝捐赈济		同治《如皋县志》卷九《义行传》
道光十二年	卢泰	国学生	岁饥	出谷赈济		同治《如皋县续志》卷九《义行传》
道光十二年、十四年	陈沧	监生	岁饥	两次捐赈		同治《如皋县续志》卷九《义行传》
道光十二年	许汝班		大饥	出巨粟赈饥	给以惠洽乡闾匾额	民国《昌化县志》卷一二《义行传》
	陈必恒	监生	水灾	捐银300两	议叙八品	光绪《续修庐州府志》卷五三《义行传二》
	孙宾南	监生	大水	阴给贫人衣食		光绪《寿州志》卷二四《义行》
道光十二年、十三年	李林如		大水	散粟济人		光绪《寿州志》卷二四《义行》
道光十三年	张镐		岁饥	倡捐助赈于本乡李家庄，独出重赀济之		道光《如皋县志》卷八《义行》
	朱鹤庆		水灾	捐资助赈	议叙八品衔	同治《如皋县续志》卷九《义行传》

续表

捐赈年份	捐赈人	捐者身份	捐赈原因	捐赈情况	捐赈所获荣誉情况	资料来源
道光十三年	霍凤嗜	廪生	岁祲	劝捐赈饥，躬自散给		光绪《续修庐州府志》卷五三《义行传》
	陈泽南		岁饥	不惜千金以赈		光绪《阜宁县志》卷一六《笃行》
道光十五年	朱丙	国学生	飓风	输赀数千金		光绪《宝山县志》卷九《孝友》
	沈樏	国学生	潮灾	又捐赀以助		光绪《宝山县志》卷九《孝友》
道光十七年、咸丰六年	顾人亭	太学生	旱蝗	屡解囊助赈；岁大旱，以虹桥田数顷，变助赈款	知县张之浚以"功助和甘"旌之	光绪《阜宁县志》卷一五《笃行》
道光二十一年	赵廷谟		岁荒	捐钱百千助赈	奖以"义重经论"额	光绪《续修庐州府志》卷五四《义行》
道光二十一年、二十八年、二十九年	汤兆熊		水灾	捐钱300缗助赈		光绪《续修庐州府志》卷五四《义行》
道光二十八年、咸丰六年	刘文圃		水旱	捐麦数百斛，赈济灾民	奖以"惠孚桑梓"匾额	民国《续纂泰州志》卷二六《笃行》
道光二十八年	许德勋	监生	水灾	饥民蚁聚，捐谷赈济，劝勉里党乐输资助		光绪《续修庐州府志》卷五三《义行传》
道光二十九年	沈灿	国学生	水灾	偕弟侄共输钱一万余贯，倡捐以赈		光绪《宝山县志》卷九《孝友》
	徐嗣宗		大水	出钱粟振饥，活人甚众		民国《青浦县续志》卷一七《义行传》
	丁申原		岁饥	父英命煮粥赈灾民	议叙主事	民国《杭州府志》卷一四三《人物七义行三》

续表

捐赈年份	捐赈人	捐者身份	捐赈原因	捐赈情况	捐赈所获荣誉情况	资料来源
道光二十八年、二十九年	宋珩		大水	捐米 800 石，饬坊总开册，按大小人丁多寡，照册每日亲身赈济月余		民国《杭州府志》卷一四三《人物七义行三》
	戴金相	廪贡生	水灾	捐财赈济，施医药，给棺椁，力不能继，辙鬻产以助之		民国《杭州府志》卷一四三《人物七义行三》
道光二十八年、二十九年、三十年	吴正邦	监生	洪水	自捐熟米 200 石，劝令富户捐米共 400 石		民国《杭州府志》卷一四三《人物七义行三》
道光二十八年	项同春	商人	大水	倡捐 300 缗，煮粥赈	议叙八品衔	光绪《阜宁县志》卷一六《笃行》
	钱国俊	附贡生	大水	罄所蓄粮助赈		光绪《阜宁县志》卷一六《笃行》
道光二十九年	王秉廉	监生	大水	出谷 200 石以赈		光绪《续修庐州府志》卷五三《义行传》
	汪本华		大水	助米 300 石赈之		光绪《续修庐州府志》卷五三《义行传》
	张肇熙	武举	水灾	出藏谷，遍给里党		光绪《江都县续志》卷二六《列传第六》
	袁于谟	太学生	大水	家产漂没，贷钱 100 千文赈济族人		光绪《续修庐州府志》卷五三《义行传二》
	杨顺璠	职员	水灾	与妻孙谋尽出簪珥付质库，得钱数百千斛助赈		光绪《江都县续志》卷二六《列传第六》

捐赈年份	捐赈人	捐者身份	捐赈原因	捐赈情况	捐赈所获荣誉情况	资料来源
道光二十九年	叶观涛	生员	水灾	捐钱800余缗赈济灾民		光绪《续修庐州府志》卷五四《义行传》
	张培	监生	水灾	输金助赈，与同人议立粥厂		光绪《江都县续志》卷二六《列传第六》
道光二十九年、咸丰三年	杨秀兰		大水	出所储粟以济里之饥者		光绪《续修庐州府志》卷五三《义行传》
道光二十九年	顾钧	生员	大水	出千金赈饥		光绪《松江府续志》卷二四《古今人传》
	杨三俊		大饥	煮粥以食饿者		光绪《松江府续志》卷二四《古今人传》
	郭宗泰	生员	水灾	时袖粥票给道旁饥者		光绪《松江府续志》卷二四《古今人传》
	张钦曾	生员	大水	出粟平糶，施粥为里中倡		光绪《松江府续志》卷二五《古今人传》
	龚大德	国学生	大饥	助赈三百余缗	议叙八品衔	民国《崇明县志》卷一二《侠义》
	黄庆廷		水灾	首捐千缗		光绪《重修奉贤县志》卷一二《人物志三》
	周涟		水灾	出赀赈饥，为乡里倡		民国《南汇县续志》卷一三《人物志一》
	唐堦		岁饥	捐设粥厂，钱二百千，每值夏旱，禾急戽水时，方二里之贫者户给斗米		光绪《南汇县志》卷一五《人物志三》

续表

捐赈年份	捐赈人	捐者身份	捐赈原因	捐赈情况	捐赈所获荣誉情况	资料来源
道光三十年	顾思恩		岁灾	饿殍载道,乃捐资瘗埋		光绪《南汇县志》卷一五《人物志三》
	王朝栋		水灾	首先倡捐设粥		光绪《南汇县志》卷一五《人物志三》
	范用和	监生	饥	两次出粟赈饥,全活无算		光绪《松江府续志》卷二五《古今人传》
	龙倬		水灾	买舟十余只载粮并饼饵,存活者多。水退仍竭力周济	里人至今颂其德	光绪《寿州志》卷二四《义行》
道光末	蔡霆	生员	潮灾	霆兄弟出千金亲履其地赈之		光绪《通州直隶州志》卷一三《义行传》
	徐枚	太学生	水灾	助赈为一乡冠		光绪《续修庐州府志》卷五三《义行传》
	陈大钧		水荒	为粥以食饿者,并捐巨赀为振		民国《续修江都县志》卷二五《列传第七下》
咸丰、同治间	凌濬		岁饥	率先出粟		同治《苏州府志》卷一七〇《人物三十四》
咸丰初年	张奉乾		岁旱	赈米600石		光绪《直隶和州志》卷二六《义行》
	李长乐		岁荒	捐粟赈里		光绪《寿州志》卷二四《义行》
咸丰年间	顾浩		岁荒	罄粟救贫		光绪《寿州志》卷二四《义行》
咸丰六年	顾我泰	监生	蝗灾	飞蝗蔽野,我泰与沈嶙率乡民日夜捕瘗虫		民国《青浦县续志》卷一七《义行传》

捐赈年份	捐赈人	捐者身份	捐赈原因	捐赈情况	捐赈所获荣誉情况	资料来源
咸丰六年	朱思钟	监生	旱	倡濬市河独董其役，农商赖之	议叙八品衔	光绪《南汇县志》卷一五《人物志三》
	曹铠		岁旱	倾困赈济	朝廷给"乐善好施"四字	同治《如皋县志》卷九《义行传》
	尤震	国学生	岁饥	资赈2000余金		同治《如皋县志》卷九《义行传》
	邓龄	例贡生	岁饥	出粟捕蝗，次年复赈百余日不怠		同治《如皋县志》卷九《义行传》
	张兆柏	庠生	旱	偕邑绅捐米500余石，请于邑侯截留100多石，以济邑中灾民		光绪《再续高邮州志》卷三《宦绩》
	高福堂	监生	旱	出藏麦若干石，分赒戚里		民国《续纂泰州志》卷二六《笃行》
	龚照珊	监生	岁饥	倾余粟以分赡三党中之困乏者		光绪《续修庐州府志》卷五三《义行传》
	王洲	监生	旱饥	出资建厂赈粥		民国《续纂泰州志》卷二六《笃行》
咸丰六年、同治五年	袁庆怀		水旱	均出资赈济		民国《续纂泰州志》卷二六《笃行》
咸丰六年	顾塘		岁饥	变产济贫		光绪《阜宁县志》卷一六《笃行》
	王应元		旱灾	出脩资百金购米，倡捐施粥		光绪《松江府续志》卷二五《古今人传》
咸丰七年	朱鹤侪	监生	岁饥	捐赈	议叙理问职衔	同治《如皋县续志》卷九《义行传》
咸丰十一年	潘权	商人	水灾	留出5000元银币赈济		民国《续修江都县志》卷二五《人物转第七补》

续表

捐赈年份	捐赈人	捐者身份	捐赈原因	捐赈情况	捐赈所获荣誉情况	资料来源
同治初年	王兆咸		岁饥	捐资粜谷赈粥		民国《续纂泰州志》卷二六《笃行》
同治五年	徐玉堂	监生	堤决	设食济任		民国《宝应县志》卷一四《孝友》
	冒同庆		水灾	出藏谷数十石，赈济乡邻		民国《续纂泰州志》卷二六《笃行》
光绪年间	严应钧	商人	水旱	振有助者无不立应于乡里，义举以如之，应钧父子捐金襄助善举皆隐名，不求人知，不愿获奖		民国《上海县志》卷一五《人物传》
光绪二年	吴寿朋兄弟	绅士	被灾	捐米三千石		民国《杭州府志》卷七二《恤政三》
	郑兰	绅士	被灾	捐钱一千串，其被水稍次之，亦拨给洋银五百元		民国《杭州府志》卷七二《恤政三》
光绪四年	张炳然		大祲	捐助赈银，并与办赈务		光绪《寿州志》卷二四《义行》
光绪六年	张弼承		旱灾	倦银700两赈济	大吏匾奖之	民国《续纂泰州志》卷二六《笃行》
光绪九年	徐乐纬	生员	岁饥	饥民群聚，掠食奉檄下乡给资遣散，地方赖以安		民国《南汇县续志》卷一三《人物志一》
	朱智	举人	岁饥	出钜资振饥		民国《杭州府志》卷一四三《义行三》
光绪十年	龚良彩		岁歉	佃其田者概蠲租息，悯贫黎多溺女，捐田创设接婴堂，复捐建长桥以免行人徒涉		民国《杭州府志》卷一四三《义行三》

捐赈年份	捐赈人	捐者身份	捐赈原因	捐赈情况	捐赈所获荣誉情况	资料来源
光绪十三年	尹德培	生员	水灾	捐巨赀，复广为劝募以赈灾民		民国《续修江都县志》卷二五《列传第七上》
光绪十五年	朱云生	举人	邑湖西祲	倡捐赈米		民国《宝应县志》卷一五《笃行》
	朱智	举人	大水	智又醵资振饥，全活无算		民国《杭州府志》卷一四三《义行三》
光绪二十四年	金波	附贡生	岁荒	出金运江西米以济困穷		民国《潜山县志》卷一九《笃行下》
光绪三十年	顾懋升		岁饥	开仓赈粟，由冬至春。年又荒复来，赈之如初，至质产以济		民国《阜宁县新志》卷一七《列传三》

三　清代杭海段海塘修筑简况表

年份	奏修者或主持者	事迹	耗费白银（两）[①]	结果及影响
康熙三年	兵巡道熊光裕	修筑海宁县海塘一千三百八十余丈		因需毁坏桑麻而未果
康熙四年		九月塘成。题修石塘并尖山石堤五千余丈	27632	百姓弗愿役使，乃强征之，终堤加广厚什倍于旧
康熙十四年	海宁知县许三礼	六月，潮大作，沿海沙涂坍且垂尽。海宁知县许三礼日夜竭力保护，至八月沙涨水平		
康熙三十八年	巡抚张敏	奏报捐修钱塘、仁和江塘		
康熙四十年	巡抚张志栋	奏报捐修钱塘、仁和江塘及建钱塘石子塘		

①　此项仅列出民国《杭州府志》明确记载清代杭海段海塘修筑耗费的银两数额，对于不确定的数据如请求拨发银两而没有明确落实者则不列出。

续表

年份	奏修者或主持者	事迹	耗费白银（两）	结果及影响
康熙四十五年		江塘成，建潮神祠于上		共费银五万二千六百三两有奇，皆出官斯士者及士商之所捐，未尝派民间一钱一夫
康熙五十四年	巡抚徐元梦	九月，奏潮决海宁石塘，捐赀修筑海塘		当时未能修成
康熙五十五年	总督觉罗满保、巡抚朱轼	七月，连两江塘决，总督觉罗满保、巡抚朱轼修筑撤砌		
康熙五十七年至五十九年	巡抚朱轼	五十七年三月，奏修海宁石塘及浚备塘河。兴工。至五十九年，海宁县海塘工竣；七月，奏请建海宁老盐仓鱼鳞大石塘，并开浚中小亹淤沙，又请添设海防厅员专任岁修	91650	
雍正元年		雍正谕旨修筑海宁东塘。海宁东塘新沙复洗冲决塘身，修过工程三千六百一十四丈	8601.41	
雍正二年至三年	吏部尚书朱轼	二年七月，海宁等县海塘被潮冲决，奉上谕及时修筑。十二月初四，吏部尚书朱轼奉上谕，因浙江沿海塘工最为紧要，驰驿前往浙江修筑之。三年正月，奏修海宁草塘、土塘、石子塘	7726	动正项钱粮，作速兴工。沿海失业居民借此佣役，日得工价以资糊口
雍正四年	巡抚李卫	二月，奏修海宁近城旧石塘		
雍正五年	巡抚李卫	二月，奏请修海宁草坝及建草塘，本年八月告竣。又奏修钱塘、仁和江塘。十月，奏修海宁石塘	15700；29955.93	
雍正六年	总督兼巡抚事李卫	三月，奏修海宁老盐仓柴塘；十二月，奏修江海塘	28014.325	
雍正七年	总督兼巡抚事李卫	十一月，奏建海宁石塘及东塘盘头草坝		

年份	奏修者或主持者	事迹	耗费白银（两）	结果及影响
雍正八年	五月，总督兼巡抚事李卫	奏建海宁西塘盘头草坝及修东塘坦水。又奏请派捕盗同知管粮；通判分管东、西两塘；设千把兵弁。是年铸镇海铁牛六座。是年，奏动给恩赏备公银两修筑仁和官塘。临江七图周家桥一带里民柴世魁、张道济等捐夫助修		
雍正九年	总督兼巡抚事李卫	十一月，奏修江、海塘		
雍正十年	署巡抚王国栋	七月，奏请接筑草塘。又报仁和钱塘、海宁等县石草塘坦竐情形；又奏请开海塘捐例		
雍正十一年	将军阿里衮、副都统隆升	奏请添设海防道员、东西防厅员、守备千把兵弁。四月初一日，奉谕旨于尖、塔两山之间建立石坝以堵水势，再于中小亹开挖引河一道，分江流入海，以减水势。培加工力开挖，两工并举；十二月二十三日奉上谕："朕因浙省海塘关系紧要，是以特命大臣前往，会同该督等相度形势，定议兴修。特令将军阿里衮副都统隆升会同该督等，督催办理"		
雍正十二年	总理海塘副都统隆升	二月，覆奏请筑尖山、塔山石坝，浚中小亹引河。三月，奏请派拨旗员兵丁开挖引河。奏报海宁修筑新旧土备塘、石闸、函洞成。五月，奏报两引河工竣。又奏引河善后事宜，请造混江龙铁篦子等器具，并用夫捞浅。八月，奏请海防文武员弁移拨驻防疏浚。十月，奏报兴建尖山水口石坝。十二月，尖山挑水浮坝成	4349	奉上谕，尖山夫役每日给工银三分六厘，稍觉不足，今当初春之月，水浅潮平，正趱筑工程之候，着照引河挑夫之例，每日加银一分四厘六毫。今运送多资人力，每方增银六分，俾夫役等工食宽裕，努力修筑

续表

年份	奏修者或 主持者	事迹	耗费白银 （两）	结果及影响
雍正 十三年	大学士总理海 塘嵇曾筠	三月，奏请酌拨兵开浚引河。七月初八日，奉上谕"闻浙省海塘冲决，令速行抢修，以防秋汛"。十月二十三日，工部奉上谕"浙省增捐之处不必行，海塘工程着动正项钱粮办理"。十一月，奏请于旧塘后择基建筑鱼鳞石塘，并陈旧塘修筑事宜。十二月初八日，奏定海塘修筑章程。又奏请停止引河疏浚，裁撤员兵，并暂停堵塞尖山水口工程。二十一日，奉上谕隆升、程元章因不和怠误工程，解任来京，另着嵇曾筠负责海塘主要事务		七月，雍正谕令："至于雇募人夫，采办物料，务须公平给价，听从民便，俾闾阎踊跃从事，不得涉于勉强，或绳以官法，刑驱势迫，扰累地方，致辜朕爱养民生至意。"
乾隆元年	大学士兼总督 巡抚事嵇曾筠	八月，奏仁和海宁塘成。又奏鱼鳞大石塘请即旧址整砌。十二月，奏造运石船只。又奏修钱塘仁和江塘	3879	
乾隆二年	大学士兼总督 巡抚事嵇曾筠	三月，编石、草各塘字号。五月，奏报海宁绕城鱼鳞石塘成。九月，奏修仁和沿海土戗。闰九月，奏建海宁绕城条石坦水，又帮筑镇海庙塔根围墙并马头踏步一座。又奏修钱塘、仁和江塘	82724； 34217； 15592.83； 529.1； 3800	
乾隆三年	大学士兼总督 巡抚事嵇曾 筠、巡抚卢焯	十月，奏修钱塘、仁和江塘。十一月，奏修仁和、海宁柴、石塘坦水	34702	
乾隆四年	巡抚卢焯	正月，奏罢草塘岁修。四月，奏请改海宁浦儿兜、马牧港等处草盘头为石塘。十二月，奏请开浚备塘河。又奏请兴筑钱塘、仁和、海宁江海塘堤		
乾隆五年	巡抚卢焯	二月，奏请改海宁小坟前盘头为石塘。闰六月，奏报尖山石坝工告成。七月，奏修仁和、海宁柴塘。是年，铸镇海铁牛四座。奏修钱塘、仁和江塘海塘	16013	
乾隆六年	总督宗室德 沛续	奏海宁老盐仓等处柴塘议改石工		

年份	奏修者或主持者	事迹	耗费白银（两）	结果及影响
乾隆七年	总督那苏图	六月，奏先筑海宁老盐仓东石塘护基石篓		
乾隆八年	总督那苏图	正月，奏筑海宁观音堂等处柴塘外竹篓石坝	3068	
乾隆九年	巡抚常安	二月，奏报海宁鱼鳞大石塘成。开浚中、小亹引河		
乾隆十年		筑海宁老盐仓等处柴、石塘		
乾隆十二年		二月，中小亹引河故道开挖工竣		
乾隆十三年	大学士高斌、巡抚方观承	正月，奏筑仁和、海宁柴、石塘后土戗，限二年完竣。九月，奏置北塘竹篓滚坝，并建尖山块石塘		
乾隆二十四年	巡抚庄有恭	六月，奏请预备柴塘料物及帮筑附塘土堰，酌筹新、旧坦水	1483	
乾隆二十五年	总督杨廷璋、巡抚庄有恭	二月，奏查勘通塘情形及现在筹办事宜，奉旨允行。五月，奏用竹篓填石，篾缆联络护坝。七月，修陈坟港东盘头、念里亭西盘头	1791；3210；1022	
乾隆二十六年	巡抚庄有恭	三月，奏改块石塘，建鱼鳞石塘		
乾隆二十七年	巡抚庄有恭	四月，覆奏请增海宁塔山老盐仓至观音堂条块石坦水。九月三十日，饬令修筑柴塘并建设竹篓坦水。是年十月，四里桥改建鱼鳞石塘，再续镶观音堂迤西柴塘三百丈	65299；27533；8283	
乾隆二十八年	江苏巡抚庄有恭、浙江巡抚熊学鹏	正月，奏修海宁柴塘及盘头埽工。二月，奏请海宁塘接筑篓工，酌加土堰。四月，奏建海宁东塘坦水及修尖山石篓。六月，奏接筑海宁柴塘。七月，奏改建海宁戴家石桥鱼鳞大石塘		
乾隆二十九年	江苏巡抚庄有恭、浙江巡抚熊学鹏	正月，奏建海宁东、西塘坦水及接筑翁家埠柴塘。六月，修海宁绕城坦水。八月，奏建海宁东塘坦水。九月，增建海宁绕城坦水。十月，奏改建海宁鱼鳞大石塘。十一月，奏修海宁柴塘及东西塘盘头。十二月，建海宁绕城坦水及修西柴塘	5967；1386；4944；5690；1751；1625	

续表

年份	奏修者或主持者	事迹	耗费白银（两）	结果及影响
乾隆三十年	巡抚熊学鹏、刑部尚书管理江苏巡抚事庄有恭	三月，奏增海宁绕城坦水。四月，增建海宁东塘坦水。八月，修海宁东柴塘竹篓及石塘坦水。十月，奏改建海宁戴家石桥鱼鳞大石塘	12880；2157；871；5795	
乾隆三十一年		三月，修老盐仓柴塘石篓。四月，修海宁韩家池柴塘。八月，改建海宁念里亭汛鱼鳞大石塘及坦水	1945；3444；8621	
乾隆三十二年	浙江巡抚熊学鹏	正月，修海宁老盐仓柴塘。二月，修海宁东西盘头。八月，奏改建海宁念里亭汛大石塘及坦水。十二月，修老盐仓西柴塘	7884；11967	
乾隆三十三年	巡抚永德	四月，建曹殿东坦水及修老盐仓西柴塘。八月，奏修海宁塘坦水及曹殿以西柴塘	5150；12308	
乾隆三十四年		十一月增建海宁东塘坦水	5698	
乾隆三十五年		二月，修海宁西柴塘。八月，修海宁西塘盘头及尖山坝土东塘坦椿	745；842	
乾隆三十七年		正月，修海宁绕城坦椿木柜。五月，建海宁东塘坦水。八月，修海宁东塘坦水及西塘盘头	2408；7556；1264	
乾隆三十九年	巡抚三宝	九月，奏修仁和江塘	945	
乾隆四十年	巡抚三宝	六月，奏修海宁西柴塘。十月，修海宁西柴塘		
乾隆四十一年六月至四十二年二月	巡抚三宝	六月，奏修海宁西柴塘。九月，修海宁西柴塘。十月，增置海宁西塘竹篓，四十一年十一月兴工四十二年二月工竣。是年，增筑仁和县观音堂塘成	16460	
乾隆四十二年	巡抚王亶望	正月，增置海宁西塘竹篓。五月，修海宁西柴塘及建竹篓。六月，修海宁西柴塘。十一月，修仁和西柴塘。十二月，奏改建海宁东塘为鱼鳞大石塘及修西柴塘		

年份	奏修者或主持者	事迹	耗费白银（两）	结果及影响
乾隆四十三年	大学士两江总督高晋、浙江巡抚王亶望	奏增筑西柴塘及置竹篓盘柴裹头。五月，建镇海塔汛塘外坦水。闰六月，修海宁西柴塘。十一月，修海宁西柴塘		
乾隆四十四年		三月，修海宁西塘盘头。七月，修海宁西柴塘及东西石坦塘水。八月，增置尖山竹篓。九月，修海宁东柴塘		
乾隆四十五年	总督三宝、富勒浑，巡抚李质颖	奏修海神殿前柴塘。七月，钉海宁西塘桩木。十月，奏修仁和西柴塘及置木柜。奏修仁和石塘盘头及修海宁东塘坦水。是月，奏修仁和石塘及修柴埽工		
乾隆四十六年	闽浙总督富勒浑、大学士公阿桂、闽浙总督兼巡抚事陈辉祖、工部侍郎署福建巡抚事杨魁	正月，建西塘盘头埽牛。奏建仁和范公塘石坝。二月，奏建仁和西塘盘头。奏覆改建海宁鱼鳞大石塘。六月，奏风潮决塘。六月初旬风雨狂骤，潮汛泼损塘堤，除西塘，新建鱼鳞大石塘。八月，奏增建海宁老盐仓迤东鱼鳞石塘。十月，奏修海宁东、西柴塘、坦水、盘头，罢木柜		
乾隆四十七年		五月，改建念里亭迤东石塘坦水。八月，修海宁仁和东、西柴塘。十一月，续建仁和柴塘及海宁东塘坦水		
乾隆四十八年	巡抚福崧	奏建仁和柴塘及沈船护塘。奏建范公塘石坝。四月，改建镇海塔念里亭二汛鳞塘及坦水。七月，改建念里亭泛鳞塘；范公塘石坝成接筑埽工土堤。八月，海宁老盐仓鱼鳞大石塘成；奏续建范公塘石坝。九月，增建范公塘石坝。十月，建镇海塔、念里亭二汛坦水。十一月、十二月，各增建范公塘石坝一座	6783	

续表

年份	奏修者或主持者	事迹	耗费白银（两）	结果及影响
乾隆四十九年	巡抚福崧	六月，奏报增建范公塘石坝及埽工。十月，修念里亭汛石塘。是年，铸铁牛六座	8772.93	
乾隆五十年		十一月，修镇海塔念里亭二汛坦水		
乾隆五十一年	巡抚觉罗琅玕	正月，改建念里亭汛鱼鳞大石塘及修石、柴塘。十一月，奏建范公塘石坝及修尖山汛鳞塘	8772.93	
乾隆五十二年	巡抚琅玕	五月，修西柴塘。十月奏修海宁东西柴石塘。十二月，奏报范公塘以东鱼鳞大石塘成		
乾隆五十三年	巡抚琅玕	八月，奏修范公塘章家庵柴塘；改建念里亭尖山二汛石塘及坦水		
乾隆五十四年	护理巡抚事布政使顾学潮、巡抚琅玕	二月，奏修仁和西柴塘及海宁东塘坦水。四月，修海宁东塘盘头；奏改范公塘石鳞柴盘头	10659.099；1217.324	
乾隆五十五年	巡抚琅玕	正月，修海宁东塘坦水及东西柴塘。八月，奏：建念里亭汛鱼鳞大石塘及尖山坦水；修韩家池柴塘、海宁东塘；缓修石塘。九月，奏修仁和西柴塘及海宁尖山汛石塘，建坦水	14604.889；42527.114	
乾隆五十六年	巡抚福崧	二月，奏修东西柴石塘。六月，修仁和西柴塘及西塘盘头、范公塘埽工。七月，奏改建念里亭鱼鳞石塘及筑坦水。八月，建仁和范公塘埽工	32712.302；14464.866；6576.187	
乾隆五十七年	巡抚福崧	二月，奏建范公塘石坝及修埽工坦水、盘头；奏修范公塘石坝。四月，奏建仁和范公塘石坝及修坝塘坦水；修海宁东石塘坦水。六月，修海宁石柴塘坦水。七月，奏建仁和范公塘埽工及海宁东塘坦水石坝。八月，奏修海宁东塘盘头柴塘及仁和西柴塘坦水埽工	66852.287；32622.905；83358.202；27521.631	

年份	奏修者或主持者	事迹	耗费白银（两）	结果及影响
乾隆五十八年	巡抚觉罗长麟	二月，奏修东、西柴石塘；罢修范公塘尖山石坝；更定工员保固例；镶筑仁和西塘宿字等号埽工二百七十六丈五尺、盖字等号埽工一百一十九丈。七月，奏建仁和西塘埽工及月堤。八月，奏修东西石柴塘及埽工坦水；海宁西塘普儿兜修筑盘头一座；范公塘江海神庙迤西三官堂新筑埽工四百丈，并土戗一道加帮宽厚；奏请罢范公塘石坝，改建柴盘头	20000；72727.024；38891.252；1321.224	
乾隆五十九年	巡抚觉罗吉庆	正月，范公塘新塘已字号埽工之尾接筑埽工一百丈；西塘为字等号柴塘坼镶五百四十四丈。二月，奏范公塘建筑埽工，修西塘埽工、东塘盘头及改建鱼鳞大石塘。四月，修范公塘埽工；建东塘坦水。七月，修海宁西塘柴塘埽工。八月修范公塘埽工；修东塘坦水。九月，奏修东西柴石塘坦水、盘头埽工及建鱼鳞大石塘。十月，修海宁东石塘坦水及尖山石坝竹篓	13077.27；14885.446；19744.406；13619.911；55883.616；1825.02	
乾隆六十年		二月，修仁和西柴塘坦水盘头及埽工。三月，修仁和西柴塘坦水盘头及埽工。四月，建范公塘埽工。五月，修海宁东石塘坦水。六月，建仁和范公塘埽工及修西塘埽工。七月，修海宁东石塘坦水。八月，建范公塘埽工及修西柴塘埽工；修仁和西柴塘。十二月，建范公塘埽工	27633.465；27396.409；21761.995；12082.05；20445.168；6012.869；26861.734；16314.03；10880.987	

年份	奏修者或主持者	事迹	耗费白银（两）	结果及影响
嘉庆元年	巡抚觉罗吉庆、玉德	二月，奏修范公塘埽工、西柴塘坦水及海宁西柴塘盘头。三月，修海宁东石塘坦水及建鱼鳞大石塘。四月，修范公塘埽工及海宁东塘柴工盘头。五月，巡抚玉德奏修范公塘西塘埽工及柴塘坦水。六月，巡抚玉德奏潮汛决塘，请修西塘柴埽、东塘石塘坦水。八月，建范公塘埽工及修西塘埽工；修范公塘埽工及海宁东西塘盘头坦水。十月，修海宁东石塘坦水	31062.221；23425.217；28069.125；38207.508；89538.534；13800.027；63954.544；2615.541	
嘉庆二年	巡抚玉德	二月，修范公塘埽工及东、西石、柴盘头塘坦水；修范公塘埽工及西柴塘坦水。闰六月，修范公塘埽工。七月，修范公塘埽工及海宁东石塘坦水。八月，奏修东西柴石塘坦水埽工盘头；奏修东西石柴塘；奏改建海宁东塘为鱼鳞塘	17333.55；6996.528；7098.248；36646.997；119270	
嘉庆三年		三月，修范公塘埽工及海宁东塘盘头坦水；四月，修仁和西柴塘坦水；五月，修仁和西塘柴埽工及海宁东塘石坦水；六月，修仁和西塘埽工及海宁东西塘坦水；八月，建范公塘埽工并修海宁东石塘坦水；九月，修仁西塘埽工及西柴塘坦水；十月，修仁和西塘埽工及西柴塘坦水；十一月，建修东、西柴石塘坦水	18272.796；17069.456；12749.554；11353.976；15758.564；8401.2；11652.331	

年份	奏修者或主持者	事迹	耗费白银（两）	结果及影响
嘉庆四年	署巡抚事布政使谢启昆、闽浙总督署巡抚事书鳞、户部侍郎署巡抚事阮元	正月，修东、西石柴塘坦水。三月，修东西石柴塘坦水。四月，修范公塘埽工、西柴塘坦水。五月，修东、西柴塘坦水。六月，修范公塘埽工及海宁东石塘坦水。七月，修范公塘埽工及西柴塘坦水。八月，修范公塘及海宁东石塘坦水。九月，奏修范公塘埽工及海宁东石塘坦水。十月，奏修海宁东石塘坦水。十一月，修仁和西柴塘坦水。奏修范公塘埽工及东、西石柴塘坦水	17238.597；19372.329；4466.541；7548.163；10276.608；14750.336；15001.319；21761.596；14337.372；12064.428；33857.833	
嘉庆五年	巡抚阮元	三月，奏修范公塘埽工及东西石柴塘坦水。四月，修范公塘埽工及西柴塘。闰四月，建范公塘埽工及修海宁东石塘坦水。五月，修范公塘埽工及西柴塘。六月，修范公塘埽工。七月，建范公塘埽工修西柴塘坦水。八月，修范公塘埽工及东、西柴塘。九月，巡抚阮元奏建念里亭汛鱼鳞石塘及修坦水。十月，修海宁西石塘盘头	18369.946；16396.143；18698.958；38093.028；3596.351；32911.137；12170.374；3893.893	
嘉庆六年	巡抚阮元	正月，修范公塘埽工及西柴塘坦水。三月，修范公塘埽工及西柴塘坦水。六月，修范公塘埽工及西柴塘坦水。七月，修海宁东石塘坦水。七月，定海塘工程不得派地方官帮办之例。八月，修仁和、钱塘江塘及西石塘盘头；修建范公塘埽工西柴塘坦水及海宁东石塘。十一月，修范公塘埽工	18997.709	
嘉庆七年		四月，修范公塘埽工。六月，修西塘埽工及柴塘。八月，建修范公塘埽工及西柴塘坦水。九月，修仁和西塘坦水及海宁东石塘坦水。十二月，修范公塘埽工、西塘坦水盘头及海宁东石塘坦水		

续表

年份	奏修者或主持者	事迹	耗费白银（两）	结果及影响
嘉庆八年	巡抚阮元、署理巡抚清安泰、总督玉德	三月，修筑镇海塔汛石塘坦水及范公塘埽工。五月，奏修东塘坦水及西塘柴埽工。七月，奏修建范公塘埽工。八月，奏修建镇海塔汛坦水及范公塘埽工		
嘉庆九年		三月，修筑东塘坦水、西塘柴坦埽工。五月，修筑范公塘埽工及柴塘。六月，修筑东塘坦水及范公塘埽工。十月，修筑范公塘埽工及东、西塘坦水、柴塘盘头		
嘉庆十年		三月，修筑范公塘埽工、东塘坦水。六月，修筑范公塘柴埽工。闰六月，修筑范公塘埽工、西塘柴坦、东塘坦水。十月，修筑范公塘埽工、西塘柴工、东塘坦水		
嘉庆十一年		正月，奏请修筑东塘坦水、柴塘，西塘埽工、柴工。三月，修筑西塘埽工柴坦。五月，修筑西塘埽工、东塘坦水。八月，修筑西塘埽工、东塘坦水及拆修鳞石各工。十月，修筑西塘埽工、柴工及柴盘头		
嘉庆十二年	巡抚清安泰	三月，修筑西塘柴工、东塘坦水。七月，修筑西塘柴工。九月，奏修筑东塘鱼鳞石塘及坦水		
嘉庆十三年	护理巡抚崇禄	二月，奏修筑东、西塘盘头塘柴工。三月，修筑东塘坦水。四月修筑西塘柴工。六月，修筑西塘坦水东塘柴工。七月，修筑东塘抢修鱼鳞石塘。九月，修筑西塘柴工及柴盘头、东塘坦水。十二月，修东塘戴汛坦工		
道光四年		闰七月，改建鱼鳞塘并筑复坦水		
道光十年		七月，修东、西海塘并添建块石坦水		

年份	奏修者或主持者	事迹	耗费白银（两）	结果及影响
道光十二年	总督程祖洛、巡抚富呢扬阿	闰九月初九日，奏风潮案内冲坍东、西两塘鳞石、柴、埽各工，择险筹款赶修		
道光十三年	巡抚富呢扬阿	四月二十八日，覆奏筹款分年修复东塘坦水。十一月二十四日，给事中金应麟奏海塘工程紧要，亟宜厘剔弊端。十二月十二日，内阁奉上谕："富呢扬阿奏海塘危险，请先拨款，修复坍卸各工，以资抵御。"		
道光十四年	巡抚富呢扬阿、刑部右侍郎赵盛奎、前任河东河道总督严烺、盛京工部侍郎乌尔恭额	四月初二日，覆奏修东塘旧基，并筑念汛土戗；奏建筑海宁钱家坂大盘头二座、小坟前大盘头二座、念里亭西首大盘头一座。初十日，奏建筑自念里亭至尖山汛塘后鳞塘；奏请添筑念里亭戴家汛各盘头柴、埽；接筑西塘乌龙庙以东石鳞塘并修海宁绕城石塘。九月十三日，奏修复条石坦水；奏添筑东塘尖汛盘头		
道光十五年	都察院左都御史吴椿、巡抚乌尔恭额	五月，奏请将范公塘工程，仍改条块石塘。十月，东塘尖汛韩家池石塘成。奏东塘尖汛石塘附土，土堰、土戗间段卑薄，难以御潮，请分别加高培厚；奏请新建塘根，添筑护塘坦水。十一月，奏念镇两汛新筑埽内石塘间段沉陷散裂，亟应动项修筑		
道光十六年	都察院左都御史吴椿、浙江巡抚乌尔恭额	二月，奏海塘大工全行完竣		
二十九年	巡抚吴文熔	奏海塘石工被冲，赶紧坏建		
道光三十年	巡抚吴文熔	八月，奏海塘续决门口堵合稳固。九月，奏堵合海塘续决口门并议建复石塘；奏议通筹修建塘工；奏请添设中塘厅员		

续表

年份	奏修者或主持者	事迹	耗费白银（两）	结果及影响
咸丰元年	浙江巡抚常大淳	闰八月，上谕："浙江巡抚常大淳奏海塘埽石各工冲缺，请将承修员弁革职留任，勒令赔修"		
咸丰三年	巡抚黄宗汉	七月，奉上谕，黄宗汉奏钱塘等县塘工因风潮激损，亟须抢护情形。着详查讯办		
咸丰四年	巡抚黄宗汉	七月，奏准修海宁、仁和二县海塘各工		
咸丰七年		八月，奉上谕："晏端书奏海塘埽、石各工，猝被风潮冲坍一折：本年七月间浙省风雨交作，金、衢、严、处等属同时起蛟，致将西塘埽工冲坍数处，均已过水。浙省海塘为本省杭、嘉、湖及苏省之苏、松、常、镇七郡田庐保障，攸关紧要。着该抚严饬道、厅各员，将已坍者赶紧抢筑，未坍者设法保护，毋得再有疏虞。"		按自道光十六年海塘大工完竣，定岁修经费二十三万余两。自后随损随修，得以无事。及二十年后，因款项挪欠，经费支绌，每岁修或用十五六万两，或用十七八万两，少或仅用十二万两，险要一概停修
同治三年	御史洪昌燕、署理巡抚蒋益澧	九月，奏海塘溃决，潮溢海宁、仁和州、县。请速筹修筑。十二月初七日，议政王军机大臣奉旨："知道了。着即严饬该道等，将进水缺口妥速督率堵筑。务须工坚料实，一律稳固，不准草率偷减。"奏自李家汛至尖山险工修筑柴坝		
同治四年	巡抚马新贻	二月，绅民捐筑仁和、海宁戴家汛、翁家汛土备塘。六月，奏东、西塘续坍丈尺筹办情形		
同治五年	巡抚马新贻	十月，奏请开办海宁绕城石塘		
同治六年	总督吴棠、巡抚马新贻	十一月，西塘李家汛至中塘戴家汛抢筑柴坝裹头、埽工盘头、横塘子塘，成		
同治七年	巡抚马新贻	四月，海宁绕城石塘石堵坦水、盘头成		

年份	奏修者或 主持者	事迹	耗费白银 （两）	结果及影响
同治八年	署巡抚杨昌浚、巡抚李瀚章	二月，东塘戴汛至尖汛、西塘李汛、中塘翁汛柴坝盘头、土埽坦水成。三月，奏海宁绕城塘外改砌竹篓，仍建条石二坦成。七月，西防李、翁二汛鱼鳞条块石塘盘头、裹头成。八月，奏开办东塘戴镇二汛头二坦水、盘头各工。十月，奏接办中塘石鳞塘	24047.91	
同治九年	巡抚杨昌浚	二月，奏三防塘工赶办情形；奏请修东塔山石坝。八月，东塘塔山石坝成	38271.09	
同治十年		三月，中塘翁家汛鱼鳞石塘成。是年，东塘抢筑柴坝，添建埽坦并埽外块石成	10031.859； 27793.76	
同治十一年	巡抚杨昌浚	七月，东塘镇汛旧存石塘建筑头二坦水、盘头成。十一月，奏东塘念汛、西塘翁汛抢筑柴坝、柴埽成	11427.3	
同治十二年		三月，中东两塘、戴镇二汛建筑拆修鱼鳞石塘及随塘添石头二坦水，埽坦成		
同治十三年		十二月，中、东两塘续接翁、尖二汛鱼鳞石塘并塘外添建埽坦、改建坦水；西塘李汛埽坦成，加抛块石；又东塘尖汛建复石塘二百六十七丈五尺，拆修石塘六十一丈五尺，改建块石头二坦水，共计单长二千八百八十六丈，又三塘旧塘后加等附土堰、眉土等。工部销土方夫工	3067.551	
光绪元年	巡抚杨昌浚	七月，奏念汛大口门工段分三限建修		
光绪二年	巡抚杨昌浚	二月，东塘念汛东、西两头鱼鳞石塘埽坦成。八月，奏减收塘工丝捐		

续表

年份	奏修者或主持者	事迹	耗费白银（两）	结果及影响
光绪三年	巡抚梅启照	四月，东塘念汛大口门初限石塘柴坝成。五月，奏续修东塘尖汛石塘坦水，添筑戴、念二汛坦埽成。是年，奏海塘接续修筑	51839.03	
光绪五年		四月，东塘念汛大口门二限石塘柴坝成		
光绪六年		九月，东塘念汛大口门三限石塘柴坝成		
光绪七年	巡抚谭钟麟	正月，奏报海塘一律竣工		
光绪九年	巡抚刘秉璋	九月，奏修筑三防盘头柴坝、埽工坦水		
光绪十年	巡抚刘秉璋	奏西、中、东三塘柴、埽盘头等工，酌量改建埽坦。十一月，奏修筑西、中、东三塘埽坦、石坦各工；又奏修筑西塘大龙头一带柴坝、埽坦各工		
光绪十八年	巡抚刘树堂	七月，奏修筑西、中、东三塘埽坦、石坦并大山圩独山等处塘工		
光绪十九年	巡抚崧骏	七月，奏拨款修筑西塘大龙头一带埽坦、柴坝、托坝；又奏修筑西、中、东三塘埽坦、石坦并海宁州大山圩条块石塘等工	10980	
光绪三十四年	御史吴纬炳巡抚增韫	七月，奏浙江海塘坍损溃决堪虞。请饬下浙江抚臣诣塘亲勘，派员监督，以保民命而全要工。巡抚增韫覆奏海塘坍卸情形，并酌定塘工章程		
宣统元年	巡抚增韫	巡抚增韫奏覆勘海塘工程，请拨款以济要工。银六十万元，恳请拨归海塘应用		
宣统二年	巡抚增韫	七月，巡抚增韫奏：塘工丝捐限满，请再展限。十二月巡抚增韫奏：海塘新工起限、修筑、勘估、办理情形		

参考文献

一　历史文献

（一）官书、政书类

（汉）班固：《汉书》，中华书局 1962 年版。

（唐）李百药：《北齐书》，中华书局 1972 年版。

（元）脱脱等：《宋史》，中华书局 1977 年版。

（明）李东阳等：《明会典》，江苏广陵刻印社 1989 年版。

（明）陈子龙等：《皇明经世文编》，中华书局影印本 1962 年版。

（明）王圻：《续文献通考》，续修四库全书本。

（明）邓世龙：《国朝典故》，北京大学出版社 1993 年版。

（明）徐学聚：《国朝典汇》，北京大学出版社 1993 年版。

（明）雷礼：《皇明大政纪》，北京大学出版社 1993 年版。

（明）李东阳：《大明会典》，江苏广陵古籍刻印社 1989 年版。

（清）王先谦：《光绪朝东华录》，中华书局 1958 年版。

（清）龙文彬：《明会要》，文渊阁四库全书本。

（清）张廷玉等：《明史》，中华书局 2000 年版。

（清）乾隆官修：《清朝文献通考》，浙江古籍出版社 2000 年版。

（清）乾隆官修：《钦定明臣奏议》，景印文渊阁四库全书，台湾商务印书馆 1986 年版。

（清）贺长龄：《清经世文编》，清光绪十二年思补楼重校本。

（清）《清朝文献通考》，文渊阁四库全书本。

（清）刘锦藻：《清续文献通考》，民国景十通本。

（清）徐松：《宋会要辑稿》，中华书局 1997 年版。

（清）阎镇珩：《六典通考》，江苏广陵古籍刻印社 1990 版。

（民国）赵尔巽等：《清史稿》，中华书局 1977 年版。

《明实录》，台北中央研究院历史语言研究所影印本，1962 年版。

《清实录》，中华书局影印本，1986 年版。

（二）文集、笔记、杂录等类

（宋）吴曾：《能改斋漫录》，中华书局 1983 年版。

（明）陈应芳：《敬止集》，景印文渊阁四库全书，台湾商务印书馆 1986 年版。

（明）李乐：《见闻杂记》，瓜蒂庵藏明清掌故丛刊，上海古籍出版社 1986 年版。

（明）文秉：《烈皇小识》，北京古籍出版社 2002 年版。

（明）杨士奇：《三朝圣谕录》，景印文渊阁四库全书，台湾商务印书馆 1986 年版。

（明）张瀚：《松窗梦语》，景印文渊阁四库全书，台湾商务印书馆 1986 年版。

（明）张萱：《西园闻见录》，景印文渊阁四库全书，台湾商务印书馆 1986 年版。

（明）宋讷：《西隐集》，清文渊阁四库全书本。

（明）李邦华：《文水李忠肃先生集》，清乾隆七年徐大坤刻本，《四库禁毁书丛刊集部》，北京出版社 2000 年版。

（明）吴麟征：《吴忠节公遗集附年谱一卷》，明宏光刻本，《四库禁毁书丛刊集部》，北京出版社 2000 年版。

（清）梅曾亮：《柏枧山房文集》，续修四库全书本。

（清）计六奇：《明季北略》，中华书局 1984 年版。

（清）顾炎武：《日知录》，清乾隆刻本。

（清）黄钧宰：《金壶浪墨》，《清代笔记丛刊》（4），齐鲁书社2001年版。

（清）陆曾禹：《钦定康济录》，北京古籍出版社2004年版。

（清）钱泳：《履园丛话》，华东师大图书馆藏清道光十八年述德堂刻本。

（清）薛福成：《庸庵笔记》，景印文渊阁四库全书，台湾商务印书馆1986年版。

（清）俞森：《赈豫纪略》，景印文渊阁四库全书，台湾商务印书馆1986年版。

（清）阮葵生：《茶余客话》，《明清笔记丛刊》，中华书局1959年版。

（清）邹弢：《三借庐赘谭》，上海古籍出版社1996年版。

（清）揆叙：《隙光亭杂识》，清康熙谦牧堂刻本。

（清）赵翼：《陔余丛考》，商务印书馆1957年版。

（三）史料、资料汇编类

（明）陈龙正：《救荒策会》，上海图书馆藏崇祯十五年洁梁堂刻本。

（明）张陛：《救荒事宜》，四库全书存目丛书本。

（清）黄宗羲：《明文海》，中华书局1987年版。

（清）盛康：《皇朝经世文编续编》，清光绪二十七年上海书局石印本。

（清）徐珂：《清稗类钞》，中华书局1984年版。

中国第一历史档案馆：《清代档案史料丛编》，中华书局1978年版。

故宫博物院掌故部：《掌故丛编》，中华书局1990年版。

国立中央研究院历史语言所：《明清史料》甲编、乙编、辛编。

吴柏森等：《明实录类纂·自然灾异卷》，武汉出版社1993年版。

李文海、夏明方主编：《中国荒政全书》（第二辑），北京古籍出版社2003年版。

王龙军：《中国历代灾况与赈济政策》，独立出版社1942年版。

邓云特：《中国历代救荒大事年表》，商务印书馆1937年版。

骆承政：《中国历史大洪水》，中国书店1996年版。

王嘉荫：《中国历代自然灾害及历代盛世农业政策资料》，农业出版社

1988 年版。

宋正海：《中国古代重大自然灾害和异常年表总集》，广东教育出版社 1992 年版。

张兰生：《中国自然灾害地图集》，科学出版社 1992 年版。

张波等：《中国农业自然灾害史料集》，陕西科学技术出版社 1994 年版。

戴鞍钢等：《中国地方志经济资料汇编》，汉语大词典出版社 1999 年版。

水利电力部水管科技司、水利水电科学研究院主编：《清代浙闽台地区诸流域洪涝档案史料》，中华书局 1998 年版。

熊月之：《中国华东文献丛书》，学苑出版社 2010 年版。

中国人民大学清史研究所与档案系中国政治史教研室合编：《康雍乾时期城乡人民反抗斗争资料》，中华书局 1979 年版。

陈瑞赞：《温州文献丛书》，上海社会科学出版社 2006 年版。

葛全胜：《清代奏折汇编》，商务印书馆 2005 年版。

李国祥、杨昶主编：《明实录类纂·浙江上海卷》，武汉出版社 1995 年版。

黄云修等：《光绪续修庐州府志》，江苏古籍出版社 1998 年版。

葛全胜：《清代奏折汇编—农业·环境》，商务印书馆 2005 年版。

来新夏主编：《中国地方志历史文献专辑·灾异志》，学苑出版社 2010 年版。

杨国宜：《明朝灾异野闻编年录》，安徽师范大学出版社 2010 年版。

李文海、夏明方、朱浒：《中国荒政书集成》，天津古籍出版社 2010 年版。

（四）方志类

（明）虞自铭修：《永州府志》，洪武十六年刻本。

（明）柯实卿、王崇：嘉靖《池州府志》，《天一阁藏明代方志选刊》。

（明）林钺修、邹璧纂：嘉靖《太平府志》，黄山书社 2009 年版。

（明）李士元、沈梅纂修：嘉靖《铜陵县志》，上海古籍出版社 1962

年版。

（明）连矿修等纂：嘉靖《建平县志》，《天一阁藏明代方志选刊》。

（明）戴瑞卿、于永亨等纂：万历《滁阳志》，台北成文出版社 1985 年版。

（明）韩浚等纂修：万历《嘉定县志》，台湾学生书局 1987 年版。

（明）黄佑、章文斗等纂修：崇祯《泰州志》，凤凰出版社 2014 年版。

（清）余国普、熊祖怡等纂修：康熙《滁州志》，黄山书社 2007 年版。

（清）黄桂修、宋骧纂修：康熙《太平府志》，台北成文出版社 1974 年版。

（清）张可立纂修：康熙《兴化县志》，凤凰出版社 2014 年版。

（清）魏修、裘琏等纂：康熙《钱塘县志》，上海书店出版社 2000 年版。

（清）杭州市地方志办公室编：康熙《仁和县志》，西泠出版社 2011 年版。

（清）李卫、嵇曾筠等修：雍正《浙江通志》，四库全书本。

（清）尹继善等修：《江南通志》，台湾影印文渊阁四库全书本。

（清）张士范纂修：乾隆《池州府志》，《中国地方志集成·安徽府县志辑》1998 年版。

（清）朱成阿等修：乾隆《铜陵县志》，《中国地方志集成·安徽府县志辑》1998 年版。

（清）赵灿修：康熙《含山县志》，《中国地方志集成·安徽府县志辑》1998 年版。

（清）王格、黄湘修，程梦星等纂：乾隆《江都县志》，广陵书社 2015 年版。

（清）陆纶等修：乾隆《太平府志》，《中国地方志集成·安徽府县志辑》，江苏古籍出版社 1998 年版。

（清）乾隆《望江县志》，《中国地方志集成·安徽府县志辑》，江苏古籍出版社 1998 年版。

（清）平恕修：《绍兴府志》，清乾隆五十七年刊本。

（清）鲁铨等修：嘉庆《宁国府志》，《中国地方志集成·安徽府县志辑》1998 年版。

（清）万相宾纂：《嘉善县志》，清嘉庆五年刻本。

（清）徐元梅修：《山阴县志》，清嘉庆八年刻本。

（清）胡有诚修、丁宝书等纂：《广德州志》，黄山书社 2008 年版。

（清）张宗泰纂，张云年整理：嘉庆《备修天长县志稿》，黄山书社 2013 年版。

（清）洪亮吉纂：嘉庆《泾县志》，黄山书社 2009 年版。

（清）嘉庆《舒城县志》，《中国地方志集成·安徽府县志辑》，江苏古籍出版社 1998 年版。

（清）顾浩修：嘉庆《无为州志》，《中国地方志集成·安徽府县志辑》，江苏古籍出版社 1998 年版。

（清）舒梦龄纂修：道光《巢县志》，《中国地方志集成·安徽府县志辑》，江苏古籍出版社 1998 年版。

（清）曹德赞修：道光《繁昌县志》，《中国地方志集成·安徽府县志辑》，江苏古籍出版社 1998 年版。

（清）孟毓兰修：道光《重修宝应县志》，广陵书社 2015 年版。

（清）王国均纂修：同治《桐城县志》，清同治七年修抄本。

（清）同治《嵊县志》，台北成文出版社 1975 年版。

（清）周溶修：同治《祁门县志》，清同治十二年刻本。

（清）应宝时编纂：同治《上海县志》，台北成文出版社 1975 年版。

（清）许应鑅、王之藩修，曾作舟、杜防纂：同治《南昌府志》，清同治十二年刻本。

（清）高士轮、五格等纂修：光绪《江都县志》，《中国地方志集成·江苏府县志辑》，江苏古籍出版社 1998 年版。

（清）陆心源修：《归安县志》，《沈某奇荒纪略》，清光绪七年刻本。

（清）叶滋森修、褚翔等纂：光绪《靖江县志》，《中国地方志集成·江苏府县志辑》，江苏古籍出版社 1998 年版。

（清）俞燮奎、庐钰纂：光绪《庐江县志》，《中国地方志集成·安徽府县志辑》，江苏古籍出版社 1998 年版。

（清）叶廉锷纂：《平湖县志》，清光绪十二年刻本。

（清）丁宝书纂：《长兴县志》，清光绪十三年刻本。

（清）顾曾金修：光绪《泰兴县志》，《中国地方志集成·江苏府县志辑》，江苏古籍出版社 1998 年版。

（清）严辰纂修：光绪《桐乡县志》，《中国地方志集成·浙江府县志辑》第 23 册，上海书店 1993 年版。

（清）李应泰、范葆廉修：光绪《宣城县志》，《中国地方志集成·安徽府县志辑》，江苏古籍出版社 1998 年版。

（清）汪文炳等修纂：光绪《富阳县志》，光绪三十二年刊本。

（清）张赞巽等修：宣统《建德县志》，《中国地方志集成·安徽府县志辑》1998 年版。

（清）蒋鸿藻：《诸暨县志》，清宣统三年刻本。

（民）鲁式穀等编：民国《当涂县志》，《中国地方志集成·安徽府县志辑》1998 年版。

（民）周庆云：《南浔志》卷二六《灾祥志》，民国刻本。

（民）张吉安等修，朱文藻等纂：民国《余杭县志》，民国八年影印本。

（民）李圭修：民国《海宁州志稿》，江苏古籍出版社 1990 年影印本。

（民）陈培珽修，潘秉哲纂：民国《昌化县志》，民国十三年影印本。

李剑军主编：《池州市志》，方志出版社 2016 年版。

二　今人论著

（一）著作类

C.

曹树基：《中国人口史》（第四、第五卷），复旦大学出版社 2000 年版。

陈高佣等：《中国历代天灾人祸表》，上海书店 1986 年版。

陈高佣等：《中国历代天灾人祸表》，北京图书馆出版社 2007 年版。

陈剩勇：《浙江通史·明代卷》，浙江人民出版社 2005 年版。

陈业新：《明至民国时期皖北地区灾害环境与社会应对研究》，上海人民出版社 2008 年版。

D.

邓拓：《邓拓文集》（第二卷），北京出版社 1986 年版。

邓云特：《中国救荒史》，商务印书馆 1998 年版。

F.

费孝通：《乡土中国与乡土重建》，风云时代出版公司 1993 年版。

夫马进：《中国善会善堂史研究》，商务印书馆 2005 年版。

G.

高建国：《中国减灾史话》，大象出版社 1996 年版。

高寿仙：《明代农业经济与农村社会》，黄山书社 2006 年版。

高致华：《明清"淫祠"浅论》，《第九届明史国际学术讨论会暨傅衣凌教授诞辰九十周年纪念论文集》，厦门大学出版社 2003 年版。

H.

杭州市地方志编纂委员会：《杭州市志》，中华书局 1999 年版。

L.

李甜：《跨越边界的巡游——皖苏交界定埠地区民间信仰调查与思考》，《中国人文田野（第五辑）》，巴蜀书社 2012 年版。

李文治、江太新：《清代漕运》，中华书局 1995 年版。

李向军：《清代荒政研究》，中国农业出版社 1995 年版。

刘翠溶、尹懋可主编：《积渐所至：中国环境史论文集》，台北中央研究院经济研究所 1995 年版。

刘昭民：《中国历史上气候之变迁》，台湾商务印书馆 1992 年版。

M.

马雪芹：《杭州政区史》，中国社会科学出版社 2011 年版。

马宗晋，郑功成：《灾害历史学》，湖南人民出版社 1997 年版。

满志敏：《中国历史时期气候变化研究》，山东教育出版社 2009 年版。

茆耕茹：《胥河两岸的跳五猖》，台北财团法人施合郑民俗文化基金会

1995 年版。

茆耕茹：《张渤信仰仪式的跳五猖》，《中国民间文化艺术之乡建设与发展初探》，中国民族摄影艺术出版社 2010 年版。

孟昭华：《中国灾荒史记》，中国社会出版社 1999 年版。

Q.

邱国珍：《三千年天灾》，江西高校出版社 1998 年版。

邱云飞、孙良玉：《中国灾害通史·明代卷》，郑州大学出版社 2009 年版。

S.

孙绍骋：《中国救灾制度研究》，商务印书馆 2004 年版。

施雅风：《中国历史气候变化》，山东科学技术出版社 1996 年版。

史玉芹：《中国全史·灾荒史》，经济日报出版社 1999 年版。

水利部长江水利委员会：《长江流域水旱灾害》，中国水利水电出版社 2002 年版。

孙本文：《现代中国社会问题》，商务印书馆 1943 年版。

T.

唐文基：《明代赋役制度史》，中国社会科学出版社 1991 年版。

W.

王卫平：《明清时期江南社会史研究》，群言出版社 2006 年版。

王毓玳、吕瑾：《浙江灾政史》，杭州出版社 2013 年版。

X.

［日］西嶋定生：《中国经济史研究》，冯佐哲等译，农业出版社 1984 年版。

夏明方：《民国时期自然灾害与乡村社会》，中华书局 2000 年版。

Y.

杨开道：《中国乡约制度》，商务印书馆 2015 年版。

叶建华：《浙江通史·清代卷（上）》，浙江人民出版社 2005 年版。

余新忠：《瘟疫下的社会拯救——中国近世重大疫情与社会反应研

究》，中国书店 2004 年版。

Z.

张崇旺：《明清时期江淮地区的自然灾害与社会经济》，福建人民出版社 2006 年版。

张建民、鲁西奇主编：《历史时期长江中游地区人类活动与环境变迁专题研究》，武汉大学出版社 2011 年版。

张念祖：《中国历代水利述要》，《民国丛书》第四编 89 册，上海书店 1992 年版。

张锡昌：《战时的中国经济》，上海科学书店 1943 年版。

浙江省林业志编纂委员会：《浙江省林业志》，中华书局 2001 年版。

浙江省气象志编纂委员会：《浙江省气象志》，中华书局 1999 年版。

郑土有、王贤淼：《中国城隍信仰》，上海三联书店 1994 年版。

郑肇经：《中国水利史》，《民国丛书》第四编 89 册，上海书店 1992 年版。

《中国大百科全书·中国传统医学》，中国大百科全书出版社 1992 年版。

中国气象灾害大典编委会：《中国气象灾害大典·浙江卷》，气象出版社 2006 年版。

（二）论文类

B.

卞利：《明代中期淮河流域的自然灾害与社会矛盾》，《安徽大学学报》1998 年第 3 期。

C.

曹罗丹、李加林、叶持跃等：《明清时期浙江沿海自然灾害的时空分异特征》，《地理研究》2014 年第 9 期。

陈桥驿：《浙江省历史时期的自然灾害》，《中国历史地理论丛》1987 年第 1 期。

D.

丁贤勇：《明清灾害与民间信仰的形成——以江南市镇为例》，《社会科学辑刊》2002 年第 2 期。

G.

高建国：《自然灾害基本参数研究（一）》，《灾害学》1994 年第 4 期。

H.

胡卫伟：《明前期民间赈济的初步考察》，《江西师范大学学报》2003年第 6 期。

黄剑敏、庄华峰：《明清以来长江下游自然灾害与乡村傩舞祭祀活动》，《求索》2013 年第 11 期。

J.

靳琼凤、王黎：《广德县洪涝灾害成因及对策分析》，《江淮水利科技》2014 年第 2 期。

L.

李家年：《安徽省长江流域近 500 年水旱灾害浅析》，《人民长江》2000 年第 7 期。

李鹏：《高淳的祠山大帝信仰与治水活动》，《寻根》2011 年第 1 期。

M.

闵宗殿：《关于清代农业自然灾害的一些统计——以〈清实录〉记载为根据》，《古今农业》2001 年第 1 期。

S.

邵晓芙：《辛亥革命前十年间浙江灾荒与乡村民变》，《浙江学刊》2012 年第 5 期。

W.

王永作：《江苏近两千年来水灾史概与分析》，《中国农史》1992 年第3 期。

吴滔：《明清雹灾概述》，《古今农业》1997 年第 4 期。

Y.

焉鹏飞：《从神兽到龙王：试论中国古代的龙王信仰》，《鄂州大学学报》2014 年第 10 期。

叶依能：《清代荒政述论》，《中国农史》1998 年第 4 期。

Z.

周利敏：《从经典灾害社会学、社会脆弱性到社会建构主义——西方灾害社会学研究的最新进展及比较启示》，《广州大学学报》2012 年第 6 期。

后　记

　　长江是中国第一大河，长江流域是中华文明的重要发源地，长江下游自唐宋以后日益成为天下财赋重地，从而奠定了其在现代国民经济中的重要地位。但长江下游地区也是自然灾害频发的地区，长江下游开发的历史进程，始终贯穿着防治自然灾害的斗争。学界对明清时期长江下游自然灾害的关注与研究较早，并取得了一些成果。但既有研究，或侧重于某些单个省份或小区域的自然灾害的研究，或侧重于某一短时段的自然灾害的探讨，或侧重于一些自然灾害事件的零星的个案讨论。在研究视野和方法方面，也存在一些问题：就灾害论灾害，就灾荒论灾荒，研究所采用的理论和方法单一，缺少宏观和整体史视角下的精细分析和理性思考，不能较好地做到对长江下游区域性自然灾害一些带规律性问题的揭示与把握，特别是忽视了对长江下游自然灾害与乡村社会互动关系的讨论。基于这样的现状，笔者于 2011 年以"明清时期长江下游自然灾害与乡村社会研究"为题申报国家社科基金项目，试图以长江下游自然灾害与乡村社会互动关系这一研究视角，运用多学科的理论和方法，对明清时期长江下游自然灾害的类型和成因、灾害的一般规律和特点、灾害环境下的乡村社会危机、乡村的民生状况、官府与民间应对自然灾害的举措、灾害与民间信仰等问题进行深入探讨。申请项目于当年获准立项后，笔者与课题组成员经过几年的努力，顺利完成研究任务，于 2018 年获准结项。呈现在读者面前的这部拙著就是项目的结题成果。在这里首先要感谢五位不知姓名的成果鉴定专家的提携与鼓励，他们提出的很多富有建设性的意见和建议为拙著的修改和完善指明了方向。

在本书出版过程中，得到了中国社会科学出版社领导及责任编辑宋燕鹏先生的大力支持；同时本书获得了安徽师范大学历史与社会学院学术研究项目的资助。借此机会，谨向这些出版家和相关部门深表谢意。王艳红、蔡小冬、陈小力、朱争争、龙兰等协助撰写了书稿部分章节的内容；在本书的资料查阅及校对过程中，我的博、硕研究生刘丽丽、付秀兵、黄伟、蔡燕灵、余运生、钱久隆诸君付出了很多心力；蔡金平君协助审读了书稿。对于他们的诚挚相助，我在此表达真诚的感谢！

修订完书稿已是深夜时分了，大地一片静谧，辛劳了一天的人们早已进入梦乡。进行"文化苦旅"的我，此时不由得想起王国维对苦涩的治学之道所给予的诗意般概括："古今之成大事业、大学问者，必经过三种之境界：'昨夜西风凋碧树。独上高楼，望尽天涯路。'此第一境也。'衣带渐宽终不悔，为伊消得人憔悴。'此第二境也。'众里寻他千百度，回头蓦见，那人正在灯火阑珊处'。此第三境也。"可见做大学问，要具有"回头蓦见"的功夫，要有"独上高楼"的勇气和"终不悔"的决心才行。王氏之说还告诉我们，惟有经过这三大境界，才能真正领略到治学的快乐和幸福。

敬请学界前辈和同行们批评指正！

庄华峰识于江城怡墨斋

2020 年 5 月 16 日